Rabenbauer

Führungsprinzip Wertschätzung

Thorsten Rabenbauer

Führungsprinzip Wertschätzung

Mitarbeiter begeistern, motivieren und binden

2., aktualisierte und erweiterte Auflage

Bibliografische Information der Deutschen Nationalbibliothek:

Die Deutsche Nationalbibliothek verzeichnet diese Publikation in der Deutschen Nationalbibliografie; detaillierte bibliografische Daten sind im Internet über <http://dnb.d-nb.de/> abrufbar.

Print-ISBN 978-3-446-46922-8
E-Book-ISBN 978-3-446-47144-3
ePub-ISBN 978-3-446-47283-9

www.hanser-fachbuch.de
Lektorat: Lisa Hoffmann-Bäuml
Herstellung: Carolin Benedix
Satz: Eberl & Koesel Studio, Altusried-Krugzell
Coverrealisation: Max Kostopoulos
Titelmotiv: © istockphoto.com/axllll
Druck und Bindung: CPI books GmbH, Leck
Printed in Germany

Hinführung

Liebe Leserin, lieber Leser – Menschen machen den Unterschied!

Zunächst danke ich allen Personen, die meine Erstauflage gekauft und gelesen haben. Ich habe in den vergangenen Jahren unglaublich viel positive Resonanz erhalten. Einige Personen haben mir persönlich geschrieben und sich für die praxisnahen Tipps bedankt. Das freut mich ganz besonders, denn meine Intention ist es, Sie bei der täglichen Führungsarbeit zu inspirieren, zu unterstützen und zur praktischen Umsetzung zu animieren.

Nun halten Sie die Neuauflage meines Buches in Ihren Händen. Als der Hanser Verlag mich bat, mein Erstlingswerk zu überarbeiten, habe ich mich sehr gefreut und sofort zugesagt. Deshalb an dieser Stelle vielen Dank an den Verlag für das Vertrauen und ein herzliches Dankeschön an Frau Hoffmann, meiner Lektorin bei Hanser.

Mein persönliches Motto **„Menschen machen den Unterschied!“** soll auch der Neuauflage eine Art roten Faden geben. Alle Menschen, die in einem Unternehmen tätig sind, vom Vorstandsvorsitzenden bis zum Pförtner, von der Bereichsleiterin bis zur Vertriebsassistentin – jeder Mensch ist in seiner Aufgabe und Rolle, in seiner Haltung und Leistung, in seinem Verhalten und seiner Verantwortung Teil des Ganzen. Und wir haben es oft selbst in der Hand, den positiven Unterschied zwischen dem eigenen Unternehmen und der Konkurrenz zu machen. Führungskräfte haben echte Einflussmöglichkeiten, dass die Mitarbeitenden mit der richtigen Einstellung an die Arbeit gehen und die Kunden sagen: *„Dort gehe ich gerne hin! Da kaufe ich gerne ein! Das ist ein tolles Unternehmen! Da sind alle mit viel Engagement und Motivation bei der Arbeit. Dort herrscht eine angenehme Atmosphäre. Mit denen kann man sehr gut zusammenarbeiten! …“*

Mittlerweile arbeite ich seit über 30 Jahren als Trainer und Coach, war viele Jahre selbst Führungskraft und konnte so wertvolle Erfahrungen rund um das Thema Führung sammeln. Führung ist sehr wichtig. Führungskräfte sind sehr wichtig. Insbesondere die Wechselwirkung zwischen Führungskräften und Teammitgliedern sorgen für den Unterschied zwischen guter Führung und schlechter Führung.

Aber was macht jetzt gute Führung im Alltag aus? Worauf ist zu achten? Was konkret sollte ich als Führungskraft tun und was sollte ich eher lassen?

Mein Ziel ist es, dass Sie Ihr ganz persönliches Führungsrepertoire erweitern. Nutzen Sie die beschriebenen Impulse wie einen Handwerkskasten. Nehmen Sie das Werkzeug, das Ihnen persönlich und in Ihrer aktuellen Führungsaufgabe oder Führungssituation am nützlichsten, wertvollsten bzw. zielführendsten erscheint. Und dann probieren Sie es einfach auf Ihre eigene Art und Weise aus.

Es geht in diesem Buch um Sie als Person, Persönlichkeit, aber auch um Ihre Rolle als Führungskraft. Ich lade Sie ein, mit mir gemeinsam einige Modelle, Denkanstöße und Praxisimpulse zu reflektieren. Damit möchte ich Ihnen eine Hilfestellung für Ihre alltägliche Führung geben. Gleichzeitig werde ich immer die Brücke zum zentralen Thema **Wertschätzung** bauen und Ihnen durch Reflexionsfragen, die ich sowohl in Seminaren als auch im Coaching mit Führungskräften einsetze, die Gelegenheit geben, Ihre eigenen Schlussfolgerungen und Erkenntnisse zusammenzutragen.

Um unterschiedliche Perspektiven zu nutzen und Sie als Führungskraft gleichzeitig auch zu einem Perspektivenwechsel zu ermutigen, habe ich zu jedem Kapitel Fachexperten und erfahrene Praktiker gebeten, ihre Gedanken und ihr Wissen zum jeweiligen Thema einzubringen. Mit fast allen Menschen, die hier zu Wort kommen, verbindet mich eine langjährige Zusammenarbeit, und ich kann aus eigener Erfahrung bestätigen, dass alle diese Menschen einen für sich sehr stimmigen Weg gefunden haben, Wertschätzung in ihren Führungsalltag zu integrieren. Insbesondere diesen Menschen, Freunden, Wegbegleitern gilt mein persönlicher Dank. Nicht nur für die Unterstützung bei diesem Buch, sondern auch für die langjährige, vertrauensvolle und sehr wertschätzende Zusammenarbeit.

Am Ende eines jeden Kapitels habe ich noch eine Geschichte, eine Metapher oder einen anderen Denkanstoß für Sie integriert. Diese Impulse sollen Sie noch einmal auf einer ganz anderen Ebene ansprechen.

Menschen machen den Unterschied! – Sie machen den Unterschied!

In diesem Sinne wünsche ich Ihnen eine inspirierende Lektüre!

Ihr

Thorsten Habenbaum

Inhalt

1 Richtige Grundeinstellung finden

Sie sind Führungskraft in einem Unternehmen und haben damit eine wichtige Aufgabe. Sie führen Mitarbeiterinnen und Mitarbeiter - Sie führen Menschen - Sie führen unterschiedliche Persönlichkeiten!

Sie vertreten in Ihrer Führungsrolle die Interessen, Ziele und Visionen des Unternehmens, die Erwartungen und Anforderungen der Kunden und haben auch persönliche Bedürfnisse und Wünsche.

Mitarbeiterführung ist oft eine große Herausforderung, denn Menschen sind nun mal sehr verschieden. Jede Mitarbeiterin und jeder Mitarbeiter hat verschiedene Stärken, Fähigkeiten, Talente, Kompetenzen, Erfahrungen, Entwicklungsfelder, Schwächen und Fehler. Gleichzeitig haben Menschen oft auch unterschiedliche Erwartungen, Wünsche, Bedürfnisse und Ziele.

Als Führungskraft müssen Sie in dieser Gemengelage professionell agieren. Sie müssen unter anderem angemessen kommunizieren, klare Entscheidungen treffen, Aufgaben verantwortungsvoll delegieren und Arbeitsprozesse gezielt kontrollieren.

In diesem Kapitel steht Ihre persönliche Einstellung, Ihre Grundeinstellung im Fokus. Sie erhalten wertvolle Impulse, wie Sie an Ihrer eigenen Einstellung arbeiten können und wie Sie damit einen entscheidenden, positiven Einfluss auf Ihre Mitarbeitenden haben.

■ 1.1 Modell der Grundeinstellungen

Nehmen Sie sich ein leeres Blatt Papier oder ein kleines Notizbuch und beantworten Sie folgende Fragen schriftlich in Stichworten für sich selbst:

Wie schaue ich auf mich selbst?

- Was sind meine persönlichen Stärken?
- Was kann ich besonders gut?
- Welche Fähigkeiten machen mich im Arbeitsalltag und privat erfolgreich?
- Welche Talente wurden mir in die Wiege gelegt?
- Wo sehe ich meine wichtigsten Kompetenzen?
- Was zeichnet mich positiv aus?
- Was konkret gelingt mir im Alltag sehr oft?
- Was genau sind meine bisherigen persönlichen Erfolge?
- Was konkret schätzt meine Lebenspartnerin bzw. mein Lebenspartner an mir als Person?
- Was schätzen meine Kinder an mir als Elternteil?
- Was schätzen meine Eltern an mir als deren Kind?
- Was schätzen meine Mitarbeitenden an mir als Führungskraft?
- Was schätzt meine Führungskraft an mir?
- Was schätze ich selbst an mir?
- Welche persönlichen Eigenschaften haben dazu beigetragen, dass ich beruflich dort angekommen bin, wo ich jetzt stehe?

Das entsprechende Arbeitsblatt 1.1 finden Sie in Kapitel 15

Es ist wichtig, dass Sie sich mit diesen Fragen auseinandersetzen. Denn die richtige Einstellung fängt zunächst immer bei uns selbst an. Nur wer zu sich selbst eine gute und positive Einstellung hat, kann anderen Personen angemessen und kraftvoll begegnen. Bild 1.1 zeigt zum Thema persönliche Grundeinstellung **das** zentrale Modell für eine Führungskraft. Damit geht es los.

Das heißt, auf die richtige Grundeinstellung kommt es an!

Bild 1.1 Modell der Grundeinstellungen

Starten wir mit einer einfachen Frage, die ich auch immer in meinen Seminaren stelle:

„Welches Pärchen spricht Sie spontan am positivsten an?"

Vermutlich werden Sie sich für die beiden Personen unten entscheiden. Aber warum ist das so?

Typische Statements hierzu sind:

- „Die beiden Personen haben eine positive Ausstrahlung!“
- „Die Arme wirken dynamisch!“
- „Beide sind groß!“
- „Die beiden Personen begegnen sich positiv auf Augenhöhe!“
- „Die freuen sich, weil sie Haare haben ☺!“

Auf dieser ersten Skizze aufbauend kann der Rest des Modells entwickelt werden (siehe Bild 1.2).

Bild 1.2 Die Basis für jeden persönlichen Dialog sollte sein: „Ich bin o.k. und Du bist o.k.!“

Kurzbeschreibung zum Modell „Ich bin o.k.! – Du bist o.k.!“

Im Grunde kommen wir in dem Modus „Ich bin o.k.! - Du bist o.k.!“ auf die Welt. Wir sind normalerweise als Baby mit uns selbst im Reinen und mit uns selbst zufrieden. Und wir sind dankbar für jede Person, die sich liebevoll um uns kümmert (stillt, füttert, wäscht, die Windeln wechselt, bespielt, in den Schlaf wiegt…). Aber irgendwann fängt die Erziehung an, und dann nimmt das Drama seinen Lauf. Auch wenn unsere Eltern oder zentralen Bezugspersonen in fast allen Fällen in allerbester Absicht handeln und uns als Kind fördern, entwickeln, zu einem ordentlichen Menschen erziehen wollen, so erhalten wir in der Regel (ungewollt bzw. unbewusst von unseren Eltern) Impulse, die uns entweder nach links oben (Ich bin o.k.! - Du bist nicht o.k.!) oder nach rechts oben (Ich bin nicht o.k.! - Du bist o.k.!) springen lassen. Durch scheinbar unspektakuläre Vergleiche mit anderen Kindern/Jugendlichen aus unserer Umgebung (Geschwister/Nichten und Neffen/Kindergarten/Schule/Verein/…) und die damit verbundenen Botschaften erhalten wir Orientierungspunkte aus der Sicht unserer Eltern, ob wir uns über oder unter andere Personen stellen sollen. Somit entsteht mit der Zeit eine Tendenz, manchmal auch situations- oder kontextabhängig, ob wir eher in einen inneren Modus fallen, anderen Menschen von oben herab zu begegnen oder eben schnell unser eigenes Licht unter den Scheffel zu stellen.

Es lohnt sich, als Führungskraft zunächst einmal den Blick auf sich selbst zu richten und dem eigenen Verhaltensmuster etwas mehr auf die Spur zu kommen. Dazu einige Reflexionsfragen:

Reflexionsfragen für die Analyse Ihrer persönlichen Grundhaltung

Finden Sie dazu möglichst viele konkrete, persönliche Beispiele!

- In welchen Situationen schaffen Sie es heutzutage, leicht in der Grundhaltung „Ich bin o.k.! - Du bist o.k.!“ zu sein?
- In welchen Situationen neigen Sie dazu, sich eher über andere zu stellen und in das Grundmuster „Ich bin o.k.! - Du bist nicht o.k.!“ zu fallen?
- In welchen Situationen machen Sie sich selbst eher kleiner, sind sehr selbstkritisch und in der Grundhaltung „Ich bin nicht o.k.! - Du bist o.k.!“?
- Gibt es konkrete Personen (Ihre eigene Führungskraft, ein Mitarbeiter, eine Führungskollegin …), die Sie in eine bestimmte Grundhaltung wechseln lassen?
- Bei welcher Person bzw. bei welchen Personen sind Sie eher im Modus „Ich bin o.k.! - Du bist nicht o.k.!“?
- Bei welcher Person bzw. bei welchen Personen sind Sie eher im Modus „Ich bin nicht o.k.! - Du bist o.k.!“?
- Welche Grundhaltung spüren Sie in sich, wenn Sie mit schwierigen Mitarbeiterinnen und Mitarbeitern zu tun haben?
- Welche Grundhaltung erkennen Sie bei sich, wenn Sie mit dem Betriebsrat/Personalrat zu tun haben?
- Welche Grundhaltung dominiert bei Ihnen, wenn Sie mit dem Vorstand oder dem Management im Kontakt sind?

Die Grundhaltung, aus der Führungskräfte im Arbeitsalltag agieren, zeigt oft interessante „Nebenwirkungen".

Sind Sie als Führungskraft sehr oft im Modus „Ich bin o.k.! – Du bist o.k.!", dann trägt das in der Regel zu einer offenen, vertrauensvollen Arbeitsatmosphäre bei. Menschen begegnen sich auf Augenhöhe, tauschen ihre Sichtweisen, Meinungen und Gedanken direkt und eher wertschätzend, respektvoll miteinander aus. Sie können das gut emotional nachempfinden, wenn Sie an Gespräche und Begegnungen mit Ihrem besten Freund oder Ihrer besten Freundin denken. Dort ist man in der Regel genau in dieser Grundhaltung.

Sollten Sie als Führungskraft häufiger in der Grundhaltung „Ich bin o.k.! – Du bist nicht o.k.!" agieren, dann begegnen Sie Menschen tendenziell von oben herab. Sie zeigen eher ein kritisches, zweifelndes oder anklagendes Verhalten. Außerdem kann es sein, dass Sie als Führungskraft schnell vorwurfsvoll und in einem strengen Ton sprechen und gerne nach dem Schuldigen suchen. Mitarbeitende können so leicht den Eindruck gewinnen, dass Sie die Führungskraft heraushängen lassen. Somit provozieren Sie je nach Person, mit der Sie zu tun haben, zwei verschiedene Gegenreaktionen.

Variante eins: Ihr Gegenüber reagiert unterwürfig und macht sich klein – geht also in den Modus „Ich bin nicht o.k.! – Du bist o.k.!". Das heißt, es kommt sofort eine Entschuldigung, eine Rechtfertigung oder zumindest eine ausweichende Reaktion.

Variante zwei: Ihr Gegenüber geht zum Gegenangriff über – geht in den gleichen Modus wie Sie, nämlich „Ich bin o.k.! – Du bist nicht o.k.!". Das sorgt für eine Verschärfung der Situation und kann sogar zur Eskalation führen. Auf jeden Fall gibt es eine wenig zielführende Diskussion und eher eine Frontenbildung.

Wenn Sie als Führungskraft im Alltag oft in der Grundhaltung „Ich bin nicht o.k.! – Du bist o.k.!" agieren, nimmt man Sie eher als „schwache Führungskraft" wahr. Sie suchen bei Fehlern schnell die Schuld bei sich selbst, geben eher nach und tun sich schwer, für die Wünsche und Bedürfnisse von sich selbst oder von den Mitarbeitenden in Ihrem Team zu kämpfen. Auch hier kann es zu zwei verschiedenen Gegenreaktionen kommen. Variante eins: Ihr Gegenüber nutzt Ihre „Schwäche" aus und stellt noch größere Forderungen, haut noch mehr auf Sie drauf oder belässt die Schuld ausschließlich bei Ihnen. Das bedeutet, das Muster des Gegenübers ist „Ich bin o.k.! – Du bist nicht o.k.!". Oder aber Ihr Gegenüber macht sich selbst ebenfalls klein und die Situation geht in eine allgemeine Abwärtsspirale des Sich-gegenseitig-noch-kleiner-Machens. Frei nach dem Motto: Eigentlich liegt's an mir – nein, noch mehr liegt's an mir usw. Es folgt eine Art Abwärtsspirale.

Unser Ziel sollte es also immer wieder sein, als Führungskraft möglichst oft im Modus „Ich bin o.k.! – Du bist o.k.!" zu agieren. Das heißt:

Auf die innere Haltung kommt es an!

In diesem Sinne fangen Sie zunächst bei sich selbst an:

Grundhaltung Teil 1: „Ich bin o.k.!“

Es geht darum, sich selbst zu akzeptieren und sich selbst wirklich wertschätzen zu können.

Wie schaue ich auf mich selbst? Ihre Bestandsaufnahme!

Schauen Sie zunächst noch einmal auf die Reflexionsfragen von der Einstiegsübung zum Anfang des Kapitels

- Was sind meine persönlichen Stärken?
- Was kann ich besonders gut?
- Welche Fähigkeiten machen mich im Arbeitsalltag und privat erfolgreich?
- Welche Talente wurden mir in die Wiege gelegt?
- Wo sehe ich meine wichtigsten Kompetenzen?
- Was zeichnet mich positiv aus?
- Was konkret gelingt mir im Alltag sehr oft?
- Was genau sind meine bisherigen persönlichen Erfolge?
- Was konkret schätzt meine Lebenspartnerin bzw. mein Lebenspartner an mir als Person?
- Was schätzen meine Kinder an mir als Elternteil?
- Was schätzen meine Eltern an mir als deren Kind?
- Was schätzen meine Mitarbeitenden an mir als Führungskraft?
- Was schätzt meine Führungskraft an mir?
- Was schätze ich selbst an mir?
- Welche persönlichen Eigenschaften haben dazu beigetragen, dass ich beruflich dort angekommen bin, wo ich jetzt stehe?

Achten Sie bei der Beantwortung dieser Fragen nun bewusst auf Ihre inneren Bilder:

- Welche Personen sehen Sie bei der Beantwortung vor Ihrem inneren Auge?
- Was „hören Sie über sich auf der Tonspur“ von den anderen Personen?
- Welche konkreten Situationen durchleben, spüren Sie noch einmal innerlich?
- Was erzeugt bei Ihnen ein innerliches Wohlbefinden?
- Womit können Sie sich wirklich gut identifizieren?

Sie können diese Fragen auch nutzen, um mit vertrauten Personen in einen ersten Dialog zu treten: Hören Sie sich die Antworten interessiert, neugierig an. Machen Sie sich Notizen beim Gespräch. Halten Sie die wesentlichen Punkte für sich fest:

- Welche Attribute schreiben Ihnen Ihre Vertrauenspersonen zu?
- Welche konkreten Beispiele beschreiben Ihre Vertrauenspersonen?
- Welche Fragen können Ihre Vertrauenspersonen relativ leicht beantworten?
- Bei welchen Fragen tun sich Ihre Vertrauenspersonen eher schwer mit einer Antwort?

Ziel dieser Selbstreflexion und des Dialogs mit Vertrauenspersonen ist es, dass Sie für sich selbst eine klare und greifbare Vorstellung haben, was Sie persönlich o.k. macht! Je klarer, greifbarer, überzeugender und kraftvoller das für Sie ist, desto eher und authentischer schaffen Sie es, im Führungsalltag für sich selbst im Modus „Ich bin o.k.!“ zu bleiben.

Aber es geht nicht um „Selbstbeweihräucherung“! Es ist nicht das Ziel der persönlichen Selbstüberschätzung und der Arroganz. Es geht vielmehr um ein gutes, positives Selbstwertgefühl. Nur, wenn wir uns selbst wertvoll fühlen und Wertschätzung für uns selbst empfinden, werden wir in der Lage sein, auch anderen Menschen eine würdige, kraftvolle Wertschätzung entgegenzubringen. Denn die Wertschätzung anderer verliert an Kraft, wenn wir uns selbst nicht wertschätzen.

Stellen Sie sich einfach mal vor, dass Sie von jemandem eine Anerkennung bekommen, der sich selbst als Verlierer sieht. Dann haben Sie an dieser Anerkennung bestimmt nicht so viel Freude, als wenn die Anerkennung von jemandem kommt, der über viel Kompetenz verfügt, ein positives Selbstbild hat, selbst schon sehr erfolgreich war, vielleicht eine Art Vorbild für Sie ist und die von Ihnen gebrachte Leistung wirklich angemessen beurteilen kann.

Grundhaltung Teil 2: „Du bist o.k.!“

Hier geht es darum, das Positive, die Stärken und die Potenziale der anderen Person zu erkennen und zu würdigen. Und es geht nicht darum, andere Menschen ausschließlich durch die rosarote Brille zu sehen. Aber oft tragen wir Vorurteile, negative Glaubenssätze und Verallgemeinerungen in uns, die den wohlwollenden Blick auf andere Menschen versperren. Gerade als Führungskraft sollten wir unseren Mitarbeiterinnen und Mitarbeitern möglichst respektvoll begegnen. Respekt zeigen heißt, die andere Person erst einmal persönlich als o.k. anzuerkennen.

Mitarbeitende einschätzen – Ihre Bestandsaufnahme

Nehmen Sie sich einen Stift und ein leeres Blatt Papier zur Hand. Alternativ können Sie sich aus Kapitel 15 das Arbeitsblatt (Arbeitsblatt 1, Teil 2) kopieren und zur Übung nutzen.

Beantworten Sie folgende Fragen unbedingt schriftlich:

- Welche Fähigkeiten haben die Teammitglieder? Notieren Sie zu jedem Ihrer Teammitglieder mindestens drei persönliche Fähigkeiten, Stärken, Potenziale, Talente, positive Attribute ...!
- Welche Aufgaben können jeweils besonders gut gelöst werden? Notieren Sie zu jedem Teammitglied mindestens drei konkrete Aufgaben, die in den letzten drei Monaten (sehr) gut gelöst wurden!
- Wer sagt was? Notieren Sie zu jedem Teammitglied einen für die Person typischen, positiven Satz, den die Person öfters sagt oder den Sie ihr zuschreiben würden!

- Was fällt mir zu den einzelnen Personen ein? Notieren Sie für jedes Teammitglied eine Idee für eine möglichst positive Metapher, die der Person am ehesten gerecht wird!
- Wohin könnten sich die einzelnen Personen entwickeln? Notieren Sie für jedes Teammitglied das aus Ihrer Sicht wichtigste Entwicklungsfeld, das die Person am ehesten voranbringen würde!
- Gibt es bereits Erfolge, an die sich anknüpfen lässt? Notieren Sie zu jeder Person und deren Entwicklungsfeld bereits geschaffte Erfolgserlebnisse, die diese Person bereits im Entwicklungsfeld hatte!

Mit Sicherheit ist Ihnen diese Aufgabe bei dem einen oder anderen Teammitglied leichter gefallen als bei den Teammitgliedern, die Sie gegebenenfalls sogar als „Problemfall" sehen. Vielleicht haben Sie auch Personen, die Sie gar nicht so richtig einschätzen können. Dann nutzen Sie die beschriebene Übung, um zu den einzelnen Teammitgliedern in den nächsten vier Wochen weitere Beobachtungen zu machen und sich diese Beobachtungen zu notieren.

Der zweite Teil der Grundhaltung „Ich bin o.k.! – Du bist o.k.!" richtet somit den Blick auf die Menschen, mit denen Sie im Führungsalltag am häufigsten zu tun haben. Achten Sie besonders darauf, was den anderen o.k. macht! Wenn wir es wollen und aktiv danach suchen, werden wir auch bei Menschen, die wir eventuell sehr negativ sehen, etwas Positives finden. Es geht darum, unsere eigenen Wahrnehmungsfilter immer mal wieder kritisch zu überprüfen. Jeder von uns hat ein mehr oder weniger differenziertes „Schubladensystem" in seinem Kopf. Es gibt aber auch Führungskräfte, die haben lediglich nur zwei Schubladen im Kopf. Schublade 1: Das ist ein Guter! Schublade 2: Das ist eine Pfeife!

Überprüfen Sie regelmäßig Ihre inneren Schubladen!

1.2 Praxistransfer – Worauf kommt es an?

Es geht im Führungsalltag vor allem um die eigene Grundeinstellung. Als Führungskraft strahlen Sie Ihre innere Haltung nach außen aus. Die eigene Haltung hat prägenden Einfluss auf die Kommunikation und die Begegnung mit Ihren Mitarbeitern. Mit der richtigen Grundeinstellung ermöglichen Sie einen echten und persönlichen Dialog auf Augenhöhe. Und durch eine solche Begegnung, die geprägt ist von Respekt, Wertschätzung, einem kraftvollen Selbstbild und einem positiven Blick auf andere Personen, fördern Sie die Leistungsfähigkeit, die Leistungsbereitschaft und die Weiterentwicklung von Menschen und Teams. Und das ist wiederum eine zentrale Führungsaufgabe.

Die eigene Grundeinstellung optimieren – erster Schritt

Grundeinstellung Teil 1: „Ich bin o.k.!“

- Überprüfen Sie Ihre Haltung zu sich selbst!
- Wertschätzen Sie sich selbst!
- Würdigen Sie Ihre eigenen Erfolge!
- Schauen Sie wohlwollend auf Ihre eigenen Entwicklungsfelder!

Grundeinstellung Teil 2: „Du bist o.k.!“

- Suchen Sie nach Stärken und Fähigkeiten Ihrer Teammitglieder!
- Begegnen Sie anderen Menschen respektvoll auf Augenhöhe!
- Überprüfen Sie Ihre eigenen Schubladen in Ihrem Kopf!
- Schalten Sie immer mal wieder innerlich auf „reset“!

Das, worauf Sie Ihre Aufmerksamkeit richten, wird Ihr Führungsverhalten bestimmen. Ihre Wahrnehmung wird dadurch in eine bestimmte Richtung geprägt. Denn wir suchen permanent nach Bestätigung für unsere Gedanken, Meinungen und unsere Einstellung. Haben wir von uns selbst ein positives Bild und eine angemessen positive Einstellung zu uns, werden wir kraftvoll, mit Selbstbewusstsein und eigener Überzeugung agieren. Haben wir zu unseren Mitarbeitenden eine positive Einstellung und sehen eher die Stärken und Fähigkeiten der Menschen, die wir führen, werden wir diese Aspekte in der Zusammenarbeit viel eher wahrnehmen und können sie dann auch wertschätzen. Wenn wir unsere Mitarbeitenden hingegen eher als „Verlierer“ oder „Pfeifen“ sehen, dann fällt auch die Wertschätzung schwer. Wie heißt es doch in einem Spruch so treffend: „Ich glaub, ich hab´ Tinnitus im Auge – ich sehe hier nur Pfeifen.“

Die eigene Grundeinstellung optimieren – zweiter Schritt

Analysieren Sie die Situationen, in denen Sie aus dem Modus „Ich bin o.k.! – Du bist o.k.!“ in einen anderen Modus wechseln!

- Was genau hat dazu geführt, dass Sie in den Modus „Ich bin o.k.! – Du bist nicht o.k.!“ umgeschwenkt sind?
- Was gab den Ausschlag, dass Sie in den Modus „Ich bin nicht o.k.! – Du bist o.k.!“ bzw. „Ich bin o.k.! – Du bist nicht o.k.!“ verfallen sind?
- Wie schaffen Sie für sich einen Automatismus, möglichst immer wieder in die Haltung „Ich bin o.k.! – Du bist o.k.!“ zu kommen?
- Wer kann Ihnen dabei helfen, regelmäßig Ihre Haltung und die Wirkung Ihrer Haltung zu überprüfen?
- Von wem wollen Sie sich dazu ein persönliches Feedback einholen?

Gerade für den Praxistransfer ist es hilfreich, die vorgeschlagenen Impulse immer wieder auf drei Ebenen für sich zu prüfen:

1. Ebene: Kopfebene

Wenn ich dieses Modell „Ich bin o.k.! - Du bist o.k.!“ so für mich reflektiere, was denke ich dazu? Welche Gedanken haben eher den Charakter der inneren Zustimmung? Welche Gedanken gehen eher in Richtung des Zweifels? Welche persönlichen Erfahrungen verbinde ich eher mit Zustimmung bzw. mit Zweifel bezogen auf das Modell?

2. Ebene: Gefühlsebene

Welche Gefühle nehme ich bei mir wahr, wenn ich dem, was ich über das Modell gelesen habe, in mir nachspüre? Sind das eher angenehme Gefühle, die sich genau nach einer solchen Einstellung sehnen? Oder sind das eher Empfindungen, die ein gewisses Bauchgrummeln verursachen? Was genau sorgt bei mir eher für ein gutes oder aber negatives Gefühl?

3. Ebene: Handlungsebene bzw. Verhaltensebene

Was konkret ist mein persönlicher Umsetzungsimpuls aus dem, was ich gelesen habe? Was genau will und werde ich in meinem Führungsalltag ausprobieren? Worauf genau will ich bezüglich meiner Grundeinstellung noch mehr achten? Im Umgang mit welchem Teammitglied kann ich mir die Umsetzung meiner Impulse besonders gut vorstellen? Wo habe ich relativ wenig zu verlieren, wenn ich etwas in der Umsetzung im Alltag ausprobiere? Was sollte ich bei meiner Umsetzung in meinem Umfeld besonders beachten?

Um sich diesbezüglich weitere Denkanstöße zu holen, empfehle ich Ihnen den Film *AUGENHÖHE - original (2015)* (*https://augenhoehe-film.de/filme/*). Dort erhalten Sie Einblicke in Firmen und Führungssituationen, in denen Mitarbeitenden sehr respektvoll, wertschätzend und interessiert begegnet wird. Sie erfahren, mit welcher Haltung Führungskräfte agieren und welche positive Wirkung dies auf die beteiligten Mitarbeitenden hat. Der Film dauert eine knappe Stunde, aber die Zeitinvestition lohnt sich.

In Kapitel 15 finden Sie Reflexionen zum Grundmodell „Ich bin o.k.! - Du bist o.k.!“ (Arbeitsblatt 1, bestehend aus zwei Teilen).

1.3 Die besondere Herausforderung

Wenn wir davon ausgehen, dass Sie selbst als Führungskraft möglichst oft die Grundhaltung „Ich bin o.k.! - Du bist o.k.!“ an den Tag legen und diese Haltung mit Leben füllen, dann leisten Sie schon mal einen wertvollen Beitrag, um für eine positive Arbeitsatmosphäre zu sorgen. Aber manchmal haben wir es mit Mitarbeitenden zu tun, die alles und jeden kritisch sehen. Menschen, die mit sich selbst nicht im Reinen sind und alles schwarzsehen bzw. kaum oder keine Motivation zeigen. Hier kann man die Grundhaltung „Ich bin nicht o.k.! – Du bist nicht o.k.!" hineininterpretieren. Das bedeutet, dass man eben auch als Führungskraft von diesen Mitarbeitenden kritisch gesehen wird. Deshalb ist es nun mal eine besondere Herausforderung, wenn man als Führungskraft selbst in der Grundhaltung „Ich bin o.k.! – Du bist o.k.!" agiert und auf eine Mitarbeiterin oder einen Mitarbeiter trifft, und diese Person begegnet einem in der Grundhaltung „Ich bin nicht o.k.! – Du bist nicht o.k.!". Wir können als Führungskraft zwar eine positive Grundhaltung vorleben, wir können durch wertschätzenden und respektvollen Umgang mit den Mitarbeitenden zeigen, dass uns die anvertrauten Teammitglieder wichtig sind, aber wenn jemand in der absolut negativen Grundhaltung verweilt, ist oft „Hopfen und Malz verloren". Dann hilft über kurz oder lang nur eine Trennung von einer solchen Mitarbeiterin bzw. einem solchen Mitarbeiter.

Das mag Sie jetzt vielleicht irritieren, aber auch eine Trennung kann Wertschätzung sein. Wenn Sie eine Person in Ihrem Team haben, die immer alles schlechtredet, sich an keine Spielregeln hält, permanent die Stimmung runterzieht, dann können Sie dieser Person wohlwollend mehrfach eine Chance bieten, die Einstellung zu ändern, aber wenn das nicht hilft, sollten Sie klare Konsequenzen ziehen. Ich komme im weiteren Verlauf des Buches noch einmal darauf zurück.

Doch vor einer Trennung sollten Sie zunächst selbstkritisch überprüfen, ob Sie dieser Person eine angemessene Chance gegeben haben und ihr wirklich mit der Grundhaltung „Ich bin o.k.! – Du bist o.k.!" begegnet sind. Außerdem sollten vor einer Trennung einige Gespräche stattgefunden haben, in denen Sie Ihre Einschätzung und die Konsequenzen der wahrgenommenen Haltung des Teammitglieds vorher dieser Person deutlich gemacht haben. Nur dann agieren Sie wirklich fair und letztlich nachvollziehbar. Gerade das Verhalten im Kontext einer Trennung von Mitarbeitenden wird von den anderen Teammitgliedern sehr genau beobachtet. Einerseits erwarten Mitarbeiterinnen und Mitarbeiter eine gewisse Konsequenz, wenn einzelne Teammitglieder nicht mitziehen. Andererseits ist ein Trennungsprozess auch ein echtes Kulturmerkmal in einem Unternehmen.

Ein offenes, ehrliches Agieren als Führungskraft, das persönliche Ansprechen der wahrgenommenen Haltung des Teammitglieds, das Aufzeigen von möglichen Konsequenzen und das letztliche Konsequenzenziehen wird als klare und starke Führung gewürdigt.

Im Prinzip sollte jede Mitarbeiterin und jeder Mitarbeiter für sich in einem solchen Trennungsprozess das Fazit ziehen können: „Wenn so mit mir als Teammitglied umgegangen wird, ist das vollkommen in Ordnung!" oder: „Das ist fair und gerecht!".

1.4 Im Kontakt mit sich selbst sein

Selbstreflexion ist eine wichtige Führungskompetenz! Vielleicht ist es sogar die wichtigste Führungskompetenz?! Es geht immer wieder darum, dass wir als Führungskraft in einem guten und wertschätzenden Kontakt zu uns selbst sind. Denn dann haben wir die Möglichkeit, durch gute Selbstreflexion bewusst an den richtigen Hebeln zu ziehen, um unsere Grundeinstellung gezielt zu steuern.

In dem folgenden Expertengespräch mit Ulrike Scheuermann erfahren Sie mehr darüber, wie Sie als Führungskraft alle Seiten Ihrer Person integrieren, anstatt sie zu verdrängen oder auf andere zu projizieren, und warum es oft sinnvoll ist, Gefühle erst einmal ausreifen zu lassen. Sie ist Diplom-Psychologin, arbeitet als freiberufliche Trainerin und Coach sowohl mit Führungskräften als auch mit Teammitgliedern. Außerdem ist sie Bestsellerautorin von Sachbüchern und professionelle Speakerin. Für mich ist sie bei diesem Buch zudem eine wertvolle Impulsgeberin gewesen.

Expertengespräch mit Ulrike Scheuermann, Diplom-Psychologin und Bestsellerautorin

Ulrike, welchen Blick hast du auf Führungskräfte, wenn du als Psychologin auf die Rolle schaust? Was ist dir wichtig?

Führungskräfte sollten sich als ganze Person mit verschiedenen Seiten ihrer Persönlichkeit annehmen und zeigen, auch mit den ungeliebten. Wenn Führungskräfte das vorleben, wirken sie überzeugender, werden zu Vorbildern und können andere damit anstecken, insbesondere ihre Mitarbeitenden. Das ist nicht so leicht, denn dazu müssen sich Führungskräfte ganzheitlich weiterbilden und somit dieses Muster des **Ganzseins** ins Team tragen.

*Was bedeutet für dich **ganz sein**?*

Ganz sein heißt, nicht nur die kompetenten und perfekten Seiten bei sich zu akzeptieren und zu zeigen, sondern auch die Seiten, die man weniger mag oder ablehnt. Auch als Führungskraft sollte man signalisieren, dass man nicht perfekt ist. Man kann sich auch o.k. fühlen, wenn man nicht allen Ansprüchen zu 100% gerecht werden kann. Dadurch ermutigt die Führungskraft ihre Mitarbeitenden, Verantwortung zu übernehmen, z. B. wenn ein Teammitglied etwas besser kann als die eigene Führungskraft, oder auch, Fehler als Lernmöglichkeit aufzufassen, anstatt sich dafür zu schämen oder sie zu verheimlichen.

*Zu welchen Problemen kann ein **nicht ganz sein** im Führungsalltag führen?*

Es gibt immer wieder das Problem, dass sich Führungskräfte Mitarbeitende aussuchen, die ihnen selbst ähnlich sind. Das sind dann Menschen, die die gleichen Stärken haben wie sie selbst, was häufig auch etwas mit Sympathie zu tun hat. Andere Stärken fehlen dann gegebenenfalls in einem Team oder zur Lösung einer Aufgabe.

Wenn ich dir richtig zuhöre, geht es darum, sich aus dem Unbewussten herauszubewegen und verdrängte Seiten von sich selbst möglichst gut zu integrieren.

Genau, es geht um das Thema Projektion. Das ist ein psychologischer Abwehrmechanismus, den wir wohl alle kennen. Man wehrt eigene ungeliebte Seiten bei sich ab und projiziert sie auf andere. Da sieht man sie dann und bekämpft sie, indem man genervt ist, über andere herzieht, sich ärgert, jemanden aggressiv angeht oder nicht fördert. Man findet zum Beispiel jemanden großspurig und lästert im Freundeskreis darüber. Dass man selbst auch gerne in Meetings erzählt, wie gut man ist, kann man erst einmal nicht sehen. Wenn wir unsere Projektionen zurücknehmen und die vormals abgelehnten Seiten integrieren, werden wir selbst ganzer im Sinne von vollständiger – und dann auch akzeptierender gegenüber anderen.

Wie kann das eine Führungskraft im Alltag ändern?

Es geht nicht ganz so einfach, aber zwei Schritte kann man recht pragmatisch machen. Man gibt dem, was einen am anderen aufregt oder nervt, eine Bezeichnung, z. B.: „Das, was mich an XY stört, ist seine Arroganz.“ Somit benenne ich die Wahrnehmung und kann für mich reflektieren, was die Arroganz mit mir und meiner in mir abgelehnten Seite zu tun hat, mit der zweiten Frage: „Was hat das, was mich am anderen aufregt, mit mir zu tun?“ In dem Beispiel also: „Wo empfinde ich bei mir selbst Arroganz oder arrogante Züge, die ich bisher abgelehnt habe?“

Gibt es noch eine andere Herangehensweise?

Man kann die Verhaltensweisen anderer, die man ablehnt, in Ruhe und bewusst wie „neu“ betrachten, um eine andere Perspektive zu entwickeln, indem man hinterfragt: „Stimmt meine Bewertung, wenn ich es mir genau überlege? Oder profitieren mein Team oder auch unsere Kundinnen und Kunden davon, dass die Person so ist, wie sie ist? Wer weiß, vielleicht schätzen andere diese Person mehr als ich, und woran liegt es, dass ich diese Person nicht so wertschätzen kann?“

Was ist in diesem Zusammenhang sonst noch zu beachten?

Wenn wir emotional verstrickt sind, ist es umso schwieriger, sich von den ersten Impulsen nicht gefangen nehmen zu lassen, überzureagieren und dadurch die Beziehung zum Gegenüber unnötig zu belasten. Cholerische Ausbrüche etwa können den Kontakt empfindlich und langfristig beschädigen. Oft ist es gut, mindestens eine Nacht darüber zu schlafen und sich am nächsten Tag mit mehr innerem Abstand und mehr Gelassenheit zu fragen, was an der Situation, dem Verhalten oder der anderen Person ganz konkret aufgeregt oder geärgert bzw. verletzt hat.

Gefühle mit genug Zeit – und Schlaf – ausreifen zu lassen, ist ein wichtiger Schlüssel zu einem souveränen Umgang mit anderen Menschen. Schlaf spielt dabei eine wichtige Rolle, wie wir aus den aktuellen Erkenntnissen der Schlafforschung wissen. Über Nacht finden in der REM-, also der Traumschlafphase die sogenannte nächtliche Emotionstherapie und ein Neujustieren sozialer Wahrnehmungen und Kompetenzen statt. Diese Funktionen sind erst seit kurzem bekannt. Nicht die Zeit heilt viele Wunden, sondern der REM-Schlaf.

Das erinnert mich an meine Zeit bei der Bundeswehr. Dort durfte man sich auch erst 24 Stunden nach einem Sachverhalt bei einer höheren Dienststelle beschweren.

Das ist eine gute Regelung. In der aktuellen Mainstream-Psychologie wird allerdings meist empfohlen: „Drücke deine Gefühle aus." Das Ausdrücken von Gefühlen ist aber nur dann förderlich, wenn die Gefühle Bestand haben: Eine anfängliche Wut kann über Nacht abflauen, und dann ist nur mehr ein leichter Ärger da, den man mit ruhiger Stimme und z. B. verbunden mit einem Wunsch an das Gegenüber verbalisieren kann. Außerdem sollte man bedenken, dass häufig das Phänomen der Übertragung in die Gefühle gegenüber einer anderen Person hineinspielt. Die persönlichen Erinnerungen und Erfahrungen mit früheren Führungspersonen wie Vater, Mutter oder auch Lehrenden spielen in Beziehungen im Arbeitsalltag eine wichtige Rolle, insbesondere im Umgang mit der nächsthöheren Führungskraft.

Worin besteht der Unterschied zwischen Übertragung und Projektion?

Bei der Übertragung überträgt und reaktiviert man frühere - oftmals verdrängte - Gefühle und Rollenerwartungen, Wünsche und Befürchtungen unbewusst auf neue soziale Beziehungen. Man meint zum Beispiel, in anderen Personen die Eigenschaften seines Vaters, seiner Mutter oder einer anderen früheren Person wiederzuerkennen. Das ist für Führungskräfte oft schwierig, weil sie viele Übertragungen von Mitarbeitenden aushalten müssen. Wenn ein Teammitglied Angst vor seiner Führungskraft hat und sich ihr gegenüber unterwürfig verhält, obwohl die Führungskraft auf Augenhöhe mit dem Teammitglied kommuniziert, ist höchstwahrscheinlich eine Übertragung mit im Spiel.

Bei der Projektion dagegen sind es eigene Gefühle oder abgelehnte Eigenschaften, die wir anderen zuschreiben. Wir nehmen diese eigenen Anteile nicht mehr bei uns selbst wahr, sondern entdecken sie bei anderen.

Liebe Ulrike, vielen Dank, das rundet meine Ausführungen zum Modell der Grundeinstellungen „Ich bin o.k.! - Du bist o.k.!" ab. Gerade auch deine Anmerkungen zu Projektion und Übertragung.

Das Thema Wertschätzung hat aus meiner Sicht eine ganz zentrale Bedeutung für die Atmosphäre in Teams und in Unternehmen. Es beginnt bei der Einstellung des Einzelnen und wirkt in die gesamte Organisation. Ich freue mich, dass du diesem Thema den notwendigen Raum gibst. Und danke, dass dir meine Meinungen und meine Erfahrungen wichtig sind. ■

Wenn Sie mehr von Ulrike lesen möchten, dann ist hier der Link zu ihrer Homepage: *https://ulrike-scheuermann.de/*.

■ 1.5 Erkenntnis – Reflexion – Umsetzung

Nachfolgender Text soll Sie ermutigen, die richtige Einstellung zu finden (aus dem Buch *Der träumende Delphin* von Sergio Bambaren):

Denk an deinen Traum

„Träume bedeuten vielleicht ein hartes Stück Arbeit. Wenn wir versuchen, dem auszuweichen, können wir den Grund, warum wir zu träumen begannen, aus den Augen verlieren, und am Ende merken wir, dass der Traum gar nicht mehr uns gehört.

Wenn wir einfach der Weisheit unseres Herzens folgen, wird die Zeit vielleicht dafür sorgen, dass wir unsere Bestimmung erfüllen.

Denk daran: Gerade wenn Du schon fast aufgeben willst, gerade wenn Du glaubst, dass das Leben zu hart mit dir umspringt, dann denk daran, wer Du bist.

Denk an Deinen Traum.“ ■

Was genau ist Ihr Traum – Ihr Führungstraum?

Was wollen Sie als Führungskraft bewegen?

Was wollen Sie als Führungskraft erreichen?

Wozu wollten Sie Führungskraft werden?

Dazu passt auch der bewegende Film *Patch Adams* mit Robin Williams in der Hauptrolle. Schon der Vorspann macht nachdenklich – hier der Text:

„Das ganze Leben ist eine Suche nach dem Zuhause. Für Vertreter, Sekretäre, Bergarbeiter, Bienenzüchter, Schwertschlucker, für uns alle. Alle rastlosen Herzen dieser Welt versuchen einen Weg nach Hause zu finden. Es ist schwierig zu beschreiben, was ich damals fühlte: Stellen Sie sich vor, Sie irren tagelang durch ein dichtes Schneegestöber, Sie wissen nicht einmal, ob Sie im Kreise herumlaufen, Sie spüren nur die Schwere Ihrer Beine im dichten Schnee, Ihre Hilferufe verhallen ungehört im Wind. Wie klein fühlt man sich dann? Wie weit weg kann dann das Zuhause sein?

Zuhause. Das Lexikon definiert es sowohl als Ort der Herkunft als auch als ein Ziel oder einen Bestimmungsort. Und der Sturm? Der Sturm verweht auch meine Gedanken. Oder wie es Dante ausdrückte: ‚Gerade in der Mitte meiner Lebensreise befand ich mich in einem dunklen Walde, weil ich den rechten Weg verloren hatte.‘

Doch ich sollte den richtigen Weg finden, allerdings an einem äußerst merkwürdigen Ort ...“ ■

Was ist Ihr gedankliches Zuhause?

Was genau ist Ihre Herkunft und was sehen Sie als Ihre Bestimmung, als Ihr Ziel?

Im weiteren Verlauf des Films wird deutlich, dass es die Bestimmung von Patch Adams ist, Arzt zu werden. Allerdings will er nicht nur Mediziner werden. Er will mehr. Er will eine andere Art von Medizin. Eine andere Art von Einstellung. Bei einer Anhörung vor dem staatlichen Prüfungsausschuss hält er eine beeindruckende Ansprache:

„Ein Arzt sollte es nicht als einzige Aufgabe ansehen, den Tod zu verhindern. Sondern muss auch für eine Verbesserung der Lebensqualität sorgen. Und deshalb kann es vorkommen, dass man gewinnt oder verliert.

Behandelt man aber einen Menschen und nicht nur eine Krankheit, dann gewinnt man immer, egal wie das Ergebnis ist. Dieser Saal hier ist voll von Medizinstudenten.

Lasst euch nicht von ihnen anästhesieren. Lasst euch nicht von ihnen gefühllos machen für das Wunder des Lebens. Lebt in Ehrfurcht vor dem großartigen Mechanismus des menschlichen Körpers. Das sollte im Mittelpunkt eurer Studien stehen und nicht die Jagd nach guten Noten, die euch kein Gefühl dafür vermitteln können, was für einen Arzt jemand benötigt. Und wartet nicht, bis ihr auf der Station seid, um eure Menschlichkeit wiederzubekommen. Übt die sprechende Medizin. Fangt an, mit Fremden zu sprechen, mit euren Freunden, mit Leuten, die sich verwählt haben. Und pflegt die Freundschaft mit den fantastischen Menschen dort hinten, den Krankenschwestern, die euch viel beibringen können. Sie haben unmittelbaren Kontakt mit den Menschen. Sie waten durch Blut und Scheiße. Sie können euch unglaubliches Wissen vermitteln. Genauso wie die Professoren, die vom Herzen aufwärts noch nicht tot sind. Nehmt teil an ihrem Mitgefühl und lasst euch davon anstecken.“

Auf Nachfrage des staatlichen Prüfungsausschusses sagt Patch Adams:

„Sir, ich möchte von ganzem Herzen Arzt werden! Ich wollte Arzt werden, um anderen Menschen zu dienen. Und darum habe ich wahrscheinlich alles verloren. Aber vielleicht habe ich auch alles gewonnen? Ich habe am Leben der Patienten und Angestellten im Krankenhaus teilgenommen. Ich habe mit ihnen gelacht und ich habe mit ihnen geweint. Ich habe die Medizin in den Mittelpunkt gestellt ...“ ■

Schauen Sie sich den Film mal in Ruhe an, es lohnt sich, denn dieser Film bewegt emotional, macht nachdenklich und zeigt in besonderer Form eine Haltung von „Ich bin o.k. – Du bist o.k.“. Ich wünsche Ihnen eine gute Inspiration!

Hier einige Reflexionsfragen, die Sie für sich einmal beantworten können:

Reflexionsfragen

- Warum wollten Sie selbst Führungskraft werden?
- Wollten Sie das von ganzem Herzen?
- Und wenn ja, wozu?
- Was war Ihre Intention dahinter?
- Wozu wurden Sie Führungskraft?
- Was konkret wollen Sie bewegen?
- Warum oder wozu wollen Sie Menschen führen?
- Was haben diese Menschen davon, von Ihnen geführt zu werden?

Sie sehen: **Menschen machen den Unterschied!** Mit ihrer Haltung, mit ihrer Einstellung, mit ihrem Auftreten und mit der Art und Weise, wie sie zu sich selbst stehen und dabei anderen Menschen begegnen.

Deshalb passt das Zitat von Johann Wolfgang von Goethe hier sehr gut:

„Wer die Menschen behandelt, wie sie sind, macht sie schlechter. Wer sie aber behandelt, wie sie sein könnten, macht sie besser."

Wenn wir als Führungskräfte die Menschen, die wir führen, besser machen wollen, dann sollten wir sie auch so behandeln. Behandle Menschen so, wie sie sein könnten!

Führungsprinzip Wertschätzung heißt:

Als Führungskraft für sich selbst und für die zu führenden Personen eine respektvolle und wohlwollende innere Haltung einzunehmen und anderen Menschen auf Augenhöhe zu begegnen.

1.6 Literaturhinweise

Sergio Bambaren: *Der träumende Delphin.* Piper, München 2010, S. 53 – 54

Thomas A. Harris: *Ich bin o.k. du bist o.k. Eine Einführung in die Transaktionsanalyse.* Rowohlt, Reinbek 2002

Ulrike Scheuermann: *Innerlich frei. Was wir gewinnen, wenn wir unsere ungeliebten Seiten annehmen.* Knaur, München 2016

Film: *Patch Adams.* Hauptrolle Robin Williams, deutsche Synchronisation oben zitiert

2 Werte wertschätzen

Nachdem wir im ersten Kapitel den Fokus auf die persönliche Grundeinstellung gerichtet haben, folgt nun der Blick auf das Thema Werte. Menschliches und funktionales Verhalten wird stark von persönlichen Werten, aber auch von vorhandenen und gelebten Unternehmenswerten beeinflusst.

Als Führungskraft sollten Sie sich über Ihre persönlich prägenden Werte bewusst sein und das, was Sie mit Ihren Werten verbinden, Ihren Mitarbeitenden auch erklären können. Damit werden Sie als Chefin oder Chef klarer, greifbarer und berechenbarer für Ihre Mitarbeitenden.

Das Ziel dieses Kapitels ist es, Ihnen zu ermöglichen, Ihre eigenen Werte zu identifizieren, die Unternehmenswerte zu reflektieren und die richtigen Ansatzpunkte zu finden, diese wichtigen Werte im Führungsalltag nachvollziehbar einfließen zu lassen.

■ 2.1 Persönlicher Wertecheck

In meinen Führungsseminaren stelle ich meinen Teilnehmerinnen und Teilnehmern oft die Frage: „Welche Werte sind Ihre drei persönlich wichtigsten Werte?“

In der Regel schauen mich dann 90 % der anwesenden Führungskräfte zunächst einmal leicht verunsichert und mit großen Augen an.

Das ist eine deutliche Bestätigung, dass viele Führungskräfte (zu) unbewusst mit diesem wichtigen Thema **Werte** umgehen. Alle Menschen haben persönliche Werte, aber die wenigsten sind in der Lage, auf diese einfache Frage eine spontane, klare und auch wirklich zu ihnen als Person passende Antwort zu geben.

In der Rolle als Führungskraft ist eine echte Klarheit über persönliche Schlüsselwerte ein wesentlicher und kraftvoller Erfolgsfaktor.

Bild 2.1 Wertebeispiele ... was spricht Sie an?

Bild 2.1 zeigt einige Werte, die für viele Menschen eine hohe Bedeutung haben. Die Liste könnte noch um viele Begriffe ergänzt werden, wie Ehrlichkeit, Integrität, Vertrauen, Mut, Diplomatie, Partnerschaft, Respekt, Aufmerksamkeit, Partizipation, Interesse, Empathie, Effizienz, Veränderung, Glaube, Zeit, Natur ... Identifizieren Sie Ihre persönlichen drei bis vier Topwerte.

Werteübung Teil 1: Identifikation der eigenen Topwerte

In Kapitel 15 finden Sie ein Arbeitsblatt (Arbeitsblatt 2, Teil 1) mit zahlreichen Wertestichworten.

Markieren Sie sich Ihre zehn Favoriten.

Anschließend versuchen Sie, die Stichworte gegeneinander abzuwägen und so zu Ihren drei bis vier Topwerten zu kommen.

Diese Topwerte tragen Sie bitte hier ein:

________________ ________________

________________ ________________

Werteübung Teil 2: Beschreibung Ihrer eigenen Topwerte

Wert 1: ____________________________________

- Was verbinden Sie mit diesem Wert?
- Inwiefern ist dieser Wert für Sie privat und beruflich zu differenzieren?
- Wie leben Sie diesen Wert im (Führungs-)Alltag?
- Woran merken Ihre Mitarbeitenden, dass Ihnen dieser Wert wichtig ist?
- Was passiert, wenn Sie in Situationen geraten, in denen dieser Wert nicht berücksichtigt wird?
- Welche Konsequenzen ergeben sich dann daraus für Sie und/oder die Mitarbeitenden?
- Wie wird dieser Wert in Ihrem Unternehmen/in Ihrem Bereich sonst gelebt oder berücksichtigt?

Beantworten Sie diese Fragen auch für die anderen Werte, die Sie für sich als besonders wichtig identifiziert haben (siehe auch Arbeitsblatt 2, Teil 2, Kapitel 15). ■

Die Inschrift am Orakel von Delphi lautet:

Erkenne dich selbst – werde, der du bist!

Wenn uns das gelingt – uns selbst zu erkennen und so zu werden, wie wir wirklich sind –, dann sind wir schon ganz viele Schritte weiter, sind bewusster, agieren klarer, werden für andere Personen greifbarer und somit profilierter! Und das Bewusstsein unserer Werte schafft noch eine bessere Basis für ein authentisches Handeln.

Spannend ist auch die Frage, welche Werte eine hohe Bedeutung für Ihre Mitarbeitenden haben! Kennen Sie die zentralen Werte Ihrer Mitarbeiterinnen und Mitarbeiter? Wissen Sie, was jedem einzelnen Teammitglied besonders wichtig ist? Worauf reagieren Ihre geführten Persönlichkeiten sehr sensibel oder was sorgt für sehr hohes Interesse?

Es lohnt sich, sich seiner eigenen Werte bewusst zu sein und gleichzeitig auch den zentralen Werten der eigenen Mitarbeiterschaft nachzugehen. Auch dazu können Sie die Werteübersicht nutzen.

2.2 Praxistransfer – Worauf kommt es an?

Werte sind die Basis von Wertschätzung. Welche mir wichtigen Werte will ich beachtet wissen? Welche Werte sind meinen Mitarbeiterinnen und Mitarbeitern wichtig? Wie kann ich als Führungskraft diese Werte respektvoll und angemessen berücksichtigen?

Der wichtigste Ansatz für den Transfer des so relevanten Wertethemas in die Praxis ist das regelmäßige Mitarbeitergespräch. Je nach Vorgabe im Unternehmen sollte ein strukturiertes Mitarbeitergespräch mindestens ein- bis zweimal pro Jahr stattfinden.

Nutzen Sie diesen wertvollen Dialog mit ihren Mitarbeitenden für mehr Tiefgang und Klarheit auch auf der persönlichen Ebene. Erfahrungsgemäß stehen eher die Themen Zielvereinbarung, Zielerreichung und Verbesserungsmöglichkeiten des Teammitglieds im Vordergrund solcher Gespräche. Wenn Sie als Führungskraft hier auch mal einen etwas anderen Schwerpunkt setzen, werden Sie sehen, wie sich das persönliche Verhältnis zu Ihrer Mitarbeiterin bzw. Ihrem Mitarbeiter auf einen Schlag positiv verändert. In Bild 2.2 erkennen Sie den klassischen Rahmen für ein typisches Mitarbeitergespräch einer Führungskraft.

Starten wir mit dem Begriff **Dialog**. Der Dialog zwischen der Führungskraft und dem Teammitglied sollte immer auf Augenhöhe sein. Formulieren Sie (wenn möglich gemeinsam mit dem Teammitglied) die Ziele möglichst SMART. Dabei steht SMART als Akronym für: **s**pezifisch, **m**essbar, **a**kzeptiert, **r**ealistisch, **t**erminiert. Anschließend richten Sie den Blick auf den Weg:

- Was genau ist der Verhaltensrahmen (welches Verhalten ist o.k. und welches Verhalten ist nicht o.k.)?
- Was genau ist der fachliche Rahmen (was gehört zu unserem Fachgebiet und was nicht)?
- Welche Meilensteine/Projekte/Zwischenziele sind zu beachten bzw. zu erfüllen?
- Wann wollen wir konkrete Zwischengespräche führen?
- ...

Trauen Sie sich, neben den klassischen Elementen der Zielformulierung, des Aufgabenspektrums und der Aufgabenschwerpunkte sowie der Arbeitsplatzbeschreibung, den wichtigsten Kundenanforderungen und Projektthemen ... auch einen Teil der Gesprächszeit für das Thema **Werte** einzuplanen.

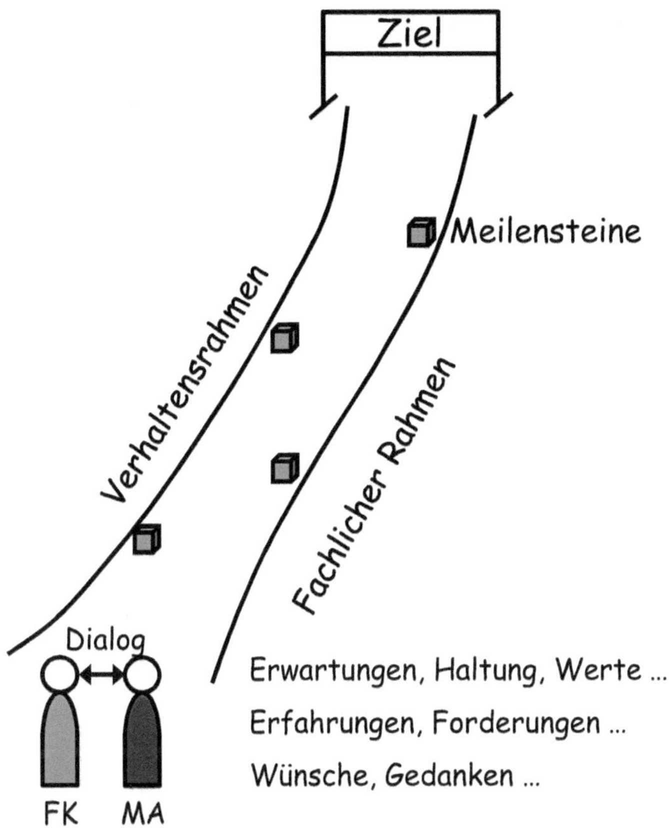

Bild 2.2 Ein einfaches Führungsmodell

Leitfragen für Ihre Vorbereitung von Mitarbeitergesprächen

- Welche meiner persönlichen Werte will bzw. sollte ich meinen Mitarbeitenden möglichst konkret erklären?
- Weshalb ist mir gerade dieser Wert besonders wichtig?
- Welche Auswirkungen hat dieser Wert auf die Zusammenarbeit bezüglich Verhaltensrahmen oder auf den fachlichen Rahmen?
- Wie wirken sich meine Werte auf meine ganz persönliche Erwartungshaltung gegenüber den Mitarbeitenden aus?
- Welche konkreten Wünsche an die Mitarbeitenden resultieren daraus?
- Wie passen meine persönlichen Werte zu den Unternehmenswerten, der Unternehmensphilosophie, den Führungsleitlinien, der Strategie, unserer Vision ...?

Und dann der Blick zur Mitarbeiterin bzw. zum Mitarbeiter – welche Frage(n) wollen Sie Ihrem Gegenüber stellen, um mehr über die persönlichen Werte dieser Person zu erfahren?

Liebe Mitarbeiterin, lieber Mitarbeiter ...

- ... was ist Ihnen persönlich besonders wichtig?
- ... welche hier im Unternehmen genannten oder gelebten Werte sind Ihnen besonders wichtig?
- ... was sollte ich als Führungskraft im Umgang mit Ihnen persönlich möglichst berücksichtigen?
- ... welche Wünsche und/oder Erwartungen resultieren daraus an mich als Ihre Führungskraft?
- ... wie wirken Ihre Werte in Ihre tägliche Arbeit hinein?

Wenn Sie sich nun konkret überlegen, wie Sie die für sich selbst bedeutsamen Werte aus Kapitel 2.1 in das Mitarbeitergespräch einfließen lassen, erhalten Ihre Mitarbeitenden viel mehr Klarheit, was Ihnen als Führungskraft besonders am Herzen liegt.

Praxisbeispiel

Meine drei wichtigsten Werte sind Wertschätzung, Selbstverantwortung und Lebensfreude.

Was verbinde ich mit Wertschätzung im Führungsalltag?

Der Begriff Wertschätzung ist mir schon immer besonders am Herzen gelegen. Seit ich mich mit dem Thema Werte auseinandergesetzt habe, spüre ich in mir den starken Drang, in meinem Umfeld für ein wertschätzendes Miteinander zu sorgen, und es ist mir ein großes Anliegen, meinen Mitmenschen mit echter Wertschätzung zu begegnen. Auch im Führungskontext ist mir Wertschätzung sehr wichtig, denn ich bin der festen Überzeugung, dass gelebte Wertschätzung auch ein bedeutender Erfolgsfaktor für Leistung und Identifikation ist. Deshalb „springe ich aus dem Anzug", wenn ich den Eindruck habe, dass in meinem Team eben nicht wertschätzend miteinander umgegangen wird. Ich lasse es nicht durchgehen, wenn jemand aus meinem Team bewusst von anderen in die Außenseiterrolle gedrängt wird. Hier kann jedes Teammitglied sicher sein, dass ich aktiv interveniere und die handelnden Personen konfrontiere, gegebenenfalls sogar sanktioniere. Dagegen bin ich völlig entspannt, wenn mal ein Meeting fünf Minuten später losgeht, weil der Wert Pünktlichkeit für mich nicht so hoch priorisiert ist, auch wenn mir selbst Pünktlichkeit bei meinen Kundenterminen sehr wichtig ist. Bei meinen Mitarbeitenden oder Seminarteilnehmenden macht es mir aber keinen Stress, wenn etwas mal einen Augenblick länger dauert. Allerdings weiß ich, dass viele Menschen Pünktlichkeit eben auch mit Wertschätzung verbinden. Sie haben das Bild in sich: Pünktlichkeit zeigt Wertschätzung für meinen Gesprächspartner. Ich persönlich habe diese Verbindung nicht so stark verankert, versuche aber immer, pünktlich zu sein, was mir auch in neun von zehn Fällen gelingt ☺.

Was verbinde ich mit Selbstverantwortung als Führungskraft?

Selbstverantwortung hat für mich eine hohe Bedeutung, weil ich zum einen gerne für mich selbst, für Themen, Aufgaben und Projekte, für Ziele und Ergebnisse, aber auch Kundenbeziehungen Verantwortung übernehme. Das heißt, ich möchte als Mitarbeiter und Führungskraft gerne Verantwortung übertragen bekommen und nehme diese dann gerne wahr. Das ist ein zentraler Punkt, weshalb ich auch früher schon gerne Führungsaufgaben übernommen habe. Zum anderen ist es mir aber auch wichtig, anderen Menschen Verantwortung zu überlassen oder ihnen den Raum für Verantwortungsübernahme zu geben. Verantwortung, Selbstverantwortung verbinde ich auch mit Selbstbestimmung und Freiheit. Gerade der Wert Freiheit ist bei mir in den letzten 15 Jahren immer mehr in den Vordergrund gerückt. Ich bin dankbar, so viel Selbstbestimmung und Freiheit in meinem Arbeitsalltag leben zu dürfen. Aber als Führungskraft „hasse ich es", wenn Mitarbeitende, Führungskolleginnen oder Führungskollegen immer andere Personen verantwortlich machen, falls mal etwas schiefgegangen ist. Jeder ist für sich selbst und die damit verbundenen Aufgaben verantwortlich. Dazu gehört auch, dass mal etwas schiefgeht. Dafür wird keinem der Kopf abgemacht. Das Finden von Lösungen, die weitere Umsetzung und das Lernen aus Fehlern stehen bei mir und in meinem Verantwortungsbereich im absoluten Vordergrund. Wenn aber jemand bei Fehlern und Problemen andere vorschiebt, werde ich sauer. Selbstverantwortung sehe ich als zentralen Punkt, um selbstbestimmt und frei durch mein Leben gehen zu können. Gerade bei Menschen, die sehr kritisch mit dem eigenen Umfeld ins Gericht gehen (Mitarbeiterschaft, Führung, Management, Unternehmen, Kunden ...), wünsche ich mir, dass sie für sich selbst Verantwortung übernehmen und ihre persönlichen Konsequenzen ziehen. Das ständige „Gemecker" kostet nicht nur das gesamte Umfeld Kraft und Energie, sondern ist auch noch schädlich für die eigene Gesundheit.

Was verbinde ich mit Lebensfreude im Führungskontext?

Lebensfreude ist mein ganz persönliches Lebenselixier. Ich freue mich über jeden neuen Tag, bin dankbar für meine Familie und mein berufliches Umfeld. Ich habe große Freude an meinem Beruf und im Umgang mit meinen Kunden. Diese Menschen sind oft nicht nur „Kunden". Uns verbinden viele persönliche und tief gehende Gespräche, die über ein normales Kundengespräch hinausgehen. Da sind Partnerschaften entstanden, die von echtem Vertrauen geprägt sind, und daraus schöpfe ich viel positive Energie. Diese positive Energie und Lebensfreude möchte ich auch sehr gerne weitergeben. Wir entscheiden selbst, ob wir auf die schönen Dinge mit Freude und Dankbarkeit schauen oder ob wir mürrisch und missmutig durchs Leben gehen. Ich jedenfalls bevorzuge eindeutig Ersteres. Dabei geht es mir nicht nur um Spaß. Es geht mir um eine verbundene und tiefe Lebensfreude. Es geht mir um mein inneres Feuer der Freude. Echte Freude mit Herzblut und Begeisterungsfähigkeit, auch für die kleinen Dinge des Lebens. ■

Mit diesem Beispiel haben Sie einerseits einen deutlich besseren Einblick in meine ganz persönlichen TOP-Werte, und andererseits lesen Sie eine Variante, wie Sie Ihre Werte konkretisierend beschreiben können. Hilfreich ist es, wenn Sie Ihre persönlichen Werte gut kennen, klar benennen und in Ihrem Umfeld gut ausleben können.

Achten Sie auf Ihre Wertekongruenz!

Dazu gibt es einen schönen Begriff, die sogenannte Wertekongruenz. Das bedeutet, dass Sie sich Ihrer persönlich wichtigsten Werte klar und bewusst sind und diese Werte auch in Ihrem Alltag sowohl privat als auch beruflich leben können. Gelingt es Ihnen, für sich selbst ein hohes Maß an Wertekongruenz herzustellen, dann werden Sie eine hohe Lebenszufriedenheit für sich spüren. Nachfolgend einige Beispiele konkreter Wertebegriffe:

Ehrlichkeit

Wenn Sie als Führungskraft beispielsweise Ehrlichkeit ganz oben auf Ihrem Zettel haben, so haben Sie ein ausgeprägtes Empfinden für die Ehrlichkeit der Menschen, mit denen Sie im Alltag zu tun haben. Konkret heißt das, dass Sie schon merken, wenn ein Teammitglied bei Ihnen den Kopf zur Tür hineinsteckt, dass Ihnen diese Person jetzt gleich etwas „vorflunkern“ will. Sie haben wahrscheinlich feine Antennen für ehrliche Aussagen und eben unehrliche Aussagen. Auch Sie selbst werden in vielen Situationen offen und ehrlich Ihre Position vertreten, vielleicht auch gegen Widerstände und mit der Gefahr, eigene Nachteile in Kauf zu nehmen. Aber Ehrlichkeit ist Ihnen nun mal wichtig. Nur wenn Sie wirklich ehrlich sind oder sein können, fühlen Sie sich auch richtig wohl.

Diplomatie

Eine Führungskraft, die im Gegensatz zu Ehrlichkeit jedoch vielleicht Diplomatie als einen zentralen Wert für sich in Anspruch nimmt, wird garantiert eine ganz andere Ausdrucksweise an den Tag legen. Vielleicht nach dem Motto: „Sage immer die Wahrheit, aber sage die Wahrheit nicht immer!“ Der ehrliche Chef bzw. die ehrliche Chefin haut auch mal dem Mitarbeitenden eine Aussage an den Kopf und tritt dieser Person damit gegebenenfalls durch die eigene direkte Ehrlichkeit auf die Füße. Das wird einem echten Diplomaten eher nicht passieren. Diplomatische Menschen legen einfach großen Wert darauf, sich möglichst so in Kommunikationsprozessen zu äußern, dass sie anderen Personen nicht vor den Kopf stoßen und sich möglichst viele Optionen offenhalten. Außerdem achten sie darauf, wie andere Menschen miteinander umgehen. Sie versuchen, durch ihre Diplomatie Brücken zu bauen und zwischen verschiedenen Parteien zu vermitteln. Das kann aber auch so weit führen, dass man manchmal gar nicht weiß, wofür diese Person tatsächlich selbst steht.

Ordnung

Sollte Ihnen als Führungskraft vielleicht der Wert Ordnung besonders am Herzen liegen, dann werden Sie wahrscheinlich sehr kritisch mit Mitarbeitenden umgehen, die ihren Schreibtisch nicht ordentlich aufräumen („Volltischler“) und auch sonst im Arbeitsstil eher chaotische Züge aufweisen. Dagegen werde Sie auf Mitarbeitende eher positiv zugehen, die Ihrem eigenen Ordnungssinn entsprechen und durch ihre gute Ordnung nach außen hin zeigen, dass sie im wahrsten Sinne des Wortes „aufgeräumt“ sind. Oft ist aber ein gewisses Maß an Strukturlosigkeit ein wichtiger Erfolgsfaktor, um auf neue Ideen zu kommen. Aber ordnungsliebenden Menschen fällt es tendenziell schwer, das Chaotische positiv anzuerkennen. Sie leiden eher unter Chaos und Unordnung. Andererseits schaffen Führungskräfte, die Ordnung großschreiben, in der Regel klare Arbeitsstrukturen und sorgen für logische, funktionierende Prozesse.

Umsetzung

Führungskräfte, denen Umsetzung wichtig ist, würdigen es, wenn Projekte, Aufgabenstellungen und Maßnahmen wirklich zu Ende gebracht werden. Sie hassen oft nichts mehr als „offene Posten“. Daher sind sie im Führungsverhalten stark abschlussorientiert. Allerdings gehen sie mit Mitarbeitenden hart ins Gericht, wenn Aufgaben eben nicht erledigt werden und offenbleiben. Das können sie nicht nachvollziehen. Durch ihr ganzes Führungsverhalten werden Sie dazu beitragen, dass Aufgaben fristgerecht abgeschlossen werden und am Ende eines Arbeitsprozesses klare Ergebnisse sichtbar werden. Das kann in vielen Fällen einen enormen Druck für Mitarbeiterschaft erzeugen.

Jeder Wert ist gleich wertvoll!

Es geht nicht darum, einzelne Werte über andere Werte zu stellen. Jeder Wert ist gleich wertvoll. Entscheidend ist die persönliche Klarheit über die eigenen Werte. Denn diese Werte, die Ihnen besonders wichtig sind, sollten Sie in Mitarbeitergesprächen unbedingt auch Ihren Teammitgliedern erklären und anhand von praxisnahen Beispielen beschreiben.

Machen Sie sich also bewusst, was Sie als Führungskraft und Persönlichkeit mit Ihren drei bis vier Topwerten verbinden. Und überlegen Sie, wie Sie einer Mitarbeiterin oder einem Mitarbeiter diese Werte erklären können. Je besser Sie sich das im Vorfeld überlegen, desto leichter fällt es Ihnen, diese Werte im Gespräch klar und nachvollziehbar darzustellen. Idealerweise haben Sie sogar konkrete Beispiele aus der bisherigen Zusammenarbeit, auf die Sie sich beziehen können.

Erklären Sie Ihre persönlichen Werte im Gespräch mit Ihren Mitarbeitenden

- Wie ist meine Lebenseinstellung bzw. was ist mein Lebensmotto?
- Was genau ist mir persönlich sehr wichtig?
- Was sind meine persönlichen und beruflichen zentralen Werte?
- Was konkret verbinde ich mit dem Wert, mit der Begrifflichkeit?
- Wie gelingt es mir, meinen Werten treu zu bleiben?
- Was gibt mir Sinn in meinem Leben?

Und dann nehmen Sie Bezug auf Ihr Verhalten als Führungskraft:

- In welchen Situationen sind Sie sehr achtsam, empfindlich oder sensibel?
- In welchen Situationen springen Sie sinnbildlich „aus dem Anzug"?
- Auf welches Verhalten bei Teammitgliedern achten Sie im Alltag besonders genau?
- Wo genau haben Sie vielleicht eine sehr hohe Erwartungshaltung?
- Was bedeutet das für die Zusammenarbeit Ihrer Teammitglieder mit Ihnen als Führungskraft?
- Welche Beispiele fallen Ihnen ein, um es einem Mitarbeitenden anschaulich zu machen?
- Wie können Sie Ihre Werte gut nachvollziehbar beschreiben?
- Welche Situationen/Verhaltensweisen sind Ihnen zuwider?
- Wo sind Sie im Arbeitsalltag eher großzügig?
- Was ist für Sie eventuell nicht so wichtig?
- An welchen Stellen können Ihre Teammitglieder wirklich frei agieren?

Um nun für Substanz im Mitarbeitergespräch zu sorgen, ist es gerade am Anfang wichtig, in dem Dialog auf Augenhöhe über die eigenen Erwartungen, die eigene Haltung, die eigenen Werte, persönliche Erfahrungen, konkrete Forderungen, Wünsche und Gedanken zu sprechen, wie in Bild 2.2 dargestellt.

Wenn Sie hier klar und nachvollziehbar Bezug auf die vereinbarten Ziele, den besprochenen Verhaltensrahmen und auch auf den fachlichen Rahmen nehmen, werden die Gespräche mit Ihren Mitarbeitenden einen neuen Tiefgang erreichen.

Außerdem werden Sie als Führungskraft viel greifbarer für Ihre Teammitglieder, und Ihre Mitarbeitenden können noch viel leichter verstehen, **warum** Ihnen **was** besonders am Herzen liegt.

Nehmen Sie sich also Zeit für sich selbst, um zu erkennen, was Ihnen wirklich wichtig ist, was Ihre ganz persönlichen Werte sind. So haben Sie auch die Chance, über das Thema Werte immer wieder mit Ihren Mitarbeitenden ins Gespräch zu kommen. In der beruflichen Praxis läuft das in der Regel nur unbewusst ab. Daher die Empfehlung: **Führen Sie mit Ihren Teammitgliedern öfters einen Dialog über Ihre Werte!** Und fragen Sie möglichst auch nach den Werten Ihrer Mitarbeitenden.

2.3 Bezug zu den Unternehmenswerten

In vielen Unternehmen gibt es offizielle Unternehmenswerte. Die sind im Unternehmensleitbild, der Vision oder den Führungsleitlinien benannt. Auch diese sollten Sie immer mal wieder mit Ihren Teammitgliedern reflektieren. Hinterfragen Sie, was die Mitarbeitenden mit den Unternehmenswerten verbinden. Fragen Sie, wo die Umsetzung der Unternehmenswerte bereits gut gelingt. Und fragen Sie danach, wo es noch Optimierungspotenzial in der Umsetzung der Unternehmenswerte gibt.

So, wie das für Sie persönlich als Führungskraft eine hohe Bedeutung hat, für welche Werte Sie stehen, so haben auch die Unternehmenswerte eine hohe Bedeutung für die Unternehmenskultur!

Entscheidend ist, welche Werte tatsächlich im Unternehmen gelebt werden, und nicht das, was in den Hochglanzprospekten oder im Internet auf der Unternehmenshomepage steht. Manchmal gibt es dazu in der Praxis leider große Unterschiede. Das, was schriftlich benannt ist, entspricht manchmal eben nicht den real gelebten Werten im Unternehmen.

Hier einige aktuelle Beispiele von aktuellen Unternehmenswerten

Alle hier genannten Beispiele stammen aus dem Internet und sind alle vom 06.05.2021:

Siemens: Vision 2020+

Werte: Verantwortung, Exzellenz, Innovation

Verhalten: Respekt, Fokus, Initiative, Umsetzungsstärke

Führung: Teams anspornen, ihr Bestes zu geben

Mitarbeiterorientierung: Vertrauen, Offenheit, Zusammenarbeit

https://www.siemens.com/vision2020plus/de.html

Bosch: Unsere Verantwortung

Unsere Werte - Worauf wir bauen:

Zukunfts- und Ertragsorientierung - Verantwortung und Nachhaltigkeit - Initiative und Konsequenz - Offenheit und Vertrauen - Fairness - Zuverlässigkeit, Glaubwürdigkeit, Legalität - Vielfalt

https://www.bosch.de/unser-unternehmen/unsere-verantwortung/

Deutsche Bundesbank: Das Leitbild der Bundesbank

Mission:

Beitrag zur Stabilität – Unsere Mitarbeitenden sind das größte Kapital – Unabhängigkeit

Leitgedanken:

Wir sind analytisch stark – Wir sind die Notenbank in Deutschland – Wir haben hohe operative Kompetenz – Wir handeln glaubwürdig – Wir leben eine Kultur der Offenheit und Kooperation – Wir handeln wirtschaftlich, nachhaltig und zukunftsorientiert

https://www.bundesbank.de/de/bundesbank/organisation/leitbild-und-strategie/das-leitbild-der-bundesbank-604096

BMW GROUP: Einzigartige Unternehmenskultur

Unser Geheimrezept: Das Wir macht den Unterschied. Leidenschaft und Freude ...

Unsere Werte: Offenheit – Wertschätzung – Vertrauen – Transparenz – Verantwortung

https://www.bmwgroup.jobs/de/de/ueber-uns/unternehmenskultur.html

Telekom: Unternehmenswerte

Begeistere unsere Kunden – Einfach machen – Handle mit Respekt und Integrität – Offen diskutieren, dann geschlossen handeln – Ich bin die Telekom – Auf mich ist Verlass – Bleibe neugierig und wachse

https://www.telekom.com/de/konzern/details/die-unternehmenswerte-der-telekom-336370

Praxisbeispiel: Unternehmenswerte der DZ BANK AG

Die DZ BANK AG – DIE INITIATIVBANK hat beispielsweise die Unternehmenswerte mit der Überschrift „Unsere Haltung" beschrieben. Die Werte, die in der Veröffentlichung klar konkretisiert werden, sind:

Innovation – Wir sind offen für stetigen Wandel.

Konsequenz – Wir glauben an unsere Ziele und handeln mit Umsetzungskraft.

Leistungsfähigkeit – Wir sind erst zufrieden, wenn wir gemeinsam die beste Lösung gefunden haben.

Mut – Wir äußern unsere Meinung und stehen für sie ein.

Nachhaltigkeit – Wir denken langfristig und handeln ganzheitlich.

Partnerschaftlichkeit – Wir arbeiten für den Erfolg aller, nicht des Einzelnen.

Sicherheit – Wir setzen Leistung auf ein stabiles Fundament.

Weltoffenheit – Wir gehen offen auf Märkte und Kulturen zu.

Bei näherem Interesse finden Sie über *https://haltung.dzbank.de/* weitere Informationen. Dort ist auch ein sehr gelungener Kurzfilm von 80 Sekunden anzuschauen.

Diese Werte bieten sowohl den Führungskräften als auch der Belegschaft eine sehr gute Orientierung für die tägliche Zusammenarbeit. Der Untertitel zur Beschreibung „Unsere Haltung" lautet „Grundlage für unser Denken und Handeln".

Um dazu einen noch besseren Einblick zu erhalten, konnte ich ein persönliches Gespräch mit der verantwortlichen Abteilungsleiterin der Personalentwicklung Verena de Haas führen. Mit ihr arbeite ich über viele Jahre vertrauensvoll zusammen.

Interview mit Verena de Haas, Abteilungsleiterin der Personalentwicklung bei der DZ BANK AG, Frankfurt

Liebe Verena, zunächst vielen Dank, dass du dir Zeit für dieses Gespräch über Werte nimmst. Beginnen möchte ich mit dem Blick auf die Unternehmenswerte der DZ BANK AG. Vielleicht kannst du zunächst einmal kurz beschreiben, wie die Ausgangssituation war, welche Ziele euch bei der Entwicklung besonders wichtig waren und wie ihr dann konkret bei der Formulierung vorgegangen seid.

Uns war es besonders wichtig, dass unser Leitgedanke und unsere Haltungen das wiedergeben, wo unsere Kunden und der Markt unsere Stärken schätzen. Unsere Marketingexperten haben also unsere Marktpositionierung erhoben, in Haltungen übersetzt und diese dann mit dem Vorstand und der obersten Führungsebene in einer Führungskonferenz intensiv diskutiert. Das Bild hat sich geschärft, es war schnell klar: alle sollen beteiligt werden. Es geht nicht um Poster und flotte Sprüche, sondern darum, dass wir Schritt für Schritt an einer für uns stimmigen Unternehmenskultur arbeiten werden.

Uns ist wichtig, dass die Haltungen zu uns passen und dass sie von jedem Mitarbeitenden in der DZ BANK verstanden und mitgetragen werden können. Daher gab es zahlreiche Iterationsrunden mit Young Professionals, Führungskräften, Potenzialträgerinnen und -trägern und jungen Leuten, die gerade erst ins Unternehmen eingestiegen sind. Unser Vorstand hat sich hier persönlich stark eingebracht und intensiv mit der Belegschaft diskutiert. So ist in relativ kurzer Zeit klar geworden: Das ist unser Leitbild, und hinter diesen acht Haltungen stehen wir.

Wie ging der Umsetzungsprozess dann weiter? Schließlich muss man ja dranbleiben und nicht nur ein paar Begriffe zusammenstellen.

Uns ist im Gesamtprozess klar geworden, dass die Haltungen als Kompass dienen, der uns erfolgreich in die Zukunft führen soll. Manche Werte, wie beispielsweise Mut und Sicherheit, stehen in einem Spannungsverhältnis, das es individuell auszuloten gilt. Doch das ist gerade die Herausforderung, der wir uns im Alltag stellen. Seit vielen Monaten vergeht eigentlich kein Tag, an dem in der DZ BANK nicht über eine oder mehrere Haltungen gesprochen wird. Es wird im Intranet diskutiert, neue Räume werden gestaltet, Teams stellen ihre Arbeit unter ein bestimmtes Motto. Es macht großen Spaß, das zu verfolgen.

In unserem auf mehrere Jahre angelegten Strategieprojekt hat das Arbeiten an der Unternehmenskultur einen festen Platz. Wir sind ein interdisziplinäres Projektteam, welches direkt an unseren Arbeitsdirektor und unsere beiden Vorstandsvorsitzenden berichtet. Auf wirklich jeder *Jour Fixe*-Agenda steht das Thema „Verankerung unserer Haltungen". Als Kulturteam geben wir immer wieder Anstöße - etwa Unternehmensfilme, One Pager für Führungskräfte, wie sie die Haltungen in den Führungsalltag übersetzen können, oder Coffee Talks und Podcasts, in denen Kolleginnen und Kollegen berichten, wie sie „Haltung" zeigen.

Das finde ich klasse, dass ihr viele verschiedene Formate zum Dialog und zur Reflexion der DZ BANK-Haltungen nutzt. Habt ihr die Haltungen auch mit anderen OE/ PE-Instrumenten verzahnt?

Neben den oben genannten Initiativen implementieren wir die Haltungen in unsere HR-Instrumente: Unser Führungsfeedback etwa basiert auf den Haltungen, die Mitarbeiterinnen und Mitarbeiter spiegeln also unmittelbar, wie die Führungskraft die Haltungen lebt.

Schön ist, dass sich sehr schnell viele „dezentrale Kulturinseln" gebildet haben. Auf allen Ebenen und in allen Einheiten vernetzen sich Teams, die proaktiv an einer „neuen DZ-Kultur" mitwirken wollen. Manchmal sind wir selbst absolut positiv überrascht, wie viele tolle und innovative Ideen entstehen. Ein kleines Beispiel sind etwa unsere Nachwuchskräfte, die eine Instagram-Challenge ins Leben gerufen haben.

Als der Leitgedanke und die Haltungen noch ganz frisch waren, lief unser jährlicher PulsCheck u. a. mit der Frage, inwieweit man sich mit den Unternehmenswerten identifizieren kann. Etwa Dreiviertel aller Kolleg*innen haben schon damals „Ja" gesagt. Wir sind gespannt, wie es auf unserer Kulturreise weiter gehen wird. ...

Das ist doch schon mal eine sehr gute Quote - 75 % für ein so großes Unternehmen wie der DZ BANK. Das ist sehr interessant, denn hier sprichst du die Wechselwirkung von Unternehmenswerten zu den persönlichen Werten an. Welche der acht Unternehmenswerte entsprechen besonders deinen persönlichen Werten und wie berücksichtigst du das in deiner aktuellen Führungsarbeit?

Ich habe ja vorhin vom Führungsfeedback gesprochen darüber, dass unsere Haltungen die Basis des Feedbacks bilden. Von daher war ich selbst sehr gespannt, wie meine Mitarbeiter*innen meine Führung erleben. Geschätzt wurde insbesondere, dass ich konsequent, weltoffen und nachhaltig agiere, was sich u. a. darin zeigt, dass ich direktes und wertschätzendes Feedback gebe und selbst mit Anregungen und Kritik offen umgehe.

So wie ich dich erlebe, passen diese Punkte hervorragend zu dir. Das kann ich somit nur bestätigen. Welchen Praxistipp würdest du Führungskräften mitgeben, wenn sie planen, künftig noch bewusster mit Werten in der Alltagsführung zu agieren?

In meiner Abteilung nehmen wir ganz bewusst immer eine Haltung in den Fokus. Ein kleines Team, welches sich selbst zusammenfindet, versorgt alle anderen Kolleginnen und Kollegen mit Inspiration (kleine Filmausschnitte, Artikel, Reflexionsfragen ...) und moderiert kurze knackige Austauschsessions in unseren Abteilungsrunden. Wir halten es leichtgängig, jede(r) beteiligt sich, in dem Maße, wie sie/er es benötigt. Hierdurch sind schon sehr tiefgreifende Gespräche in Zweier-Teams entstanden, und ebenso haben wir oft herzhaft in der großen Runde gelacht.

Das wäre auch mein Praxistipp: Lieber kleine Interventionen und Impulse als lange Workshops mit vielen beschriebenen Postern.

Leichtigkeit und eine niedrige Beteiligungsschwelle, das sind auch aus meiner Erfahrung heraus kluge Wege, um sich mit so relevanten Themen wie persönlichen Werten oder der Haltung im Unternehmen auseinanderzusetzen. Und das über einen längeren Zeitraum statt nur für einen einmaligen kurzen Moment. In diesem Sinne vielen Dank für diesen Einblick in euren Prozess. Und vielen Dank für deine persönlichen Gedanken zum Thema Werte und Unternehmenswerte. Da waren sehr viele wertvolle Hinweise für die Leseinnen und Leser meines Buches dabei!

Umgang mit vorhandenen Unternehmenswerten

Auch hier spielt Wertekongruenz eine zentrale Rolle. Je mehr sich die beschriebenen Unternehmenswerte mit den im Unternehmen gelebten Werten decken und diese dann auch noch zu Ihren persönlichen Werten passen, desto erfolgreicher werden Sie als Führungskraft in Ihrem Unternehmen sein und sich somit in Ihrer Rolle im Unternehmen wohlfühlen.

Wenn wir das auf eine der genannten Firmen übertragen, z. B. BMW GROUP, dann werden sich Führungskräfte viel leichter im Unternehmen bewegen, denen ein offenes und wertschätzendes Miteinander, eine vertrauensvolle Zusammenarbeit sowie Transparenz und Verantwortung wichtig sind. Dagegen werden Führungskräfte, die großen Wert auf klare Hierarchien legen und denen eine gewisse Distanz zu den eigenen Mitarbeitenden wichtig ist, nicht sofort erfolgreich sein.

Auch das subjektive Wohlfühlgefühl der Führungskräfte ist deutlich abhängig von der empfundenen und gelebten Wertekongruenz.

Nutzen Sie die vorhandenen Unternehmenswerte

Als Führungskraft haben Sie mit vorhandenen und klar beschriebenen Unternehmenswerten einen wertvollen Hebel, dass sich Ihre Mitarbeiterinnen und Mitarbeiter bewusst mit diesen Werten auseinandersetzen.

Nutzen Sie die Unternehmenswerte in vielfältiger Weise:

- in Mitarbeitergesprächen,
- in Zielvereinbarungsgesprächen,
- in Feedbacksituationen,
- in Besprechungen und Meetings,
- in Beurteilungsgesprächen,
- in Projekten,
- in Teamworkshops,
- ...

Wichtig ist, dass Sie so konkret wie möglich über einen einzelnen Wert ins Gespräch kommen bzw. Ihre Gedanken und Erwartungen dazu formulieren.

Aber Achtung: „Too much is Quatsch"

Gehen Sie sinnvoll, angemessen und behutsam mit dem Wertethema um. Setzen Sie die bekannten Werte situativ und zielbezogen ein.

Wenn Sie als Führungskraft immer und überall die kompletten Werte permanent rauf und runter diskutieren, dann hängen diese wichtigen Punkte Ihren Mitarbeitenden sehr schnell „zum Hals heraus". Allerdings wird in den Unternehmen tendenziell (viel) zu wenig bewusst und zielorientiert über die Unternehmenswerte gesprochen.

2.4 Keine formulierten Unternehmenswerte

Sollte es keine offiziellen Werte in Ihrer Firma oder Ihrem Unternehmen geben, so hat das Vorteile, aber auch Nachteile.

Der Nachteil ist, dass es keine klaren Orientierungspunkte für Führungskräfte gibt. Man kann sich auf keinen beschriebenen Wert beziehen und Mitarbeitende diesbezüglich verpflichten. Wenn in einem Unternehmen beispielsweise Kundenorientierung nirgends beschrieben ist, dann besteht die Gefahr, dass jede Mitarbeiterin und jeder Mitarbeiter sowie jede Führungskraft in das Schlagwort Kundenorientierung seine eigene Interpretation hineinlegt. Das kann dann im Verständnis und im realen Handeln zu deutlichen Missverständnissen führen.

Der Vorteil dagegen, wenn es keine Leitlinien und starren Unternehmenswerte gibt, ist die Möglichkeit, mit seinen eigenen Teammitgliedern einen gemeinsamen Rahmen zu erarbeiten und somit eine eigene Wertelandkarte zu erstellen. Frei nach dem Motto: „Welche Werte sollen bei uns im Team im Vordergrund stehen? Welche Werte sollen unser Handeln bestimmen?"

Eigene Werteklarheit in Ihrem Verantwortungsbereich schaffen

Angenommen, es gibt also tatsächlich in keiner Art und Weise dokumentierte Werte oder Leitlinien, aus denen sich gegebenenfalls Werte ablesen lassen. Dann können Sie mit zwei Schritten Werteklarheit zumindest für den von Ihnen verantworteten Arbeitsbereich schaffen.

1. Schritt

Welche Werte bzw. wichtigen Verhaltensweisen würden Sie benennen, wenn Sie einer fremden Person oder einem potenziellen neuen Teammitglied erklären sollen, worauf es in Ihrer geführten Einheit im Besonderen ankommt? Auf welche drei bis maximal fünf Punkte würden Sie den Dialog mit Ihrem Gesprächspartner fokussieren?

Das heißt, im ersten Schritt geht es um Ihre persönliche Wahrnehmung, welche Werte sich in einem erfolgreichen Verhalten in Ihrem Verantwortungsbereich zeigen. Und nehmen Sie sich dafür ruhig etwas Zeit. Machen Sie sich Notizen im Alltag bezogen auf von Ihnen erlebte Werte und von Ihnen wahrgenommenes erfolgsrelevantes Verhalten. Das kann mit Ihnen persönlich zu tun haben, kann aber genauso auf Ihre Mitarbeitenden bezogen sein. Manchmal ist es nicht so leicht, sich auf drei bis fünf Punkte zu reduzieren. Aber dies ist sehr zu empfehlen, denn auch hier gilt: Weniger ist mehr! Wenn Sie auf 20 Punkte kommen, können Sie diese einem neuen Mitarbeiter gar nicht so klar und kraftvoll kommunizieren und erklären, als wenn es nur wirklich wenige, aber eben existenzielle Punkte sind.

Dieser erste Schritt ist aber zunächst einmal Ihre eigene Sicht auf die Arbeit und die damit verbundenen Werte bzw. Ihre Interpretation von Verhaltensweisen, die erfolgsrelevant sind, und welche Werte Sie damit verbinden.

2. Schritt

Nutzen Sie eine Möglichkeit, das Thema Werte und erfolgsrelevante Verhaltensweisen mit Ihrem Team zu reflektieren. Der Vorteil dieses zweiten Schrittes ist, dass Sie dadurch in den vertieften Kontakt zu Ihren Mitarbeiterinnen und Mitarbeitern kommen. Sie erhalten Resonanz von Ihrer Mitarbeiterschaft. Und Sie können vergleichen, was Sie selbst an Werten wahrnehmen und welche Werte Ihre Mitarbeitenden erleben. Und das ist deshalb für Sie in Ihrer Führungsrolle so wichtig, weil Werte eine zentrale Rolle im Verhalten, in der Einstellung und somit auch in der Zusammenarbeit einnehmen.

Wenn Sie eine Jahresauftaktveranstaltung für Ihr Team beispielsweise unter den Fokus „Unsere zentralen Werte für die Zukunft“ stellen, dann können Sie gemeinsam mit Ihrem Team die relevantesten Werte für den angestrebten Erfolg erarbeiten. Das zeugt von einer Haltung der Kooperation und Partizipation. Es schafft Transparenz und hilft, wichtige Orientierungspunkte für die Zusammenarbeit zu definieren.

Danach können Sie in den weiterführenden Mitarbeitergesprächen auf genau diese Werte, die im Team erarbeitet wurden, immer wieder Bezug nehmen. Sie können Ihren Mitarbeiterinnen und Mitarbeitern substanzielles Feedback geben und so zu einer individuellen und zielorientierten Weiterentwicklung beitragen.

Mögliche Leitfragen für einen Workshop mit Ihrem Team, um die gemeinsamen Werte zu ergründen

- Welche Werte spielen hier in unserem Team eine wichtige Rolle?
- Woran machen wir diese Werte fest?
- Was macht uns als Team (zukünftig) erfolgreich?
- Woran erkennen wir unseren Erfolg im Alltag?
- Was ist das Ziel hinter dem formellen Ziel?
- Was ist das Ziel hinter unserem zentralen Auftrag?
- Was sind unsere wesentlichen erfolgsrelevanten Verhaltensweisen?
- Welche konkreten Werte stecken hinter diesen Verhaltensweisen?
- Welcher Slogan/welches Motto bringt unsere Werte auf den Punkt?
- Woran können wir selbst und andere erkennen, dass wir diese Werte wirklich leben?
- Welche nützlichen gemeinsamen Spielregeln können wir daraus ableiten?
- Was sind unsere Grundmotive der Zusammenarbeit?
- ...

Es kommt auf den Reifegrad des Teams und den persönlichen Kontakt an, den Sie als Führungskraft zu Ihren Teammitgliedern haben, ob Sie diesen Workshop oder eine solche Veranstaltung selbst moderieren können oder ob es zielführender ist, sich dazu Unterstützung zu holen. Je angespannter die Situation in Ihrem Team ist, desto eher sollten Sie sich von einem Profi begleiten lassen. Das entlastet Sie enorm, denn dann können Sie sich auf Ihre Rolle als Führungskraft und die aus Ihrer Sicht relevanten Werte konzentrieren. Dazu werden Sie auch noch etwas in Kapitel 5 lesen können, Stichwort Teamphasen.

Nehmen Sie sich ausreichend Zeit

Viele Mitarbeiterinnen und Mitarbeiter haben auf solche Fragen oft keine spontane Antwort. Das Benennen von Werten kommt in der Regel nicht wie aus der Pistole geschossen.

Oft ist es hilfreich, wenn Sie Ihre Mitarbeitenden rechtzeitig einladen, sich mit dem wichtigen Wertethema in Ruhe auseinanderzusetzen. Ein einfaches Beispiel ist das klassische Mitarbeiterjahresgespräch. Informieren Sie Ihre Mitarbeitenden, dass Sie sich im nächsten Gespräch offen und interessiert über das Thema Werte unterhalten wollen. Geben Sie Ihren Teammitgliedern dazu ein Vorbereitungsblatt mit, welches den Personen eine Erleichterung bietet, um sich mit dem Thema Werte zu beschäftigen.

Die Auseinandersetzung mit Werten ist ein Prozess. Das heißt, dass Sie sich nicht mal so einfach an Ihren Schreibtisch setzen und mal schnell Ihre drei zentralen Werte aufschreiben. Sie haben es vielleicht selbst am Anfang dieses Kapitels bei sich gespürt. Es braucht einfach Zeit und Muße, sich über die eigenen Werte echte Klarheit zu verschaffen.

2.5 Erkenntnis – Reflexion – Umsetzung

Als Fazit noch mal vereinfacht zusammengefasst: Ihre Werte sind das, was Ihnen wirklich wertvoll, wichtig ist! Die Herausforderung besteht darin, die tatsächliche innere Klarheit zu haben, welche persönlichen Werte für Sie eine wirklich hohe Bedeutung haben.

Gleichzeitig ist es sehr relevant für Ihre Führungsarbeit, die wesentlichen Werte des eigenen Unternehmens zu kennen und zu leben. Diese Werte sind nicht in jedem Unternehmen bekannt, bewusst oder klar formuliert. Daher lohnt es sich, mit den eigenen Mitarbeiterinnen und Mitarbeitern auch dazu ins Gespräch zu kommen.

Auch beim Thema *Werte* ist zu erkennen: **Menschen machen den Unterschied!** Jeder Mensch hat andere Werte, die für die Person und Persönlichkeit von Bedeutung sind. Erkunden Sie die Unterschiede und berücksichtigen Sie Ihre eigenen Werte und die Werte Ihrer Mitarbeitenden im Führungsalltag.

Hier abschließend noch eine kleine Geschichte aus dem Buch *Balsam für die Seele* von Norbert Lechleitner.

Stille

Ein Mönch hatte sich in die Einsamkeit zurückgezogen, um in der Abgeschiedenheit vom lärmenden Leben seine Zeit der Meditation und dem Gebet widmen zu können.

Einmal kam ein Wanderer zu seiner Einsiedelei und bat ihn um etwas Wasser. Der Mönch ging mit ihm zur Zisterne, um das Wasser zu schöpfen.

Dankbar trank der Fremde, und etwas vertrauter geworden bat er den Mönch, ihm eine Frage stellen zu dürfen.

„Sag mir, welchen Sinn siehst du in deinem Leben in der Stille?"

Der Mönch wies mit einer Geste auf das Wasser der Zisterne und sagte: „Schau auf das Wasser! Was siehst du?"

Der Wanderer schaute tief in die Zisterne, dann hob er den Kopf und sagte: „Ich sehe nichts!"

Nach einer Weile forderte der Mönch ihn abermals auf: „Schau auf das Wasser der Zisterne. Was siehst du jetzt?"

Noch einmal blickte der Fremde auf das Wasser und antwortete: „Jetzt sehe ich mich selber!"

„Damit ist deine Frage beantwortet", erklärte der Mönch. „Als du zum ersten Mal in die Zisterne schautest, war das Wasser vom Schöpfen unruhig, und du konntest nichts sehen. Jetzt ist das Wasser ruhig – und das ist die Erfahrung der Stille: Man sieht sich selber!"

Reflexionsfragen

- Wie kommen Sie zur Stille, um sich selbst besser sehen zu können?
- Wann hören Sie wirklich intensiv in sich hinein?
- Wofür stehen Sie als Führungskraft?
- Was zeichnet Sie aus?
- Was sind Ihre persönlichen zentralen Werte?
- Was wertschätzen Sie an sich selbst?

Führungsprinzip Wertschätzung heißt:

Als Führungskraft sowohl die eigenen Werte als auch die Werte der eigenen Teammitglieder sowie die Unternehmenswerte zu kennen und diese bewusst in die tägliche Führungsarbeit sinnvoll und zielführend einzubinden.

2.6 Literaturhinweise

Norbert Lechleitner: *Balsam für die Seele*. Herder, Freiburg 2007, S. 18

3 Das richtige Maß finden

Eine wichtige Leitfrage für das dritte Kapitel soll Sie beim Lesen begleiten: Warum sollte ich als Führungskraft meine Mitarbeitenden mehr wertschätzen als kritisieren?

Gerade wenn Sie als Persönlichkeit tendenziell eher ein kritischer Zeitgenosse sind, ist dies eine gute Gelegenheit, einmal einen deutlichen Perspektivenwechsel vorzunehmen. Denn Wertschätzung fördert das Beste eines Menschen zutage. Negative Kritik ist eher verletzend und sorgt dafür, dass gerade Mitarbeiterinnen und Mitarbeiter diese Kritikform vermeiden wollen.

Negative, destruktive Kritik ist nicht positiv besetzt und löst damit auch keine positive Energie aus. Es entsteht bei der Mitarbeiterin bzw. beim Mitarbeiter keine innere Tatkraft, und im Vordergrund steht die Kritikvermeidung. Daraus resultiert bei diesem Vermeidungsimpuls ein „Weg-von-Impuls". Wertschätzung führt dagegen eher zu einem „Hin-zu-Impuls".

Kritik ist wichtig zur Weiterentwicklung, aber es kommt darauf an, wie sie geäußert wird. Wenn das respektvoll, konstruktiv und lösungsorientiert der Fall ist, kann Kritik etwas sehr Wertschätzendes haben.

In diesem Kapitel erhalten Sie konkrete Praxistipps, wie Sie in Feedbacksituationen und im Führungsalltag angemessen oft und mit passendem persönlichem Bezug als Führungskraft Ihre Mitarbeitenden wertschätzen können.

3.1 Das Wertschätzungskonto

In den ersten beiden Kapiteln haben Sie bereits Impulse zur persönlichen Grundeinstellung und zu den persönlichen Werten erhalten. Somit ist auch bereits deutlich geworden, dass jeder Mensch unterschiedlich ist.

Mit dieser persönlichen Unterschiedlichkeit haben Ihre Mitarbeitenden eben auch einen unterschiedlichen Wertschätzungsbedarf. Der eine Mitarbeiter benötigt permanent einen verbalen Schulterklopfer „Sehr gut, weiter so!", und eine andere Mitarbeiterin zieht ihre empfundene Wertschätzung vielleicht aus den übertragenen Aufgaben, die sie eigenverantwortlich ausführen und entscheiden darf.

Zum einen bedeutet das für Sie als Führungskraft, genau diesen unterschiedlichen Wertschätzungsbedürfnissen Ihrer Mitarbeitenden auf die Spur zu kommen, und zum anderen spielt die Wertschätzungshäufigkeit eine wichtige Rolle für die Beziehung zwischen den Teammitgliedern und der Führungskraft.

Bild 3.1 zeigt ein einfaches und leicht nachvollziehbares Modell von John Gottman, einem amerikanischen Psychologen, der sich intensiv mit der Stabilität von Ehen und Beziehungen beschäftigt hat (*https://lexikon.stangl.eu/16521/gottman-konstante*).

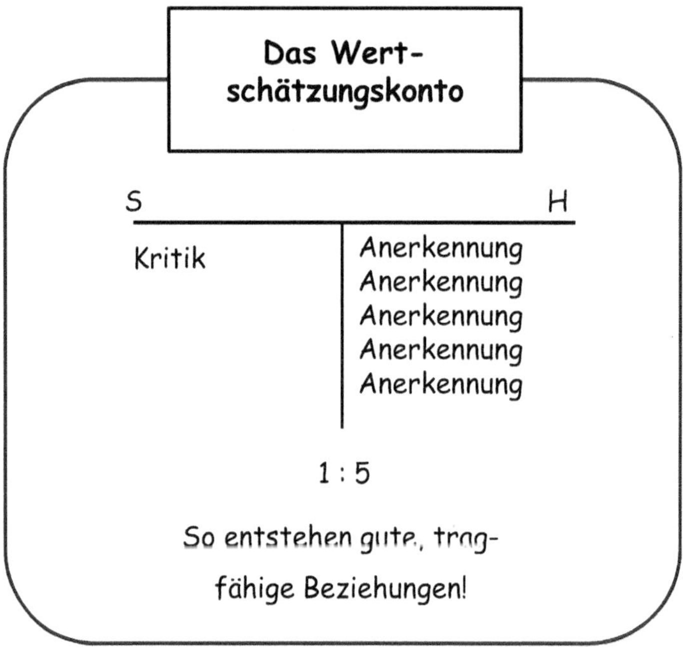

Bild 3.1 Das Wertschätzungskonto nach John Gottmann

Aus seinen Forschungen hat Gottman die sogenannte Gottman-Konstante entwickelt, die zum Ausdruck bringt, dass dann gute Beziehungen zwischen Menschen entstehen, wenn das Verhältnis von Wertschätzung zu negativer Kommunikation fünf zu eins beträgt.

Wenn wir also davon ausgehen, dass es nützlich ist, zur eigenen Mitarbeiterschaft eine gute Beziehung aufzubauen, dann erfordert dies auch eine gewisse „Investition" in die Beziehung. Dabei geht es nicht platt um ein einfaches Lob, denn ein einfaches Lob ist keine Wertschätzung.

Was ist Wertschätzung?

Wertschätzung bedeutet echten persönlichen Kontakt, ehrliche und individuelle Resonanz sowie ernsthafte situative Würdigung einer anderen Person.

Hier kommen Begriffe ins Spiel, die Sie für sich einfach mal einen Moment wirken lassen sollten:

- **Würdigung** – was verbinde ich überhaupt mit diesem Begriff?
- **Anerkennung** – wie zeige ich meinen Mitarbeitenden, dass ich sie und ihre Leistung anerkenne?
- **Lob** – wie oft und in welcher Form lobe ich meine Mitarbeiterinnen und Mitarbeiter?
- **Interesse zeigen** – wie oft unterhalte ich mich mit meinen Teammitgliedern über deren Arbeitsgebiet, Ideen und Verbesserungsvorschlägen bzw. über deren Privatleben (Familie, Hobbys, Urlaub ...)?
- **Zeit nehmen** – wie viel Zeit nehme ich mir für jedes einzelne Teammitglied im Führungsalltag?
- **Genau hinhören** – wie gut höre ich hin, wenn ich mit meinen Mitarbeitenden im Dialog bin und sie mir etwas Persönliches erzählen?
- **Persönliches merken** – was genau weiß ich über meine Mitarbeiterschaft wie z.B. Name des Lebenspartners, Name der Kinder, Wohnort, Freizeitgestaltung...?
- **Vertrauen** – wie zeige ich meinen Teammitgliedern, dass ich ihnen ein großes Maß an Vertrauen entgegenbringe oder einen Vertrauensvorschuss gewähre?
- **Stärken erkennen** – wie merken meine Mitarbeitenden, dass ich ihre persönlichen Stärken, Fähigkeiten und Talente überhaupt kenne?
- **Kraftvolle Delegation** – wie übertrage ich meinen Mitarbeiterinnen und Mitarbeitern Aufgaben, sodass sie auch wirklich kraftvoll agieren können?
- **Verantwortung** – wo lasse ich meine Teammitglieder in der Verantwortung und nehme sie somit sehr ernst?
- **Ernsthafte Resonanz** – wie oft gebe ich positives Feedback und somit ernsthafte Resonanz auf geleistete Arbeit?
- **Humor** – wie oft erlebe ich mit meinem Team und den einzelnen Teammitgliedern Situationen, in denen wir gemeinsam herzhaft und entspannt lachen können?
- **Spaß/Freude** – wie schaffe ich als Führungskraft ein Klima, in dem Arbeiten Spaß und Freude macht?
- **Danke** – wie oft kommt mir dieses einfache, aber sehr wichtige Wort „Danke" über die Lippen?

Sicherlich gibt es noch weitere Stichworte, die Sie mit Wertschätzung verbinden. Diese Begriffe haben keinen Anspruch auf Vollständigkeit. Aber sie zeigen, wie vielfältig Wertschätzung aussehen kann. Und sie zeigen, auf welchen Ebenen Ihre Mitarbeitenden Wertschätzung empfinden können (siehe Bild 3.2).

Anerkennung

- ✓ Persönliche Würdigung, ehrliches Lob!
- ✓ Echtes Interesse zeigen, Zeit nehmen!
- ✓ Genau hinhören, Persönliches merken!
- ✓ Vertrauen ausstrahlen, Vertrauen schenken!
- ✓ Stärken erkennen, kraftvoll delegieren, Verantwortung übertragen!
- ✓ Gemeinsamer Humor, Spaß, Freude!
- ✓ Ernsthafte Resonanz und Dankbarkeit!

Bild 3.2 Wie kann ich Anerkennung zeigen?

Nicht jede Mitarbeiterin braucht dies alles. Nicht jeder Mitarbeiter benötigt die permanente Ansprache und Ihre durchgängige Zuwendung als Führungskraft. Mitarbeitende sind ja nicht unsere Kinder. Mitarbeiterinnen und Mitarbeiter sind erwachsene und in der Regel sehr kompetente Menschen, die für ihr eigenes Tun und Denken selbst verantwortlich sind. Aber jeder Mensch benötigt ein gewisses Maß an Resonanz, um zu erleben, dass er akzeptierter Teil der Gruppe ist und somit die Zugehörigkeit spürt. Denn Zugehörigkeit ist eines der zentralen menschlichen Grundbedürfnisse.

John Gottman benennt mit der Gottman-Konstante die Fünf-zu-Eins-Regel. Im beruflichen Kontext ist diese Regel nicht immer notwendig, aber die positive Resonanz sollte auf jeden Fall gegenüber der negativen Kritik überwiegen. Je nach Mitarbeitertyp reicht vielleicht ein Zwei-zu-Eins- oder ein Drei-zu-Eins-Verhältnis. Aber prüfen Sie für sich, ob Sie in Ihrem Führungsverhalten überhaupt in einem positiven Verhältnis zwischen Anerkennung und Kritik agieren.

Als gelernter Bankkaufmann ist für mich das Bild eines Kontos, hier Beziehungskonto, sehr passend, denn hier muss ich erst einmal etwas einzahlen, um dann auch etwas abheben zu können. Es entspricht dem Prinzip eines Sparbuchs. Dort kann man nicht ins Soll gehen. Und so ist es auch bei der Mitarbeiterführung. Ich kann als Führungskraft nicht über einen längeren Zeitraum hinweg nur auf meine Mitarbeitenden „einschlagen". Gerade in modernen und zukunftsorientierten Firmen ist der autoritäre Führungsstil nicht mehr zielführend. Führung mit dem Ziel, die Mitarbeiterschaft in Angst und Schrecken zu versetzen, hilft nicht, deren echtes Leistungspotenzial zu entfalten. Kooperation und Partizipation stehen heute viel mehr im Vordergrund. Aber Kooperation und Partizipation erfordern von Führungskräften, sich viel intensiver mit den Mitarbeiterinnen und Mitarbeitern zu befassen.

Nur wer wirklich Zeit in seine Mitarbeiterführung investiert, kann später auch die Früchte von Topleistung, Loyalität, Engagement, Veränderungsbereitschaft... ernten.

Was ist Kritik?

Auf der anderen Seite steht die Kritik. Kritik ist zunächst erst einmal neutral zu sehen, wie die Theaterkritik. Das heißt, dass sich eine Expertin oder ein Spezialist mit einer erlebten Situation bewertend auseinandersetzt. Somit kann die bewertende Kritik positiv und negativ ausfallen. Oft wird aber im Arbeitsalltag Kritik schnell in die Richtung interpretiert, dass die eigene Führungskraft die Arbeit der Mitarbeiterin bzw. des Mitarbeiters negativ bewertet und vom Teammitglied eine Verbesserung erwartet.

Mitarbeitende empfinden Kritik oft als persönlichen Angriff. Aber woran liegt das? Es kommt auf die Art und Weise an, wie die Kritik geäußert wird. Sofern die verbesserungsbedürftigen Teile der Arbeit in einem respektvollen, sachlichen und konstruktiven Ton angesprochen werden, besteht die Chance, dass die Mitarbeiterin oder der Mitarbeiter sich für die Hinweise öffnet. Wird die Kritik aber herablassend und persönlich angreifend formuliert, erleben Mitarbeitende dies nicht mehr als nützlichen Verbesserungsvorschlag. Im Gegenteil wird das als persönlicher Angriff gewertet, und das Teammitglied fühlt sich in einer Rechtfertigungsposition.

Was macht also wertvolle und fördernde Kritik aus? Zunächst gilt das deutsche Sprichwort „Der Ton macht die Musik". Also auf den Tonfall kommt es an. Dazu passt wieder das Kapitel 1, denn die Grundeinstellung ist von zentraler Bedeutung. Wenn Sie als Führungskraft im Modus „Ich bin o.k.! - Du bist o.k.!" Kritik äußern, werden Sie wahrscheinlich einen eher angemessenen Ton finden. Außerdem sollten Sie kritische Punkte konstruktiv ansprechen. Das heißt, dass Sie zu den kritischen Arbeitsaspekten bezogen auf das Ziel konkrete Lösungsoptionen oder Verbesserungsvorschläge in den Dialog einbringen. Hierzu können Sie eigene Beispiele,

Ideen oder Anregungen einfließen lassen. Sie sollten außerdem darauf achten, dass Sie Kritik möglichst zeitnah äußern, denn dadurch vermeiden Sie den Fehler, innerlich Rabattmarken zu kleben und mehrere Vorfälle als Gesamtabrechnung zu thematisieren. Kritik lässt sich in kleineren Häppchen von anderen Menschen viel besser verarbeiten. Achten Sie darauf, Kritik nur in diskreter Form zu äußern. Kritisieren Sie nicht vor „versammelter Mannschaft", sondern in einem Einzelgespräch unter vier Augen, denn kein Mensch will sein Gesicht verlieren, nicht nur die Asiaten. Verzichten Sie auf Generalisierungen, Formulierungen wie „immer", „nie" ... und bemühen Sie sich, Ihre Teammitglieder nicht persönlich zu verletzen. Es geht schließlich um einen konkreten Vorfall, den Sie in den Vordergrund stellen, und nicht um den Menschen insgesamt. Sehr hilfreich ist es, wie ein richtig guter Coach zu agieren und eine hinterfragende Grundhaltung einzunehmen. Dadurch lernen Sie die Absichten oder Denkweisen des Teammitglieds kennen. Vielleicht, ja sogar sehr wahrscheinlich hatte die Mitarbeiterin bzw. der Mitarbeiter einen aus eigener Sicht sehr plausiblen Grund, weshalb genau so gehandelt wurde und nicht anders.

Konstruktive Kritik bedeutet, dass wir uns wirklich zunächst einmal die Mühe machen und uns in die Perspektive der Mitarbeiterin oder des Mitarbeiters hineindenken und hineinfühlen (Bild 3.3).

Berechtigte Kritik ist ein wichtiges Führungsinstrument!

- ✓ **Achte auf deine Haltung und deinen Ton**
  (Ich bin o.k./Du bist ok. / Der Ton macht die Musik)
- ✓ **Sei konstruktiv und lösungsorientiert**
  (Ideen, Vorschläge, Anregungen, Erfahrungen → Ziel)
- ✓ **Formuliere konkret und spezifisch**
  (keine Generalisierungen wie immer oder nie)
- ✓ **Kritisiere zeitnah und in kleinen Häppchen**
  (keine Rabattmarken oder Generalabrechnungen)
- ✓ **Bleib diskret und professionell**
  (Problemgespräche unter vier Augen)

Agiere wie ein guter Coach aus einer hinterfragenden Grundhaltung!

Bild 3.3 Kritik als wichtiges Führungsinstrument

Es geht also nicht darum, dass wir im beruflichen Umfeld alles nur durch die „rosarote Brille" sehen sollten. Wir haben als Führungskräfte auch die wichtige Aufgabe, Prozesse zu optimieren, Ergebnisse mit unseren Teams zu erreichen, Neuerungen umzusetzen, Kundenbeziehungen weiterzuentwickeln usw. Und genau dazu ist es manchmal auch notwendig, dass wir Kritik üben, denn es läuft bei aller Wertschätzung nicht immer rund. **Daher ist berechtigte Kritik ein wichtiges Führungsinstrument.**

3.2 Praxistransfer – Worauf kommt es an?

Es lohnt sich, das Gottman-Prinzip in den Führungsalltag zu integrieren. Dadurch fördern Sie eine positive Haltung Ihrer Teammitglieder zu sich selbst als Führungskraft und auch zum eigenen Unternehmen. Beim Blick auf die Stärken der Mitarbeitenden vermitteln Sie das stärkende Gefühl, dass Sie ein wertvolles Teammitglied in Ihrem Team haben. Durch die aktive Würdigung von Leistungen und den ehrlichen Dank für das gezeigte Engagement fühlen sich Mitarbeitende gesehen. Das ist genau der Respekt, den sich jede Person wünscht.

Mitarbeiterinnen und Mitarbeiter erwarten von einer guten Führungskraft, dass diese Vorbild ist und Respekt zeigt. Somit sorgen Sie mit einer wertschätzenden Grundhaltung dafür, dass Sie als Vorbild eher den Blick auf das Positive richten und somit die Mitarbeitenden ebenfalls inspirieren, mit mehr Wertschätzung einander zu begegnen. Und wenn sich Ihre Teammitglieder „gesehen", also respektiert fühlen, werden sie sowohl Ihnen gegenüber als auch dem eigenen Unternehmen gegenüber den Respekt mit Loyalität und Tatkraft zurückzahlen.

Doch wie geht das nun im Führungsalltag? Ganz einfach, indem Sie sich wirklich Zeit nehmen für Ihre Mitarbeitenden! Allein das Sich-Zeit-Nehmen ist ein Signal von gezeigtem Interesse und Respekt. Dabei sollten Sie in Gesprächen unbedingt genau hinhören, was Ihnen Ihre Teammitglieder erzählen (persönliche Interessen, Sorgen, Motivationspunkte, Anregungen, Fragen, Familiäres, Urlaub, Hobby, Musik, Literatur, Film ...). Wenn Sie dann gezielt und vertiefend nachfragen, zeigen Sie, dass Sie sich nicht mit ersten oberflächlichen Hinweisen abfinden, sondern sich wirklich mit Tiefgang mit der Person und deren Persönlichkeit beschäftigen. Ideal wäre es, wenn Sie an passender Stelle in späteren Gesprächen oder Situationen gezielt darauf zurückkommen können.

Notieren Sie daher für jedes Teammitglied immer wieder einige Stichworte, damit Sie sich die relevanten Punkte gut merken können. Für wichtige Kunden sammeln fast alle Firmen und Vertriebsmitarbeiterinnen und Vertriebsmitarbeiter umfassende Notizen, es gibt CRM-Systeme (Customer-Relationship-Management-Systeme), um diese dann gezielt zu Vertriebsansätzen und zur Kundenbindung zu nutzen. Warum nutzen wir das nicht für unsere eigenen Mitarbeitenden, um die relevanten persönlichen Punkte festzuhalten?

Ihre Teammitglieder haben diesen Respekt und das Interesse verdient! Und Ihre Mitarbeitenden werden es Ihnen mit Respekt und Anerkennung danken!

Typische Aussagen von Mitarbeitenden in Teamtrainings sind dann beispielsweise: „Das hat sich meine Führungskraft gemerkt, Wahnsinn!“ oder: „Ich bin echt dankbar, dass meine Führungskraft so viel Interesse an meiner persönlichen Situation zeigt!“ oder: „Unsere Abteilungsleiterin ist unglaublich nah dran an uns, sie kennt uns, und wir sind nicht nur irgendeine Nummer!“...

Es sind die Menschen, die den Unterschied machen!

Trauen Sie sich, in Gesprächen andere Fragen zu stellen als die typischen 08/15-Fragen von Führungskräften.

Wertschätzende Fragen für Gespräche mit Mitarbeiterinnen und Mitarbeitern

Fragen Sie Ihre Teammitglieder nach ihrer persönlichen, privaten Situation:

- Was machen eigentlich Ihre Eltern/Schwiegereltern?
- Wo haben Sie Ihre familiären Wurzeln?
- Was hat Sie besonders in Ihrem familiären Umfeld geprägt?
- Wofür sind Sie Ihren Eltern besonders dankbar?
- Was haben Ihnen Ihre Eltern so als zentrale Botschaft mit auf den Weg gegeben?
- Wie haben Sie eigentlich Ihren Mann/Ihre Frau kennengelernt?

Fragen Sie Ihre Teammitglieder nach deren persönlichen Interessen:

- Welche Bücher lesen Sie in Ihrer Freizeit?
- Wie heißt Ihre Lieblingsautorin oder Lieblingsautor?
- Für welche Sportart interessieren Sie sich besonders?
- Haben Sie einen persönlichen Lieblingsverein?
- Bei welcher Sportveranstaltung waren Sie zuletzt live dabei?
- Welche Filme schauen Sie mit Begeisterung an?
- Wer ist Ihr Lieblingsschauspieler oder Ihre Lieblingsschauspielerin?
- Was verbinden Sie mit dem einen oder anderen Film?
- Welche Musik bzw. welches Musikgenre hören Sie besonders gerne?
- Wie heißt Ihre Lieblingsband (Sängerin/Sänger)?
- Welches Konzert haben Sie zuletzt besucht bzw. wollen Sie demnächst besuchen?
- Welches Land ist Ihr Lieblingsreiseziel?
- Was fasziniert Sie dort so sehr?
- Wo genau waren Sie dort schon?
- Was war bei Ihnen schon mal ein besonderes Erlebnis im Urlaub?
- Welches Land/welche Stadt würden Sie gerne mal besuchen/bereisen?
- Was genau motiviert Sie in Ihrer Freizeit im Besonderen?

- Wofür verwenden Sie Ihre freie Zeit?
- Gehen Sie gerne Essen? (Wenn ja, wohin? Lieblingsrestaurant? Haben Sie einen Tipp, wo ich mit meiner Frau/meinem Mann mal hingehen könnte?)
- Oder kochen Sie gerne zu Hause? (Was kochen Sie denn besonders gerne?)

Fragen Sie Ihre Teammitglieder aber ruhig auch nach beruflichen Aspekten:

- Was genau macht Ihnen an Ihrer Arbeit besonders viel Freude?
- Was motiviert Sie, hier in unserer Firma zu arbeiten?
- Welche Tätigkeiten gehen Ihnen besonders gut von der Hand?
- Welche Anregungen haben Sie für mich als Führungskraft?
- Was sollten wir aus Ihrer Sicht in den Arbeitsabläufen unbedingt verbessern?
- Wo konkret könnten wir Optimierungen durchführen?
- Welche weiteren Verbesserungsvorschläge haben Sie?
- Was genau finden Sie läuft in unserem Team so richtig gut?
- Worauf sollten wir in unserem Team noch mehr in der Zusammenarbeit achten? ■

Sollten Sie alle Fragen für jedes Ihrer Teammitglieder ohne viele Überlegungen beantworten können, dann haben Sie bisher in diese Richtung viel richtig gemacht. Den wenigsten Führungskräften fällt die Beantwortung der genannten Fragen leicht. Sie sind also nicht allein, wenn es Ihnen schwerfällt.

Das Modell des Wertschätzungskontos bietet die Gelegenheit, einen bewussten Blick darauf zu richten, ob wir als Führungskraft tatsächlich auf unsere Mitarbeitenden achten. Gehen wir wirklich in einen persönlichen Kontakt oder agieren wir tendenziell zu oberflächlich?

Viele Führungskräfte führen hingegen nach dem „schwäbischen Führungsprinzip“: **„Nicht gemeckert ist genug gelobt!“** ☺

Mitarbeitende wünschen sich, von ihrer Führungskraft gesehen zu werden. Sie haben das Bedürfnis nach echter Resonanz und persönlicher Anerkennung. Der eine mehr, der andere weniger. Deshalb nutzen Sie die Chancen, die sich im Führungsalltag bieten, um mit Ihren Teammitgliedern in einen guten persönlichen Kontakt zu gehen.

Aber Achtung, es geht nicht darum, in eine „Weicheierführung“ zu verfallen. Im Vordergrund stehen immer die Aufgaben, Leistungsziele, Kundenerwartungen, Qualitätsanforderungen usw. Und wenn diese Punkte nicht erfüllt werden, ist es unsere Pflicht, diese Punkte als Führungskraft zu optimieren und die Mitarbeitenden so zu führen, dass die Ergebnisse stimmen.

Wenn allerdings die Arbeitsleistungen und die Einstellung der Mitarbeitenden passen und die Arbeitsergebnisse so sind, wie sie sein sollten, dann ist Ihre aktive und positive Resonanz gefordert!

Gut ist es, sowohl bei der Wertschätzung als auch bei der konstruktiven Kritik immer wieder die Verbindung zum Ziel, den Nutzen für das Unternehmen oder die

Kunden, den Sinn der Tätigkeit oder der Anforderung mit zu kommunizieren und den entsprechenden Bezug zu verdeutlichen. Denn es gilt das Prinzip „Wer Leistung will, muss Sinn bieten!“.

Vermeiden Sie, in das Muster zu verfallen: „Nicht gemeckert ist genug gelobt!“ Nur das Fehlen von Kritik als Lob zu interpretieren ist ein fataler Fehler. Dadurch fehlt den Mitarbeiterinnen und Mitarbeitern die notwendige Sicherheit, sich wirklich zugehörig zu fühlen.

Bei vielen Führungskräften liegen Selbstwahrnehmung und Fremdeinschätzung oft deutlich auseinander. Führungskräfte, die sich selbst als sehr wertschätzend erleben, werden von Ihren eigenen Mitarbeitenden in vielen Fällen als eher kritisch und wenig lobend wahrgenommen. Umgekehrt sind sehr selbstkritische Führungskräfte, die meinen, ihre Mitarbeiter nicht genug zu loben, häufig zu selbstkritisch. Deren Teammitglieder empfinden ihre Führungskräfte oft als sehr wertschätzend und respektvoll.

Wenn Sie als Führungskraft mutig sind, fragen Sie doch einfach mal Ihre Mitarbeiterinnen und Mitarbeiter, ob sie mit der Art und Weise Ihrer Anerkennung zufrieden sind. Fragen Sie nach der erlebten Häufigkeit und dem wirklich an den Teammitgliedern gezeigten Interesse. Hinterfragen Sie, was sich die einzelnen Teammitglieder gegebenenfalls von Ihnen noch mehr wünschen.

In Kapitel 15 finden Sie ein Arbeitsblatt (Arbeitsblatt 3) zur Selbstreflexion. Sie können aber auch Ihre Mitarbeitenden zu einem konkreten Feedback einladen. Es gibt zwar keine Garantie der absoluten Ehrlichkeit der Teammitglieder, aber zumindest haben Sie jedem die Chance gegeben, die eigenen Wünsche zu benennen und an Sie zu adressieren.

Das wäre zumindest schon mal wieder eine Einzahlung auf das Wertschätzungskonto. „Ich bin an deiner Meinung und an deinen Wünschen ehrlich interessiert!“

Um den Praxistransfer abzurunden, folgt ein Interview mit zwei langjährigen Personalentwicklerinnen der Frankfurter Sparkasse von 1822. Mit beiden arbeite ich schon über 15 Jahre intensiv und sehr vertrauensvoll zusammen. In der Frankfurter Sparkasse begleite ich unter anderem ein Acht-Tages-Entwicklungsprogramm für Führungskräfte mit dem Titel „Sich selbst und andere verantwortungsvoll führen“. Dabei spielt auch der Anspruch eine Rolle, angemessen wertschätzend mit den eigenen Teammitgliedern umzugehen. Also die Überschrift dieses Kapitels umzusetzen: Das richtige Maß finden.

Gespräch mit Anna Wegmann und Nicole Röder, Personalentwicklerinnen der Frankfurter Sparkasse von 1822

Zunächst vielen Dank für die Zeit und Möglichkeit, ein gemeinsames Gespräch zum Thema Wertschätzung zu führen. Wir arbeiten nun schon viele Jahre vertrauensvoll zusammen, und ich weiß, dass es von PE-Seite immer ein großes Anliegen ist, die Führungskräfte bei der Qualifizierung dahingehend zu unterstützen, einen wertschätzenden Führungsstil zu praktizieren. Daher die Einstiegsfrage: Was versteht ihr unter einem wertschätzenden Führungsstil?

Nicole Röder: Wertschätzung bedeutet für mich grundsätzlich, dass man respektvoll miteinander umgeht. Bei einem wertschätzenden Führungsstil begegnen sich die Teammitglieder auf Augenhöhe, unabhängig davon, wer Führungskraft und wer Mitarbeiterin bzw. Mitarbeiter ist. Ebenso wird bei einem wertschätzenden Führungsstil sowohl Lob als auch Kritik offen in vertraulichen Gesprächen geäußert – und das gegenseitig. Ich meine damit, dass es selbstverständlich ist, dass sich die Führungskraft auch die Meinung bzw. das Feedback ihrer Mitarbeitenden einholt. Wenn eine Führungskraft es geschafft hat, ein solches Vertrauensverhältnis zu gewinnen, dann wird das Team viele Höhen und Tiefen gemeinsam meistern. Wenn sie dann noch für Transparenz über Ziele, Vorgehen etc. sorgt und klar kommuniziert, verfolgt sie meiner Meinung nach einen wertschätzenden Führungsstil.

Anna Wegmann: Ich kann die Aussagen von Frau Röder nur unterstreichen: Wertschätzender Führungsstil bedeutet für mich einen gewissen Dreiklang aus Vertrauen – Zutrauen – Getrauen. Vertrauen ist die Voraussetzung dafür, dass sich Mitarbeitende etwas getrauen, weil sie wissen, dass ihnen ihre Führungskraft auch etwas zutraut, also wörtlich genommen „ihren Wert schätzt". Vielleicht klingt es etwas nach „old school", ich verbinde mit einem wertschätzenden Führungsstil auch das, was man mit „guter Kinderstube" verbindet. Dazu gehört u. a. ein respektvoller Umgang und echtes Interesse am Gegenüber, basierend auf Vertrauen – also das Gegenteil von Misstrauen.

Wie wird in eurem Bereich/eurer Abteilung Wertschätzung praktiziert? Wie erlebt ihr im Arbeitsalltag Wertschätzung?

Anna Wegmann: Ich erlebe in der praktischen Umsetzung des oben Gesagten: Ein sehr hohes Maß an Freiraum, Themen eigenständig zu bearbeiten. Vertrauen, dass der Freiraum nicht ausgenutzt wird, z. B. bei der mobilen Arbeit; auch Freiheit in der Wahl der Arbeitsmittel. Und ich erlebe die Bereitschaft unserer Führungskräfte, für Impulse der Mitarbeitenden offen zu sein.

Nicole Röder: Ich persönlich erlebe Wertschätzung am deutlichsten durch das Vertrauen, das mir meine Führungskraft entgegenbringt. Sei es dadurch, dass ich völlig eigenständig arbeiten „darf"; gleichzeitig mit der Gewissheit, dass sie mich bei Bedarf unterstützt oder durch die Art der Übertragung von Aufgaben/Verantwortung in Verbindung mit einer guten Begründung, warum ich die Richtige dafür bin.

Die Frankfurter Sparkasse mit dem Geschäftssitz in Frankfurt und dem Rhein-Main-Gebiet steht in einem großen Wettbewerb mit vielen anderen Kreditinstituten. Das bedeutet für Führungskräfte, die eigenen Teammitglieder so zu führen, dass sie nicht so leicht von Mitbewerbern abgeworben werden. Wie würdet ihr diesbezüglich die Bedeutung von Wertschätzung einstufen?

Nicole Röder: Wir erleben immer wieder, dass in einem funktionierenden Team mit einer wertschätzend agierenden Führungskraft viel früher der „Abwanderungsgedanke" geäußert wird bzw. der Wunsch nach Veränderung besprochen wird. So kann die Führungskraft zusammen mit dem Personalbereich entsprechende Maßnahmen einleiten, um den MA halten zu können. Natürlich funktioniert das nicht immer, aber deutlich häufiger als in anders geführten Teams.

Anna Wegmann: Natürlich gibt es auch bei uns Fluktuation besonders bei jüngeren, ungeduldigen und engagierten Mitarbeitenden, die gerne den nächsten Karriereschritt (im Hinblick auf Gehalt oder Status) machen wollen. Wir haben es schon oft erlebt, dass diese jungen Menschen auch wieder zurückgekommen sind, weil sie in dem neuen Unternehmen auf eine andere Führungskultur getroffen sind.

Andererseits bedeutet Wettbewerb aber auch Leistungsdruck für das Unternehmen und die handelnden Personen. Und in diesem Zusammenhang gibt es bestimmt auch bei euch immer mal wieder Ansatzpunkte für Verbesserungen. Im ersten Teil dieses Kapitels habe ich neben dem Blick auf Wertschätzung auch die Bedeutung von Kritik dargestellt. Was ist aus eurer Erfahrung wichtig, wenn Führungskräfte berechtigte Kritik äußern?

Nicole Röder: Für mich spielen beim Thema Kritik die Punkte zeitnah, sachlich und konstruktiv eine entscheidende Rolle. Zeitnah heißt für mich allerdings nicht „sofort"! Denn wenn die Führungskraft selbst gerade zu sehr unter Druck steht oder sich gerade richtig ärgert, denn könnte es mit der Sachlichkeit schwer werden. Also, zeitnah, damit sich alle Beteiligten auch noch an das Thema bzw. die Situation erinnern können, sachlich und damit losgelöst von der Person und konstruktiv mit einem Hinweis oder einer ersten Idee für eine Verbesserung. Oder aber dem Angebot, gemeinsam zu überlegen, wie es beim nächsten Mal anders laufen könnte.

Ich kenne viele Führungskräfte, die es schaffen, eine gute Balance zwischen Lob und Kritik herzustellen. Ich erlebe allerdings auch Führungskräfte, die sich scheuen zu kritisieren, weil sie die vermeintlich gute Beziehungsebene nicht gefährden wollen. Hier erleben die Mitarbeitenden dann öfter im Beurteilungsgespräch eine Überraschung und können die Kritik nur schwer nachvollziehen, da sie in den vergangenen Monaten keine Rückmeldung erhalten haben. Mein persönlicher Eindruck ist, dass das andere Extrem - nur kritisieren, ohne zu loben - in den letzten Jahren seltener vorkommt, hier hat sich viel getan.

Anna Wegmann: Auch hier wieder mein Verweis auf die „gute Kinderstube". Es kommt immer darauf an, wie Kritik geäußert und selbst verstanden wird, mit welcher Haltung die Führungskraft Kritik äußert. Wenn Kritik berechtigt ist, also etwas stört, dann sollte das umgehend sachlich und konstruktiv formuliert werden, denn nur so erhält das Gegenüber die Chance, sich zu verändern. Oft genug erleben wir aber auch da, was Frau Röder beschrieben hat, dass Führungskräfte aus

Angst, jemanden zu verletzen, lieber nichts sagen. Dahinter steckt oft auch ein falsches Verständnis von Kritik und Feedback. Und an der Feedbackkultur sollte immer wieder gearbeitet werden, weil sie die Zusammenarbeit spürbar verbessern kann, auch über den eigenen Bereich hinaus.

Wie berücksichtigt ihr das Thema Wertschätzung bei Qualifizierungsmaßnahmen für Führungskräfte?

Nicole Röder: Seit vielen Jahren übernimmst du die Qualifizierung unserer Nachwuchsführungskräfte mit der achttägigen Seminarreihe, in der das Thema Wertschätzung immer präsent ist. Auch in unserem „Führungs-Triathlon", den alle Führungskräfte in den letzten Jahren durchlaufen haben, spielte das Thema eine wichtige Rolle. Hier wird z. B. Wertschätzung für die Führungskräfte erlebbar gemacht: Sie erhalten die Aufgabe, über die komplette Seminarzeit sogenannte Wertschätzungssteine in Verbindung mit einem entsprechenden Feedback an die anderen Kollegen zu verteilen. Es wird später reflektiert, wie es sich anfühlt, die Steine zu verteilen, sie anzunehmen, eventuell viele oder wenige Steine erhalten zu haben; wie glaubhaft bzw. annehmbar wurde das Feedback gegeben etc. Auch reflektieren wir dort, wie leicht oder schwer es den Führungskräften gefallen ist, diese Wertschätzung zu vermitteln. Natürlich sprechen wir in der Führungskräfteentwicklung und -qualifizierung auch über die unterschiedlichen Arten von Wertschätzung und dass nicht jede Form für jeden MA gleich wertschätzend empfunden wird und dass z. B. inflationär verteiltes Lob auch eher negativ aufgenommen werden kann. Es wird dann z. B. nicht als authentisch empfunden.

Anna Wegmann: Ich möchte noch etwas ergänzen. Wir beginnen schon sehr früh damit, für das Thema zu sensibilisieren, nämlich im Rahmen der Ausbildung. Hier wird der Grundstein zum wertschätzenden Miteinander gelegt, wertschätzende Kommunikation und gegenseitiger Respekt sind Schlüsselelemente. Und damit wertschätzende Führungsarbeit auf fruchtbaren Boden fällt und keine Einbahnstraße ist, aktualisieren wir regelmäßig in den Briefings zum Führungsfeedback das Wissen zu Wertschätzung, Lob und konstruktiver Kritik.

Was sollten Führungskräfte generell und bezüglich Wertschätzung im Speziellen beachten? Welchen persönlichen Tipp würdet ihr Führungskräften mit auf den Weg geben?

Anna Wegmann: Aus meiner Sicht geht es darum, in einen guten Dialog zwischen der Führungskraft und den Teammitgliedern zu kommen, damit die gegenseitigen Erwartungen geklärt werden können. Außerdem ist es wichtig für die Führungskraft zu erkennen, was die Mitarbeiterin bzw. der Mitarbeiter als wertschätzend empfindet. Nur dann kann die Führungskraft diese gewünschten Punkte im Führungsalltag berücksichtigen. Ich denke, dass sich viele Führungskräfte immer mehr darum bemühen und viele das bereits sehr gut in den Führungsalltag integrieren. Aber hier gibt es durchaus noch weiteres Optimierungspotenzial. Also lautet mein zentraler Tipp: Führungskräfte sollten unbedingt den offenen Dialog mit den eigenen Mitarbeitenden über das Thema und die Erwartungen bezüglich Wertschätzung suchen.

Nicole Röder: Neben dem offenen Dialog ist aus meiner Erfahrung noch wichtig, sich die vom Mitarbeitenden verwendeten Begriffe möglichst genau beschreiben zu lassen. Wenn ein Teammitglied sich z. B. „regelmäßiges Feedback" wünscht, dann kann man hier ansetzen und nach dem gewünschten Turnus fragen: Was heißt für Sie regelmäßig? Und worauf konkret wünschen Sie sich Feedback von mir? Auf was soll ich im Arbeitsalltag besonders achten? Genau durch solche vertiefenden Nachfragen fördere ich den Dialog, schaffe mehr Klarheit und zeige so schon durch mein Interesse echte Wertschätzung. Mein Tipp: Vertieftes Nachfragen schafft Klarheit.

Prima, vielen Dank für das wertvolle Gespräch und die praxisrelevanten Erfahrungen, die ihr hier beschrieben habt. Genauso habe ich euch über die vielen Jahre auch persönlich erlebt!

3.3 Wertschätzung operationalisieren

In vielen Leitbildern und Führungskräfteleitlinien von Unternehmen erscheint häufig der Begriff Wertschätzung. Dabei ist der Wunsch oder die Erwartung des Managements damit verbunden, dass Führungskräfte wertschätzend mit der Mitarbeiterschaft umgehen. Allerdings ist es häufig so, dass Leitbilder oder Leitlinien mit zu wenig Herzblut gelebt werden. Es gibt sie zwar, aber es wird im Führungsalltag darauf wenig Bezug genommen. Ob in Mitarbeitergesprächen, bei Projekten oder bei großen Mitarbeiterversammlungen, selten wird auf diese zentralen Punkte bewusst in dem jeweiligen Kontext eingegangen. Vielmehr sind diese offiziellen Leitlinien auf Hochglanzprospekten gedruckt, im Internet veröffentlicht und dienen eigentlich nur dem Marketing. Aber im beruflichen Alltag werden sie tendenziell nicht so richtig mit Leben gefüllt.

Deshalb möchte ich Sie an dieser Stelle ermutigen, wenn es in Ihrem Unternehmen ein Leitbild oder Führungsleitlinien mit einem Hinweis zum Thema Wertschätzung gibt, dann versuchen Sie (ggf. zusammen mit anderen Führungskräften), diesen Punkt so konkret und klar wie möglich zu beschreiben.

Ein möglicher Hinweis in den Leitlinien könnte sein:

Wir führen mit Vertrauen und Wertschätzung.

Was könnte das im Führungsalltag bedeuten? Hier zehn konkrete Operationalisierungsvorschläge:

1. Wir leben als Führungskraft Vertrauen und Wertschätzung positiv vor.
2. Wir geben unseren Teammitgliedern einen Vertrauensvorschuss und kontrollieren mit Bedacht.

3. Wir vertrauen in die Eigeninitiative unserer Teammitglieder und fördern Eigenverantwortung.
4. Wir vertrauen in die Kompetenzen unserer Teammitglieder und ermutigen sie, diese zu nutzen.
5. Wir geben Lob, Anerkennung und Wertschätzung bei guten Leistungen unserer Teammitglieder.
6. Wir zeigen echtes Interesse an unseren Teammitgliedern.
7. Wir übertragen angemessene Verantwortung an unsere Teammitglieder.
8. Wir nutzen sinnvolle Motivationsmöglichkeiten für unsere Teammitglieder.
9. Wir kritisieren unsere Teammitglieder wohlwollend und unterstützend.
10. Wir behandeln unsere Teammitglieder fair und respektvoll.

Vielleicht haben Sie noch andere Ideen, die oben genannte Leitlinie zu beschreiben. Wenn Sie noch einen Schritt weiter gehen wollen, dann können Sie Schlüsselbegriffe noch genauer ausformulieren. Die Hinweise sollten eine Orientierungshilfe sowohl für die Führungskräfte als auch für die Mitarbeiterinnen und Mitarbeiter sein. Nehmen wir exemplarisch den Punkt 10: „Wir behandeln unsere Teammitglieder fair und respektvoll." So könnte die genauere Beschreibung lauten:

Die Führungskraft …

- … sorgt für eine gerechte Verteilung der Aufgaben im Team, abhängig von Kompetenzen und Erfahrungen.
- … spricht mit den Teammitgliedern auf Augenhöhe.
- … hört sich aufmerksam Vorschläge von Teammitgliedern an.
- … bevorzugt keine einzelnen Teammitglieder.
- … sorgt dafür, dass Teammitglieder nicht ausgenutzt werden.
- … sorgt für Chancengleichheit im Team.
- … schafft Transparenz für vermeintlich „ungerechtes" Handeln.
- … lässt Diskriminierungen und Mobbing nicht zu.
- … sorgt dafür, dass „Spielregeln" eingehalten werden.

Oder nehmen wir den Vorschlag 9: „Wir kritisieren unsere Teammitglieder wohlwollend und unterstützend."

- Die Führungskraft …
- … geht unangenehmen Gesprächen nicht aus dem Weg.
- … spricht die Kritikpunkte klar, verständlich und nachvollziehbar an.
- … unterstellt dem Teammitglied positive Absichten.
- … erarbeitet Vorschläge, anstatt „Befehle" zu geben.

- … behält auch bei Kritik die Stärken der Teammitglieder im Blick.
- … stellt in Kritikgesprächen immer wieder den Bezug zum Ziel/angestrebten Ergebnis her.
- … spricht Kritikpunkte sachlich und lösungsorientiert an.

Wenn es Ihnen gelingt, den Begriff Wertschätzung und weitere Schlüsselbegriffe in diesem Kontext so zu beschreiben, dass ein entsprechendes Verhalten der Führungskraft beobachtbar ist, dann können die Teammitglieder viel genauer Feedback geben. Und die Führungskräfte haben so gute Anknüpfungspunkte, um gezielt an ihrem wertschätzenden Führungsverhalten zu arbeiten.

3.4 Empathie ist wertvoll

Angemessen wertschätzen gelingt leichter, wenn man als Führungskraft über ein gewisses Maß an Empathie verfügt. In Wikipedia (Stand 10.05.2021) wird Empathie wie folgt definiert: „Empathie bezeichnet die Fähigkeit und Bereitschaft, Empfindungen, Emotionen, Gedanken, Motive und Persönlichkeitsmerkmale einer anderen Person zu erkennen, zu verstehen und nachzuempfinden. … Zur Empathie wird gemeinhin auch die Fähigkeit zu angemessenen Reaktionen auf Gefühle anderer Menschen gezählt, zum Beispiel Mitleid, Trauer, Schmerz und Hilfsbereitschaft aus Mitgefühl. … Grundlage der Empathie ist die Selbstwahrnehmung – je offener eine Person für ihre eigenen Emotionen ist, desto besser kann sie auch die Gefühle anderer deuten.“.

Selbstwahrnehmung schärfen

Insbesondere der letzte Satz ist bemerkenswert die zentrale Bedeutung der Selbstwahrnehmung. Viele Menschen tun sich mit der Selbstwahrnehmung, besonders der eigenen Gefühle, eher schwer. Es ist oft nicht leicht, die eigenen Emotionen konkret und greifbar zu beschreiben und in die richtigen Worte zu fassen.

Das ist gerade für Führungskräfte eine nützliche Übung, sich immer wieder mit den eigenen Gefühlen auseinanderzusetzen. Dazu sind folgende Leitfragen hilfreich:

Reflexionsfragen zur Schärfung der emotionalen Selbstwahrnehmung

- Welches der sieben relevanten Grundgefühle Freude, Überraschung, Angst, Wut, Ekel, Trauer und Verachtung spüren Sie bei sich besonders oft?
- Was genau verbinden Sie mit diesen Basisemotionen?
- Welche der Basisemotionen erleben Sie bei sich eher im beruflichen Kontext?
- Welche der Basisemotionen erleben Sie bei sich eher im privaten Kontext?
- Welches Grundgefühl ist Ihnen persönlich eher fremd?

Fremdwahrnehmung weiterentwickeln

Nach dem Blick auf sich selbst ist es nun der Perspektivenwechsel, den Sie vollziehen sollten. Es geht darum, sich in die eigenen Teammitglieder einzufühlen. Auch hierzu wieder einige Reflexionsfragen, die Ihnen helfen sollen, die Fremdreflexion zu konkretisieren.

Reflexionsfragen zur Schärfung der emotionalen Wahrnehmung Ihrer Mitarbeitenden

- Bei welchen Teammitgliedern spüren Sie des Öfteren richtige Freude, Begeisterung, Zufriedenheit?
- Bei welchen Teammitgliedern erleben Sie leuchtende Augen, wenn es um Neues geht?
- Welches Ihrer Teammitglieder vermittelt Ihnen deutlich seinen Ärger, Frustration, Wut?
- Gibt es ein Teammitglied, das Ihnen sehr traurig vorkommt?
- Welche Teammitglieder zeigen Angst und Furcht?
- Haben Sie Teammitglieder, die sich schnell schämen?
- Welche Teammitglieder fühlen sich oft schuldig für Fehler?

Doch die zentralen Fragen sind:

- Wie können Sie sich künftig leichter in Ihre Teammitglieder hineinversetzen?
- Wie können Sie leichter nachempfinden, welche Emotionen gerade im Fokus stehen?

Eine einfache Antwort auf diese beiden Fragen:

Seien Sie aufmerksam und bleiben Sie am Menschen interessiert!

Nur wer als Führungskraft mit offenen Augen, offenen Ohren und offenem Herzen durch die Reihen seiner Teammitglieder geht, hat die Chance, wirkliche Empathie zu zeigen.

Wer lediglich auf der Sachebene agiert und die Aufmerksamkeit ausschließlich auf die Arbeit richtet, der wird wenig Empathie zeigen können.

Je größer Ihre Empathiefähigkeit, desto größer ist die Chance, dass Sie Vertrauen aufbauen, denn Sie zeigen Ihren Leuten, dass Sie als Führungskraft spüren, wie es den Menschen, die Sie führen, geht. Menschen empfinden Empathie und Vertrauen als Wertschätzung! Und Menschen merken sehr schnell, ob das echt und authentisch oder aufgesetzt ist.

Übrigens, gute Beziehungen wirken sich auch unmittelbar positiv auf die Gesundheit aus. Werner Bartens beschreibt in seinem Buch *Empathie* viele Beispiele und bezieht sich auf zahlreiche Studien, die immer wieder belegen, wie nützlich Empathie ist. Exemplarisch hier nur ein paar kurze Statements aus seinem Buch:

Vielen Menschen fehlt Austausch, Resonanz - sei es mit anderen, in der Natur, im Gebet, der Kunst oder in der Musik. (Seite 27)

Mitgefühl empfinden wir besonders mit jenen, die wir als zugehörig zur Gruppe ansehen. (Seite 41)

Der Mensch ist darauf angewiesen, im Austausch zu sein, sich nahe zu fühlen. Wer keine Bindung hat, verkümmert und geht ein. Wer keine sozialen Bindungen unterhält, wird häufiger und schwerer krank und stirbt früher. Wer Freundschaften schließt, offen auf andere zugeht und optimistisch ist, lebt länger - im Mittel mehr als 7 - 10 Jahre, das heißt etwa 15 %. (Seite 59)

Wer sich von wohlmeinenden Menschen umgeben sieht, wird seltener einen Infarkt erleiden. Wer soziale Kontakte pflegt, leidet seltener an Erkältungen. Das Immunsystem wird gestärkt, nicht angegriffen. Wer sich von Freunden und Familie unterstützt fühlt, bei dem überwiegt der Parasympathikus. Das stabilisiert das Herz und schont die Organe. (Seite 60)

Unter akutem Stress ist es nicht leicht, Gefühle für andere zu entwickeln. Wer sich in Achtsamkeit und Empathie schult, kehrt schneller in die Ruhephase zurück. (Seite 135)

Das Herz profitiert von Nähe und Einfühlung. Herzkranzgefäße verstopfen nicht so schnell, Infarkte, Rhythmusstörungen, Insuffizienz kommen seltener vor. Für die Entstehung von Rückenschmerzen spielt es eine wichtige Rolle, wie man sich selbst und anderen begegnet. (Seite 136)

3.5 Erkenntnisse - Reflexion - Umsetzung

Jeder Mensch hat ein unterschiedliches Wertschätzungsbedürfnis. Auch hier gilt: **Menschen machen den Unterschied!** Eine gute Führungskraft hat im Blick, welches Teammitglied in welcher Art und in welchem Umfang persönliche Resonanz benötigt. Manchmal muss man einen neuen Blick auf die zu führenden Personen werfen und deren echte Bedürfnisse ergründen. Mal im direkten Gespräch und mal mit feiner Empathie. So komme ich auf folgende Geschichte, die dem König Salomo zugeschrieben wird:

Das salomonische Urteil

Damals kamen zwei Dirnen und traten vor den König.

Die eine sagte: „Bitte, Herr, ich und diese Frau wohnen im gleichen Haus, und ich habe dort in ihrem Beisein geboren. Am dritten Tag nach meiner Niederkunft gebar auch diese Frau. Wir waren beisammen; kein Fremder war bei uns im Haus, nur wir beide waren dort. Nun starb der Sohn dieser Frau während der Nacht; denn sie hatte ihn im Schlaf erdrückt. Sie stand mitten in der Nacht auf, nahm mir mein Kind weg, während meine Magd schlief, und legte es an ihre Seite. Ihr totes Kind aber legte sie an meine Seite. Als ich am Morgen aufstand, um mein Kind zu stillen, war es tot. Als ich es aber am Morgen genau ansah, war es nicht mein Kind, das ich geboren hatte."

Da rief die andere Frau: „Nein, mein Kind lebt, und dein Kind ist tot." Doch die erste entgegnete: „Nein, dein Kind ist tot, und mein Kind lebt."

Man brachte es vor den König. So stritten sie vor dem König. Da begann der König: „Diese sagt: ‚Mein Kind lebt, und dein Kind ist tot!', und jene sagt: ‚Nein, dein Kind ist tot, und mein Kind lebt.'"

Und der König fuhr fort: „Holt mir ein Schwert!" Nun entschied er: „Schneidet das lebende Kind entzwei, und gebt eine Hälfte der einen und eine Hälfte der anderen!"

Doch nun bat die Mutter des lebenden Kindes den König – es regte sich nämlich in ihr die mütterliche Liebe zu ihrem Kind: „Bitte, Herr, gebt ihr das lebende Kind, und tötet es nicht!"

Doch die andere rief: „Es soll weder mir noch dir gehören. Zerteilt es!"

Da befahl der König: „Gebt jener das lebende Kind, und tötet es nicht; denn sie ist seine Mutter." Ganz Israel hörte von dem Urteil, das der König gefällt hatte, und sie schauten mit Ehrfurcht zu ihm auf; denn sie erkannten, dass die Weisheit Gottes in ihm war, wenn er Recht sprach. ■

Hier wird Wertschätzung auf mehreren Ebenen sichtbar:

Die Mutter bzw. die Mütter, die auf ein gerechtes Urteil vom König hoffen – Wertschätzung für den König.

Die tatsächliche Mutter, die dem Kind zuliebe auf das mütterliche Recht zunächst verzichtet – Wertschätzung für das eigene Kind.

Der König, der durch ein vermeintlich gerechtes oder auch ungerechtes Verhalten dafür sorgt, dass die Situation auf einmal ehrlich geklärt werden kann – Wertschätzung für die sachliche Anfrage der beiden Frauen.

Und Salomo zeigt auch ein notwendiges Maß an Empathie. Denn weil er sich gut einfühlen kann, bekommt er die Idee, eine paradoxe Entscheidung zu fällen – das Kind in der Mitte mit dem Schwert zu teilen. Dass eine echte Mutter das nicht zulassen würde, konnte er wohl spüren.

Reflexionsfragen

- Welche Sachfragen tragen Ihre Mitarbeitenden manchmal an Sie heran und wie wertschätzend gehen Sie damit im Führungsalltag um?
- Wie gut gelingt es Ihnen, in Ihren Führungssituationen die verschiedenen Seiten zu Wort kommen zu lassen?
- Haben Sie manchmal auch eine Idee für eine paradoxe Intervention?
- Wie gut können Sie sich in Ihre Mitarbeitenden einfühlen?
- Woran machen Sie Gerechtigkeit fest?
- Woran machen Ihre Mitarbeitenden Gerechtigkeit fest?

Führungsprinzip Wertschätzung heißt:

Als Führungskraft gemäß dem Wertschätzungskonto ein gutes Maß zwischen Anerkennung und Kritik zu finden, den Begriff Wertschätzung für sich und das eigene Team nachvollziehbar zu operationalisieren und die eigene Empathie zu schärfen.

3.6 Literaturhinweise

Werner Bartens: *Empathie. Die Macht des Mitgefühls*. Droemer, München 2015

Werner Stangl: Gottman-Konstante: *https://lexikon.stangl.eu/16521/gottman-konstante* (Stand 10.05.2021)

Definition „Empathie“: *https://de.wikipedia.org/wiki/Empathie* (Stand 10.05.2021)

Geschichte zum salomonischen Urteil: *https://de.wikipedia.org/wiki/Salomo#Das_Urteil_des_K.C3.B6nigs_Salomo* (Stand 10.05.2021)

4 Identifikation fördern

Eine zentrale Aufgabe einer Führungskraft ist es, einen persönlichen und aktiven Beitrag zur Zufriedenheit, Identifikation und somit auch zur Bindung, vor allem der guten Mitarbeiterinnen und der Leistungsträger, zu fördern. Mitarbeitende, die sich nicht mit dem eigenen Unternehmen identifizieren, sind nur bedingt leistungsbereit. Das wird dann häufig bei der Arbeitsqualität, der Produktivität und der gelebten Kundenorientierung erlebbar.

Die Führungskraft ist bei der Identifikation der Mitarbeiterschaft mit dem Unternehmen in einer Schlüsselrolle. Der Spruch „Man bewirbt sich bei einer Firma – aber man kündigt wegen des Chefs!“ kommt nicht von ungefähr. Die Führungskraft ist hier der wichtigste Einflussfaktor. Positiv wahrgenommene Vorbildfunktion und authentisch gezeigte Wertschätzung sind die zwei Elemente, die nachhaltig die Zufriedenheit der Mitarbeitenden erhöhen können.

In diesem Kapitel erhalten Sie wertvolle Impulse, wie Sie als Führungskraft die Zufriedenheit, die Identifikation und somit auch die emotionale Bindung Ihrer Mitarbeiterinnen und Mitarbeiter mit dem Unternehmen und der eigenen Arbeit deutlich und nachhaltig steigern können.

■ 4.1 Geringe emotionale Bindung in deutschen Unternehmen

Voraussetzung für eine positive Identifikation mit dem eigenen Unternehmen ist eine möglichst hohe emotionale Bindung an das Unternehmen. Persönliche Identifikation braucht eine echte und positive Emotionalität. Das heißt, beim Gedanken an meine Firma oder meinen Arbeitgeber sollte ich als Mitarbeiterin, Mitarbeiter und Führungskraft ein gutes und ein richtig positives Gefühl haben. Doch dieses ist tatsächlich nur bei den wenigsten Mitarbeitenden vorhanden.

Die jährlich erscheinende Gallup-Studie zum Mitarbeiterengagement zeigt in absoluter Klarheit immer wieder die fehlende Identifikation von Mitarbeitenden mit dem eigenen Unternehmen auf. Regelmäßig wird einmal im Jahr in einer umfangreichen, repräsentativen Befragung die emotionale Bindung zum eigenen Arbeitgeber erhoben. Das traurige Ergebnis: Nicht einmal jeder fünfte Mitarbeitende empfindet eine hohe emotionale Bindung zum eigenen Arbeitsplatz/Unternehmen. Das heißt, nur wenige Mitarbeitende identifizieren sich voll und ganz mit der eigenen Firma und gehen daher hoch motiviert und mit viel Engagement zur Arbeit (Bild 4.1).

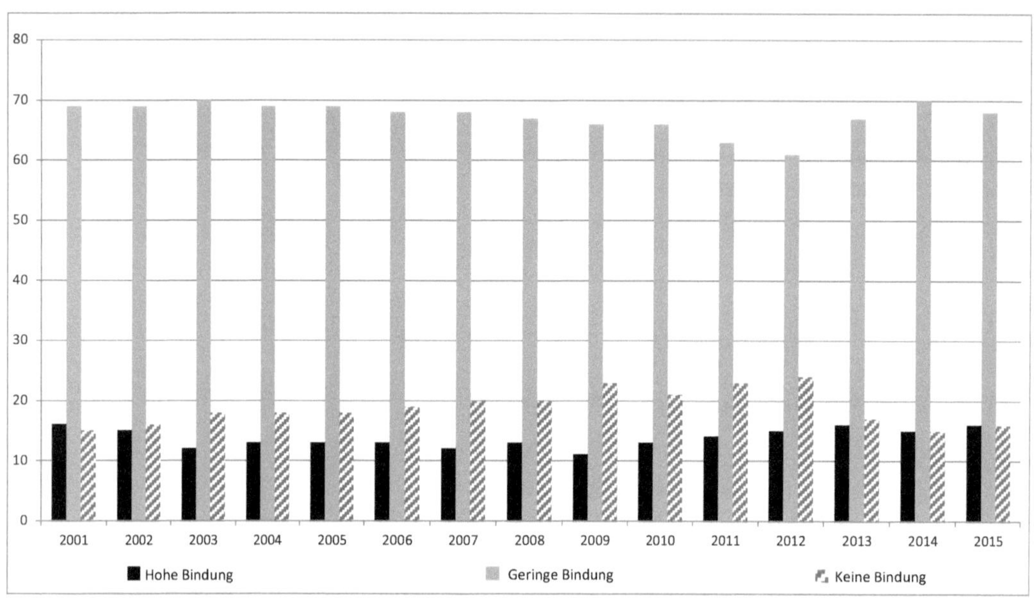

Bild 4.1 Geringe emotionale Bindung in deutschen Unternehmen (Quelle: Gallup 2021)

Dagegen haben zwischen 15 % und 24 % (2001 bis 2020) der Mitarbeitenden bereits innerlich gekündigt! Diese Mitarbeiterinnen und Mitarbeiter zeigen also kaum bis gar kein Engagement mehr im Job, versuchen vielleicht sogar teilweise, dem eigenen Unternehmen zu schaden.

Die restliche Mitarbeiterschaft zwischen diesen beiden extremen Polen machen im Prinzip „Dienst nach Vorschrift" oder arbeiten in „freizeitorientierter Schonhaltung".

Was heißt das für den Arbeitsalltag, wenn etwa vier von fünf Mitarbeitenden keine hohe Bindung zum eigenen Unternehmen und zum eigenen Arbeitsplatz empfinden? Wie wirkt dies auf die anderen Mitarbeiterinnen und Mitarbeiter, die vielleicht im Moment noch mit guter oder sogar sehr guter Identifikation unterwegs sind?

Außerdem ist die Frage mit Blick auf die Zukunft („War for Talents"): Welche Bindung empfinden unsere Topleister? Welche Bindung empfinden unsere Potenzialträgerinnen? Und welche Bindung empfinden unsere normal-guten Mitarbeitenden? Oder arbeiten bei uns die Leute alle nur mit „angezogener Handbremse"?

Im Rahmen dieses Buchprojekts hatte ich bereits zur Erstauflage ein sehr langes und interessantes Telefonat mit Herrn Marco Nink, Senior Practice Consultant beim Beratungsunternehmen Gallup Deutschland geführt. Hier ein kleiner Auszug davon:

Expertengespräch mit Marco Nink, Senior Practice Consultant bei Gallup Deutschland

Herr Nink, welche Erfahrungen und Anmerkungen haben Sie generell zur Gallup-Studie?

Befragungen haben in unserem Hause eine lange Tradition, und so geht auch die Entwicklung unseres Ansatzes auf die Ergebnisse einer Umfrage zurück. In den 1990er-Jahren wollten wir von Unternehmen wissen, was sie tun, um einen positiven Kulturwandel in ihrer Organisation umzusetzen. 80% teilten uns mit, dass sie zu diesem Zweck Mitarbeiterbefragungen durchführen, die im Schnitt 150 Fragen umfassen. Allerdings berichteten 60% der befragten Personalverantwortlichen, dass die Stimmung in der Belegschaft im Anschluss an die Mitarbeiterbefragung oft schlechter war als zuvor. Warum war das so? Weil Mitarbeitende gebeten wurden, ihre Meinung zu allen nur vorstellbaren Themen abzugeben. Doch nur selten wurden die Ergebnisse auch genutzt, um daraus Interventionen zur Verbesserung des Arbeitsumfelds abzuleiten, was häufig zur Frustration in der Belegschaft führte. Dies hatte damit zu tun, dass einerseits mehr Themen angerissen wurden, als in der Realität angegangen werden konnten, also eine Priorisierung fehlte. Andererseits wurden Themen abgefragt und so Erwartungen geweckt, die nicht erfüllt werden konnten, da sie zu umfassend waren und die Handlungsmöglichkeiten in diesen Punkten eingeschränkt waren. Das regte uns an, nach den wirklich wichtigen Aspekten zu suchen, um die Qualität des Arbeitsplatzes steigern zu können. Zentral war dabei die Frage, welchen Merkmalen zum Arbeitsumfeld eine Mitarbeitende oder ein Mitarbeiter zustimmt, der eine deutlich höhere Leistung erbringt als andere. Im Rahmen unserer Forschungsarbeit haben wir nach der Befragung von einer Millionen Mitarbeitenden und Hunderten untersuchten Aspekten zwölf Aspekte identifizieren können, die von leistungsstarken Arbeitsgruppen sehr hoch und von den übrigen Arbeitsgruppen niedrig bewertet wurden. Dabei konnten wir belegen, dass Leistung weniger von Hygienefaktoren wie beispielsweise der Entlohnung abhängig ist als vielmehr von der Erfüllung bestimmter emotionaler Bedürfnisse am Arbeitsplatz.

Prima, so wird noch einmal deutlich, welche Historie hinter den reinen Zahlen steht. In der Übersicht von 2001 bis 2020 kann man ja deutlich erkennen, dass leider nur wenige Mitarbeitende eine wirklich hohe Identifikation und Bindung zum eigenen Unternehmen empfinden. Was sind aus Ihrer Erfahrung relevante Hinweise für Führungskräfte, gerne auch mit dem Fokus auf das Thema Wertschätzung?

Führungskräfte prägen das Arbeitsumfeld durch ihr Verhalten in erheblichem Maße, was Auswirkungen auf die Leistungs- und Wettbewerbsfähigkeit einer Organisation hat. Es gibt einen eindeutigen Zusammenhang zwischen der erlebten Führung und den Verhaltensweisen, die Mitarbeitende an den Tag legen. Werden im Arbeitsalltag die zentralen Bedürfnisse von Mitarbeiterinnen und Mitarbeitern ignoriert, dann wirkt sich das negativ auf die Anzahl der Fehltage, die Fluktuation, die Kundenorientierung, die Weiterempfehlungsbereitschaft oder die Innovationskraft aus. Daraus kann man als Hinweis für Führungskräfte ableiten, dass sie sich den Folgen ihres Führungsverhaltens zunächst einmal bewusstwerden müssen. Außerdem kommt es aus meiner Erfahrung vor allem darauf an, einen echten Dialog mit den eigenen Mitarbeitenden zu führen.

Das habe ich selbst bereits auch schon dargestellt, welche Bedeutung ein echter Dialog auf Augenhöhe hat. Wenn ich in meinen Seminaren die Ergebnisse der Gallup-Studie den Führungskräften zeige und wir dann darüber lösungsorientiert diskutieren, ist oft eine große Betroffenheit zu spüren. Manchmal auch eine Abwehrreaktion im Sinne von: „Bei uns ist das nicht so!“

Aus meiner Sicht ist die Gallup-Studie auf keinen Fall als Führungskräfteschelte zu verstehen. Führungskräfte agieren in der Regel mit bester Absicht, und in ihrer Selbsteinschätzung sehen sie sich selbst als gute Führungskraft. Aber oft gibt es einen Unterschied zwischen Selbstbild und Fremdbild. Viele Führungskräfte gehen davon aus, dass ihre Mitarbeitenden genauso geführt werden wollen wie sie selbst. Diese Annahme ist allerdings falsch. Der Schlüssel zur Mitarbeiterin und zum Mitarbeiter ist eine gute Kommunikation. Jede Führungskraft sollte wissen, welche Stärken, Schwächen und Talente ein Teammitglied hat, wie diese Person geführt werden möchte, also eher mit viel Freiraum oder eher stark strukturiert, wie man am besten arbeitet, also eher in der Gruppe oder eher alleine, ob man lieber an vielen Aufgaben zur gleichen Zeit arbeitet oder Aufgaben lieber nacheinander abarbeitet und wie Mitarbeitende Rückmeldung zur eigenen Arbeit bekommen möchte. Von Bedeutung sind auch die sogenannten drei Z für hervorragende Führung: Zugänglichkeit, Zuständigkeit und Zielorientierung. Das bedeutet Zugänglichkeit der Führungskraft für Mitarbeitende und ihre Fragen, Probleme und Sorgen. Zuständigkeit für die erfolgsrelevanten Rahmenbedingungen, die Strukturen und die Suche nach Lösungen. Zielorientierung heißt, für die notwendige Zielklarheit, die verantwortungsvolle Delegation und die richtige Zielabstimmung zu sorgen.

Wie stehen Sie zum Thema Lob und Anerkennung versus Kritik?

Die Ergebnisse der Gallup-Studie unterstreichen die Bedeutung von Feedback! Mitarbeitende brauchen Anerkennung für gute Arbeit. Menschen brauchen Aufmerksamkeit und wollen wahrgenommen werden. Lob signalisiert einem Teammitglied, dass der Vorgesetzte die eigene Leistung sieht. Außerdem wollen Mitarbeitende in Entscheidungen einbezogen werden. Hervorragende Führungskräfte hören ihren Mitarbeiterinnen und Mitarbeitern daher zu und fragen nach. Andererseits dürfen Schwächen nicht ignoriert werden. Mitarbeitende wollen sich ja weiterentwickeln. Es ist nur die Frage, worauf ich als Führungskraft den Schwerpunkt richte. Meines Erachtens ist der erfolgreichere Weg, Stärken zu fördern und weiterzuentwickeln, als permanent die Schwächen auszugleichen. So kommt man häufig nur bestenfalls auf ein mittelmäßiges Niveau.

Haben Sie noch ein positives Beispiel für Anerkennung?

Es kommt darauf an, individuell und personengerecht die richtige Form für Anerkennung zu finden. Das haben Sie in Ihrem Buch ja auch schon zum Ausdruck gebracht. Mir ist noch eine Situation bei einem Kunden von mir präsent, die ich als sehr positives Beispiel empfinde. Dabei hat eine Führungskraft einer Mitarbeiterin gezeigt, dass sie die Bedürfnisse der Mitarbeiterin ernst nimmt und entsprechend würdigt. Was war passiert? Die Mitarbeiterin war im Unternehmen sehr engagiert und in einem wichtigen Projekt eingebunden. Gleichzeitig hatte der Sohn der Mitarbeiterin größere Probleme in der Schule. Zum Dank für die engagierte Leistung und die hervorragenden Projektergebnisse der Mitarbeiterin entschied die Führungskraft, als Anerkennung der Mitarbeiterin zehn Nachhilfestunden für den Sohn zu bezahlen. So kann aus meiner Sicht individuelle Anerkennung aussehen. Die Mitarbeiterin jedenfalls war absolut begeistert!

Lieber Herr Nink, nochmals vielen Dank, dass ich die beiden Charts (Langzeitstudie und Q12-Fragen) in meinem Buch verwenden darf. Und auch vielen Dank für Ihre Kommentare und Erfahrungen, die Sie hier eingebracht haben.

Wissen Sie, Herr Rabenbauer, es ist mir wie Ihnen ein echtes Anliegen, Führungskräfte zu unterstützen, damit sie über Reflexion Veränderungen auf den Weg bringen können. Am Ende kommt Führung, die sich am Menschen orientiert, nicht nur den Mitarbeitern zugute, weil sie Freude statt Frust bei der Arbeit haben, sondern sie wirkt sich auch positiv auf den Unternehmenserfolg aus.

So, wie Sie die Q12-Fragen in Kapitel 4.2 als Lösungsansatz beschrieben haben, sind wir zu 100 % auf einer gemeinsamen Linie. Von daher auch von meiner Seite vielen Dank für unser Gespräch, es hat wirklich Spaß gemacht! ■

Wenn Führungskräfte befragt werden, wie sie ihre eigene Führungsarbeit bewerten, kommt häufig eine klare Überzeugung zum Ausdruck, dass man als Führungskraft einen sehr guten Job macht und ganz nah an den Bedürfnissen der eigenen Mitarbeiterinnen und Mitarbeitern agiert. Studien wie der Gallup-Engagement-Index zeigen, dass manchmal eine erhebliche Diskrepanz zwischen der Einschätzung der Führungskräfte und der Einschätzung der Mitarbeiter liegt.

Auch Absicht und Wirkung klaffen häufig auseinander. Wie oft hören wir, dass eine Führungsperson immer wieder betont, wie wichtig der Austausch mit den Mitarbeitenden sei, und dass die Bürotür dafür immer offen stehe. Aber wenn dann die Führungskraft, wenn es drauf ankommt, Mitarbeitende in der offenen Tür warten lässt und von oben herab behandelt, dann wird das Gegenteil erreicht. So eine Führungsperson verliert an Glaubwürdigkeit, und die Unzufriedenheit bei den Mitarbeitenden wird erhöht. Diese Führungskraft wird aber von sich die Meinung haben, dass sie tatsächlich immer ein offenes Ohr für die Mitarbeiterschaft hat, und kaum auf den Gedanken kommen, dass dies von den Mitarbeitenden anders wahrgenommen werden könnte.

Nutzen Sie deshalb Gespräche mit Ihren Mitarbeiterinnen und Mitarbeitern. Durch ehrliches Mitarbeiterfeedback entsteht die nötige Transparenz, in der eine Führungskraft abgleichen kann: „Wie nehme ich die Situation wahr, wie nehmen sie die Mitarbeitenden wahr? Was wollte ich erreichen und wie wirkt die Maßnahme auf meine Mitarbeitenden?"

■ 4.2 Praxistransfer – Worauf kommt es an?

Wie in Kapitel 4.1 beschrieben, haben zugewandte und von Interesse geprägte Mitarbeitergespräche eine zentrale Bedeutung für die Identifikation mit dem eigenen Unternehmen. Für solche Mitarbeitergespräche können auch die Fragen der Gallup-Studie, die sogenannten Q12-Fragen, herangezogen werden. Diese fokussieren genau die Punkte, die Mitarbeiterzufriedenheit ausmachen:

Fragen bzw. Aussagen aus dem Gallup-Engagement-Index

„Emotionale Mitarbeiterbindung messen – die Q12"

Die befragten Mitarbeitenden müssen folgende Aussagen auf einer Skala von 1 (schlechteste Bewertung) über 3 (neutrale Bewertung) bis 5 (beste Bewertung) subjektiv einschätzen.

1. Ich weiß, was bei der Arbeit von mir erwartet wird!
2. Ich habe die Materialien und Arbeitsmittel, um meine Arbeit richtig zu machen!
3. Ich habe bei der Arbeit jeden Tag die Gelegenheit, das zu tun, was ich am besten kann!
4. Ich habe in den letzten sieben Tagen für gute Arbeit Anerkennung oder Lob bekommen!
5. Mein Vorgesetzter/meine Vorgesetzte oder eine andere Person bei der Arbeit interessiert sich für mich als Mensch!
6. Bei der Arbeit gibt es jemanden, der mich in meiner Entwicklung fördert!
7. Bei der Arbeit scheinen meine Meinungen zu zählen!
8. Die Ziele und die Unternehmensphilosophie meiner Firma geben mir das Gefühl, dass meine Arbeit wichtig ist!
9. Meine Kollegen/Kolleginnen haben einen inneren Antrieb, Arbeit von hoher Qualität zu leisten!
10. Ich habe einen sehr guten Freund/eine gute Freundin innerhalb der Firma!
11. In den letzten sechs Monaten hat jemand in der Firma mit mir über meine Fortschritte gesprochen!
12. Während des letzten Jahres hatte ich bei der Arbeit die Gelegenheit, Neues zu lernen und mich weiterzuentwickeln!

(Quelle: Gallup 2016)

Nutzen Sie dazu auch das Arbeitsblatt 4 in Kapitel 15 für Ihre Führungspraxis. ■

Diese Aussagen sollten Sie zunächst einmal für sich selbst bewerten! Welche Einschätzung würden Sie aus Ihrer Perspektive vornehmen? Allein daraus ergeben sich schon Ansatzpunkte. Welche Bewertung würden Ihre eigenen Mitarbeitenden hier vornehmen? Das wäre auch ein klares Feedback für Ihre persönliche Führungsleistung!

Die vorgegebenen Aussagen der Gallup-Fragen können als wertvoller Lösungshinweis interpretiert werden, die persönliche Zufriedenheit, Identifikation, Bindung und somit unmittelbar das Engagement Ihrer eigenen Mitarbeitenden positiv zu unterstützen und zu erhöhen. Aus diesen zwölf Fragen lassen sich also zwölf konkrete Handlungsvorschläge für Führungskräfte und die tägliche Führungsarbeit ableiten:

Die eigene Führungsleistung verbessern

Verbessern Sie die Wirkungskraft Ihre Führungsleistung dadurch, dass ...

- ... Sie Ihre Erwartungen klar, deutlich und nachvollziehbar formulieren!
- ... Sie Ihren Mitarbeitenden die notwendigen Materialien/Arbeitsmittel verschaffen!
- ... Ihre Mitarbeitenden Ihre Stärken und Fähigkeiten im Arbeitsalltag nutzen können!
- ... Sie regelmäßig echte Anerkennung für gezeigte Mitarbeiterleistungen ausdrücken!
- ... Sie sich für die Menschen wirklich interessieren und nicht nur deren Arbeitskraft!
- ... Sie die weitere Entwicklung Ihrer Mitarbeiterinnen und Mitarbeitern aktiv fördern!
- ... Sie aufmerksam und interessiert die persönlichen Meinungen Ihrer Mitarbeitenden anhören!
- ... Sie den Tätigkeiten und Arbeiten der Mitarbeitenden echte Bedeutung geben!
- ... Sie die Motivation zu einer qualitativ hochwertigen Arbeit fördern!
- ... Sie ein freundschaftliches Arbeitsklima aktiv unterstützen!
- ... Sie regelmäßig mit Ihren Mitarbeitenden über deren Fortschritte und Perspektiven sprechen!
- ... Sie vielfältige Lernmöglichkeiten schaffen (Projekte, Hospitationen, Jobrotation ...)!

Wenn Sie allein diese zwölf Punkte in Ihrem Führungsalltag glaubwürdig mit Leben füllen, erhalten Sie als Resonanz eine deutlich höhere Zufriedenheit, Identifikation, Bindung und somit spürbar mehr Engagement Ihrer Mitarbeiterinnen und Mitarbeiter!

4.3 Vorbildfunktion: Widerspruchsfrei und authentisch

„In dir muss brennen, was du in anderen entzünden willst!“

(Chinesisches Sprichwort)

Gerade bei diesen wichtigen Themen Zufriedenheit, Identifikation und Unternehmensbindung sollten Sie sich Ihrer Rolle und Ihres Einflusses auf die Mitarbeitenden sehr bewusst sein. Wie bereits in den ersten Kapiteln erwähnt, orientieren sich Mitarbeitende immer stark am Verhalten und an der Einstellung der eigenen Führungskraft. Es wird kritisch darauf geschaut, was Sie als Führungskraft von Ihren Mitarbeiterinnen und Mitarbeitern verlangen und ob Sie sich selbst an die Vorgaben halten. Von Ihnen wird diesbezüglich keine Perfektion erwartet, aber die von Ihnen geführten Menschen haben schon eine klare Meinung, ob Sie als Führungskraft „anderen Wasser predigen und selbst Wein trinken“. Wenn die Mitarbeitenden aber spüren, dass das, was Sie von ihnen erwarten, auch Ihr Anspruch an Sie selbst ist, dann sorgen Sie dafür, dass keine inneren Widerstände aufgebaut und Sie als authentisch wahrgenommen werden.

Eigenen Standpunkt klären

Als Führungskraft sind Sie genauso wie Ihre Mitarbeitenden Teil Ihres Unternehmens. Deshalb ist es wichtig, dass Sie sich selbst zunächst einmal bewusst machen, was in Ihrem eigenen Unternehmen dazu beiträgt, dass Sie selbst zufrieden sind, sich mit Ihrer Firma identifizieren und positiv verbunden fühlen.

Eine zentrale Frage, die Sie selbst stellen sollten

Beantworten Sie folgende Leitfrage: Was genau finden Sie als Führungskraft an Ihrem Arbeitgeber so richtig gut? Finden Sie mindestens zehn positive Punkte! Sie haben eine Minute Zeit!

1. ______
2. ______
3. ______
4. ______
5. ______
6. ______
7. ______
8. ______
9. ______
10. ______

Und, haben Sie innerhalb von einer Minute zehn Aspekte gefunden?

In meinen Führungsseminaren stelle ich diese Frage gerne mal als kleine Einstiegsübung. Und dort wird deutlich, dass die wenigsten Führungskräfte spontan zehn Punkte notieren können. Wenn Sie es also nicht geschafft haben sollten, dann sind Sie nicht allein.

Sie sollten sich auf jeden Fall öfter mal vor Augen führen, was Ihr Unternehmen wirklich auszeichnet, dann können Sie diese Punkte auch authentisch wertschätzen und als Vorbild für Ihre Mitarbeitenden agieren. Ihre Identifikation, Ihre Bindung und Zufriedenheit kann positiv ansteckend wirken. Nur wenn Sie selbst Ihre Identifikation nach außen ausstrahlen, kann der Funke auch auf Ihre Mitarbeitenden überspringen.

Beantworten Sie die nachfolgenden Vertiefungsfragen zunächst erst einmal für sich selbst. So können Sie vielleicht schon einige weitere Stichworte finden, die Ihre Zehn-Punkte-Liste von der eben gestellten Leitfrage ergänzen. Wenn Sie die Antworten für sich gefunden und notiert haben, dann können Sie diese Punkte in passenden Situationen (Mitarbeitergesprächen, Meetings, Kundenkontakten) konkret zum Ausdruck bringen. Und das schärft wiederum die Wahrnehmung Ihrer Gesprächspartnerinnen und Gesprächspartner. Außerdem können Sie dann diese Fragen auch mal Ihren Mitarbeitenden stellen und hören, was Sie da als Antwort bekommen. Wichtig ist aber, dass Sie diese Fragen zunächst für sich selbst beantwortet haben!

Fragen, die Sie Ihren Mitarbeitenden stellen können

- Was in unserem Unternehmen finden Sie so richtig gut?
- Was genau motiviert Sie hier an Ihrer Arbeit?
- An welchen Aufgaben und Tätigkeiten haben Sie persönlich so richtig Freude?
- Welche Rahmenbedingungen hier im Unternehmen tragen positiv dazu bei?
- Welche positiven Aspekte verbinden Sie mit unserer Unternehmenskultur?
- Welche Instrumente/Tools (Personalentwicklung, Projektarbeit, Vergütung, Verantwortung ...) schätzen Sie besonders?
- Was finden Sie denn hier besser als bei der Firma XYZ (Vergleichsunternehmen aus Ihrer Branche)?
- Wenn Sie sich noch einmal für einen Arbeitgeber entscheiden müssten oder dürften, was konkret würde letztlich für unser Unternehmen sprechen?
- Welche positiven Aspekte zu unserem Haus erzählen Sie in privaten Gesprächen in Ihrem Freundeskreis?
- Wenn eine Freundin oder ein Freund Sie fragt, ob er sich bei uns bewerben soll und was denn so für unsere Firma spricht, welche Aspekte würden Sie nennen?

4.4 Wertschätzung: Voraussetzung für Vertrauen

Was ist der wichtigste Einflussfaktor für die Zufriedenheit, Identifikation, Bindung und somit für das Engagement Ihrer Mitarbeitenden? Der wichtigste Einflussfaktor ist immer die unmittelbare Führungskraft! Also der wichtigste Einflussfaktor sind **Sie**! Daher ist es zentral, dass Sie als Führungskraft selbst eine hohe Zufriedenheit ausstrahlen, sich mit Ihrem Unternehmen wirklich identifizieren und sich somit auch persönlich verbunden fühlen. Dazu gehören Dankbarkeit für Aspekte, die Sie selbst positiv bewerten, und die aktive Kommunikation dieser Punkte.

Eine zweite Möglichkeit, positiven Einfluss auf die Haltung der Mitarbeitenden zu nehmen, ist neben der eigenen Vorbildfunktion auch die Haltung, mit der Sie als Führungskraft Ihren Mitarbeiterinnen und Mitarbeitern begegnen. Denken Sie einfach noch mal an die Formel aus dem ersten Kapitel „Ich bin o.k.! - Du bist o.k.!". Wenn ich durch meine Haltung und mein Verhalten gegenüber meinen Mitarbeitenden zeige und authentisch ausstrahle, dass mir die mir anvertrauten Menschen wirklich wichtig sind, ich mich für ihre Belange ehrlich interessiere und mich für mein Team auch gegen Widerstände aktiv einsetze, dann wirkt sich das positiv auf die Haltung, die Zufriedenheit, die Identifikation und die Bindung meiner Teammitglieder aus.

Aber wie baue ich weiter Vertrauen auf?

Wenn ich eben nicht nur lobe, sondern in einen wahrhaftigen, persönlichen Kontakt trete, echte Resonanz gebe und mir die nötige Zeit für Führung nehme, dann honoriert das mein Team und jedes einzelne Teammitglied.

Auf Basis von Wertschätzung, Respekt, Aufmerksamkeit, Zuwendung, Empathie, Interesse und Achtung für mein Unternehmen und für meine Mitarbeitenden kann ich dann gezielt darauf schauen, was es zu verbessern gibt und wo aus Sicht der Teammitglieder der Handlungsbedarf am größten ist. In jedem Unternehmen gibt es Verbesserungspotenzial. Und wer sollte dieses Verbesserungspotenzial besser kennen als Menschen, die in dem Unternehmen arbeiten?

Mit den nachfolgenden Fragen schlagen Sie „drei Fliegen mit einer Klappe":

1. Sie zeigen Wertschätzung durch echtes Interesse an den Sichtweisen der Mitarbeitenden,
2. Sie erhalten Kenntnis zu den wichtigsten Optimierungspotenzialen, und
3. Sie können gezielte Ansatzpunkte zur Zufriedenheitsverbesserung ableiten.

Wertschätzung: Interessierte Nachfrage nach Optimierungspotenzialen und Vorschlägen zur Zufriedenheitsverbesserung

Fragen Sie Ihre Mitarbeiterinnen und Mitarbeiter:

- Was konkret würden Sie sich in unserem Unternehmen anders wünschen?
- Womit sind Sie im Arbeitsalltag nicht ganz zufrieden?
- Wo genau sehen Sie Optimierungspotenzial?
- Welche anderen Arbeitsmittel benötigen Sie, um Ihre Aufgabe noch besser bewältigen zu können?
- Was genau würde aus Ihrer Sicht unser Team oder unser Unternehmen voranbringen?
- Was wissen Sie vielleicht von anderen Unternehmen, in denen die bei uns kritischen Punkte besser laufen?
- Welche Unterstützung wünschen Sie sich konkret von mir als Führungskraft?
- Wo genau sollte ich als Führungskraft anders agieren oder reagieren?
- Wie kann ich aus Ihrer Sicht als Führungskraft dazu beitragen, die vorhandenen Potenziale in unserem Team noch mehr zu nutzen?
- Was genau sollte ich aus Ihrer Sicht unbedingt an unsere übergeordneten Führungskräfte kommunizieren?

Durch solche zugewandten Fragen und einen ernsthaften Versuch, die erhaltenen Antworten umzusetzen, zeigen Sie echtes Interesse an Ihren Mitarbeitenden und somit Wertschätzung für deren Meinungen, Wünsche und Sichtweisen. Man kann nicht alle Wünsche erfüllen, nicht alle Vorschläge umsetzen, nicht allen Erwartungen zu 100% gerecht werden. Aber man kann zumindest zeigen, dass man die Antworten gehört und verstanden hat, sich nach bestem Wissen und Gewissen dafür einsetzt und somit auch wertschätzend mit diesen Hinweisen umgeht. **Das wiederum fördert das Vertrauen Ihrer Mitarbeitenden zu Ihnen als Führungskraft.**

Durch ein solches Vorgehen besteht die Möglichkeit, die Topmitarbeiterinnen und Topmitarbeiter, die sich mit Ihnen als Führungskraft und Ihrem Unternehmen sehr eng verbunden fühlen – Sie erinnern sich an die Gallup-Studie –, weiter enger an Sie und das Unternehmen zu binden und die Identifikation zu erhöhen. Neben der Bindung und Identifikation wird auch die Zufriedenheit der Mitarbeitenden verbessert, wenn es Ihnen gelingt, einige Antworten positiv umzusetzen, auch wenn Sie nicht alle Punkte realisieren können.

Auch Trennung ist Wertschätzung!

Vielleicht klingt das jetzt in Ihren Ohren irritierend, aber:

Trennen Sie sich konsequent von Mitarbeiterinnen und Mitarbeitern, die bereits innerlich gekündigt haben! Auch das ist Wertschätzung!

Denn genau das ist die Erwartungshaltung der Mitarbeitenden, die gerne etwas bewegen wollen, die eine hohe Identifikation mit dem Unternehmen an den Tag legen, die sich sehr mit Ihnen und der Firma verbunden fühlen, fast schon wie ein echter Unternehmer.

Die Personen, die bereits innerlich gekündigt haben, die gegen das eigene System, die eigene Firma arbeiten, mögliche Schlupflöcher nur für eigene Interessen nutzen usw., vergiften das Klima und die Atmosphäre so sehr, dass sich das auf alle anderen Mitarbeitenden gravierend negativ auswirkt.

Sie sollten diesen schwierigen Mitarbeitenden zwar eine zweite, dritte Chance, vielleicht auch eine vierte Chance geben. Aber wenn jemand trotz mehrerer Versuche durch die Führungskraft deutlich macht, dass er nicht will, dann ist eine Trennung die logische Konsequenz. Wir schützen und wertschätzen dadurch die Mitarbeiterinnen und Mitarbeiter, die mitziehen und sich mit unserem Unternehmen stark identifizieren. Gleichzeitig schützen wir aber auch die Person, der bereits innerlich gekündigt hat. Denn wenn Menschen dauerhaft in einem solchen Zustand arbeiten gehen, gefährden sie nicht nur das allgemeine Arbeitsklima, sondern auch ihre eigene Gesundheit.

Ich will es noch einmal verdeutlichen: Eine Trennung ist erst das letzte Mittel der Wahl.

Ihre Aufgabe als Führungskraft ist es, die Bindung, Identifikation und Zufriedenheit Ihrer wichtigsten Leistungsträgerinnen und Leistungsträger zu fördern. Gleichzeitig sollten Sie Mitarbeitenden, die bereits innerlich gekündigt haben, eine Chance geben, sich wieder aktiv, produktiv und konstruktiv in den Arbeitsalltag einzubringen. Wenn aber Mitarbeitende solche Chancen nicht ergreifen, vielleicht sogar bewusst weiter negative Stimmung im Team oder im Unternehmen verbreiten, dann sollten Sie eine Trennung mit dieser Person anstreben. Das ist arbeitsrechtlich oft nicht so einfach, aber im ersten Schritt könnte eine Versetzung in einen anderen Arbeitsbereich für alle Beteiligten hilfreich sein. Vielleicht blüht diese Person in einem anderen Bereich, mit einer anderen Aufgabe oder unter einer anderen Führungskraft auf. Aber wenn auch das nicht wirkt, empfehle ich im zweiten Schritt immer, eine echte Trennung zu vollziehen. Das kostet manchmal sogar eine finanzielle Abfindung, aber das ist im Zweifelsfall eine gute Investition, wenn man sich als Unternehmen von einer Quertreiberin oder einem Saboteur bewusst trennt. Dabei geht es nicht darum, unbequeme oder unangepasste Mitarbeitende zu vertreiben. Konstruktiv-kritische Meinungen, interessiertes Hinterfragen, geplante Aktivitäten infrage zu stellen … das alles soll nicht verdrängt werden, denn Kritik ist immer auch wichtig!

Aber denken Sie daran, Sie als Führungskraft sind der relevante Erfolgsfaktor! Es ist nicht damit getan, kritischen Menschen einfach zu kündigen und selbst weiterzumachen wie bisher! Gehen Sie raus aus Ihrer Komfortzone! Das ist der Schlüssel, um Ihre Mitarbeitenden für sich und Ihr Unternehmen zu begeistern und zu gewinnen! **Es beginnt immer bei Ihnen, nicht bei den Mitarbeitenden!**

■ 4.5 Erkenntnis - Reflexion - Umsetzung

Menschen machen den Unterschied!

Machen Sie als Führungskraft den positiven Unterschied!

Hier noch einmal einige konkrete Führungstipps im Überblick:

- Seien Sie echtes Vorbild!
- Identifizieren Sie sich selbst mit Ihrem Unternehmen und sprechen Sie darüber!
- Spüren, fühlen Sie Ihre hohe Zufriedenheit mit Ihrem Unternehmen!
- Fühlen Sie sich wirklich positiv gebunden/verbunden!
- Wertschätzen Sie Ihre Mitarbeitenden aktiv und ehrlich!
- Bauen Sie zu Ihren Mitarbeitenden einen echten Kontakt auf!
- Geben Sie authentische, persönliche Resonanz!
- Nehmen Sie Verbesserungsvorschläge wirklich ernst!
- Setzen Sie sich aktiv für angemessene Veränderungen ein!
- Konfrontieren Sie klar und deutlich Mitarbeitende, die nicht mitziehen!
- Trennen Sie sich gegebenenfalls bewusst von Mitarbeitenden!

Sie werden auf Dauer nur dann motivierte Mitarbeitende führen, wenn Sie diese Punkte authentisch selbst mit Leben füllen. Nutzen Sie das entsprechende Arbeitsblatt in Kapitel 15 (Arbeitsblatt 4): Damit können Sie für sich selbst eine Bestandsaufnahme machen, herausfinden, wo Ihre Mitarbeitenden gerade stehen und wie Sie als Führungskraft dann mit den Mitarbeitenden umgehen können. Gehen Sie im Kopf oder anhand des Organigramms Ihre Mannschaft durch:

- Wer ist aus Ihrer Sicht wirklich zu 100% mit dem Unternehmen verbunden?
- Wer zeigt eine sehr hohe Identifikation und woran machen Sie das fest?
- Bei wem befürchten Sie, dass er bereits innerlich gekündigt hat?
- Woran glauben Sie das zu erkennen?

In dem Buch *Glück ist, was du daraus machst* werden in einer Zen-Geschichte zwei wesentliche Faktoren auf den Punkt gebracht, und zwar Hingabe und Vertrauen.

Hingabe und Vertrauen

Die Jungen gingen zum Weisen des Dorfes und fragten ihn, was Hingabe bedeutet.

Der Weise antwortete: „Macht eure Augen auf, schaut, staunt, zeigt Interesse. Die Natur lehrt es uns. Hingabe bedeutet: **Einverstanden sein**. Meist sind wir nur einverstanden, solange die Dinge so laufen, wie wir sie gerne hätten. Gegenüber den Pflanzen, die da wachsen müssen, wo der Same hinfällt, haben wir als Menschen die freie Wahl, unser Lebensumfeld selbst zu schaffen. Seien wir dankbar dafür. Unser Leben spiegelt genau das, was wir selbst erzeugt haben.

Sind wir damit nicht einverstanden, so lehnen wir unsere eigene Schöpfung ab. Widerstand erhält die Dinge. Nehmen wir an, was ist, nur dann wird Veränderung überhaupt erst möglich. Hingabe hat aber auch mit **Vertrauen** zu tun. Vertrauen darauf, dass sich vieles ändern wird, sobald wir uns der jeweiligen Situation hingeben. Im tiefsten Grunde unseres Herzens haben wir alle ziemliche Angst vor Veränderung. Wenn wir aber lernen, die Dinge so anzunehmen, wie sie sind, werden wir feststellen, dass sie sich immer wieder zum Besten verändern. Das erzeugt zunehmendes Vertrauen." Dann schwieg er.

Reflexionsfragen

- Was sollten Sie zunächst erst einmal annehmen (einverstanden sein)?
- Wo konkret spüren Sie bei sich selbst und bei Ihren Mitarbeitenden Widerstand?
- Wie können Sie mit diesem Widerstand angemessen umgehen?
- Wie können Sie Ihre eigene Zufriedenheit und Identifikation stärken?
- Wo braucht es in Ihrem Umfeld noch mehr Vertrauen?
- Was können Sie selbst zum Vertrauen in Ihrer Einheit beitragen?

Führungsprinzip Wertschätzung heißt:

Als Führungskraft mit einer authentischen Haltung von Vertrauen und Hingabe die Identifikation der Teammitglieder mit dem Unternehmen zu stärken und dadurch die Bindung und Motivation zu erhöhen.

4.6 Literaturhinweise

Gallup Institut: *Engagement Index Deutschland.* Präsentation Gallup GmbH, Berlin 2016, S. 10, 15

Inge Helm (Hrsg.): *Glück ist, was du daraus machst.* Coppenrath, Münster 2010, S. 140

5 Teamphasen beachten

Jede Abteilung, jede Gruppe, jedes Team in einem Unternehmen befindet sich in einer anderen Situation. Je nach Historie der einzelnen Teammitglieder, der jeweiligen Aufgabenstellung und der zu erreichenden Ziele wirken unterschiedliche Faktoren auf die Teammitglieder und das Gesamtteam ein.

Als Führungskraft ist es zunächst einmal wichtig, zu erkennen, in welcher Situation sich das eigene Team gerade befindet und welche Kräfte von innen und von außen auf mein Team einwirken. Denn dies hat großen Einfluss auf die Art und Weise der gemeinsamen Zusammenarbeit.

In diesem Kapitel liegt nun der Fokus auf einer klaren Analyse, wo sich das Team aktuell befindet und welche Führungsimpulse in welcher Situation besonders nützlich sind.

5.1 Das Teamphasenmodell

Um als Führungskraft die richtigen Führungsimpulse in mein Team senden zu können, ist es zunächst einmal wichtig, eine klare Bestandsaufnahme zu machen, in welcher Teamphase sich mein Team befindet.

Bruce Tuckman, ein amerikanischer Psychologe, hat vier bzw. fünf typische Teamphasen in einem Modell zusammengefasst:

Phase 1: Orientierungsphase (Forming)

Phase 2: Auseinandersetzungsphase (Storming)

Phase 3: Aufbruchsphase (Norming)

Phase 4: Produktionsphase (Performing)

Tuckman hat später noch eine fünfte Phase hinzugefügt:

Phase 5: Auflösungsphase (Adjourning)

Diese 5. Phase erleben wir im Arbeitsalltag in Firmen häufig bei Projektteams, die am Ende der Projektarbeit wieder vollzeitig in ihr Ursprungsteam zurückkehren, aber nicht mehr im Projektteam zusammenarbeiten.

Alternativ ist aber in der Praxis eine andere Beschreibung der fünften Teamphase relevant, die sogenannten Reformingphase, also die Neuorientierung bzw. Neustrukturierung.

Tuckman hat dazu auch eine Grafik entwickelt, die eine Aussage zur Produktivität und zur Motivation im Team darstellt. Bild 5.1 zeigt die ersten vier Teamphasen. Oft ist es so, dass sich ein Team nicht ausschließlich in einer einzigen Phase befindet. Außerdem hat eine Führungskraft vielleicht einen etwas anderen Blick auf das Team als die einzelnen Mitarbeiterinnen und Mitarbeiter selbst. Und auch die einzelnen Teammitglieder werden nicht homogen alle eine identische Einschätzung vornehmen. Jedes Teammitglied sieht die aktuelle Teamsituation etwas anders, und so gibt es immer wieder teilweise sehr unterschiedliche Bewertungen.

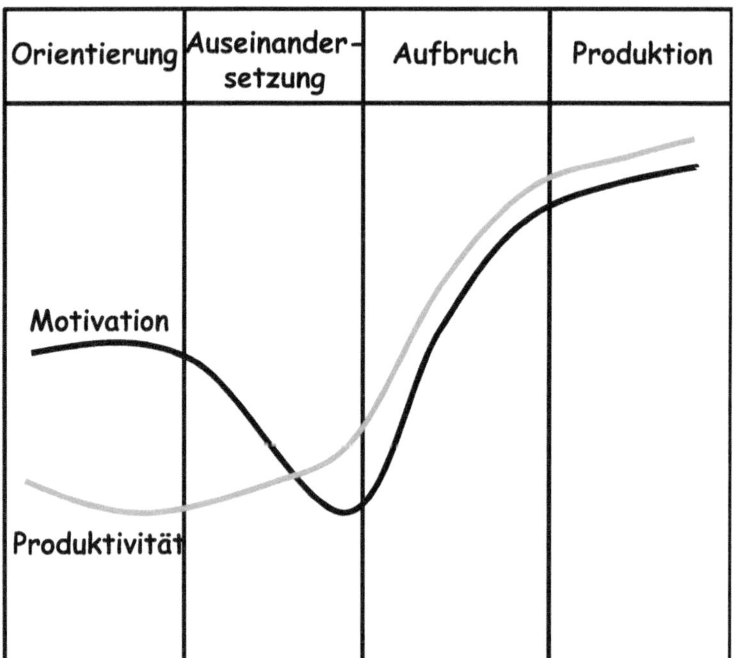

Jedes Team durchläuft die einzelnen Phasen
bzw. bleibt in einer Phase länger hängen!
Führung heißt, dem Team das zu geben,
was es braucht, um den Reifegrad zu erhöhen!

Bild 5.1 Phasen in der Teamentwicklung nach Bruce Tuckman

Was kennzeichnet ein Team in der Orientierungsphase?

Wenn Sie ein Team führen, das sich in der ersten Teamphase befindet, dann können Sie beobachten, dass die Teammitglieder eher Zurückhaltung an den Tag legen. Also abwartend, abtastend, unsicher, suchend, vorsichtig usw. agieren. Dabei haben sie oft hohe Erwartungen an andere Personen, insbesondere an die Führungskraft. Es gibt einen großen Wunsch nach Hinweisen zur Richtung (Strategie und Ziele) sowie nach Klarheit, also möglichst viele Informationen zur Tätigkeit, zur internen Aufgabenverteilung, zu den Anforderungen von Kunden und Geschäftsleitung, zur Quantität und Qualität der zu erledigenden Aufgaben, zu den einzelnen Rollen im Team und insbesondere zu den Erwartungen der Führungskraft an das Team und die einzelnen Teammitglieder.

In dieser Orientierungsphase haben alle Teammitglieder eine hohe Motivation, allerdings können die vorhandenen Stärken und Fähigkeiten der einzelnen Mitarbeitenden noch nicht so gut in Produktivität und Ergebnisse umgemünzt werden.

Was kennzeichnet ein Team in der Auseinandersetzungsphase?

Ein Team, das die erste Phase der Orientierung durchlaufen hat, kommt in der Regel, aber nicht zwingend in die zweite Teamphase, die Auseinandersetzungsphase. Hier ist zu erkennen, dass deutlich mehr Reibung im Team entsteht. Es gibt Konkurrenzkämpfe um Einfluss, Macht und Positionen im Team. Die Kommunikation ist davon geprägt, dass eher hintenherum übereinander gesprochen wird, statt in den direkten Dialog zu treten. Außerdem gibt es oft gegenseitige Abwertungen und Inkompetenzvorwürfe. Hier wird auch eher nach Schuldigen für entstandene Fehler gesucht und weniger nach Erkenntnissen und Lernmöglichkeiten aus dem Missgeschick. Es wächst das Misstrauen untereinander, dadurch entstehen viele Missverständnisse, und das Team kann eine gewisse Art von Zynismus entwickeln. Durch das fehlende Vertrauen gibt es mehr oder weniger deutlich sichtbare, negative Reaktionen gegenüber der Führung und den Kollegen. Diese reichen von Gleichgültigkeit über „Dienst nach Vorschrift“ bis hin zu offener Aggressivität, scharfen verbalen Angriffen und persönlichen Verletzungen, was im schlimmsten Fall auch zu einer Art Mobbing führen kann. Ein weiteres Indiz für diese Phase ist eine erlebbare Absicherungsmentalität der Teammitglieder. So kann man oft bei einem Blick auf die interne Mailgestaltung erkennen, dass viele Personen auf cc, teilweise auch auf bcc gesetzt werden, damit man selbst sagen kann: „Ich habe euch informiert. Wenn ihr das nicht lest, ist das nicht mein Problem!“

In dieser Phase leiden das Team und jedes einzelne Teammitglied. Dadurch sackt die Motivation enorm ab, und die Produktivität ist nicht so, wie sie sein soll bzw. möglich wäre. Das Team befindet sich im „Tal der Tränen“.

Was kennzeichnet ein Team in der Aufbruchsphase?

In dieser dritten Teamphase ist zu erkennen, dass die Gruppe als Einheit zusammenwächst. Der Umgang miteinander wird deutlich offener, jedes Teammitglied ist bemüht, die eigenen Aufgaben und die eigene Rolle ernst zu nehmen und sich lösungsorientiert einzubringen. Die Kommunikation erfolgt direkt und nicht hintenherum - also miteinander statt übereinander -, und dadurch wächst das Vertrauen im Team. Es erfolgen mehr Taten statt Worte. Ehrliche Feedbacks, die kollegiale Akzeptanz und Wertschätzung nehmen spürbar zu. In dieser Phase mit der größten Dynamik (siehe die beiden Kurven Motivation und Produktion) erhöht sich die Eigeninitiative und durch sichtbare Erfolge auch das Selbstvertrauen der Teammitglieder.

In der Aufbruchsphase gibt es einen gravierenden Aufschwung sowie viel positive Energie und Dynamik.

Was kennzeichnet ein Team in der Produktionsphase?

Das Team zeigt ein echtes **Wir**-Gefühl. Leistungs- und Ergebnisorientierung stehen klar im Vordergrund. Dadurch entsteht auch ein hoher Output, und es gibt kaum Reibungsverluste. Auftauchende Problem werden zügig durch eine offene, wertschätzende, lösungs- und umsetzungsorientierte Kommunikation (oft auf dem kleinen Dienstweg) behoben, wobei die Teammitglieder ein hohes Maß an Selbstverantwortung an den Tag legen. Insgesamt ist ein gewisser Stolz zu spüren, dass man zu diesem Team dazugehört bzw. dazugehören darf.

In dieser Phase ist das Team sehr erfolgreich, und es gilt als Herausforderung, dieses hohe Niveau zu halten.

5.2 Praxistransfer – Worauf kommt es an?

Praxistransfer Teil 1: Bestandsaufnahme als Führungskraft

Nutzen Sie als Führungskraft zunächst das Modell und die Beschreibung der Teamphasen zu einer eigenen Bestandsaufnahme. Dazu können Sie sich selbst folgende Fragen beantworten:

Reflexionsfragen für die Bestandsaufnahme als Führungskraft, in welcher Teamphase sich mein Team befindet

- Welche der beschriebenen Teamphasen erlebe ich besonders häufig oder intensiv in dem von mir geführten Team?
- Woran mache ich das bezogen auf den Arbeitsalltag fest?
- Welche anderen Teamphasenelemente erlebe ich sonst noch?
- Welche Arbeitssituationen fallen mir zu meinem Team zur Orientierungsphase ein?
- Welche Arbeitssituationen fallen mir zu meinem Team zur Auseinandersetzungsphase ein?
- Welche Arbeitssituationen fallen mir zu meinem Team zur Aufbruchsphase ein?
- Welche Arbeitssituationen fallen mir zu meinem Team zur Produktionsphase ein?
- Welche typischen Verhaltensweisen dominieren in meinem Team?
- Welche Rückschlüsse lässt das auf die aktuelle Teamphase zu?

Wenn Sie diese Bestandsaufnahme durchgeführt haben, können Sie als Führungskraft viel bewusster darauf achten, ob sich Ihre Einschätzung mit den danach folgenden Arbeitssituationen, den Interaktionen im Team und den Arbeitsergebnissen deckt.

Außerdem können Sie für sich überlegen, welche Maßnahme durch Sie initiiert werden kann, damit sich das Team weiterentwickelt. Stellen Sie sich die Frage, welche Führungsinterventionen dazu beitragen, dass sich Ihr Team möglichst in die Aufbruchs- oder sogar Produktionsphase weiterentwickelt. Dazu erhalten Sie im weiteren Verlauf des Kapitels noch weitere Hinweise.

Zu leichteren Bestandsaufnahmen zu den vier Stufen der Teamentwicklung (nach Bruce Tuckman) können Sie das Arbeitsblatt 5 in Kapitel 15 nutzen.

Praxistransfer Teil 2: Bestandsaufnahme im Team

Gerade bei Teamentwicklungsprozessen, ist es hilfreich zu wissen, wo ein Team eigentlich steht. Externe Trainer und Moderatoren werden in der Regel eingeladen, wenn sich ein Team tendenziell in der Orientierungs- oder Auseinandersetzungsphase befindet. Das ist auch klug, denn dadurch kann sich die Führungskraft auf die Rolle als Verantwortungsträger für das Team konzentrieren. Manche Führungskräfte meinen es zwar gut, an dieser Stelle Budget zu sparen, aber es ist schwierig, selbst die Moderation zu leiten, wenn sich ein Team insbesondere in der Auseinandersetzungsphase befindet. Entweder halten sich die Teammitglieder vornehm zurück und lassen die Führungskraft ins Leere laufen. Oder aber es fliegen die Fetzen und man weiß als Führungskraft gar nicht mehr, wo man zuerst eingreifen soll. Daher können sich Führungskräfte sehr gut entlasten, wenn sie die Moderation und Führung für den Prozess an einen Profi übertragen. Der kann die Teammitglieder situativ gezielt unterstützen, auch mal herausfordern und selbst heikle Punkte ansprechen, ohne eigene Interessen im Blick zu behalten. Als Führungskraft ist man häufig genau da nicht neutral und verfolgt auch eigene Interessen. Wenn sich Ihr Team bereits in der Aufbruchsphase oder sogar in der Produktionsphase befinden sollte, dann können Sie einen solchen Teamprozess als Führungskraft auch selbstgesteuert initiieren. Das Team hat einen höheren Reifegrad und geht mit Fragestellungen viel zielorientierter um als in den ersten beiden Teamphasen.

Sollten Sie mit Ihrem Team selbst eine solche Bestandsaufnahme durchführen wollen, können Sie dazu ein Blanko-Flipchart nutzen, in dem lediglich die vier Phasen dargestellt sind. Das Entscheidende hierbei ist, dass vorab deutlich benannt wird, dass es hier nicht um richtig oder falsch geht, sondern dass es sich um eine subjektive persönliche Bestandsaufnahme handelt. Danach bitten Sie Ihre Teammitglieder, drei verschiedene Einschätzungen vorzunehmen:

1. Wo sehe ich mich selbst?
2. Wo sehe ich unser Team?
3. Wo sehe ich unser Unternehmen bzw. bei großen Firmen unseren Bereich/ Abteilung?

Dazu sollen dann die Teammitglieder jeweils drei unterschiedliche Farbpunkte in die Grafik kleben.

Im Anschluss an die Bepunktung können Sie dann nach Kommentaren und Hinweisen fragen:

- Was ging euch durch den Kopf, als ihr eure Punkte geklebt habt?
- Welche Alltagssituationen hattet ihr vor Augen?
- Woran macht ihr die jeweilige Phase fest?
- Was fehlt uns noch, um in die Produktionsphase zu kommen?
- Was wünscht ihr euch von mir als Führungskraft?
- Was wünscht ihr euch untereinander im Team?

Die Statements müssen auf freiwilliger Basis erfolgen. Aber Sie sehen schon, dass die letzten Fragen in eine konstruktive, lösungsorientierte Richtung gehen. Es entsteht somit Transparenz, wie einzelne Teammitglieder die Teamsituation einschätzen und welche Alltagssituationen prägend sind. In dieser Dialogsituation sollten Sie als Führungskraft eher möglichst offen und interessiert hinterfragen und Statements konkretisieren lassen.

Dadurch erhalten Sie in der Regel sehr wertvolle Hinweise, die für Ihre Führungsarbeit äußerst nützlich sein können.

Praxistransfer Teil 3: Lösungsorientierte Gruppen-/Projektarbeit

Nach einer gemeinsamen Bestandsaufnahme bietet sich eine gemeinsame lösungsorientierte Gruppenarbeit bzw. Projektarbeit an. Nutzen Sie das Interesse Ihrer Teammitglieder, an den relevanten Teamthemen dranzubleiben. Erste Leitfragen vor der Gruppen-/Projektarbeit könnten sein:

- Was konkret müssen wir als Team tun, um in die Aufbruchsphase oder Produktionsphase zu kommen bzw. dort zu bleiben?
- Was kann jedes einzelne Teammitglied dazu beitragen?
- Was soll die Führungskraft dazu beitragen?
- Welche Fachthemen haben für uns im Arbeitsalltag eine erfolgsrelevante Bedeutung?
- Welche Prozesse können/müssen wir für die Zukunft noch verbessern?
- Welche Stolpersteine stehen uns im Moment noch im Weg?

Dabei sollte immer im Fokus stehen, was Sie mit Ihrem Team selbst beeinflussen können. Denn dann erreichen Sie die stärkste Lösungsorientierung in Ihrer Mannschaft.

Wenn Sie Ihre Teammitglieder ernsthaft verantwortungsvoll einbinden, entsteht in der Regel eine hohe und positive Teamdynamik. Allerdings ist es zwingend notwendig, dass Sie das als Führungskraft tatsächlich ernst meinen mit der Partizipation und nicht nur eine „Showveranstaltung" durchführen und hinterher nichts von den erarbeiteten Mitarbeitervorschlägen umsetzen. Sie werden nicht alle Vorschläge realisieren können, aber setzen Sie als Führungskraft alles daran, möglichst viele Punkte umzusetzen bzw. das Team umsetzen zu lassen. Das wirkt sich sehr positiv auf die Identifikation, Zufriedenheit und Bindung Ihrer Teammitglieder aus.

Am Ende des Praxistransfers ist hier ein Experteninterview mit Matthias Jackel, dem Geschäftsführer von Drum Cafe Deutschland. Er begleitet Teamevents durch fantastische Interaktionen für 60 bis 120 Minuten. Dabei werden alle Teilnehmer zum Mitmachen animiert, und es entsteht ein wunderbares Teamgefühl. Zusammen mit Matthias Jackel habe ich bereits mehrere Events gestaltet, und es war jedes Mal ein voller Erfolg.

Expertengespräch mit Matthias Jackel, Geschäftsführer von Drum Cafe Deutschland

Lieber Matthias, wie du weißt, bin ich absoluter Drum-Cafe-Fan. Wie bist du überhaupt auf die Idee gekommen, Teamevents mit dem gemeinsamen Trommeln zu verbinden?

Erstmal ein riesiges Danke für deine schönen Worte zu Drum Cafe und die Einladung zu diesem Interview. Zur Frage: Da haben sich viele Puzzleteile zusammengefunden. Zunächst stamme ich als Sohn eines damals sehr populären Jazz-Trompeters aus einer Musikerfamilie. Selber spiele ich Schlagzeug und Klavier. Doch ich musste meinen eigenen Weg finden und entschied mich von der Musik weg hin für eine Ingenieursausbildung, die mir eine hübsche Management-Karriere einbrachte und als Personalentwickler Europa einer US-Beratungsfirma ihren damaligen Höhepunkt fand. Wir stellten Dutzende BeraterInnen ein, für die ich Einstellungstage organisierte und mit Unterstützung externer Psychologen Auswahlverfahren konzipierte. Ich war aber nie glücklich mit den Konzepten dieser Assessment Center. Wir suchten echte Querdenker (ein Begriff, den man heute im Grunde nicht mehr benutzen darf) und maßen sie dazu gegen standardisierte Vergleichsgruppen. Das konnte mir nicht gefallen. Es war die Zeit des „War For Talent", und im Grunde war alles erlaubt, um Aufmerksamkeit für das Unternehmen zu generieren. Ich erinnerte mich also an die Musik, und wir kreierten die Idee, die Kandidaten einfach miteinander trommeln zu lassen – um dann zu sehen, ob wir sie nicht dabei viel besser kennenlernen, als wenn sie ihren konditionierten Rollen für eine Einstellungssituation gehorchen. Und so war es! Wir waren sehr erstaunt, und ein Personalauswahlverfahren war geboren. Nach einigen weiteren solcher „Events" geschah allerdings 09/11, und als Beratungsfirma ging die Entwicklung in die andere Richtung. Aus Personalentwicklung wurde Outplacement, und am Ende „outplacete" ich mich selbst in die Selbständigkeit und die Idee, Trommeln zur Entwicklung von Teams zu verwenden. Damals eine Pioniersituation. Wenn man ein Unternehmen gründet, ist man gut beraten zu schauen, wer sich im Markt schon so tummelt. In Deutschland war das völlig neu, doch international gab es Drum Cafe, und die wollten nach Deutschland expandieren. So trafen wir uns in London und entschieden uns für eine Partnerschaft, um unsere verschiedenen Erfahrungen lieber zu etwas wirklich Außergewöhnlichem zu kombinieren, statt uns hier in Konkurrenz zu üben. Drum Cafe ist international mit dem Schwerpunkt auf Entertainment der Pionier und Marktführer für interaktive Trommelevents. Wenn der Kunde es wünscht, haben wir die Möglichkeit, das Momentum dieser Gemeinschaftsenergie für sehr berührende und tiefgehende Veränderungsprozesse zu nutzen.

Bei meinem Buchprojekt gibt es ein Kapitel, in dem ich mich auf die Teamphasen und das dazugehörige Führungsverhalten fokussiere. In deinen Teamevents erlebst du sicherlich auch die typischen vier Teamphasen, die ich zu Beginn des Kapitels beschreibe. Vielleicht kannst du mal kurz darstellen, wie ein typischer Teamevent mit Drum Cafe aufgebaut ist?

Es ist ein erstaunlicher Zufall, dass du mich zu diesem Kapitel interviewst. Bevor ich zu dem Ablauf komme, daher diese Anmerkung: Das Modell von Tuckmann war damals eines der zentralen Elemente für unser Onboarding-Konzept. So schrieb ich nach dem ersten Auswahlevent mit Trommeln einen Artikel für unsere Unternehmenszeitschrift zu der Analogie zu den vier Phasen und wie diese sich im Trommeln abbilden. Grundlage war die Tatsache, dass wir nicht nur trommelten, sondern den Kandidaten auch unsere Projektmanagement-Methodologie präsentierten, um sie nach diesem Modell ein fiktives Projekt planen zu lassen. Also Trommeln -> Theorieteil PM -> Praxisanwendung PM. Nun war das Erstaunliche, dass sich diese ca. 15 Personen umfassenden Gruppen jeweils auffällig identisch in den vier Phasen aufhielten, unabhängig ob sie im Trommeln zusammenarbeiteten oder in der Praxisübung. Als ein kleines Beispiel: Eine Gruppe, die dazu neigte, nicht zu starten, bevor sie eine Einweisung im Trommeln erhielt, hatte ihren Schwerpunkt auch stark in der Orientierungsphase. Eine Gruppe, die sofort lostrommelte, es aber nicht vermochte, aus diesem Chaos in eine Ordnung zu gelangen und sich damit in Konflikten wiederfand, hing in der Praxisübung auch lange in der Phase der Auseinandersetzung fest. Nach einigen solcher Events fingen wir an, schon beim Trommeln Prognosen zu dem Teamverhalten im Praxistest zu äußern. Mit erstaunlicher Trefferquote.

In einem Drum Cafe Event findet sich das auch auf seine Weise wieder. Wichtig ist das Überraschungsmoment. Die Teilnehmer betreten den Raum, wissen nicht, was sie erwartet, sehen die Trommeln und sind mit der neuen Situation konfrontiert. Die Teilnehmer werden zu einem Trommelwirbel eingeladen. Ohne Worte und ein ganz einfacher Einstieg. Nicht alle machen sofort mit. Das ist ok. Diese Wirbel beginnen wir zu strukturieren. Ebenfalls ohne Worte. Laut, leise, links rechts ... die Teilnehmer merken, dass es nicht Chaos ist, sondern eine Ordnung hat, und so entsteht Vertrauen in die Situation. Dabei wird niemand gezwungen. Jeder darf, niemand muss, und es ist dieses Feld an Freiheit, das den Einstieg vor allem für Skeptiker erst ermöglicht. Die Sequenz aus Wirbeln dauert vielleicht ein oder zwei Minuten. An ihrem Ende zähle ich mit den Fingern von 1 bis 4, und wir starten einen ersten einfachen, jedoch sehr druckvollen Rhythmus. Bumm-Tata-Tata ... Bumm-Tata-Tata ... binnen Sekunden spielt die gesamte Gruppe diesen Rhythmus. Einheit wird spürbar. Gesichter hellen sich auf, und Barrieren brechen in sich zusammen. Warum lieben wir im Stadion eine La-Ola-Welle so sehr? Weil wir soziale Wesen sind, die sich nach Gemeinschaft sehnen. Und dieses Grundbedürfnis wird hier auf eine sehr leichte und liebevolle Art bedient. Ich sage nicht, dass wir dabei 100 % der Teilnehmer erreichen. Das wäre nicht seriös. Aber jede Gruppe geht ab hier einige Schritte weiter, als sie es vorher für sich je für möglich gehalten hätte. Im weiteren Verlauf nähern wir uns den Möglichkeiten, lernen zwei Schlagtechniken kennen, und die Rhythmen werden komplexer. Wir spielen miteinander und schauen, wie weit wir gehen können. Wir sind im Dialog. Am Ende steht ein Gemeinschaftserlebnis mit großen Gefühlen, zu denen ich nach all den Jahren heute den Mut habe zu sagen, dass hier nicht nur Produktion eines Ergebnisses erfolgt, sondern Liebe fließt.

Da sind ja jede Menge Anknüpfungspunkte bei deinen Ausführungen. Du bist häufig im Rahmen einer größeren Veranstaltung eingebunden und hast oft ein interaktives Highlight am Tagesende. Wie erlebst du in deiner Rolle als „Kurzzeitmoderator" die verschiedenen Teamphasen deiner Teilnehmenden und worauf achtest du in deiner Führungsrolle?

Auf einer schematischen Ebene kann ich das, glaube ich, ganz gut zuweisen. Orientierung und Auseinandersetzung gehen im Trommelevent ziemlich zeitgleich Hand in Hand. Mit dem Blick auf die Trommeln zeigen sich vor allem drei Hauptgruppen: Begeisterte, die Trommeln schon immer toll fanden und die Abwechslung begrüßen. Eher Zurückhaltende und zunächst Beobachtende bilden eine Gruppe in der Mitte des Spektrums. An dessen anderen Ende stehen die Kritiker bis hin zu denen, die mehr oder weniger offene Entrüstung ausdrücken, über so eine unfassbar dämliche und kindische Idee wie gemeinsam zu trommeln. Wie diese prozentual verteilt sind, hängt von vielen Faktoren ab. Seniorität, Bildungsstand, Branche, Firmenkultur, Anlass, aktuelle Firmensituation bis hin zu verrückten äußeren Faktoren wie Wetter, Ort („draußen ist gerade so schönes Wetter, und ich muss hier drinnen trommeln ...“). Was meine Moderation betrifft, bin ich mir des Privilegs der „Kurzzeit“ sehr bewusst. Ich habe keine Historie mit den Teilnehmern und kann auf einer frischen Beziehungsebene aufbauen. In meiner Führungsrolle muss ich nur aufpassen, dieses Geschenk nicht zu sabotieren. Deshalb spreche ich immer lieber von der Führungshaltung statt von der Führungsrolle. Rollen spielen wir schon genug, und wir sollten uns sehr bewusst werden, dass Menschen viel emphatischer sind, als wir denken und Rollenspiele spüren. Es klingt banal und ist doch so schwierig in der Umsetzung: Meine Haltung ist, dass ich jede Gruppe von ganzem Herzen und ohne Vorbehalte liebevoll betrachte und ihr ermögliche, ihre unglaublichen Potenziale als Individuen und in der Gruppe zu erleben, um in der Nomenklatur der Teamprozesse wortwörtlich „aufzubrechen“. Äußerlich zu neuen Erfolgen und Produktivität - und innerlich aus ihren eigenen Fesseln. Das kann ich nicht faken. Offen gesagt spielt mein Kopf mir oft einen Streich, wenn ich vor dem Gang auf die Bühne zu viel denke. Doch einmal auf der Bühne und im Rhythmus sind alle Gedanken und Sorgen weg. Es gibt nur noch das Hier und Jetzt, diese Menschen und eine Welt voller Möglichkeiten. Das ist das magische Geschenk des Trommelns, auch an mich als Facilitator.

Welche Schwierigkeiten oder Herausforderungen musst du bei deinen Teamevents meistern?

Tatsächlich ist die größte Herausforderung die Vorbereitung mit dem Veranstalter. Es gibt eine ganz einfache Formel: Wenn wir, die Teilnehmer und die Instrumente „da sind“, wird alles gut. Die Krux liegt im Detail. Natürlich müssen wir physisch da sein, doch wir müssen auch gut sichtbar sein (keine Pfeiler oder z. B. sehr tiefe Räume oder gar per Videoübertragung in andere Räume), als Team verbunden auf die Bühne treten (dazu haben wir ein festes Ritual), und wir müssen gut hörbar sein (z. B. gute Beschallung, die Teilnehmer nicht zu weit weg von uns). Natürlich müssen die Teilnehmer physisch da sein, doch sie sollten es auch mental sein, z. B. nicht schon leicht betrunken oder todmüde nach einem langen Tag ohne Pausen oder abgelenkt durch Catering und andere Aktionen. Und die Wahl der Instrumente sollte zum Anlass passen. Wir verbringen da eine sehr intensive Stunde miteinander, und dazu benötigt es Fokus. Für die Veranstalter ist mein Beitrag oft ein Organisationspunkt unter vielen. Das erfordert bisweilen Verhandlungsgeschick in der Planungsphase. Beim Event selbst empfinde ich keine „Herausforderungen“ oder „Schwierigkeiten“, weil diese Worte Name des Programms sind. Für die meisten Teilnehmer ist Trommeln eine Herausforderung, und sie empfinden die

Idee als schwierig. Ich liebe die Spannung, die sich dadurch zu Beginn jedes Events aufbaut und dann auflöst. Meine Aufgabe liegt „nur“ darin, den Raum zu halten und in der Liebe zu bleiben.

Was sind denn die Hauptbotschaften, die du im Rahmen deiner Teamevents an die Teilnehmenden sendest und was du sie durch die Interaktion erleben lassen möchtest?

Das ist eine mächtige Frage. Ein Grund, warum ich dazu 2018 ein ganzes Buch geschrieben habe. In der Essenz geht es um Verbundenheit. Verbunden mit uns selbst und mit dem großen Ganzen treffen wir die weiseren und gesünderen Entscheidungen für das Leben. Jenseits unseres Wollens sollten wir erkennen, was wir wirklich brauchen. So tief gehen wir natürlich nicht bei jeder Veranstaltung. Oft sind die Botschaften z. B. Energie der Gemeinschaft, Vielfalt anerkennen, aufeinander hören, sich gegenseitig wertschätzen und präsent sein. Ich habe als klassischer Eventdienstleister begonnen, wurde mit unfassbaren Projekten für unfassbare Institutionen beschenkt und habe persönlich mit Hunderttausenden Menschen getrommelt. All das hat mich sehr verändert. Als Stadtkind lebe ich jetzt mitten im Wald in Thüringen in völliger Alleinlage, in enger Beziehung zur Natur, und übe mich weiter darin, in einer permanent liebevollen Haltung dem Leben zu begegnen. Ich bezeichne mich heute als Botschafter für Verbundenheit, Friedensarbeiter und Begleiter des Wandels. Ich nutze die Musik, um die Menschen dafür zu öffnen.

Jetzt ist es ja nicht so, dass du nur die Teilnehmenden des Teamevents durch die interaktive Session führen musst. Du hast ja auch ein eigenes Team, worauf achtest du in der Führung deiner persönlichen Teammitglieder?

Diese Antwort fällt eher kurz aus: Grundsätzlich betrachte und behandle ich Teammitglieder als Subjekte, also vor allem als Menschen, und nicht als Objekte, die ich z. B. wie einen Stuhl an einen bestimmten Ort stelle, weil ein Kunde sich draufsetzen möchte. Halten wir mal kurz inne. Das passiert öfter als „man“ denkt. Der Kunde ist ja schließlich König, oder? Aber so funktioniert das nicht.

Das ist spannend, denn im ersten Buchkapitel hatte ich den Fokus auf die innere Haltung gelegt und die Grundhaltung „Ich bin o.k. – Du bist o.k.“ beschrieben. Du hast bei deinen Mitarbeitern ja auch oft Personen zu führen, die aus einer ganz anderen Kultur kommen. Wie gehst du damit um?

Ich arbeite mit Musikern verschiedenster Nationen. Deren Kultur und Wissen nicht nur zu achten, sondern sich in unserer westlichen, oft ziemlich arroganten Haltung zu mäßigen und für andere Sichtweisen wirklich zu öffnen, war nicht nur Grundlage für unsere gute Zusammenarbeit, sondern ein großer Lehrraum für meine eigene Entwicklung. Wir sind so derart geprägt von unserem Fokus auf Output und Kontrolle, dass es guttut, eine innere Haltung der Offenheit und der völligen Lernbereitschaft für die Vielfalt des Lebens in seiner Ganzheit zu haben. Da habe ich vor allem von meinen afrikanischen Musikern viel erfahren. Ich würde es also erweitern: „Ich bin o.k. – das ganze Leben ist o.k.“. Das Leben hat viel mehr zu bieten, als es unseren Kindern in einer materialistisch geprägten Kultur beigebracht wird. Das Leben umfasst alles und nicht nur meine eigene Lebenszeit. Schließe ich damit Frieden, dann löst sich auch die Anhaftung, die uns in so große Angst versetzt und unser Tun verzerrt.

Mittlerweile sind wir beide über 50, und mich interessiert, ob du deinen Führungsstil in den letzten Jahren vielleicht sogar ein wenig verändert hast. Was machst du heute als Führungskraft anders als früher und wie kam es zu dieser Veränderung?

Wie es zu der Veränderung kam? Das ist ja ein ganzes Leben, was da wirkt, und die Veränderungen sind gewaltig. Auch ich musste und wollte die Erfahrung machen, als junger Mann und Manager erfolgreich zu sein, die Prozesse zu dominieren, Ergebnisse und Qualität zu liefern und eben stark zu sein. Ein gutes Beispiel in einer patriarchalen Gesellschaft, die wir (noch) sind. „Du musst schwimmen, um dich im Strom des Wassers an der Stelle zu halten. Und du musst noch mehr kämpfen, um voranzukommen!" Ich habe aber auch gelernt, mal „Toter Mann" zu üben und mich im Strom der Zeit bewusst treiben zu lassen. Um zu sehen, wie schön die Welt ist, welche wunderbaren Gesetze in ihr wirken und dann mit zwei, drei kleinen Zügen ans Ufer zu gelangen, wo die Wiesen schön grün sind. Es geht nicht um Tatenlosigkeit oder Opportunismus, sondern schlicht um Balance. Es darf auch einfach sein. Dazu bedarf es einer äußeren und inneren Entwicklung. Es geht um ein Miteinander statt Konkurrenz, um ein System der Kooperation statt eines Systems der Angst und um Frieden zwischen den Geschlechtern für ein neues Miteinander. Führen kann da noch komplexer erscheinen oder eben viel einfacher, je nach dem, mit welcher Haltung und innerem Frieden ich da rangehe.

Welche persönlichen Tipps hast du für Führungskräfte aus deiner Führungserfahrung?

Wenn ich es zusammenfasse: *People are human beings, not human doings.* Behandle dich und sie entsprechend mit Mitgefühl und Liebe. Führen heißt nicht, an den Menschen herumzuzerren. Wenn du mit ganzem Herzen führst, dann entsteht vielmehr ein Sog. Das ist das Gesetz der Anziehung, das wirkt, wenn du aus tiefer Überzeugung das Richtige tust. Doch was ist „richtig"? Die Tiefe dieser Frage erfordert, dass du mit Deiner Ur-Natur und dem Leben als Ganzes in Verbindung gehst. Sonst stehen äußere Wünsche und innerste Natur im Widerspruch. Ohne Kenntnis unserer Innenwelt können wir im Äußeren weder für uns selbst noch für andere Menschen so wirken, wie wir es uns wünschen. Mein Tipp ist eine Einladung zur Innenschau und zur Rückverbindung mit der Natur und dem Großen und Ganzen, als Basis für eine gesunde Führung und dem Leben dienlichen Entscheidungen.

Vielen Dank für deine sehr persönlichen Gedanken, deine Offenheit und praktischen Beispiele – es hat mich sehr berührt, wie du auf Teams schaust und wie du Führung siehst. Schön, dass ich das mit dir so vertiefen konnte. Und ich hoffe, dass wir bald mal wieder gemeinsam ein Teamevent gestalten können. ■

5.3 Persönlicher Führungsstil

Jede Führungskraft hat einen eigenen persönlichen Führungsstil. Das hat etwas mit der eigenen Persönlichkeitsstruktur, dem eigenen Typus, den eigenen Vorlieben, den eigenen Werten und mit den eigenen Erfahrungen zu tun.

Wie würden Sie Ihren eigenen Führungsstil auf folgender Skala tendenziell einschätzen?

Führung mit sehr kurzer Leine									Führung mit sehr langer Leine
10				0					10

Egal, wo Sie sich nun genau angesiedelt sehen, es gibt nicht per se richtig oder falsch. Je nach Situation, Ziel und Kontext sowie den verschiedenen geführten Personen kann eine sehr enge Führung nützlich sein oder aber auch eine Führung mit sehr viel Freiraum für die Mitarbeitenden. Trotzdem hat jeder so seine Führungsstiltendenz. Und es ist wichtig, sich diese eigene Grundtendenz bewusst zu machen.

Wenn wir hierzu noch einmal die Teamphasen in den Fokus rücken, dann passt ein Führungsstil mit eher enger Führung viel besser zu den ersten beiden Teamphasen „Orientierung“ und „Auseinandersetzung“. Gerade in diesen beiden Teamphasen ist es wichtig, den Teammitgliedern durch klare, transparente Vorgaben, viele Informationen und deutlich formulierte Erwartungen eine möglichst große Orientierungshilfe und somit Sicherheit zu bieten. Zu viel Freiraum und zu wenig Kontrolle sorgen eher für Unsicherheit und Angst.

Dagegen passt zu den beiden weiteren Teamphasen „Aufbruch“ und „Produktion“ eher die Führung mit langer Leine. Dadurch wird die Eigeninitiative der Mitarbeitenden gefördert und deren Kompetenz genutzt. Zu viel Kontrolle und zu enge Vorgaben wirken hier eher hinderlich, weil die Teammitglieder wenig Vertrauen empfinden.

Welche Führung passt zu welcher Teamphase? Bereichern Sie Ihren persönlichen Führungsstil mit Elementen, die gezielt zu den einzelnen Teamphasen passen!

Orientierungsphase – Wo geht die Reise hin?

In der Orientierungsphase geht es darum, dass Sie als Führungskraft jedem Teammitglied, aber auch dem gesamten Team Orientierung geben. Der Fokus liegt auf Klarheit in der Kommunikation! Sie müssen die verschiedenen Erwartungsperspektiven (Unternehmen, Fachbereich, Kunden … und Ihre persönlichen Erwartungen) verständlich beschreiben. Außerdem sollten Sie über die Vision, die Unternehmensstrategie, die Unternehmenswerte, die relevanten Ziele und Kennzahlen, aber auch über Prozesse und Qualitätsanforderungen sprechen. Es geht also um eine enge, strukturierende, steuernde und ermutigende Führung, bei der viele

Gespräche mit einzelnen Teammitgliedern, aber auch dem Gesamtteam dazu beitragen sollen, dass jede Person im Team Sicherheit gewinnt und neue Menschen leicht ins Team integriert werden können. Außerdem sollten Sie allen Mitarbeiterinnen und Mitarbeitern genügend Raum geben, Fragen zur Strategie, zu den Zielen, zu den Prozessen, zu den Kundenerwartungen und natürlich zu den Ansprüchen von Ihnen als Führungskraft zu stellen. Das fördert das Verständnis und das wechselseitige Vertrauen.

- Lenken Sie stark und kraftvoll in Richtung der Strategie und der Ziele.
- Nehmen Sie gezielt Bezug auf die Unternehmenswerte und vorhandenen Leitlinien.
- Geben Sie klare Orientierung durch zeitnahe und umfassende Information.
- Benennen Sie eindeutig das gewünschte Verhalten der Teammitglieder.
- Beschreiben Sie möglichst klar Ihre persönlichen Erwartungen an jede einzelne Person.
- Formulieren Sie eindeutig die Erwartungen der externen und internen Kunden.
- Erklären und beschreiben Sie relevante Hintergründe.
- Kontrollieren Sie wohlwollend und unterstützend.
- Geben Sie Ihrem Team, soweit es geht, Sicherheit.
- Leben Sie die von Ihnen beschriebenen Punkte so gut wie möglich vor.

Auseinandersetzungsphase – Wo klemmt es bei uns?

In der Auseinandersetzungsphase sind Sie als Führungskraft besonders gefordert.

Durch die Entstehung von Konfliktpotenzialen oder persönlichen Auseinandersetzungen liegt hier der Führungsfokus auf Klärung und Verbindlichkeit! Klärung bedeutet, dass Sie als Führungskraft einen offenen und vor allem direkten Austausch im Team und zwischen möglichen Konfliktpartnern fördern. Gleichzeitig gilt es, die Kommunikation hintenherum klar zu unterbinden, aber auch dafür zu sorgen, dass Konfliktthemen nicht unter den Teppich gekehrt werden. Das heißt, einerseits das Team und die einzelnen Personen in der Kommunikation zu unterstützen, aber gleichzeitig der negativen Gruppendynamik eindeutige Grenzen zu setzen. Es geht somit insbesondere um die Klärung und verbindliche Einhaltung von Teamspielregeln. Deshalb ist hier eine enge Führung besonders wichtig. Sie müssen wachsam sein, gezielt intervenieren bzw. konfrontieren, wenn die Grenzen der vereinbarten Spielregeln gebrochen oder missachtet werden. Somit ist in dieser Teamphase eine genaue und enge Kontrolle angebracht! Und dabei sind Sie als Führungskraft auch zwingend als Vorbild gefordert. Was Sie hier mit Ihrem Team vereinbart haben, müssen Sie unbedingt positiv vorleben. Ansonsten wird Ihr Fehlverhalten zu einem unangenehmen Bumerang. Führen Sie mit ganz kurzer Leine und wenig Handlungsspielraum für die Teammitglieder!

- Sorgen Sie für ganz klare Spielregeln/Verhaltensregeln im Team.
- Sie sollten mit Bezug auf Vision, Strategie, Ziele und Aufgaben stark lenken bzw. dirigieren.
- Bei Verfehlungen müssen Sie klar konfrontieren und gegebenenfalls sanktionieren.
- Sie sollten situativ rechtzeitig intervenieren und klare Grenzen setzen.
- Kontrollieren Sie klar und kraftvoll, notfalls sogar hart.
- Unterstützen Sie das Team intensiv und lösungsorientiert.
- Trainieren Sie Ihr Team und organisieren Sie für die Teammitglieder Schulungen.
- Erkennen Sie Positives an und würdigen Sie kleine Erfolge.

Aufbruchsphase – Es geht bergauf in die richtige Richtung!

In der Aufbruchsphase kommt es zu einer positiven Gruppendynamik. Dadurch verändert sich der Schwerpunkt im Führungsverhalten. In den besonderen Blickpunkt rücken Prozessoptimierung, Zielfokussierung und die Unterstützung der Teammotivation. Sie werden als Führungskraft immer mehr Moderator und immer weniger „Vorgeber". Das heißt, weg vom direktiven Führungsstil hin zum kooperativen bzw. partizipativen Führungsstil. Hier steht im Vordergrund, Positives zu würdigen und gleichzeitig die Teammitglieder zu ermutigen, die ersten Erfolge fortzuführen, dranzubleiben, für weitere Verbesserungen zu sorgen, sich gegenseitig zu unterstützen usw. Dort, wo es bereits gut läuft, sollten Sie mehr und mehr loslassen und den Teammitgliedern immer weiteren Freiraum gewähren. Reduzieren Sie Ihre Kontrollen und schenken Sie sukzessive mehr Vertrauen. Fördern Sie den Dialog im Team über Erfolgserlebnisse und regen Sie dazu an, weitere Ideen und Vorschläge ins Team einzubringen. Gleichzeitig können Sie die Teammitglieder gezielt unterstützen, bei denen sich die Erfolge noch nicht so einstellen, wie Sie sich das vorgestellt haben. Manchmal ist es gut, als Führungskraft direkt mit solchen Mitarbeiterinnen und Mitarbeitern zu trainieren, manchmal ist es aber auch gut, Tandemlösungen im Team zu initiieren. So findet kollegiales Lernen statt.

- Geben Sie positives Feedback für die ersten Erfolge.
- Zeigen Sie Anerkennung, Wertschätzung und Würdigung für gute Leistungen.
- Unterstützen Sie das Team, weiter in diese Richtung zu gehen.
- Ermutigen Sie die Teammitglieder, dranzubleiben.
- Inspirieren Sie die Einzelnen zu weiteren Ideen und neuen Erfahrungen.
- Trainieren und unterstützen Sie Ihr Team weiterhin intensiv.
- Kontrollieren Sie spürbar weniger als in den ersten beiden Teamphasen.
- Dirigieren Sie weniger und führen Sie mit deutlich längerer Leine.
- Geben Sie weiterhin viele Informationen ins Team.

Produktionsphase – Wir sind klasse und es läuft wie geschmiert!

Seien Sie stolz auf Ihr Team und zeigen Sie ein großes Maß an Vertrauen für die Teammitglieder. In der Produktionsphase hat das Team ein Topniveau erreicht. Jetzt ist es Ihre Führungsaufgabe, dieses Topniveau zu halten. Gerade hier ist es angebracht, mit „richtig langer Leine" zu führen und partizipative Führungselemente zu nutzen. Ihre Mitarbeiterinnen und Mitarbeiter bringen in dieser Phase hervorragende Leistungen, sind sehr motiviert und wissen, was sie im Alltag zu tun haben. Das sollten Sie dahin gehend nutzen, dass Sie diese Topleister wertschätzen und als Impulsgeber oder Entscheidungshelfer aktiv einbeziehen. Unterstützen Sie die Selbstverantwortung und das Wir-Gefühl, wo immer es geht. Kontrollieren Sie nur noch sporadisch und bei wirklich schwierigen Aufgaben. Ansonsten sollten Sie immer mehr in die Rolle des „Außenministers" des Teams wechseln. Vertreten Sie die Interessen und Anliegen sowie die tolle Performance des Teams ins Unternehmen hinein.

- Geben Sie den einzelnen Teammitgliedern viel Freiraum.
- Lassen Sie dem Team viel Handlungsspielraum zur Selbststeuerung.
- Übertragen Sie angemessen Verantwortung an Einzelne und das Team.
- Zeigen Sie viel Vertrauen für Ihr Team und die einzelnen Teammitglieder.
- Lenken Sie nur noch leicht und führen Sie mit ganz langer Leine.
- Geben Sie nur noch ganz gezielt Unterstützung.
- Fördern Sie Ihre Topleister.
- Geben Sie echte Anerkennung für Topleistungen einzelner Teammitglieder.
- Feiern Sie mit dem Team Topergebnisse und Toperfolge.
- Bereiten Sie Ihr Team gegebenenfalls rechtzeitig auf Veränderungen vor.

Führungskräften, die tendenziell eher mit kurzer Leine führen und gerne kontrollieren, tun sich häufig schwer, in den beiden Teamphasen „Aufbruch" und „Produktion" die Zügel lockerer zu lassen. Dadurch bremsen sie in der Regel die Teamdynamik und schaffen nicht ganz die Performance, die tatsächlich möglich ist.

Dagegen tun sich Führungskräfte, die tendenziell eher mit langer Leine führen und ihren Teammitgliedern viel Freiraum und Eigenverantwortung lassen, gerade in den Teamphasen „Orientierung" und „Auseinandersetzung" sehr schwer. Dadurch, dass sie zu viel als selbstverständlich voraussetzen und zu wenig intervenieren, kommen Teams manchmal nicht richtig in den Aufbruch und die Produktion.

Sie sehen somit, dass es sehr wichtig ist, einen klaren Blick zu haben, in welcher Teamphase sich Ihr Team befindet, und den dazu passenden Führungsstil zu nutzen. Je besser Ihr Führungsstil zur aktuellen Teamphase passt, desto erfolgreicher und schneller kommen Sie mit Ihrem Team in die Produktionsphase.

5.4 Teamführung und individuelle Führung

Das Teamphasenmodell ist ein wertvolles Hilfsmittel, um Teams als Führungskraft angemessen und zielorientiert zu steuern. Je nachdem, in welcher Teamphase sich ein Team befindet, ist ein bestimmtes Führungsverhalten eher hilfreich oder auch nicht. Je homogener die aktuelle Teamsituation ist, desto leichter kann eine Führungskraft durch eine klare Führung mit den entsprechenden Elementen das gesamte Team gut und zielorientiert steuern.

Allerdings ist es nicht immer so, dass sich das gesamte Team immer in der gleichen Teamphase befindet. Je nach Dauer der Teamzugehörigkeit, persönlichen Bedürfnissen und Kompetenzen, Interaktionen zwischen einzelnen Teammitgliedern, den eigenen Entwicklungswünschen, der Einstellung zur eigenen Führungskraft usw. befinden sich die einzelnen Teammitglieder oft auch in unterschiedlichen Teamphasen.

Auch hier gilt wieder: **Menschen machen den Unterschied!** Jeder Mensch nimmt die aktuelle Teamsituation anders wahr. Sie als Führungskraft und jedes einzelne Teammitglied. Deshalb ist es wichtig, dass Sie auch in der Führung den positiven Unterschied machen!

Eine mögliche Teamkonstellation – hypothetisches Beispiel

Stellen Sie sich vor, Sie sind die Führungskraft von folgendem Team:

Da ist beispielsweise der junge Mitarbeiter A – er ist seit drei Monaten neu im Team und hat im eigenen Haus seine Ausbildung erfolgreich absolviert. Außerdem ist er entwicklungshungrig und wissbegierig. Allerdings wirkt er immer noch etwas wie ein Fremdkörper im Team.

Mitarbeiter B ist Ihr „Schlüsselspieler" – er ist Ihr Stellvertreter und Garant für hervorragende Ergebnisse. Durch seine zehnjährige Erfahrung in Ihrem Fachbereich und mit seinen 45 Lebensjahren ist er Fachexperte und Qualitätsmanager in einer Person. Allerdings ist er manchmal sehr kritisch gegenüber den eigenen Teammitgliedern, die öfters mal gewisse Leichtsinnsfehler machen.

Mitarbeiterin C ist eine 35-jährige Teilzeitkraft mit einem 60-%-Vertrag – sie ist sehr gewissenhaft und arbeitet in der Zeit, in der sie da ist, im Prinzip so viel weg, wofür andere in einem Vollzeitbeschäftigungsverhältnis bezahlt werden. Allerdings ist sie durch ihre hohe Schlagzahl etwas distanziert und hält sich bei Privatgesprächen im Team sehr zurück. Dadurch wird sie von einzelnen Teammitgliedern etwas als Außenseiterin gesehen.

Mitarbeiterin D ist ein High Potential – sie ist Ende 20 und zeigt eine hohe fachliche und soziale Kompetenz. Außerdem hat sie bereits das Team in drei wichtigen Projekten hervorragend vertreten. Durch die gezeigten Leistungen wurde sie auch in ein Förderprogramm berufen. Allerdings ist sie manchmal gegenüber den anderen Teammitgliedern etwas fordernd, was der eine oder andere als Arroganz interpretiert.

Die übrigen sechs Teammitglieder sind weniger auffällig. Die jeweils drei Männer und drei Frauen haben ein Alter zwischen 30 und 50 Jahren. Die Spanne der Betriebszugehörigkeit reicht von acht bis 25 Jahre. Alle arbeiten in einer angemessen hohen Intensität, und die Ergebnisse sind o.k. bis gut. Auch das Verständnis untereinander ist so weit in Ordnung.

Übertragen wir dieses hypothetische Beispiel mal auf das Teamphasenmodell. Dann könnte es sein, dass sich die letztgenannten sechs Teammitglieder alle selbst zwischen Aufbruch und Produktion ansiedeln würden. Beim Blick auf das Team könnte die Einordnung allerdings unterschiedlich ausfallen, denn jeder schätzt die Auswirkungen der Mitarbeiter A bis D auf die Teamsituation und die damit verbundene Teamphase gegebenenfalls unterschiedlich ein. Es könnte also sein, dass der eine oder andere die Teamdynamik so interpretiert, dass sich das Gesamtteam in der Auseinandersetzungsphase befindet. Wobei andere Teammitglieder dies nicht so gravierend einstufen und das Gesamtteam trotzdem im Aufbruch sehen.

Hinzu kommen dann die individuellen Einschätzungen der Teammitglieder A bis D. Mitarbeiter A sieht sich wahrscheinlich selbst noch in der Orientierungsphase. Wo er das Gesamtteam sieht, ist nicht aus der Fallbeschreibung herauszulesen. „Schlüsselspieler" B sieht sich selbst in der Produktionsphase, hat aber wahrscheinlich einen eher kritischen Blick auf die Teamphase des Gesamtteams. Mitarbeiterin C wird sich selbst ebenfalls in der Produktionsphase sehen, das Gesamtteam vielleicht im Aufbruch oder auch in der Produktion, weil sie manchmal gewisse „Störfeuer" im Arbeitsalltag gar nicht mitbekommt. Zu guter Letzt ist Ihre Mitarbeiterin D gerade dem Team gegenüber sehr kritisch. In den Projektarbeiten hat sie mitbekommen, dass in anderen Abteilungen eher abfällig über Ihre Einheit gesprochen wird. Andererseits sieht sie das große Potenzial nicht nur bei sich selbst, sondern auch bei den anderen Teammitgliedern, die es sich aus Sicht von Mitarbeiterin D „recht gemütlich gemacht haben".

In dieser Gemengelage sind Sie nun als Führungskraft so richtig gefordert. Hier ist nämlich nicht mit einer einfachen Führung, also ganz engen Steuerung oder einer sehr langen Leine, das Team zu dirigieren. Hier ist eine große Bandbreite an Führungsverhalten erforderlich. Und es gilt, auch die Wechselwirkungen von unterschiedlichem Führungsverhalten im Blick zu behalten.

Wie könnten nun erste Lösungsansätze aussehen?

Grundsätzlich wäre eine gemeinsame Bestandsaufnahme, wo sich das Team innerhalb des Teamphasenmodells befindet, wichtig. Dadurch wird die nötige Transparenz erzeugt, wie jedes Teammitglied die Teamsituation einschätzt. Allerdings sollte sich hier die Führungskraft aufgrund der beschriebenen Situation durch einen externen Moderationsprofi unterstützen lassen. Sonst besteht die große Gefahr, dass einzelne Teammitglieder übereinander herfallen und auch die Führungskraft in den kritischen Fokus gerät. Das hätte dann wiederum zur Folge, dass sich die Führungskraft immer wieder in eine Rechtfertigungsschleife begibt und die Zukunfts- und Lösungsorientierung in den Hintergrund gerät.

Nach der gemeinsamen Bestandsaufnahme sollten klare Spielregeln im Team vereinbart werden, die auch von allen Teammitgliedern mitgetragen werden. Diese Spielregeln sind dann eine wichtige Basis der weiteren Teamführung.

Anschließend gilt es für die Führungskraft, auch individuelle Führungselemente zu nutzen.

Also Mitarbeiter A eng zu führen, klare konkrete Aufgaben zu übertragen, diese genau und wohlwollend zu kontrollieren, nützliches Feedback zu geben und Ansatzpunkte zu finden, den jungen Kollegen besser ins Team zu integrieren.

Für Mitarbeiter B ist eine andere Art von Führung hilfreich. Da geht es darum, einerseits weiterhin viel Freiraum für die vorhandene Fach- und Qualitätskompetenz zu lassen, aber gleichzeitig bei sehr kritischem Verhalten gegenüber den Teammitgliedern zeitnah zu intervenieren und klare Grenzen zu setzen.

Mitarbeiterin C sollte etwas mehr Schutz von der Führungskraft erfahren. Es ist nur eine Frage der Zeit, wann sich bei dieser Kollegin aufgrund der hohen Schlagzahl erste Krankheitssymptome von Überforderung einstellen. Im Sinne von Gerechtigkeit könnte sich die Führungskraft eine gewisse Umverteilung der Aufgaben gemeinsam mit der Mitarbeiterin überlegen. Dann hätte die Kollegin auch etwas mehr Zeit und Gelegenheit, sich besser ins Team zu integrieren.

Mit Mitarbeiterin D müsste die Führungskraft ganz klare Absprachen treffen und Vereinbarungen schließen, wie ihr Verhalten einerseits teamadäquat ist und andererseits ihr Potenzial weiter konstruktiv für das Team genutzt werden kann. Auch hier ist eine Mischung aus enger Führung und Freiraum geben am erfolgversprechendsten.

Für den Rest der Mannschaft gilt es als Führungskraft, die vereinbarten Spielregeln im Team im besonderen Fokus zu behalten. Enge Führung bei Verletzung der Spielregeln, also klare Interventionen und Konfrontationen. Aber bei Erfolgen und positiven Ergebnissen unbedingt Anerkennung und Wertschätzung zeigen. So wird die Teamdynamik unterstützt und positiv verstärkt.

Dieses hypothetische Praxisbeispiel zeigt, wie das Teamphasenmodell auch im Führungsalltag sowohl für das Gesamtteam als auch für Einzelpersonen genutzt werden kann. Natürlich spielen im Teamalltag sehr viele Komponenten eine Rolle, und Führung von Teams ist häufig eine sehr komplexe Herausforderung. Aber genau das macht doch auch Spaß an der Führungsarbeit.

5.5 Erkenntnis – Reflexion – Umsetzung

In den ersten beiden Teamphasen ist es nützlich, eher enger und mit „kurzer Leine“ zu führen. Dagegen hat in den beiden letzten Teamphasen eine Führung mit eher „langer Leine“ eine positive Wirkung.

Auch wenn die Übertragung von Verantwortung und Freiraum viele Kräfte, Kreativität und Motivation freilegt, muss sich eine Führungskraft immer wieder darauf konzentrieren, wenn Teams oder einzelne Teammitglieder in der Orientierungs- oder Auseinandersetzungsphase sind, dass klar kommuniziert sowie verständliche und nachvollziehbare Vorgaben gemacht werden.

Sollte Ihr bevorzugter Führungsstil eher auf einer engen, kontrollierenden Begleitung von Teams liegen, dann passt das hervorragend zu den ersten beiden Teamphasen. Gleichzeitig ist dann für Sie die Herausforderung, wenn Ihr Team in den Aufbruch oder in die Produktion kommt, bewusst Ihren Führungsautopiloten zu verlassen und gezielt mehr Freiraum zu geben. Das heißt dann im Alltag, weniger Kontrolle und mehr Eigenverantwortung. Und das ist für Führungskräfte, die eher eng führen, gar nicht so einfach.

Ist Ihr bevorzugter Führungsstil hingegen, gerne mit „langer Leine“ zu führen und den Teammitgliedern sehr viel Handlungs- und Gestaltungsspielraum zu lassen, dann passt das sehr gut zu den beiden letzten Teamphasen. Allerdings besteht dann für Sie die Herausforderung, wenn sich Ihr Team oder einzelne Teammitglieder in der Orientierungs- bzw. Auseinandersetzungsphase befinden, bewusst nun Ihren Führungsautopiloten zu verlassen und viel enger die entsprechenden Personen zu begleiten. Sie sollten immer wieder klar und deutlich Ihre Erwartungen formulieren, die Ziele und die Strategie konkret beschreiben und gemeinsam mit den Teammitgliedern deren Aktionen reflektieren. Nur durch eine enge Führung erhalten die Teammitglieder die nötige Orientierung bzw. finden einen Weg aus der Auseinandersetzung. Dort ist manchmal auch wichtig, klare Grenzen zu setzen und bei Fehlverhalten zu konfrontieren. Das gelingt nur bei einer engen Führung.

Gerade daher ist diese Analyse, in welcher Teamphase sich Ihr Team aktuell befindet, so wertvoll für Führungskräfte.

Geben Sie Ihrem Team die Führung, die es braucht!

Es geht darum, dem Team die Führung zu geben, die es braucht, und nicht die Führung, die wir selbst bevorzugen. Und das ist nicht so leicht, denn wir neigen dazu, immer wieder in unseren Führungsautopiloten zurückzufallen.

Reflexionsfragen

- Haben meine Teammitglieder genügend Orientierung?
- Kennen meine Teammitglieder die Unternehmensstrategie/Bereichsstrategie?
- Wissen meine Teammitglieder, welche Ziele für unser Team besonders relevant sind?
- Fühlen sich meine Teammitglieder ausreichend informiert?
- Woran mache ich das alles fest?
- Welche teaminternen Spielregeln gelten bei uns?
- Welche klaren Grenzen gibt es im Umgang miteinander?
- Wie agiere ich als Führungskraft, wenn diese Grenzen überschritten werden?
- Werden Probleme auf direktem Weg angesprochen?
- Welche Themen werden eher am Kopierer, in der Raucherecke oder in der Teeküche besprochen?
- Wie werden bei uns Konflikte gelöst?
- Wie hoch würde ich die Reibungsverluste in unserem Team bewerten?
- Wie groß ist das wechselseitige Vertrauen in unserem Team?
- Wie würde ich unsere Feedbackkultur beschreiben?
- Wann zeigen meine Teammitglieder viel Eigeninitiative?
- Wie stark ist unser Wir-Gefühl ausgeprägt?
- Inwiefern übernehmen meine Teammitglieder genug Selbstverantwortung?

Abschließend noch ein kleiner Text aus dem Buch von Spencer Johnson *Das Geschenk*:

Das Geschenk

„Wie du lebst, hängt von deiner Aufgabe ab.

Wenn du glücklicher und erfolgreicher sein willst, ist es Zeit, in der Gegenwart zu leben.

Wenn du willst, dass die Gegenwart besser ist als die Vergangenheit, ist es Zeit, aus der Vergangenheit zu lernen.

Wenn du willst, dass die Zukunft besser wird als die Gegenwart, ist es Zeit, die Zukunft zu planen.

Wenn du im Leben und in der Arbeit eine Aufgabe hast und offen bist für das, was gerade wichtig ist, kannst du besser führen, organisieren, helfen, Freund sein und lieben.

Erfolg heißt, der zu werden, der du sein kannst.

Und Ziele zu erreichen, die der Mühe wert sind.

Jeder von uns muss für sich selbst herausfinden, was es heißt, erfolgreicher zu sein.“

Das passt abschließend gut zu den verschiedenen Teamphasen. In der Orientierungsphase lohnt sich sowohl der Blick zurück als auch der Blick nach vorne. Aber nicht jedem gelingt es, in der Gegenwart angemessen zu agieren. Nur dann, wenn wir in jeder Teamphase die richtigen Rückschlüsse aus der Vergangenheit ziehen, lernen und uns weiterentwickeln, können wir die Zukunft für uns stimmig planen und die nächsten richtigen Schritte gehen. So folgen Aufbruch und Produktion.

Führungsprinzip Wertschätzung heißt:

Als Führungskraft das eigene Verhalten sowohl bezogen auf die aktuelle Teamphase als auch auf den eigenen bevorzugten Führungsstil situativ, angemessen und zielführend zu steuern.

5.6 Literaturhinweise

Spencer Johnson: *Das Geschenk*. Ariston, Kreuzlingen/München 2003, S. 77–78, 80

https://de.wikipedia.org/wiki/Teambildung (hier sind auch wesentliche Hinweise zum Teamphasenmodell) (Stand 13.06.2021)

6 Rollen klären

Haben Sie sich schon mal die Frage gestellt: „Wofür werde ich als Führungskraft im Arbeitsalltag und in Ihrer Führungsaufgabe eigentlich bezahlt?"

Führung von Mitarbeiterinnen und Mitarbeitern ist eine andere Herausforderung als Führung von Führungskräften. Je nachdem wie hoch Sie in der Führungshierarchie stehen, haben Sie andere Führungsaufgaben, und Ihr Führungserfolg wird an anderen Zielen und Ergebnissen festgemacht.

Je klarer Sie Ihre Rolle als Führungskraft fassen können und je eindeutiger und kraftvoller Sie Ihre Rolle mit Leben füllen können, desto erfolgreicher werden Sie Ihre Führungsrolle gestalten und die damit verbundenen Aufgaben umsetzen können.

In diesem Kapitel erhalten Sie Anregungen zur Selbstreflexion, welche Rollen für Ihre Führungsaufgaben besonders relevant sind. Außerdem können Sie sich mit dem interessanten und wertvollen Modell des inneren Teams selbst ein Stück weit coachen, um Ihre eigene Rollenklarheit zu schärfen.

6.1 Leader, Manager und andere Rollen

Dieses Kapitel trägt ja die Überschrift „Rollen klären". Eine Führungskraft in einem Unternehmen zu sein ist zunächst einmal eine ganz weit gefasste Beschreibung einer Funktion. Die Konkretisierung der Funktion beinhaltet dann Verhaltensanforderungen und Verhaltensmöglichkeiten, die oft in Führungsleitlinien ausformuliert sind. Möglicherweise sind für eine Führungsfunktion auch Entscheidungskompetenzen festgelegt.

Wie kann man sich als Führungskraft oder angehende Führungskraft mit der Rolle und der Rollenerwartung auseinandersetzen? Ich habe als erste Annäherung für Sie vier ganz einfache Fragen formuliert. Nehmen Sie sich einen Moment Zeit, machen Sie sich zu jeder Frage einmal ein paar Gedanken und notieren Sie sich auf einem Blatt einige Stichworte zu Ihren Gedanken. Hier die Fragen, die Sie auch in einem Arbeitsblatt in Kapitel 15 (Arbeitsblatt 6) finden:

- Welche Rollen (in Stichworten) fallen Ihnen spontan zum Thema Führung ein (z. B.: Visionär, Entscheider, Planer ...)?
- Welches innere Bild entsteht bei Ihnen, wenn Sie an Führung denken (z. B.: Anführer einer Gruppe zu sein – also voranzuschreiten; Teil eines Teams zu sein – also mittendrin; einer Gruppe ganz klare Anweisungen zu geben – also dirigieren und delegieren)?
- Welche positiven Vorbilder haben Sie, wenn Sie an Führung denken (im Sinne von: So würde ich auch gerne führen können!)?
- Welche negativen „Vorbilder" haben Sie, wenn Sie an Führung denken (im Sinne von: So möchte ich auf keinen Fall führen!)?

Nachfolgend erhalten Sie eine kurze Beschreibung von verschiedenen Rollen. Damit können Sie ein Gefühl dafür entwickeln, welche der Rollen vielleicht besonders gut auf Sie zutrifft bzw. welche Rolle von Ihnen vielleicht künftig noch mehr gefordert wird, als Sie es bisher zeigen mussten.

Leader

Leader sind emotionale Anführer. In dieser Rolle sind sie in der Regel mutig und gehen als echtes Vorbild voran. Als solches Vorbild verkörpern sie die an das Team gestellten Erwartungen durch eigenes Vorleben. Einerseits achten sie stark auf die Menschen, die sie führen, sind aber oft hart zu sich selbst. Sie wirken durch ihre Haltung und ihr Verhalten auf Ihre Teammitglieder mitreißend und inspirierend.

Manager

Manager agieren mit einem ganz starken operativen Fokus. Das bedeutet, dass sie in dieser Rolle klare Strukturen schaffen und erhalten wollen, sich an eindeutigen Zielen und Vorgaben orientieren und auf die Einhaltung von Vereinbarungen achten. Klare Aufgabenverteilungen und klare Priorisierungen sind ihnen wichtig. Durch eine zielführende Prozesssteuerung und gegebenenfalls Prozessanpassung ist das Hauptziel, den wirtschaftlichen Erfolg positiv zu beeinflussen.

Visionär

Mit der Rolle des Visionärs ist die Aufgabe verbunden, positiv und optimistisch in die Zukunft zu schauen, einen möglichen Erfolg zu spüren, Wege dorthin zu beschreiben und die Teammitglieder motivierend auf diese Zukunft einzustimmen. Dabei entwickeln sie ein motivierendes Zielbild bzw. Zukunftsbild für das Unternehmen und die Mitarbeitenden.

Entscheider

Mit der Entscheiderrolle ist im Wesentlichen die Funktion verbunden, als Führungskraft immer wieder klare, eindeutige Entscheidungen zu treffen und vor der Entscheidung mögliche Konsequenzen abzuwägen. Das erfordert einerseits gute Analysefähigkeiten und andererseits innere Klarheit für kraftvolle Entscheidungen.

Planer

Hauptaufgabe eines Planers ist, die notwendigen Strukturen und Prozesse zu schaffen, dass Teammitglieder die zu erledigenden Tätigkeiten möglichst optimal ausführen können. Das bedeutet, dass ein Planer durch eine gute Planung und Organisation für ein hohes Maß an Sicherheit bei den Mitarbeitenden sorgen kann.

Kommunikator

In der Führungsrolle eines Kommunikators liegt der Fokus auf der Art und Weise, wie diese Führungskraft mit den Teammitgliedern, den Kundinnen und Kunden, den Schnittstellenpartner, dem Management usw. in einen guten und lösungsorientierten Dialog kommt. Alle relevanten und zielführenden Informationen müssen an die richtigen Stellen weitergegeben werden, und es muss ein guter Austausch geschaffen werden.

Fachexperte

Viele Führungskräfte sehen sich auch als herausragende Fachexpertin und erfahrenen Spezialisten. In dieser Rolle kommt zum Tragen, dass sie nun mal über eine ausgeprägte und substanzielle Fachkompetenz verfügen. Dadurch können sie bestimmte Sachverhalte tiefgreifender beurteilen und ein Team in die entsprechende Richtung anleiten bzw. weiterentwickeln.

Kontrolleur

In der Rolle des Kontrolleurs ist ein besonderer Blick auf die Arbeitsergebnisse gerichtet. Die Mitarbeiterinnen und Mitarbeiter müssen dieser Führungskraft die Arbeitsergebnisse vorlegen und erhalten eine hoffentlich konstruktive Rückmeldung, ob die Leistung o.k. ist oder eben nicht. Eine gute Kontrolle sorgt für ein hohes Maß an Qualität und Verlässlichkeit.

Erneuerer

Der Fokus beim Erneuerer ist darauf gerichtet, vorhandene Strukturen positiv aufzubrechen und Verkrustungen zu lösen. Ein Erneuerer sieht in seiner Rolle die Aufgabe, notwendige und zeitgemäße Veränderungen zu initiieren und in seinem Verantwortungsumfeld mit seinem Team umzusetzen.

Mannschaftskapitän

Diese Rolle ist aus dem Sport entliehen. Ein Mannschaftskapitän ist das Bindeglied zwischen einer nächsthöheren Führungskraft und dem eigenen Team. Einerseits ist man Gleicher unter Gleichen, aber andererseits ist man trotzdem in einer exponierten Stellung. So spiegelt vielleicht diese Rollenbeschreibung am ehesten in der Hierarchie eines großen Unternehmens einen Teamleiter oder Gruppenleiter wider. Man ist tendenziell mehr Teil des Teams als echte Führungskraft.

Coach/Trainer/Moderator

In dieser Führungsrolle steht die Entwicklung der einzelnen Teammitglieder und des gesamten Teams im Vordergrund. Da ist zum einen der analytische Blick auf die Stärken, Fähigkeiten und Talente der eigenen Mitarbeitenden. Diese individuellen Stärken sollen so gut wie möglich genutzt und weiter optimiert werden. Gleichzeitig geht es aber auch darum, erkannte Lernfelder so zu bearbeiten und die Teammitglieder so zu unterstützen, dass sie sich zielorientiert und auf die Bedürfnisse der Zukunft ausgerichtet weiterentwickeln.

Diese Rollenstichworte sind lediglich Beispiele. Vielleicht fällt Ihnen zum Thema Führungskraft und Führungsrolle ein ganz anderes Stichwort ein. Machen Sie sich die Mühe und versuchen Sie, für sich eine gute und greifbare Beschreibung Ihres Stichwortes zu formulieren. Denn je klarer Sie ein inneres Bild von sich in Ihrer Rolle als Führungskraft haben, desto klarer werden Sie diese Rolle in Ihrem Führungsalltag auch ausleben können. Vielleicht fällt Ihnen auch verbunden mit den Einstiegsfragen in dieses Kapitel ein Stichwort ein, wenn Sie an eine vorbildliche Führungskraft denken, die Sie in Ihrer bisherigen Laufbahn erleben und kennenlernen durften. Geben Sie diesem positiven Vorbild einen passenden Titel oder eine Typenbeschreibung.

■ 6.2 Praxistransfer – Worauf kommt es an?

Was hat das Thema Rolle und Rollenverständnis mit der Führungspraxis zu tun? Eine ganze Menge! Wenn Sie sich die vorangegangenen Kurzbeschreibungen noch einmal genauer anschauen, dann stellen Sie fest, dass sich die Rollen mehr oder weniger deutlich unterscheiden. Wenn Sie nun passend dazu überlegen, welche der Rollen Ihnen persönlich naheliegt und welche Rollen besonders in Ihrem aktuellen Verantwortungsbereich gefordert sind, dann kann es sein, dass es da einen Unterschied gibt.

Rollenverständnis und eigene Persönlichkeit

Je nach eigener Persönlichkeit, eigenen Erfahrungen und eigenem Lebensmotto wird Ihnen die eine oder andere Rolle mehr und die eine oder andere Rolle weniger liegen. Es kann auch gut sein, dass sich Ihr Rollenverständnis mit der Zeit deutlich verändert oder aber über einen längeren Zeitraum relativ konstant bleibt.

Ist jemand beispielsweise bereits als Jugendlicher immer schnell in einer Führungsrolle wie in der Rolle des Mannschaftskapitäns beim Fußballspielen so ist es wahrscheinlich, dass sich diese Rollenübernahme auch weiterhin zeigen wird. So eine Person wird sukzessive eine positive Vision entwickeln, wie sie sich als Führungsperson positionieren, wie sie Teammitglieder mitnehmen und den eigenen Verantwortungsbereich weiterentwickeln kann. Aber es gibt auch Führungssituationen, wo andere Eigenschaften oder Stärken gefordert sind. Sie sollten daher immer wieder bewusst reflektieren, ob Ihr persönliches Rollenverständnis, Ihre Rollenvorlieben zu Ihrer aktuellen Führungsaufgabe und zur aktuellen Teamsituation passen.

Zu dieser Selbstreflexion können Sie auch ergänzend noch die Bestandsaufnahme der Teamphasensituation in Ihrem Team aus Kapitel 5 nutzen.

Rollenverständnis und Teamphaseneinschätzung

Da bietet sich die Frage an: Welche Rolle bzw. welches Rollenverständnis passt besonders gut zu welcher Teamphase? Nehmen wir die Orientierungsphase in einem Team. Die Aufgabe der Führungskraft ist es, eine klare und eindeutige Orientierung zu schaffen. Das geht gut als Leader, Manager, Visionär und benötigt viel Kommunikationskompetenz. Wenn Sie aber Ihre Hauptrolle als Kontrolleur definiert haben, so kann es gut sein, dass Sie in positiver Absicht handeln und alle Arbeitsergebnisse Ihrer Mitarbeitenden intensiv kontrollieren. Gleichzeitig kann aber bei Ihren Teammitgliedern ein Gefühl von fehlendem Vertrauen entstehen. Die Teammitglieder entwickeln kein gutes Selbstvertrauen, sondern agieren eher angstgetrieben, möglichst keine Fehler zu machen. Dagegen ist es in der Auseinandersetzungsphase wichtig, klar und eindeutig zu kontrollieren. Ausschließlich auf das Vermitteln der Vision zu setzen ist zu wenig, um die anstehenden Konflikte und Reibungspunkte im Team zu beheben. Gerade da braucht es klare Regeln, deren Einhaltung auch kontrolliert werden sollte. Und als Führungskraft muss ich hier auch mal gezielt konfrontieren und gegebenenfalls sanktionieren. Da würde einem Teammitglied die Führungskraft als Visionär eher realitätsfremd und abgehoben erscheinen. In der Aufbruchsphase hat wahrscheinlich eine andere Führungsrolle die positiveren Wirkungen als die des Kontrolleurs. Da ist vielleicht besonders der Entscheider gefordert, damit das Team Wichtiges von Unwichtigem unterscheidet, bzw. die Rolle des Planers, der den ganz konkreten Umsetzungsweg vorausdenkt, organisiert und strukturiert. Oder aber es kommen gerade hier die Fachexpertenelemente der Führungsrolle besonders zum Tragen. Und letztlich steht in der Produktionsphase die Rolle des Kommunikators wieder viel deutlicher im Vordergrund. Als Führungskraft die Erfolge des eigenen Teams gut nach außen zu verkaufen und das Team vielleicht auf anstehende Veränderungen gut vorzubereiten.

Sie sehen, dass das Rollenverständnis in jeder Teamphase ein etwas anderes sein kann. So können Sie für sich selbst definieren, welche Rollen und welches Rollenverhalten speziell in Ihrer Führungsverantwortung relevant und zielführend sind.

Rollenverständnis und Unternehmenskultur

Das Rollenverständnis kann aber auch sehr stark von der Unternehmenskultur geprägt sein. Wenn Sie Führungskraft in einem stark hierarchisch geprägten Unternehmen sind, werden an Sie wahrscheinlich eher Rollenerwartungen herangetragen, die viel mit Management, Fachkompetenz und Kontrolle zu tun haben. Sind Sie dagegen in einem Unternehmen tätig, in dem viel Wert auf Unternehmertum und Zukunftsentwicklung gelegt wird, dann werden an Sie als Führungskraft eher Anforderungen gestellt, die mit einem Rollenverständnis von Visionär, Erneuerer und Leader zu tun haben. Zum Thema Unternehmenskultur gibt es noch das Kapitel 12, „Kultur prägen“.

Bei der Unternehmenskultur der Bundeswehr stehen beispielsweise ganz andere Rollenbilder für Führungskräfte im Vordergrund (klare Hierarchie - Befehl und Gehorsam - Sanktionen bei Befehlsverweigerung - Taktik und Strategie für Einsätze …) als bei einem Start-up-IT-Unternehmen (Kreativität - Kundenorientierung - Inspiration der Mitarbeitenden - Umsetzungsgeschwindigkeit …).

In einer Sparkasse wird mit der Rolle einer Führungskraft eine andere Erwartung an Verhalten verbunden als in einem Handwerksbetrieb.

In einem Bauunternehmen orientiert sich die Interpretation der Führungsrolle an einem anderen Verhaltensspektrum als in einem Seniorenheim oder in einem Kinderhospiz.

Damit will ich Sie anregen, einmal genauer über die Erwartung nachzudenken, die mit der Führungsrolle in Ihrem Unternehmen verbunden ist. Fragen Sie Ihre Vorgesetzten und Ihre Topmanager, welche spezielle Rolle und welches damit verbundene Verhalten besonders gewünscht sind. Und schauen Sie darauf, wie die höheren Führungskräfte ihre Rollen im Alltag leben.

In manchen Unternehmen gibt es klare Regeln wie Führungsleitlinien, in denen formuliert ist, wer was entscheiden darf, welche Führungsebene für was genau zuständig ist und welches Rollenverhalten gegenüber den Mitarbeiterinnen und Mitarbeitern zu zeigen ist.

In einigen Organisationen gibt es diese Regeln auch auf Hochglanzpapier, aber sie werden im Alltag kaum beachtet. Dort gibt es dann ein ganz anderes Verhalten der Führungskräfte als das, was dort geschrieben steht. Und im Zweifel gilt das gelebte Verhalten und nicht das geschriebene Wort.

Aber es gibt auch viele Unternehmen, in denen das nicht eindeutig formuliert ist. Dort muss man sich durch Beobachtung und Reflexion ein eigenes Bild machen, welche Rollen in welcher Hierarchie besonders gewünscht sind.

Rollenverständnis und Werte

Wenn Sie sich noch an das Thema Werte aus Kapitel 2 erinnern, dann wissen Sie auch noch, dass Werte großen Einfluss auf unser Verhalten haben. Wenn Ihnen z. B. der Wert Sicherheit besonders am Herzen liegt, werden Sie sich in Führungsrollen, in denen Sicherheit eine hohe Bedeutung hat, viel wohler fühlen als in Rollen, die nicht so sicherheitsorientiert ausgerichtet sind.

Sollten Sie den Wert Qualität für bedeutsam erachten, dann werden Sie Ihre Rolle immer wieder auch auf Qualitätsaspekte hin überprüfen.

Über meine eigene Weiterbildung habe ich den Regisseur und Coach Matthias Messmer kennengelernt und schätze ihn sehr. Die Zusammenarbeit mit ihm ist immer enorm inspirierend, und er hat eine besondere Gabe, mit Menschen sehr wertschätzend und konstruktiv an den Feldern zu arbeiten, an denen man sich eine Optimierung wünscht. Im nachfolgenden Interview interessiert mich sein professioneller Blick als Regisseur auf das Thema Rolle und seine Erfahrung im Umgang mit Führungskräften.

Interview mit Matthias Messmer, Regisseur und Coach

Lieber Matthias, ich freue sehr mich, dass wir uns gemeinsam über das Thema Rolle, Rollenklarheit und Führung unterhalten. Was ist aus deiner Sicht wichtig, wenn du als Regisseur auf das Thema Rolle und Rollenklarheit schaust?

Lieber Thorsten, ich freue mich sehr, dass du mich zum Thema Rolle befragst, in meiner Arbeit als Regisseur nimmt die Rolle nämlich eine zentrale Stelle ein: Zum einen überlegt man wochenlang, wer die richtige Besetzung für eine bestimmte Rolle ist. Und für den Schauspieler oder die Schauspielerin ist die Rolle dann der zentrale Gegenstand, an dem sie mit dem Regisseur mitunter monatelang arbeiten und mit der sie sich identifizieren.

Die Angst, der Rolle dabei nicht gerecht zu werden und an ihr zu scheitern, ist enorm, gerade wenn es um die großen Rollen geht, die jeder Schauspieler gerne einmal spielen möchte. Wenn ein junger Anfänger z. B. die Rolle des Hamlet bekommt, ist die Überforderung perfekt, und nicht alle Schauspieler sind in der Lage, mit so einer Aufgabe souverän umzugehen. Darum erleben wir im Theater oder auch im Film immer wieder „Fehlbesetzungen", die uns als Zuschauer nicht überzeugen.

Noch härter wird es im Arbeitsumfeld, wenn die Mitarbeiter ihrem Vorgesetzten ordentlich zusetzen, weil er sie als Führungskraft einfach nicht überzeugt. Das habe ich gerade im Rollenspiel in Trainings und Coachings beobachtet: Da hatten „Mitarbeiter" in mancher Spielsituation mehr Präsenz und einen selbstsichereren Hoch-Status als die „Führungskraft".

Ich denke, jede halbwegs selbstkritische Führungskraft sollte sich die Frage stellen: Was wird von mir erwartet? Und werde ich dieser Führungsrolle gerecht?

Oh, das ist ein gutes Stichwort: „Hoch-Status". Ich weiß, es ist gerade für das Auftreten, also die Haltung und die Körpersprache einer Führungskraft wichtig, die Statusfrage zu klären. Vielleicht kannst du für die Leserinnen und Leser noch mal kurz aus deiner Expertise als Regisseur den Hoch-Status bzw. Tief-Status erklären?

Ja, richtig, wir zeigen unseren Status über unserer Körpersprache. Dahinter steckt allerdings auch eine innere Haltung, die sich dann nicht nur in der Körpersprache, sondern in unserem ganzen Verhalten nach außen transportiert. Eindeutige Signale für Hoch-Status sind der direkte Blick in die Augen des Gegenübers, eine aufrechte Haltung, kurz: ein entschiedenes Auftreten. Wer sich im Tief-Status fühlt, erscheint uns unterwürfig, er weicht dem Blick des anderen aus und macht sich auch körperlich nicht „gerade". Wenn ich mit einem Mitarbeiter als Führungskraft ein ernstes Gespräch führen muss und ihm dabei nicht in die Augen schauen kann, werde ich es schwer haben, mich durchzusetzen. Allerdings wird ein lautes Auftreten gerne auch als falscher Hoch-Status entlarvt, wenn derjenige überhaupt nicht in der Lage ist, auch einmal die Stimme zu senken und nicht andauernd den „starken Max" zu markieren. Die wahre Status-Souveränität besteht nämlich darin, im Zweifelsfall auch in den Tief-Status wechseln zu können, wenn es die Situation erfordert, und dennoch glaubwürdig zu sein.

Weshalb ist Rollenklarheit aus deiner Perspektive wichtig für Führungskräfte?

Ich glaube, es ist ganz schön schwer, Klarheit über die eigene Führungsrolle zu bekommen, weil hier mehrere Aspekte ineinanderfließen: Was sind die Erwartungen der anderen, also der Mitarbeiter, der Vorgesetzten oder des Unternehmens, und was sind meine eigenen Ansprüche an mich in dieser Rolle?

Auch hier sehe ich wieder große Parallelen zum Schauspieler: Wenn der keine klare Vorstellung seiner Rolle entwickelt, kann er sie auch nicht glaubwürdig darstellen. Darum ist Rollenklarheit der erste Schritt, um auch als Führungskraft überzeugend aufzutreten.

Wie würdest du deine eigene Rolle als Führungskraft beschreiben und welche Werte spielen dabei für dich eine wesentliche Rolle?

Als Regisseur habe ich am Theater sehr unterschiedliche Rollen gespielt: gegenüber den Technikern, den Werkstätten oder Kostüm- und Maskenbildnerinnen war ich in der Funktion eines Produktionsleiters ganz klar weisungsbefugt. Da ging es vor allem darum, schnelle Entscheidungen zu treffen und klare Ansagen zu machen.

Mit Schauspielern musste ich allerdings anders umgehen, da geht es nicht immer nur um klare Ansagen, sondern sehr viel Fingerspitzengefühl, welche Rolle ich selbst im konkreten Fall am besten spiele: Für die jungen Darsteller war ich mitunter eine Vaterfigur, die ihnen Mut macht und sie anspornt, ihre Anfängerängste zu überwinden und sich mehr zuzutrauen, um über sich hinaus zu wachsen.

Mit alten Hasen muss man als Regisseur wieder anders umgehen, weil sie schon so viel am Theater erlebt haben und oft frustriert sind. Es ist wenig überzeugend, wenn man als junger Regisseur versucht, ihnen etwas Neues schmackhaft zu machen und das Rad neu zu erfinden. Hier ist es sinnvoller, selbst in die Rolle des Lernenden zu schlüpfen und ihren reichen Erfahrungsschatz einzubeziehen, weil dann alle davon profitieren können.

Das ist eine ganz wichtige Parallele zur Führung im beruflichen Alltag. Einerseits muss man eine klare eigene Linie haben und die Mitarbeitenden „gleich führen", Stichwort Gerechtigkeit. Und andererseits ist es ebenso wichtig, individuelle Besonderheiten in der persönlichen Führung zu berücksichtigen. Welche Rollen bzw. welche Kompetenzen sind aus deiner Erfahrung heraus besonders relevant, um eine gute Führungskraft zu sein - welche Rollen sollte eine gute Führungskraft beherrschen?

Ich glaube, eine erfolgreiche Führungskraft braucht vor allem Wandlungsfähigkeit. Und das bedeutet, dass ich nicht nur in der Lage bin, unterschiedliche Rollen zu spielen, sondern auch bewusst mit Hoch- und Tief-Status umzugehen. Wenn ich z. B. nicht in der Lage bin, mich bei meinem Team oder einzelnen Mitarbeitern für einen Fehler, den ich gemacht habe, angemessen zu entschuldigen, weil ich in dieser Situation meinen Hoch-Status aufgeben müsste, dann habe ich als Führungskraft langfristig ein Problem. Dann werde ich nur Rollen spielen können, bei denen ich gut dastehe und den „Leader" und „Entscheider" verkörpern kann. Dabei würde es ungeahnte Möglichkeiten im Team freisetzen, wenn ich auch mal nicht die richtige Antwort weiß, sondern wie ein „Hamlet" meine Zweifel an einem Projekt offen ausspreche und anderen im Team die Gelegenheit gebe, in den Hoch-Status zu gehen und tolle Vorschläge zu machen. Wenn ich als Führungskraft immer nur im Hoch-Status agiere, alles besser weiß und immer recht habe, schaffe ich keinen Raum für das kreative Potenzial meines Teams.

Was könnte eine Führungskraft konkret tun, um eine Rolle weiterzuentwickeln, die ihr tendenziell eher schwer fällt auszufüllen?

Zunächst wäre es toll, wenn eine Führungskraft überhaupt wahrnimmt, dass sie eine bestimmte Rolle nicht wirklich ausfüllt!

In den letzten Jahren habe ich für die unterschiedlichsten Unternehmen und Organisationen sogenanntes Business-Theater gemacht. Dabei haben wir mit einem Team von Schauspielern Theaterstücke entwickelt, die den jeweiligen Firmenalltag sehr genau aufs Korn nehmen. Im Vorfeld haben wir dazu Interviews mit Mitarbeitern und Führungskräften aus unterschiedlichen Hierarchieebenen geführt. Es war sehr spannend zu sehen, wie extrem divergent die Perspektiven oft sind, und wie schwer es für Führungskräfte ist, ihre Rolle zu hinterfragen. Denn meist sind sie in sehr konkrete inhaltliche Fragen verwickelt und schaffen es nicht, überhaupt eine andere Perspektive einzunehmen oder die Dinge auf der Meta-Ebene zu betrachten.

Das wäre mein Rat: Begeben Sie sich, so oft Sie können, auf die Meta-Ebene und hinterfragen Sie jenseits der Inhalte, welche Rolle Sie gerade spielen.

Sich selbst zu hinterfragen, hat natürlich auch wieder eine ganze Menge mit Selbstreflexion zu tun. Daher glaube ich schon, dass ich als Führungskraft zunächst einmal eine Idee haben muss, welche Rollen es gibt und wie ich diese Rollen selbst mit Leben fülle.

Das stimmt, aber ich würde den Begriff der „Rolle" im Arbeitsalltag gerne noch erweitern. Denn wenn wir ehrlich sind, spielen nicht immer Menschen eine entscheidende, ja führende Rolle in unserem Arbeitsleben. Wie oft kommt es vor, dass es Dinge, Situationen oder Sachzwänge sind, denen sich alle Mitarbeiter unterwerfen – selbst der Chef? Das können die Verkaufszahlen oder drohende Entlassungen sein, die allen im Nacken sitzen, oder ein Projekt, das außer Kontrolle geraten ist und nun ganze Abteilungen durch zusätzliche Arbeit vom Tagesgeschäft abhält. Richtig schön ist die Einführung einer neuen Software, mit der alle arbeiten müssen, aber außer der IT-Abteilung blickt keiner durch, und es dauert Monate, bis jeder damit umgehen kann. Hier wünscht man sich als Mitarbeiter oft, dass „die da oben" – also die Führungskräfte – endlich wieder die Führung übernehmen und den unerträglichen Zustand beenden.

In dem Film „Hidden Figures – Unerkannte Heldinnen", der auf dem Gelände der NASA zur Zeit der Rassentrennung in den 60er-Jahren spielt, erkennt der Chef, dass es für seine schwarze Mitarbeiterin keine Toilette in der Nähe gibt und sie kostbare Arbeitszeit damit verliert, mehrere Kilometer über das Gelände zu laufen, nur um die Toilette der schwarzen Mitarbeiterinnen aufzusuchen. Hier ist es das Schild am WC „Nur für Weiße", das die führende Rolle spielt. Mit einer gehörigen Portion Wut und einigem Mut schlägt er das Schild eigenhändig von der Wand, beendet damit in seiner Abteilung die Rassentrennung und erlangt für alle Mitarbeiter sichtbar seine „Führungskraft" zurück.

Das ist ein wunderbares Beispiel und erweitert noch mal den Blick für das Thema Rolle. Und mit der Aktion des Chefs zeigt er ein hohes Maß an Wertschätzung für seine Mitarbeiterin. Mein Buch hat ja den Titel „Führungsprinzip Wertschätzung". Was bedeutet eigentlich für dich persönlich Wertschätzung?

Der Begriff wurde ja in den letzten Jahren im Arbeitskontext ziemlich strapaziert, und ich finde es nach wie vor schwierig, als Führungskraft wertschätzend zu agieren. Es wird Führungskräften immer wieder eingebläut, dass sie ihre Mitarbeiter mehr loben und ihre Leistungen hervorheben sollen.

Ein wesentlicher Teil von Wertschätzung ist für mich allerdings, dass ich als Führungskraft überhaupt weiß und verstehe, was meine Mitarbeiter den ganzen Tag eigentlich leisten. Das erfahre ich letztendlich nur, wenn ich mit ihnen im direkten Austausch und Gespräch bin. In Seminaren mit Führungskräften habe ich immer wieder gehört, dass sie genau dafür keine Zeit haben. Sich also immer wieder Zeit für den einzelnen Mitarbeiter zu nehmen, mit ihm zu sprechen, ihn zu fragen, ihm zuzuhören und ihn in den entscheidenden Momenten zu unterstützen, ist nach meiner Erfahrung die größte Wertschätzung.

Das ist ein sehr schönes Schlusswort! Genau so wertschätzend habe ich dich auch in unserer Zusammenarbeit kennenlernen dürfen. Vielen Dank für deine Zeit, das Teilen deiner Erfahrungen und deine wertvollen persönlichen Gedanken! Es ist für mich immer wieder absolut bereichernd und inspirierend, mich mit dir sowohl fachlich als auch persönlich auszutauschen!

Wenn Sie mehr über Matthias Messmer erfahren möchten, ist hier der Link zu seiner Homepage: *https://www.matthias-messmer.de/*.

6.3 Rollenklärung mit dem Modell des inneren Teams

Manchmal sind uns unsere Rollen und der damit verbundene Anspruch des Verhaltens gar nicht so klar. Friedemann Schulz von Thun hat mit dem Modell des inneren Teams einen wunderbaren Zugang geschaffen, um den inneren Stimmen, die in den verschiedensten Situationen, bei verschiedenen Kontaktpersonen, in verschiedenen Rollen, die wir ausfüllen müssen, bei verschiedenen Aufgaben und Tätigkeiten, die wir ausführen müssen, eine bewusste Reflexionsplattform zu bieten. Damit kann jede Führungskraft eine analytische und gleichzeitig emotionale Bestandsaufnahme machen, welche inneren Stimmen gerade in einen inneren Dialog treten oder welche Stimmen gegebenenfalls zu wenig gehört oder beachtet werden.

Dazu passt auch das berühmte Goethe-Zitat aus *Faust I*: „Zwei Seelen wohnen, ach! in meiner Brust“.

Viele Menschen fühlen sich in verschiedenen Kontexten immer mal wieder hin und her gerissen. Als Führungskraft hat man vielleicht in einer Entscheidungssituation die Interessen des eigenen Teams im Blick, und gleichzeitig ist man in der Rolle der Führungskraft auch in der Interessenvertretung des Unternehmens gefordert. Und diese verschiedenen Interessen passen nicht immer zusammen. Somit steht die Führungskraft in einem gewissen Dilemma. Vertrete ich die Teaminteressen nach oben gegenüber meinen nächsthöheren Vorgesetzten oder entscheide ich gegen mein Team und vertrete die Unternehmensvorgaben?

Friedemann Schulz von Thun hat für solche Situationen eine ganz pragmatische Herangehensweise entwickelt, um dieses Dilemma greifbarer zu machen und für sich selbst gemäß Goethe zu überprüfen, welche Seelen in seiner Brust wohnen. Bei einem inneren Team treffen immer wieder typische Akteure (Seelen) aufeinander. Bild 6.1 zeigt ein Beispiel. Nachfolgend ein Überblick, welche typischen inneren Akteure (Seelen) im inneren Team aufeinandertreffen können:

Oberhaupt

Wer ist bei mir im inneren Dialog der Chef? Wer steuert meine persönlichen Handlungen? Wer sorgt für klare und kraftvolle Entscheidungen?

Stammspieler

Welche inneren Stimmen bzw. inneren Akteure haben bezogen auf den Kontext eine Art Hauptrolle in meinem inneren Team? Welche innere Stimme macht sich immer wieder bemerkbar? Welche meiner inneren Teammitglieder sind oft sehr dominant und präsent?

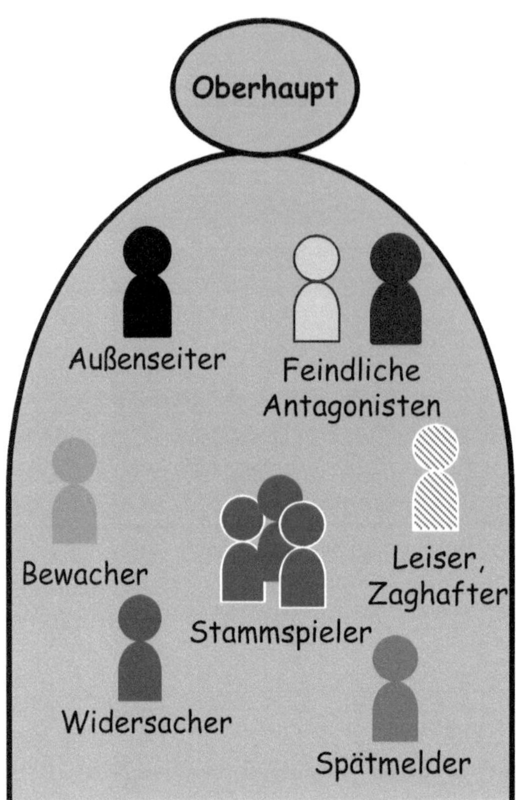

Bild 6.1 Typisches inneres Team nach Schulz von Thun

Außenseiter

Welcher inneren Stimme gebe ich (zu) wenig Aufmerksamkeit? Welche Akteure schiebe ich gerne innerlich beiseite? Welchen inneren Teammitgliedern gestatte ich wenig Präsenz?

Gegenspieler

Welche inneren Teammitglieder stehen eher gegeneinander? Welche inneren Stimmen führen zu einem inneren Konflikt? Wie stark wirken diese inneren Stimmen in meinem inneren Team?

Leise, Zaghafte

Welche inneren Teammitglieder sind im Alltag kaum spürbar bzw. hörbar? Welche Akteure kommen nur in den inneren Dialog, wenn ich zur Ruhe komme und innehalte?

Bewacher

Welche inneren Stimmen werden durch den inneren Wächter unterdrückt? Was darf bei mir nicht gesagt werden? Welche Tabus werden vom inneren Bewacher hochgehalten?

Widersacher

Was sind meine inneren wunden Punkte? Wo spüre ich deutlichen inneren Widerstand? Was ist die positive Absicht dieses inneren Widerstandes?

Spätmelder

Welche innere Stimme meldet sich mit zeitlicher Verzögerung? Welches Teammitglied meldet sich zu Wort, wenn ich eine Nacht darüber geschlafen habe?

Zur Vertiefung der typischen Teammitglieder sind folgende Links empfehlenswert:

Inneres Team – unter „Modelle“ auf der Homepage von Friedemann Schulz von Thun:

https://www.schulz-von-thun.de/die-modelle/das-innere-team,

oder

http://www.inneres-team.de.

Das Nützliche an diesem Modell ist, dass sich jede Führungskraft in jeder Situation eine einfache Übersicht schaffen kann, welche Stimmen bzw. inneren Teammitglieder gerade im inneren Dialog miteinander sind. Außerdem kann man dann überlegen, ob das überhaupt die richtigen Dialogteilnehmer sind. Schulz von Thun spricht dann auch gerne von einer inneren Teamkonferenz, die man initiieren kann, um möglichst alle relevanten Teammitglieder zu Wort kommen zu lassen und danach eine bewusste Entscheidung zu treffen, wie man nun agieren will. Dadurch wird das eigene Verhalten deutlich bewusster gesteuert und man spürt weniger innere Konflikte in sich, salopp gesagt, man hat weniger Bauch- oder Kopfschmerzen.

6.4 Das Problem mit der Komfortzone

Hier soll es noch einmal kurz um die Führungsrolle des Motivators gehen. Viele Führungskräfte sehen es als wichtige Aufgabe, die eigenen Mitarbeitenden zu guten Leistungen zu motivieren. Aber wen muss man motivieren? Und wie kann ich motivieren? In Kapitel 8 folgen noch weitere Hinweise zum Thema Motivation, aber hier möchte ich Ihnen mit dem Drei-Zonen-Modell schon mal einen ersten Ansatzpunkt anbieten.

Viele Führungskräfte nutzen den Begriff Komfortzone häufig im Kontext mit Teammitgliedern, die zu wenig Engagement, schlechte Leistungen, schwache Ergebnisse oder wenig Kundenorientierung zeigen. Dann heißt es oft von der direkten Führungskraft oder vom nächsthöheren Vorgesetzten: „Der Mitarbeiter XY oder die Mitarbeiterin YZ muss raus aus der Komfortzone!“ Das bedeutet, diese Person könnte deutlich motivierter sein.

Das einfache Drei-Zonen-Modell (Bild 6.2) verdeutlicht, in welcher Zone ein hohes Maß an Lernen und Entwicklung stattfindet und in welchen Zonen dies eher nicht der Fall ist.

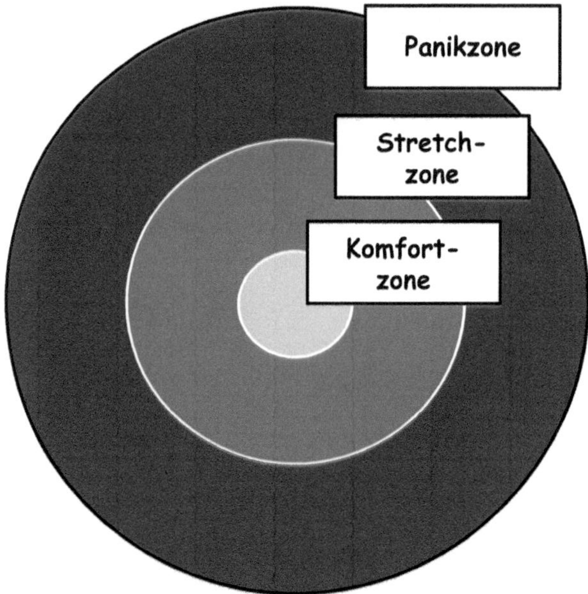

Bild 6.2 Drei Zonen Modell: Der Weg zur persönlichen (Weiter)Entwicklung

Komfortzone

In der Mitte sehen Sie einen kleinen Kreis mit dem Begriff Komfortzone. Hier findet kaum persönliche Weiterentwicklung statt. Wir bleiben bei Verhaltensmustern, die uns in der Vergangenheit erfolgreich gemacht haben. Wir nutzen unsere Routine, machen es uns bequem und zeigen eine eher abwartende Haltung. Sprüche wie „Nichts wird so heiß gegessen, wie es gekocht wird!“ oder „Da machen wir erst mal gar nichts. Wer weiß, ob sich das überhaupt bestätigt.“ oder „Das haben hier im Haus schon viele versucht, da kommt sowieso nichts bei raus. Also lieber mal den Ball flach halten“ sind in dieser Zone an der Tagesordnung.

Somit wird deutlich, in der Komfortzone geht es eher gemütlich zu. Bloß keine Aufregung, lieber mal abwarten. Der Nachteil ist, dass es somit eben kaum eine persönliche Weiterentwicklung gibt. Lediglich die Verfeinerung von bisher vertrauten Handlungsweisen und der Aufbau von noch mehr Routine könnten wohlwollend als Entwicklung bezeichnet werden.

Gleichzeitig hat die Komfortzone aber auch einen wichtigen Vorteil. Hier schöpfen Menschen neue Kraft, sammeln sich und können sich neu fokussieren. Von daher ist es durchaus wichtig, immer mal wieder in der Komfortzone zu sein.

Stretchzone

Der zweite Kreis ist größer als der erste Kreis der Komfortzone. Dieser zweite Kreis trägt das Stichwort Stretchzone. Und genau hier findet persönliche Weiterentwicklung im besten Sinne des Wortes statt. Das heißt, hier stellt man sich Aufgaben und übernimmt Verantwortung für Themen, mit denen man bisher noch nicht so viel zu tun hatte. Dadurch begibt man sich auch auf etwas dünneres Eis und ist häufig dann nicht mehr so souverän und entspannt wie in der Komfortzone. In der Stretchzone, die auch gerne als Wachstumszone bezeichnet wird, müssen wir uns deutlich mehr konzentrieren, erhöhen die Aufmerksamkeit und müssen uns für einen Erfolg oder ein Gelingen deutlich mehr anstrengen. Das heißt, hier ist der Anspruch an uns selbst ganz klar höher als in der Komfortzone.

Der Vorteil ist, dass hier tatsächlich neue Erfahrungen gesammelt werden und somit Weiterentwicklung und Wachstum möglich werden. Allerdings hängt dieses mögliche Wachstum von unserem Durchhaltevermögen und unseren Talenten bzw. persönlichen Neigungen ab. Wenn wir gerne Fremdsprachen lernen, bereits zwei oder drei Sprachen neben unserer Muttersprache beherrschen und uns die Kultur eines weiteren Landes interessiert, werden wir wahrscheinlich viel leichter in die Stretchzone gehen und eben eine weitere Sprache lernen. Wenn wir dagegen schon immer Schwierigkeiten im Fremdsprachenunterricht in der Schule hatten und wenig Bezug zum Land, dessen Sprache wir nun lernen sollen, herstellen können, desto schwerer werden wir uns tun, uns diese Sprache anzueignen. Aber manchmal gibt es auch Impulse, die uns einen weiteren Versuch starten lassen. Zum Beispiel die Liebe. Wenn Sie sich vorstellen, einen Menschen aus einem anderen Land kennenzulernen, in den Sie sich wie vom Blitz getroffen verliebt haben, dann kann es ohne Weiteres für Sie den Hebel umlegen, auf der Stelle anzufangen, sich mit einer neuen Sprache zu beschäftigen. Oder Sie werden in einem halben Jahr von Ihrer Firma für drei Jahre nach Spanien versetzt, um dort eine neue Filiale oder eine neue Niederlassung Ihrer Firma aufzubauen. Dann werden Sie mit Sicherheit einen angebotenen Sprachkurs oder ein Fremdsprachencoaching in Spanisch mit viel mehr Energie und Lernbereitschaft nutzen, als wenn Sie keinen Bezug nach Spanien haben und vielleicht dort nicht mal Urlaub machen wollen.

Der Nachteil der Stretchzone ist, dass wir durch die erhöhte Anstrengung mehr Energie verbrauchen. Daher fällt es uns nicht unbedingt leicht, permanent in der

Stretchzone zu bleiben. Für ein gutes Wachstum braucht es also eine gute Mischung aus Anspannung und Entspannung. Viele Freizeitsportler kennen das aus dem Fitnessstudio. Nach einer intensiven Trainingseinheit sollte man eine Ruhephase einlegen, damit der angesprochene Muskel sich erholen und wachsen kann. Es kommt auf die richtige Balance an. Warte ich zu lange mit der nächsten Muskelbelastung, verpufft der Wachstumseffekt und ich fange wieder von vorne an. Mache ich keine Pausen, wird der Muskel überbeansprucht und es besteht die Gefahr von Verletzungen.

Panikzone

Kommen wir nun zum dritten Kreis, dem äußersten. Hier befinden wir uns in der sogenannten Panikzone. Das bedeutet, dass wir Anforderungen erfüllen sollen, denen wir uns nicht gewachsen fühlen. Dadurch entsteht bei vielen Menschen großer negativer Stress, der sogenannte Disstress. Dieses Gefühl der Überforderung macht Menschen Angst und führt auf Dauer zu Krankheit. Daher empfinden Mitarbeiterinnen und Mitarbeiter oft den inneren Impuls „Schockstarre, Kampf oder Flucht“. Diese uralten Muster sorgen dafür, dass wir entweder erstarren, uns konfrontativ und mit großem innerem Widerstand gegen den Auftraggeber stellen oder aber alles versuchen, um uns der Aufgabenstellung zu entziehen.

Wenn wir aber in der Panikzone sind und auf einmal trotzdem Erfolg haben, kann es manchmal sein, dass sich unsere inneren Ängste reduzieren.

Reflexionsfragen zum Drei-Zonen-Modell

- Wie oft bin ich selbst als Führungskraft in meiner Komfortzone?
- Wie oft gehe ich als Führungskraft bewusst in meine Stretchzone?
- Was kann ich selbst dazu beitragen, mich selbst öfters mal in die Stretchzone zu begeben?
- Wie erleben mich meine Teammitglieder, wenn ich in der Stretchzone bin?
- Welche Botschaften transportiere ich bewusst oder unbewusst, wenn ich in der Stretchzone bin?
- Wann empfinde ich mich selbst in der Panikzone?
- Welche meiner Teammitglieder erlebe ich tendenziell oft oder zu oft in der Komfortzone?
- Woran genau mache ich das fest?
- Welche meiner Teammitglieder erlebe ich des Öfteren in seiner Stretchzone?
- Sorge ich bei diesen Teammitgliedern für angemessene Erholungsphasen?
- Welche Teammitglieder machen auf mich den Eindruck, dass sie oft oder zu oft in der Panikzone sind?
- Wie kann ich gezielt den Druck bei diesen Teammitgliedern reduzieren?
- In welcher Zone nehme ich tendenziell mein ganzes Team wahr?

Wie so oft lohnt es sich, zunächst bei der Reflexion bei sich selbst als Führungskraft anzufangen. Nur wer sich selbst gut führen kann, kann auch andere Menschen gut führen. Nur wer als Führungskraft selbst öfters in die Stretchzone geht, kann sich in seiner Führungsrolle weiterentwickeln. Und hier ergibt sich der Brückenschlag zum ersten Teil dieses Kapitels – Rollen klären. Wenn Sie wissen, welche konkrete Rolle und welches Rollenverhalten von Ihnen besonders gefordert sind, dann können Sie gezielt in Ihre Stretchzone gehen und Ihr eigenes Rollenrepertoire erweitern. So wie Schauspieler, die tendenziell nur den Helden spielen, auf einmal auch einen Bösewicht spielen können. So wie im Fußball ehemalige Spieler auf einmal Co-Trainer oder Teammanager werden. Jede Rolle hat nun mal andere Schwerpunkte, und ich kann mich nur rollenadäquat verhalten, wenn ich das übe und in meine Stretchzone gehe, dort neue Erfahrungen sammle und meinen Horizont erweitere.

Und nur dann, wenn ich dieses Prinzip selbst positiv vorlebe, habe ich eine gute Chance, dass ich meine Teammitglieder auch motivieren kann, dass sie aus ihrer Komfortzone rausgehen und sich in deren Stretchzone begeben. Dann sorge ich als Führungskraft auch dafür, dass meine Teammitglieder und mein Gesamtteam sich weiterentwickeln und wachsen.

Um aber Menschen langfristig weiterzuentwickeln, sind die in Bild 6.3 dargestellten Aspekte sehr hilfreich.

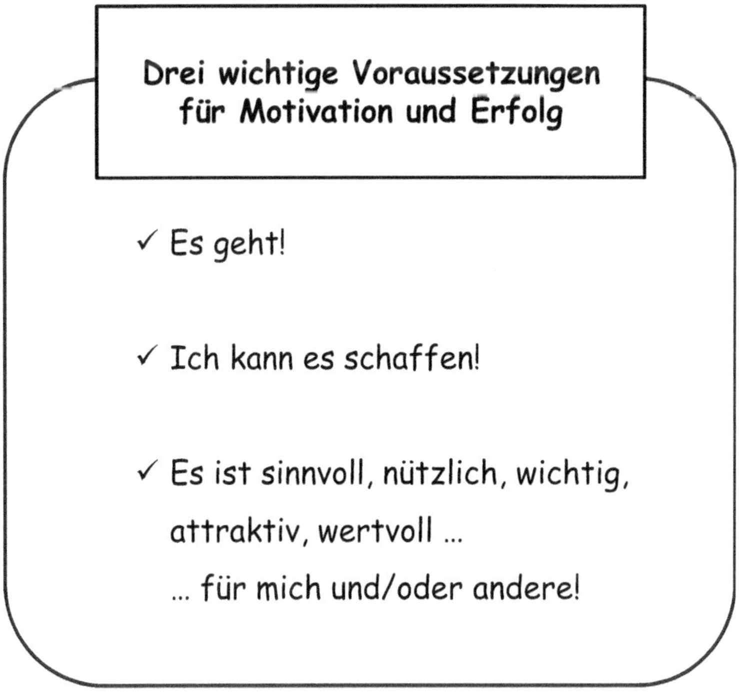

Drei wichtige Voraussetzungen für Motivation und Erfolg

- ✓ Es geht!
- ✓ Ich kann es schaffen!
- ✓ Es ist sinnvoll, nützlich, wichtig, attraktiv, wertvoll ... ... für mich und/oder andere!

Bild 6.3 Voraussetzungen für Motivation und Erfolg

Es ist zunächst wichtig, davon überzeugt zu sein, dass das, was von mir gefordert wird, überhaupt möglich ist, umzusetzen. Nur dann werden Führungskräfte und Mitarbeitende die notwendige Energie aufbringen, um sich in die Stretchzone zu begeben.

Ein zweiter relevanter Aspekt ist, dass das beauftragte Teammitglied oder die beauftragte Führungskraft auch selbst sicher sein muss, dass man selbst diese Aufgabe auch schaffen kann. Also nicht nur allgemein zu sagen: „Es ist möglich", sondern auch: „Ich kann es schaffen!"

Ein dritter Schlüsselfaktor für langfristige Motivation und somit auch Erfolgsaspekt ist, dass der Sinn, der Mehrwert oder der direkte Nutzen erkannt werden muss. Wer den Sinn kennt und sich damit identifizieren kann, der wird ein ganz anderes Engagement an den Tag legen als derjenige, der weder einen Sinn noch einen Nutzen oder Mehrwert in einem Auftrag erkennen kann.

Auch hier wieder einige Reflexionsfragen

- Sind Sie als Führungskraft überhaupt selbst davon überzeugt, dass das, was Sie von Ihren Mitarbeitenden verlangen, möglich ist, umzusetzen?
- Ist eine solche Umsetzung bereits schon einmal woanders gelungen?
- Gibt es positive Musterbeispiele für einen Erfolg?
- Sind Sie als Führungskraft überzeugt, dass das jeweilige Teammitglied diese Aufgabe auch tatsächlich bewältigen kann?
- Woran machen Sie das fest?
- Welche eigenen Kompetenzen und Fähigkeiten kann das Teammitglied zur Lösung nutzen?
- Haben Sie das Ihrem Teammitglied auch deutlich kommuniziert, dass Sie ihr oder ihm die erfolgreiche Aufgabenlösung zutrauen?
- Wie hat Ihr Teammitglied auf Ihre Ermutigung bzw. Ihre positive Zuschreibung reagiert?
- Haben Sie ausreichend, umfassend und klar genug den Sinn der Aufgabe beschrieben?
- Wie würde Ihr Teammitglied einer anderen Person den von ihm verstandenen Sinn erklären?
- In welcher Form haben Sie dem Teammitglied den Nutzen bzw. den Mehrwert erklärt?
- Ist dabei beim Teammitglied eine Überzeugung für den Nutzen/Mehrwert entstanden?
- Woran genau machen Sie das fest?
- Mit welcher Energie geht die Mitarbeiterin bzw. der Mitarbeiter die Aufgabe an?
- Zeigt das Teammitglied echte Begeisterung?
- Ist das Teammitglied zuversichtlich optimistisch?

Mit dem Drei-Zonen-Modell können Sie noch einmal überprüfen, wie klar und souverän Sie selbst verschiedene Führungsrollen ausfüllen.

In welchen Führungsrollen sind Sie selbst eher in der Komfortzone?

Für welche Führungsrollen müssen Sie sich in Ihre Stretchzone bewegen?

In welchen Führungsrollen kommen Sie schnell in Ihre Panikzone?

Und mit dieser Überprüfung, eine besseren Beschreibung der Anforderungen für die Rolle und mit dem Modell des „Inneren Teams" haben Sie nun die Möglichkeit, bewusst die eine oder andere Führungsrolle zu stärken oder weiterzuentwickeln.

6.5 Erkenntnis – Reflexion – Umsetzung

Menschen machen den Unterschied! Auch in der Art und Weise, wie sie ihre Führungsrollen ausfüllen. Dabei geht es um die Rollenerwartung durch das Unternehmen, aber auch durch die eigenen Teammitglieder. Machen Sie den positiven Unterschied, indem Sie die in Ihrer Organisation wichtigsten Führungsrollen individuell und professionell mit Leben füllen.

Abschließend wieder eine kleine Geschichte zum Nachdenken (Lechleitner, 1998/2000):

Der Schäfer und seine Schafe

Immer wenn der Herrscher seine Residenz verließ, eilte ihm ein Bote voraus, der die Mitglieder des Volkes aufforderte, sich das Haupt zu verhüllen und zu Boden zu neigen. So war es von alters her Sitte in dem Land, und niemand fiel es ein, dagegen zu verstoßen, denn die Schergen bestraften Unbotmäßigkeiten gegen den Herrscher unerbittlich.

Eines Tages führte der Weg den Herrscher samt Gefolge an der Klause eines Eremiten vorbei. Der Einsiedler saß meditierend unter einem Baum und kümmerte sich nicht im Geringsten um die Reiterei, die da vorüberzog. Der Herrscher war über eine solche Respektlosigkeit seines Untertanen empört und äußerte sich deutlich über die Unverfrorenheit des Gesindels, das nicht arbeite, im Schatten herumlungerte und es auch noch an nötigem Respekt fehlen ließ.

Dem Hauptmann der Gefolgschaft waren die Äußerungen seines Herrn peinlich, denn er wusste wohl, dass dies die Klause eines heiligen Mannes war, der der Welt entsagt hatte, und nicht etwa die Hütte eines Nichtsnutzes. Er ritt zu dem Eremiten hin und versuchte, ihn umzustimmen. „Sag mir, ehrwürdiger Alter", redete er ihn an, „warum hast du die Sitte des Landes verletzt und den Herrscher nicht mit dem ihm gebührenden Respekt begrüßt?"

„Geh und sag deinem Herrn, er solle Unterwürfigkeit und Demut von denen erwarten, die Gnade und Geschenke von ihm erhoffen. Und zu denen zähle ich mich nicht. Außerdem sind Kaiser und Könige dafür da, das Volk zu behüten, und Aufgabe des Volkes ist es nicht, vor der Obrigkeit im Staube zu liegen. Denn die Schafe sind nicht für den Schäfer da, sondern der Schäfer für die Schafe."

Nachdem dem Herrscher diese Worte mitgeteilt worden waren, erkannte er die Weisheit des Eremiten und ging selbst zu ihm. Er bat ihn, einen Wunsch zu nennen, damit er ihn erfüllen könne. Doch der Eremit sagte nur: „Geh du deines Weges und lass mich für immer in Ruhe."

„Dann gib du mir wenigstens einen Rat mit auf den Weg", drängte der Herrscher.

„So wisse denn, dass dir und deinesgleichen die Macht nicht gehört. Im Tode wirst du sie weitergeben, und im Tode sind Könige und Knechte eins. Es gibt keinen Unterschied."

Danach sagte er keinen Ton mehr und zog sich zurück in innere Versenkung.

Führungsprinzip Wertschätzung heißt:

Als Führungskraft sich der eigenen Rollen bewusst zu sein und dem eigenen Team wertvolle Führungsimpulse zu geben, die Komfortzone zu verlassen und sich in der Stretchzone weiterzuentwickeln.

6.6 Literaturhinweis

Geschichte „Schäfer und Schafe" in: Norbert Lechleitner: *Balsam für die Seele.* Herder, Freiburg im Breisgau 1998/2000

7 Persönlichkeiten respektieren

Nachdem wir in den letzten Kapiteln vorrangig auf die Teamsituation geschaut haben und wie eine Führungskraft angemessen in der jeweiligen Teamphase und aus der passenden Rolle heraus agiert, wenden wir nun den Blick auf das Individuum.

Die innere Haltung und die persönlichen eigenen Werte sind ein Ergebnis aus unserer biologischen Prägung, unserer Erziehung und unseren vielfältigen Erfahrungen. Dadurch hat sich mit der Zeit unsere Persönlichkeit geprägt. Und so, wie unsere Persönlichkeit heute geprägt ist, agieren wir auch in Führungssituationen.

Alle Menschen, auch Mitarbeitende und Führungskräfte, wünschen sich, dass man sie als Persönlichkeit respektiert und anerkennt. Aber die zentrale Frage, die sich daraus ableitet, ist: Wie führe ich als Führungskraft unterschiedliche Persönlichkeiten?

Genau dazu erhalten Sie in diesem Kapitel nützliche und wertvolle Hinweise. Sie können mithilfe eines sehr bekannten und pragmatischen Persönlichkeitsmodells zunächst wieder eine Selbstanalyse durchführen, welche Persönlichkeitsmerkmale bei Ihnen selbst eine große Rolle spielen. Außerdem können Sie Ihre eigenen Mitarbeiterinnen und Mitarbeiter dadurch besser einschätzen. So können Sie deren Persönlichkeit besser respektieren und die Teammitglieder erfolgreicher führen, denn jeder Mensch braucht und wünscht sich eine andere Art von Führung.

7.1 Das Riemann-Thomann-Kreuz

Das Riemann-Thomann-Kreuz ist ein Persönlichkeitsmodell, das leicht verständlich ist und einen schnellen ersten Eindruck vermittelt, wo sich die einzelnen Personen gut widergespiegelt fühlen und ihre eigenen Stärken wahrnehmen.

Entwickelt wurde dieses Modell von Fritz Riemann, einem deutschen Psychologen, der in seinem Buch *Grundformen der Angst* die Basis für dieses Modell gelegt hat. Christoph Thomann, ein Schweizer Psychologe, hat diese Grundformen in eine lösungsorientierte Richtung weiterentwickelt und möchte mit den typischen Unterschieden helfen, Brücken zwischen verschiedenen Persönlichkeiten zu bauen, und somit Klärungshilfen anbieten.

Das Grundmodell besteht aus jeweils zwei Gegenpolen: Nähe – Distanz und Dauer – Wechsel (Bild 7.1). Grundsätzlich gibt es dabei nicht gut oder schlecht bzw. richtig oder falsch! Vielmehr ist die Intention, sein eigenes Verhalten besser einschätzen und gleichzeitig andere Personen besser verstehen zu können.

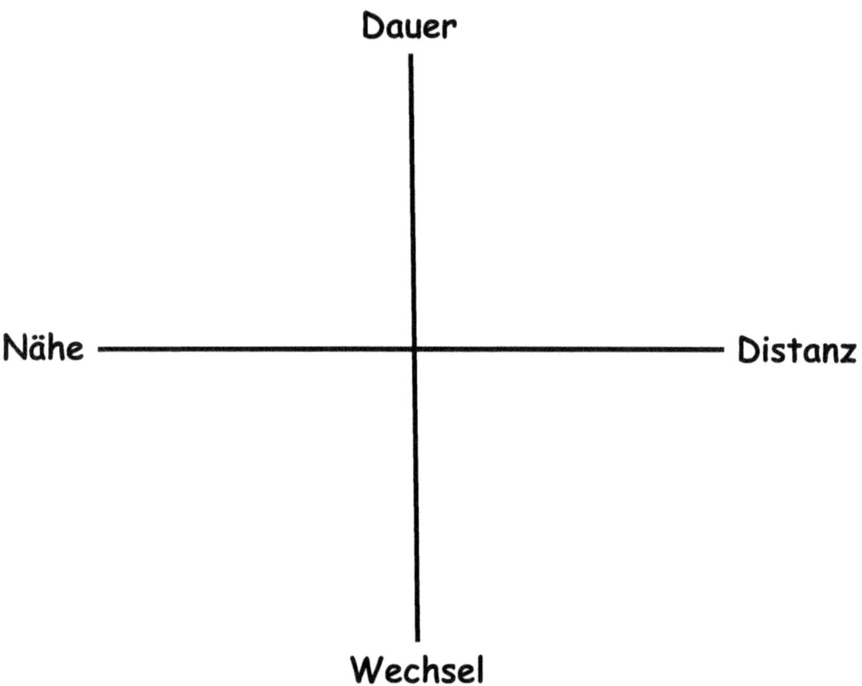

Bild 7.1 Führungslandkarte: Riemann-Thomann-Kreuz

Füllen Sie das Grundgerüst anhand von kurzen Beschreibungen für sich selbst aus und bekommen Sie somit mehr Klarheit, in welchen Richtungen und Dimensionen Sie selbst besonders stark ausgeprägt sind.

Vorauszuschicken ist, dass jeder Mensch von allen vier Dimensionen Anteile in sich trägt. Daher kommt es auf die jeweilige Situation und die dabei beteiligten Personen sowie auf die Ziele und Aufgaben an, welche Dimension wir deutlicher nach außen zeigen und im Alltag mit Leben füllen. Somit ist diese „Typologisierung" eine Vereinfachung unserer vielschichtigen Persönlichkeit und dient damit der Komplexitätsreduzierung. Andererseits hat jeder Mensch für sein Verhalten so etwas wie seinen eigenen Autopiloten. Wir agieren oft, ohne lange darüber nachzudenken. Und gerade dadurch bekommt ein solches Modell seinen wertvollen Praxisbezug.

Nehmen Sie sich einen Stift und richten Sie den Blick und Ihre Reflexionsbereitschaft auf sich selbst. Sie können auch gerne das Arbeitsblatt aus Kapitel 15 für Ihre Notizen nutzen (Arbeitsblatt 7).

Zunächst erhalten Sie zu jeder Dimension eine erste Kurzbeschreibung. Spüren Sie bei sich nach, welche Beschreibung bei Ihnen spontan oder auch analytisch überlegt einen zustimmenden Impuls auslöst. Hier einige Leitfragen, mit denen Sie bei sich nachspüren können oder die Sie bewusst rational für sich durchdenken:

- Mit welcher der Beschreibungen können Sie sich irgendwie gut identifizieren?
- Wo finden Sie sich als Führungskraft bzw. in Ihrer Führungsrolle gut wieder?
- Welche Beschreibung trifft vielleicht mehr als Privatperson auf Sie zu?
- Spüren Sie da für sich einen Unterschied in den verschiedenen Rollen?

Wenn ja, sollten Sie das in Ihren Aufzeichnungen auf jeden Fall festhalten!

- **Nähe**

  Menschen, die hier eine starke Ausprägung haben, versuchen immer wieder, enge und sehr persönliche Bindungen in ihrem Umfeld aufzubauen. Sie haben den Wunsch und die Sehnsucht, lieben zu können und geliebt zu werden. Dadurch sind sie oft bereit, tiefgreifende persönliche Gespräche zu führen, viel von sich preiszugeben und/oder bei Äußerungen von anderen Personen sehr genau mitzufühlen und sich in den anderen hineinzuversetzen, also empathisch zu sein. Insgesamt geht es um einen vertrauensvollen persönlichen Kontakt und ein harmonisches Miteinander. Konflikte werden eher vermieden und eigene Bedürfnisse eher zurückgestellt.

  Wenn Sie sich hier wiederfinden, sollten Sie in Ihrem Grundschema ein Kreuz so weit auf der linken Achse machen, dass es der Stärke Ihrer empfundenen Ausprägung entspricht. Je stärker Sie die Nähe-Beschreibung als zutreffend empfinden, desto weiter links sollten Sie Ihr Kreuz auf der Achse machen. Distanz ist der Gegenpol dazu.

- **Distanz**

  Menschen, die hier eine starke Ausprägung haben, fokussieren sich auf ihre persönliche Individualität. Sie empfinden den starken Wunsch, ihre Einmaligkeit, Eigenständigkeit, Freiheit und Unabhängigkeit auszuleben und sich dadurch tendenziell eher von anderen Menschen abzugrenzen und zu distanzieren. Sie versuchen, mithilfe ihres Intellekts durch Sachlichkeit und Ergebnisorientierung die emotionale Bindung zu anderen gering zu halten. Dadurch geben sie von sich selbst nicht so viel preis und fragen tendenziell bei anderen Personen nicht so viel persönlich nach.

  Wenn diese Beschreibung gut auf Sie zutrifft, dann sollten Sie nun auf der rechten Achse ein entsprechendes Kreuz für sich markieren. Auch hier gilt, je weiter rechts Sie Ihr Kreuz setzen, desto stärker trifft die Distanzausprägung auf Sie zu.

So haben Sie schon mal einen ersten Überblick, wie stark Ihre persönliche Einschätzung auf der horizontalen Achse aussieht. Sind Sie in Ihrem Selbstbild eher nähe- oder distanzorientiert? Oder empfinden Sie die beiden Dimensionen tendenziell ausgeglichen? Wie stark ist Ihre jeweilige Ausprägung? Sehr stark oder eher sehr eingeschränkt, ist also Ihr Kreuz sehr weit außen oder nahe am Zentrum?

Bitte überprüfen Sie für sich noch einmal die Entfernung Ihrer Kreuze, also Ihrer Selbsteinschätzung zum Mittelpunkt der beiden Pole. Passt das für Sie oder wollen Sie noch einmal korrigieren? Sollten Sie für sich feststellen, dass Sie in unterschiedlichen Rollen (z.B. beruflich und privat) eine etwas andere Ausprägung haben, dann können Sie auch zwei oder drei verschiedene Markierungen setzen. Am besten nutzen Sie dazu dann unterschiedliche Farben.

Richten wir nun den Blick auf die vertikale Polarisierung.

- **Dauer**

  Menschen mit einer starken Dauer-Ausprägung sind von ihrer Grundausrichtung sehr sicherheitsorientiert. Sie brauchen tendenziell ein stabiles Umfeld, klare Strukturen und Ordnung. Im Alltag agieren sie verantwortungsbewusst, planen gerne und strukturieren ihren Arbeitsplatz und die Arbeitsabläufe genau. Routine und ein gewisses Maß an Vorsicht sind ihnen wichtig. Gerade auch Tugenden wie Pflichtbewusstsein, Treue, Sparsamkeit und Kontrolle zeigen sich in ihrem Verhalten im Arbeitsalltag.

  Wenn Sie sich beim Lesen dieser Beschreibung sehr gut wiederfinden, dann sollten Sie auf der oberen Achse ein Kreuz entsprechend Ihrer Ausprägung machen. Hier gilt ebenfalls, je weiter oben Sie Ihr Kreuz setzen, desto stärker trifft die Dauer-Dimension auf Sie zu. Der Gegenpol dazu ist der Wechsel.

- **Wechsel**

  Menschen, die hier eine starke Ausprägung haben, fühlen sich von allem Neuen, von Veränderungen und Innovationen angezogen. Sie freuen sich über den Reiz des Unbekannten, gehen gerne mal ein Wagnis ein und sind im Herzen Abenteurer. Neues und Veränderungen sind für sie Herausforderungen, die sie mit Spontaneität, Begeisterung, Leidenschaft und Temperament annehmen. Im Arbeitsalltag sind sie eher risikobereit, fantasievoll, verspielt und wettbewerbsorientiert.

  Je nachdem, wie stark die Wechsel-Dimension auf Sie zutrifft, sollten Sie auf der nach unten gerichteten Achse eine entsprechende Markierung machen.

Somit haben Sie die vertikale Achse zur Selbsteinschätzung genutzt. Sind Sie in Ihrem Selbstbild eher dauer- oder wechselorientiert? Oder empfinden Sie die beiden Dimensionen tendenziell ausgeglichen? Wie stark ist Ihre jeweilige Ausprägung? Sehr stark oder eher sehr eingeschränkt? Ist Ihr Kreuz sehr weit außen oder nahe am Zentrum?

Bitte überprüfen Sie auch auf dieser Achse für sich noch einmal die Entfernung Ihrer Kreuze, also Ihrer Selbsteinschätzung zum Mittelpunkt der beiden Pole. Passt das für Sie oder wollen Sie noch einmal korrigieren? Sollten Sie gegebenenfalls für sich feststellen, dass Sie in unterschiedlichen Rollen (z.B. beruflich und privat) auch auf dieser Achse eine etwas andere Ausprägung haben, dann können Sie auch zwei oder drei verschiedene Markierungen setzen.

Sie haben den ersten Schritt jetzt schon geschafft! Durch Ihre Kreuze erkennen Sie, welche Dimension aus Ihrer Selbsteinschätzung heraus besonders stark auf Sie zutrifft. Aber was bedeutet das für Sie in Ihrer Rolle als Führungskraft? Welche Rückschlüsse können Sie für Ihre Führungsarbeit ziehen?

7.2 Praxistransfer – Worauf kommt es an?

Praxistransfer Teil 1 – Selbstreflexion

Fangen wir mit der Nähe-Ausprägung an: **Was streben Nähe-Menschen an?** Harmonie, Wertschätzung, gutes Miteinander im Team, gutes soziales Klima ...

Welche Lichtseiten (positiv belegte Verhaltensweisen) sind zu erkennen, wenn Sie es im Alltag mit einem Nähe-Menschen zu tun haben? Nähe-Menschen agieren oft sehr kooperativ im Umgang mit Teammitgliedern, Führungskräften und Kunden. Dabei sind sie sehr kontaktfreudig, verständnisvoll, empathisch und wertschätzend. Sie agieren häufig in Teams ausgleichend, respektvoll und menschlich. Dies alles mit dem Ziel, durch entsprechendes ausgleichendes eigenes Verhalten zu einem harmonischen Miteinander beizutragen. Allerdings sind nicht alle Menschen mit einer Nähe-Ausprägung extrovertiert. Es gibt auch introvertierte und ruhige Nähe-Menschen.

Allerdings ist dort, wo viel Licht ist, auch etwas Schatten. *Welche Schattenseiten können Sie manchmal bei Nähe-Menschen erkennen?* Nähe-Menschen wirken öfters konfliktscheu, unentschlossen, aggressionsgehemmt und zu lieb. Sie kneifen manchmal vor schwierigen Entscheidungen, weil keinem wehgetan werden soll, und können tendenziell schlecht Nein sagen, manchmal sogar bis zur persönlichen Selbstaufgabe.

Nehmen wir als Nächstes den Gegenpol der Distanz-Ausprägung:

Was streben Distanz-Menschen an? Individualität, Autonomie, Ergebnisorientierung, Rationalität ...

Welche Lichtseiten (positiv belegte Verhaltensweisen) sind zu erkennen, wenn Sie es im Alltag mit Distanz-Menschen zu tun haben? Distanz-Menschen agieren häufig sehr sachlich, eigenständig, selbstbestimmt und fokussieren sich auf konkrete, messbare Ergebnisse. Dabei sind sie entscheidungsfreudig und konfliktstark. Sie reden Klartext und haben keine Angst, anzuecken. Außerdem differenzieren sie eindeutig zwischen Personen und Problemen.

Welche Schattenseiten können Sie manchmal bei Distanz-Menschen erkennen? Distanz-Menschen wirken öfters kontaktscheu und tun sich mit Small Talk eher schwer. Dadurch erscheinen sie im persönlichen Dialog eher kühl und unnahbar. Ihre hohe Ergebnisorientierung trägt dazu bei, dass gute Leistungen für sie eher selbstverständlich sind und Anerkennung dafür deshalb tendenziell überflüssig ist.

Schauen wir uns als Nächstes die Dauer-Ausprägung an:

Was streben Dauer-Menschen an? Ordnung, Zuverlässigkeit, Struktur, Sicherheit …

Welche Lichtseiten (positiv belegte Verhaltensweisen) sind zu erkennen, wenn Sie im Alltag auf Dauer-Menschen treffen? Dauer-Menschen planen, organisieren und strukturieren gerne ihren Arbeitsalltag. Sie sind verlässliche Mitarbeitende oder Führungskräfte, wünschen sich Kontinuität und freuen sich deshalb über eine gewisse Routine. Nach dem Motto „Alles zu seiner Zeit“ bringen sie häufig erst eine Sache zu Ende, bevor sie eine neue Tätigkeit ausführen. Durch ihre ausgeprägte Sicherheitsorientierung kontrollieren sie häufig ihre eigenen Tätigkeiten und die Tätigkeiten anderer, um keinen Fehler zu machen oder zu übersehen. Dadurch zeigen sie einen hohen Qualitätsanspruch.

Welche Schattenseiten können Sie manchmal bei Dauer-Menschen wahrnehmen? Dauer-Menschen sind tendenziell eher unflexibel. Da sie an Strukturen und Regeln festhalten, wirken sie manchmal bürokratisch, starr und sogar stur. Die Vorliebe für Routineaufgaben lässt sie öfters auch mal langweilig bis pedantisch erscheinen. Dadurch fällt es ihnen eher schwer, andere für Aufgaben und Ziele zu begeistern.

Zum Schluss schauen wir noch auf die Wechsel-Ausprägung:

Was streben Wechsel-Menschen an? Veränderung, Neues, Abwechslung, lebendige Unbekümmertheit …

Welche Lichtseiten (positiv belegte Verhaltensweisen) sind zu erkennen, wenn Sie mit Wechsel-Menschen im Alltag zu tun haben? Wechsel-Menschen sind oft sehr flexibel und spontan. Ihre Lockerheit, ihre Unbekümmertheit und ihr Improvisationstalent wirken oft inspirierend und motivierend auf andere Teammitglieder, auch in schwierigen Veränderungsprozessen. Dabei sind sie tendenziell sehr begeisterungsfähig, optimistisch und temperamentvoll. Sie haben für ihre Aufgaben viele Ideen und sind auch bereit, Risiken einzugehen.

Welche Schattenseiten können Sie manchmal bei Wechsel-Menschen feststellen? Wechsel-Menschen wirken manchmal unverbindlich und unzuverlässig. Ihnen fehlt öfters das Durchhaltevermögen, Aufgaben wirklich zum Abschluss zu bringen. Durch ihre Spontaneität und Flexibilität erscheinen sie manchmal auch, als würden sie ihre „Fahne nach dem Winde richten“. Außerdem sieht es am Arbeitsplatz von Wechseltypen öfters mal chaotisch und strukturlos aus.

Der erste Teil des Praxistransfers ist der selbstkritische Blick auf Ihre persönlichen Ausprägungen in diesem Modell und die Reflexion der damit verbundenen Licht- und Schattenseiten bezogen auf Ihre Art, Menschen zu führen.

Gehen Sie Ihre persönliche Ausprägung oder, sofern Sie für unterschiedliche Rollen und Kontexte vielleicht zwei oder drei Heimatfelder identifiziert haben, Ihre verschiedenen Ausprägungen gegebenenfalls sogar unterschiedlichen Heimatfelder durch und überprüfen Sie, welche Lichtseiten und welche Schattenseiten Sie für sich in der Rolle in Anspruch nehmen. Schreiben Sie sich Ihre persönlichen Lichtseiten auf. Machen Sie sich bewusst, welche persönlichen Stärken damit verbunden sind. Beachten Sie aber auch die möglichen Schattenseiten. Je stärker Ihre persönliche Ausprägung auf der jeweiligen Achse ist, desto größer die Gefahr, dass in Ihrem Verhalten auch die Schattenseiten zum Tragen kommen. Deshalb sollten Sie gerade hier genügend selbstkritisch sein.

Bild 7.2 zeigt ein Beispiel eines möglichen Profils entsprechend dieser Dimensionen.

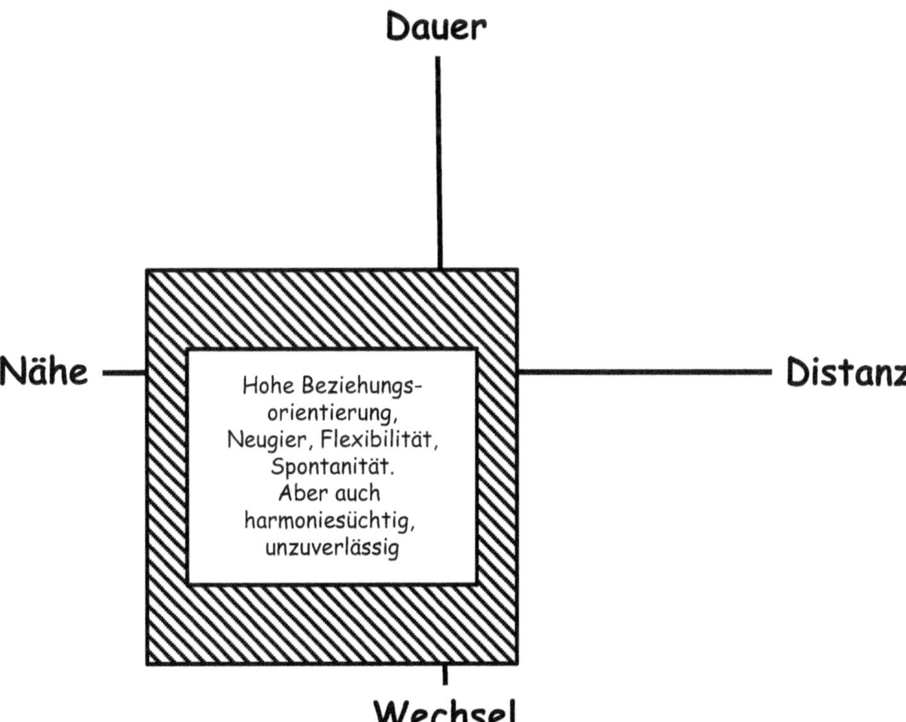

Bild 7.2 Beispiel einer möglichen Einordnung im Riemann-Thomann-Kreuz

Praxistransfer Teil 2 – Einschätzung Ihrer Teammitglieder

Kommen wir nun zum zweiten Teil des Modells, der Ihnen in Ihrer Führungsarbeit wertvolle Dienste leisten kann. Der Blick auf Ihre Mitarbeiterinnen und Mitarbeiter.

Gehen Sie mal im Geiste Ihre Teammitglieder im Einzelnen durch:

- Von welchen Personen haben Sie ein relativ klares Bild für deren Ausprägungen?
- Welche Personen sind eher Nähe-Menschen?
- Welche Personen sind eher Distanz-Menschen?
- Welche Personen sind eher Dauer-Menschen?
- Welche Personen sind eher Wechsel-Menschen?
- Bei welchen Personen fällt Ihnen die Einschätzung eher schwerer?

Hilfreich können die Attribute bei den Licht- und Schattenseiten sein:

- Welche Punkte stechen als Stärke bei einzelnen Personen wirklich positiv heraus?
- Welche positiven Wirkungen ergeben sich aus den individuellen Stärken der Mitarbeitenden für Sie als Führungskraft?
- Welche positiven Wechselwirkungen ergeben sich aus den individuellen Stärken ins Team hinein?
- Welche positiven Impulse ergeben sich aus den individuellen Stärken bei den Kernaufgaben im Arbeitsalltag und bei besonderen Projekten?

Mit den letzten Fragen haben Sie einen hervorragenden Ansatz, die persönlichen Stärken der einzelnen Mitarbeiterinnen und Mitarbeiter auch im Einzelgespräch zu würdigen und wertzuschätzen. Wenn Sie im Führungsalltag den Fokus auf die Stärken der Mitarbeitenden richten und diese Stärken der Mitarbeitenden nutzen, haben Sie wahrscheinlich viele Möglichkeiten, die Mitarbeitenden für deren Erfolge anzuerkennen. Und gerade, wenn Sie selbst in der einen oder anderen Dimension nicht so stark ausgeprägt sind, haben Sie hier einige Stichpunkte, auf die Sie im Alltag auch mal verstärkt achten können. Denn in der Regel fallen uns eher die Attribute positiv auf, die wir an uns selbst gut finden.

In diesem Buch finden Sie in jedem Kapitel ein Expertengespräch mit Menschen, die besonders respektvoll mit ihren Mitmenschen umgehen. Mir ist es ein großes Anliegen, auch persönlich Stellung zu beziehen. Dabei habe ich mich an zahlreiche Gespräche mit Entscheidern, Freunden, und langjährigen Wegbegleitern zurückerinnert und lasse diese Punkte in nachfolgendem Statement mit einfließen.

Was mir wichtig ist

Ich bin seit über 30 Jahren als Trainer tätig. Als Trainer ist man in einer anderen Führungsrolle, als wenn man im beruflichen Umfeld die Führungskraft in einer Abteilung ist. Wenn ich an meine Vergangenheit denke, in der ich auch disziplinarische Mitarbeiterverantwortung hatte, waren mir immer folgende Punkte wichtig:

1. Stärkung der Eigenverantwortung meiner Mitarbeiterinnen und Mitarbeiter durch viel Handlungsspielraum und möglichst hohe Identifikation mit den Aufgaben und unserem Unternehmen.
2. Schaffung einer positiven Arbeitsatmosphäre in meinem Team, die geprägt ist von Vertrauen, Respekt und Wertschätzung.
3. Führung durch eigene Begeisterung, mit viel eigenem Engagement und Herzblut mit dem Ziel, dass dieser Funke auch auf meine Mitarbeitenden überspringt.

Manchmal müssen auch kritische Punkte angesprochen werden, aber diese drei Punkte bilden die Basis der Zusammenarbeit. Wenn es dann Alltagssituationen gibt, die auch mal kritisch thematisiert werden müssen, kann man genau an die positiven Erlebnisse und die bisherigen Erfolge anknüpfen und die Erwartungen, die man als Führungskraft an die einzelnen Mitarbeitenden hat, weniger verletzend formulieren. Schließlich hat das Teammitglied in der Vergangenheit gut oder sogar sehr gut gearbeitet. Aber es ist für Führungskräfte eine zentrale Aufgabe, Kritisches anzusprechen.

Ich erinnere mich an eine Situation, in der ich ein kritisches Gespräch führen musste. Ich hatte die Verantwortung für ein kleines Trainerteam, in dem ich auch selbst als Trainer gearbeitet habe. Jeder von uns hatte seine Themen, in denen er besonders kompetent und erfahren war. Ein Kollege rief immer wieder sehr kurzfristig (also am Morgen seines Seminars) bei mir an und meldete sich krank. Somit musste ich sehr häufig einspringen und sein Seminar übernehmen. Das war zum einen für mich stressig, weil das für mich unvorbereitet kam. Und andererseits war das für die Seminargruppe nur suboptimal, weil ich nicht alle Fragen so perfekt beantworten konnte wie mein Kollege. Bei einem gemeinsamen Spaziergang haben dieser Kollege und ich dann diese schwierige Situation sehr offen besprochen. Und ab diesem Zeitpunkt musste ich nie wieder kurzfristig einspringen und wir haben noch über viele Jahre sehr eng und vertrauensvoll zusammengearbeitet.

Die grundlegende Beziehungsebene stimmte schon vor dem Gespräch. Wir sind stets sehr wertschätzend und freundschaftlich miteinander umgegangen. Dieser Kollege wusste, dass ich ihn persönlich sehr mag und seine Arbeit echt würdige. Außerdem macht es einen großen Unterschied, ob man so ein Thema in einem Meetingraum, am Telefon oder aber während eines Spaziergangs bespricht. Das heißt, das Setting eines Gespräches beeinflusst sehr stark den Gesprächsverlauf. Und letztlich geht es nicht nur darum, die eigene Erwartung dem anderen um die Ohren zu hauen, sondern in einem echten Dialog auf Augenhöhe die eigene Position klar zu vertreten, aber dem Gesprächspartner die ehrliche Gelegenheit zu geben, auch seine Situation offen und klar zurückzuspiegeln. Nur so gelingt ein gegenseitiges Verständnis, und sowohl der Mitarbeiter als auch die Führungskraft können nach einem solchen Gespräch den jeweiligen Teil zu einer erfolgreichen Umsetzung beitragen. Dazu sind natürlich ganz klare Vereinbarungen zu treffen.

In meiner Rolle als Trainer, Berater und Coach sind die vorher genannten drei Punkte ebenfalls wichtig. Ich muss die Ergebnis- und Umsetzungsverantwortung stark bei den Führungskräften und Teilnehmenden belassen. Deshalb verwende ich Methoden, die die Eigenverantwortung stärken und die Identifikation zu den Aufgaben und dem Unternehmen erhöhen. Außerdem versuche ich, durch mein eigenes Verhalten eine Atmosphäre zu schaffen, in der sich die Teilnehmenden persönlich öffnen und miteinander respektvoll umgehen. Durch gegenseitiges Vertrauen und kollegiale Wertschätzung gelingt es oft, einen gemeinsamen Geist von Umsetzungskonsequenz und Lust auf die nächsten Umsetzungsschritte zu erzeugen.

Die Teilnehmer merken, dass ich selbst mit viel persönlicher Leidenschaft und Identifikation agiere. Außerdem versuche ich, jede Teilnehmerin und jeden Teilnehmer genauso zu nehmen, wie sie oder er ist. Frei nach dem Motto „Ich bin o.k.! - Du bist o.k.!" ist es mein Ziel, bei jedem Menschen die Punkte zu finden, die diese Person besonders gut kann, und diese individuellen Stärken so in den Trainingsprozess zu integrieren, dass auch die Kolleginnen und Kollegen von den verschiedenen Stärken profitieren können. Daraus erwächst gegenseitige Wertschätzung, und ich gebe im Seminar oft Resonanz für das, was ich wahrnehme. Allerdings liegt mein Fokus deutlich auf den sichtbaren Erfolgen. Ich möchte positive Referenzerfahrungen bereits im Seminar oder Workshop erzielen, damit die Menschen an den möglichen Umsetzungserfolg glauben.

Ich folge dem inneren Leitspruch „Menschen machen den Unterschied!" im Positiven wie im Negativen. Ich achte auf die Stärken, Fähigkeiten und Talente von Menschen und möchte verdeutlichen, dass jeder Mensch einen positiven Unterschied machen kann. Und jeder Mensch trägt andere Stärken, andere Werte, andere Potenziale in sich. Aber es gibt auch Menschen, die den Gesamterfolg ins Wanken bringen können, weil sie permanent gegen das eigene Team oder gegen die eigene Führungskraft agieren. Manche sind sogar so weit, dass sie bewusst gegen das eigene Unternehmen arbeiten. So machen eben manchmal Mitarbeitende oder Führungskräfte auch im negativen Sinne den Unterschied. Und das möchte ich den Teilnehmern bewusst machen. Mein Ziel es, das Beste im Menschen zu wecken.

Ich glaube, dass sich kaum jemand von Vorurteilen freischreiben kann. So würde ich selbstkritisch sagen, dass auch ich Vorurteile in mir trage. Aber das war früher viel ausgeprägter, denn ich habe für mich sehr viel dazulernen dürfen, sodass ich meine eigenen Fallen für Vorurteile besser kenne und dann situativ oder im Kontakt mit Menschen relativ schnell diese Vorurteile ausblenden und den Blick wieder darauf richten kann, dem anderen gleichwertig auf Augenhöhe zu begegnen und eben nicht, wie bei Vorurteilen üblich, in den Modus „Ich bin o.k.! - Du bist nicht o.k.!" zu verfallen.

Neben meinem Slogan „Menschen machen den Unterschied!" und dem Modell „Ich bin o.k.! - Du bist o.k.!" fällt mir noch ein: „Versuche niemals, jemanden so zu machen, wie du selbst bist. Du weißt - und Gott weiß es auch -, dass einer von deiner Sorte genug ist", ☺ von Ralph Waldo Emerson, einem amerikanischen Philosophen und Schriftsteller. ■

7.3 Wertschätzung unterschiedlicher Typen

Welche Ansatzpunkte gibt es nun für unterschiedliche Persönlichkeiten und unterschiedliche Typen? Und wie kann ich als Führungskraft diese Unterschiede im Arbeits- und Führungsalltag noch mehr wertschätzen und würdigen?

Nachfolgend erhalten Sie für jede Ausprägung einer Person im Riemann-Thomann-Kreuz Anregungen, um Ideen entwickeln zu können, wie Sie als Führungskraft eine Mitarbeiterin oder einen Mitarbeiter mit einer entsprechenden Ausprägung angemessen wertschätzen können.

Ansatzpunkte für die Wertschätzung von Nähe-Menschen

- Suchen Sie den echten, persönlichen Kontakt!
- Sprechen Sie als Führungskraft von sich ganz persönlich!
- Fragen Sie an manchen Stellen persönlich bei den Teammitgliedern nach!
- Sorgen Sie für ein harmonisches und respektvolles Arbeitsklima!
- Schaffen Sie echtes Vertrauen und geben Sie einen angemessenen Vertrauensvorschuss!
- Geben Sie öfters die Möglichkeit für Teamaufgaben!
- Ganz wichtig: Geben Sie öfters persönlich positives Feedback (Lob, Anerkennung, Dank, Würdigung ...)!
- Nutzen Sie passende Gelegenheiten, um gemeinsam zu feiern!
- Achten Sie bei Kritik besonders auf die Art und Weise, wie Sie diese den Nähe-Menschen gegenüber zum Ausdruck bringen, denn hier sind sie sehr empfindlich!

Ansatzpunkte für die Wertschätzung von Distanz-Menschen

- Geben Sie diesen Teammitgliedern die Möglichkeit, sich gesichtswahrend zurückziehen zu können!
- Übertragen Sie verantwortungsvolle und anspruchsvolle Einzelaufgaben und Einzelprojekte!
- Bauen Sie Brücken für persönliche Gespräche und erwarten Sie nicht zu viele persönliche Aussagen von diesen Mitarbeitenden!
- Seien Sie offen für Kritik, die diese Teammitglieder äußern!
- Danken Sie für Kritik, die diese Teammitglieder geäußert haben!
- Wertschätzen Sie insbesondere die Arbeitsergebnisse dieser Mitarbeitenden!
- Sind sie dagegen vorsichtig mit Lobhudelei – das hassen insbesondere Distanz-Menschen!
- Suchen Sie bevorzugt den fachlichen Austausch und den Dialog über die Fachaufgaben mit diesen Mitarbeiterinnen und Mitarbeitern!
- Fragen Sie gezielt nach der Fachexpertise und der Entscheidungseinschätzung dieser Teammitglieder!

Ansatzpunkte für die Wertschätzung von Dauer-Menschen

- Übertragen Sie diesen Mitarbeitenden Routineaufgaben und Tätigkeiten, bei denen es auf Qualität ankommt!
- Kontrollieren Sie ab und zu die Arbeitsergebnisse mit dem Ziel, diesen Mitarbeitenden ein positives Feedback geben zu können!
- Vermitteln Sie möglichst oft Sicherheit (z. B. „Spielregeln" im Team, Zukunftssicherheit des Jobs ...)!
- Schaffen Sie klare Arbeitsabläufe, Prozesse und Strukturen, an die sich möglichst alle Teammitglieder halten sollen!
- Sorgen Sie als Führungskraft dafür, dass die Vereinbarungen mit Schnittstellen auch von anderen Einheiten eingehalten werden!
- Agieren Sie selbst strukturiert und planen Sie selbst vorausschauend, denn das vermittelt Sicherheit!
- Würdigen Sie die Ordnung, die diese Mitarbeitenden halten, und die Genauigkeit, mit der diese Personen arbeiten!
- Lassen Sie diese Mitarbeitenden selbst planen und organisieren, es sei denn, sie wünschen sich von Ihnen klare Ansagen und Vorgaben!
- Wenn das der Fall ist, machen Sie klare Ansagen und benennen deutlich Ihre Erwartungen an diese Mitarbeitenden - auch das gibt Sicherheit!

Ansatzpunkte für die Wertschätzung von Wechsel-Menschen

- Involvieren Sie diese Mitarbeiterinnen und Mitarbeiter in Veränderungsprojekte!
- Geben Sie Raum für Freiheit und Flexibilität!
- Machen Sie nicht zu viele einschränkende Vorgaben!
- Schaffen Sie als Führungskraft eine positive Fehlerkultur!
- Würdigen Sie gute Ideen und neue Impulse dieser Teammitglieder!
- Unterstützen Sie diese Teammitglieder bei der Umsetzung von neuen Ideen!
- Erkennen Sie die Leidenschaft und das besondere Engagement dieser Mitarbeitenden an!
- Lassen Sie Improvisation und „Grauzonen" zu und beharren Sie nicht zu sehr auf der Einhaltung von manchmal „unsinnigen Regelungen"!
- Übertragen Sie Aufgaben, die Kreativität und Experimentierfreude erfordern!

Richten Sie den Blick auf das, was die Mitarbeitenden wirklich positiv auszeichnet. Geben Sie als Führungskraft dazu in angemessener Intensität persönliche Resonanz und überlegen Sie bei der Delegation von Aufgaben, wie Sie die Persönlichkeit der einzelnen Teammitglieder zielführend und persönlichkeitsgerecht berücksichtigen können.

Und achten Sie durch regelmäßige Selbstreflexion immer wieder darauf, ob Sie durch Ihre eigene Prägung und Präferenz Ihre Mitarbeitenden wirklich fair bewerten.

7.4 Weiterentwicklung meiner Mitarbeitenden

Eine wichtige Aufgabe von Führungskräften ist es, die eigenen Mitarbeiterinnen und Mitarbeiter weiterzuentwickeln, um zukünftig immer anspruchsvollere Aufgaben erfolgreich bewältigen zu können. Aber gerade dazu gibt es oft unterschiedliche Grundeinstellungen von Führungskräften:

1. Mitarbeiterweiterentwicklung heißt, Stärken der Mitarbeitenden zu stärken!
2. Mitarbeiterweiterentwicklung heißt, Schwächen der Mitarbeitenden zu eliminieren!

Doch was davon ist richtig?

Stärken stärken

Werden Stärken gestärkt, befinden sich Menschen in einem positiven Modus. Sie sind mit ihren Stärken erfolgreich unterwegs und haben leichten Zugang zu den Eigenschaften, die den Erfolg ausmachen. Oft müssen sie gar nicht lange darüber nachdenken, wenn sie Aufgaben erledigen müssen, in denen ihre Kernkompetenzen, Talente und persönlichen Stärken gefordert sind.

Das heißt, dass wir als Führungskraft Menschen, also unsere Mitarbeitenden, in ihren Kompetenzen, Fähigkeiten, Talenten und Stärken sehen und würdigen. Denn nur dann können wir entsprechende Aufgaben an unsere Mitarbeitenden übertragen und delegieren, die diesen Stärken und Fähigkeiten auch gerecht werden. Aber die Grundvoraussetzung ist, dass sich Führungskräfte intensiv und interessiert mit den Stärken, Fähigkeiten und Talenten der eigenen Mitarbeiterinnen und Mitarbeiter auseinandersetzen. Und nur so kann eine Führungskraft Stärken der Mitarbeitenden auch entsprechend stärken.

Wie macht man das im Führungsalltag, Stärken stärken? Hier einige Beispiele:

1. Als Führungskraft kenne ich die Stärken, Fähigkeiten und Talente meiner Mitarbeitenden!
2. Als Führungskraft übertrage ich an meine Mitarbeitenden Aufgaben, Tätigkeiten, Projekte usw., die den Stärken meiner Mitarbeiter entgegenkommen.
3. Als Führungskraft rede ich mit meinen Teammitgliedern über deren Stärken und begründe die Übertragung von Aufgaben mit meinen Wahrnehmungen des Teammitgliedes und unterstütze in der Selbstwahrnehmung seiner Stärken.
4. Als Führungskraft nutze ich mein Teammitglied als Multiplikator für das jeweilige Thema, in das sie oder er die eigenen Stärken besonders nützlich einbringen kann und dadurch tendenziell mehr für dieses Thema brennt.

5. Als Führungskraft ermutige ich meine Mitarbeitenden, über die eigenen Erfolgsmuster zu sprechen und anderen von Erfolgen zu berichten.
6. Als Führungskraft ermögliche ich meinen Mitarbeitenden, leichter und schneller erfolgreich zu sein. Das ermöglicht den Mitarbeitenden die Entwicklung eines gesunden Selbstbewusstseins.

Dadurch entsteht bei den Mitarbeitenden eine positive Dynamik. Zum einen gehen die Mitarbeiterinnen und Mitarbeiter Aufgaben, die ihren Kompetenzen und Stärken entgegenkommen, mit viel mehr Begeisterung und Engagement an, als Aufgaben zu bewältigen, die innere Widerstände hervorrufen. Zum anderen sind die sichtbaren Erfolge in der Regel auf einem viel höheren Niveau.

Wenn wir hierzu noch mal die typischen Mannschaftssportarten als Spiegelbild dieser Auffassung heranziehen, dann wird ein erfolgsorientierter Trainer immer den talentiertesten Torhüter der Mannschaft ins Tor stellen, einer der gerne Bälle fängt, sich bereitwillig auch unter Schmerzen in die Ecken wirft und auch keine Angst bekommt, wenn ein Ball mit hoher Geschwindigkeit auf ihn zufliegt. Dieser Torhüter sammelt zahlreiche Erfahrungen, trainiert weiter an seinen Stärken und wird so mit der Zeit immer besser.

Schwächen eliminieren

Manche Führungskräfte richten den Blick ausschließlich auf die Defizite und Schwächen der eigenen Mitarbeitenden. Dadurch wollen diese Führungskräfte einen Beitrag leisten, dass die eigenen Mitarbeitenden besser werden und sich gut für die anspruchsvolle Zukunft rüsten. Die Sichtweisen einer solchen Führungskraft lassen sich wie folgt beschreiben:

1. Als Führungskraft kenne ich die Schwächen und Defizite meiner Mitarbeitenden!
2. Als Führungskraft übertrage ich meinen Mitarbeitenden Aufgaben, Tätigkeiten, Projekte usw., die meine Mitarbeitenden herausfordern, die eigenen Schwächen und Defizite zu bekämpfen.
3. Als Führungskraft rede ich mit meinen Teammitgliedern über deren Schwächen und lege regelmäßig den Finger in die Wunde, um so die Übertragung von Aufgaben mit meinen Wahrnehmungen des Teammitgliedes zu begründen.
4. Als Führungskraft will ich meine Mitarbeitenden befähigen, schwierige Aufgaben besser bewältigen zu können, wenn sie oder er weniger oder keine Schwächen mehr hat.
5. Als Führungskraft ermutige ich meine Mitarbeitenden, auch in weiteren Situationen zu üben, die eigenen Schwächen zu verbessern.

6. Als Führungskraft ermögliche ich meinen Teammitgliedern, unter persönlicher Anstrengung erfolgreich zu sein. Das ermöglicht meinem Teammitglied die persönliche Entwicklung, die Erweiterung der eigenen Stärken und Fähigkeiten.

Dadurch entsteht bei den Mitarbeitenden eine gewisse Drucksituation. Zum einen gehen die Mitarbeitenden Aufgaben, für die sie wenig persönliche Kompetenzen und Stärken mitbringen, mit viel Respekt und teilweise inneren Ängsten vor dem Scheitern an. Zum anderen sind die sichtbaren Erfolge in der Regel auf einem nicht so hohen Niveau.

Übertragen wir das ebenfalls noch mal auf die typischen Mannschaftssportarten als Spiegelbild für diese Herangehensweise. Ein ebenfalls erfolgsorientierter Trainer wird immer versuchen, die Spieler mit Aufgaben und Übungen zu konfrontieren, die ihnen tendenziell sehr schwerfallen. Dabei verfolgt er das Ziel, die Spieler „kompletter" zu machen.

Stärken stärken oder Schwächen eliminieren?

Was ist richtig? Das kommt darauf an! Worauf? Auf verschiedene Aspekte! Zum einen hat es etwas mit den Persönlichkeiten zu tun, die geführt werden. Zum anderen mit der Teamkonstellation. Aber hinzukommen auch die angestrebten Ziele, die Rahmenbedingungen im Unternehmen, die Wettbewerbssituation in der Branche, die Anforderungen der Kunden, die Erwartungen des Managements, die Zukunftsherausforderungen für eine positive Wettbewerbsfähigkeit usw.

Es ist sinnvoll, beide Positionen zu mischen. Für schnelle und kraftvolle erste Erfolge führt der Weg eher über Stärken stärken. Denn wie oben beschrieben sind die Mitarbeitenden in einem positiven Zustand, im sogenannten ressourcenvollen Zustand. Sie nutzen ihre Stärken mit innerer Begeisterung und hohem Engagement. Um aber auch langfristig Erfolge zu sichern und die Mitarbeitenden stets besser zu machen, sollte eine verantwortungsbewusste Führungskraft darauf hinwirken, erfolgs- und zukunftsrelevante Schwächen zu verbessern. Aber Führungskräfte sollten nicht an der Gleichmacherei der Mitarbeitenden arbeiten. Denn wir haben es mit Menschen zu tun, und die sind nun mal alle sehr unterschiedlich. Das heißt, eine Führungskraft muss sich intensiv mit den einzelnen Mitarbeiterinnen und Mitarbeitern beschäftigen und immer wieder reflektieren, ob bestimmte Kompetenzen und Fähigkeiten wirklich erfolgsrelevant und zukunftsbedeutsam sind. Wenn jetzt der eine oder andere Mitarbeitende genau diese Kompetenzen und Fähigkeiten als Stärke und Talent in sich trägt, dann sollte der Fokus auf Stärken stärken liegen. Verfügt meine Mitarbeiterin oder mein Mitarbeiter aber eben nicht über Stärken, die nun mal besonders wichtig für die Zukunft oder den Erfolg sind, dann ist es die Aufgabe einer verantwortungsvollen Führungskraft, insbesondere diese Fähigkeiten zu verbessern und zu optimieren, damit diese Teammitglieder die reelle Chance haben, sich positiv auf die anspruchsvolle Zukunft vorzubereiten und erfolgsrelevantes Verhalten zu trainieren und zu üben.

Ein richtig guter Fußballtrainer lässt beispielsweise nicht alle Spieler die immer gleichen Übungen machen. Natürlich laufen sich alle gemeinsam warm und machen auch gemeinsam Dehnungsübungen, Stabilisierungshaltungen usw. Aber dann wird heutzutage das Trainingsprogramm immer mehr individualisiert. Eine Gruppe macht verstärkt Schusstraining, eine andere Gruppe übt gezieltes Flanken von der Seite, eine andere Gruppe übt das Kopfballspiel usw. Alle gemeinsam üben dann wieder gemeinsame Spielzüge, taktische Formationen und Verhaltensweisen sowie relevante und teilweise komplexe Spielsituationen. Was beim Fußball auch trainiert wird, ist insbesondere die körperliche Fitness. Antrittsschnelligkeit, Ausdauer, Beweglichkeit, Sprungkraft … haben in der heutigen Spielphilosophie eine sehr große Bedeutung. Das heißt aber auch, selbst die deutschen Weltmeister von 1974 würden mit der damaligen Spielweise heute nicht ein einziges Bundesligaspiel gewinnen. Und so wird deutlich, dass Führungskräfte (hier Fußballtrainer) rechtzeitig erkennen müssen, worauf es in der Zukunft ankommt oder was letztlich den Erfolg ausmacht. Wer stehen bleibt, läuft Gefahr, dass andere (alle) an einem vorbeiziehen.

Also, sorgen Sie als Führungskraft dafür, dass sich Ihre Mitarbeiterinnen und Mitarbeiter wirklich weiterentwickeln. Reflektieren Sie immer wieder, worauf es in der Zukunft verstärkt ankommen wird und was besonders erfolgsrelevant ist. Und genau die dafür notwendigen Kompetenzen, Verhaltensweisen, Fähigkeiten … sollten Sie bei Ihren Teammitgliedern trainieren, üben und verbessern. Leichter geht es, wenn Mitarbeiter bereits Stärken und Talente in diesen Feldern mitbringen. Aber auch wenn das nicht der Fall ist, sollten Sie als Führungskraft insbesondere den Sinn und den Nutzen aufzeigen, weshalb Sie Ihren Mitarbeitenden bestimmte Aufgaben übertragen. Wer Leistung will, muss Sinn bieten! Wenn Menschen den Sinn einer Aufgabe kennen und für sich selbst einen Nutzen darin vermuten oder sogar deutlich spüren, dann werden sie mit einer anderen inneren Haltung an die Aufgabe herangehen.

■ 7.5 Erkenntnis – Reflexion – Umsetzung

Menschen sind sehr unterschiedlich. Durch ihre Erziehung, ihre persönlichen Erfahrungen, durch eigene Schicksale, durch Erfolgserlebnisse usw. Deshalb machen Sie als Führungskraft den positiven Unterschied, indem Sie diese Unterschiede Ihrer Mitarbeitenden würdigen – **Menschen machen den Unterschied!** – und das ist gut so ☺!

Abschließend noch eine kleine Fabel:

Die Schule der Tiere

Es gab einmal eine Zeit, da hatten die Tiere eine Schule. Das Lernen bestand aus Rennen, Klettern, Fliegen und Schwimmen, und alle Tiere wurden in sämtlichen Fächern unterrichtet.

Die Ente war gut im Schwimmen; besser sogar als der Lehrer. Im Fliegen durchschnittlich, sie war aber im Rennen ein besonders hoffnungsloser Fall. Da sie in diesem Fach so schlechte Noten hatte, musste sie nachsitzen und den Schwimmunterricht ausfallen lassen, um das Rennen zu üben. Das tat sie so lange, bis sie auch im Schwimmen nur noch durchschnittlich war. Durchschnittsnoten aber waren akzeptabel [...].

Der Adler wurde als Problemschüler angesehen [...], da er, obwohl er in der Kletterklasse alle anderen darin schlug, als Erster den Wipfel eines Baumes zu erreichen, darauf bestand, seine eigene Methode anzuwenden.

Das Kaninchen war anfänglich im Laufen an der Spitze der Klasse, aber es bekam einen Nervenzusammenbruch und musste von der Schule abgehen, wegen des vielen Nachhilfeunterrichts im Schwimmen.

Das Eichhörnchen war Klassenbester im Klettern, aber sein Fluglehrer ließ es seine Flugstunden am Boden beginnen, anstatt vom Baumwipfel herunter. Es bekam durch Überanstrengung bei den Startübungen Muskelkater und immer mehr Dreien im Klettern und Fünfen im Rennen. [...]

Am Ende des Jahres hielt ein anormaler Aal, der gut schwimmen, etwas rennen, klettern und fliegen konnte, als Schulbester die Schlussansprache.

(Quelle: *http://skolnet.de/schule-der-tiere*)

Geben Sie Ihrem Team und jedem einzelnen Teammitglied die Führung, die wirklich notwendig ist, damit jedes Teammitglied die eigenen Stärken nutzt, um im Team die bestmöglichen Ziele zu erreichen und gemeinsam von unterschiedlichen Stärken zu profitieren.

Führungsprinzip Wertschätzung heißt:

Als Führungskraft Klarheit für die eigene Persönlichkeit zu haben und gleichzeitig anderen Persönlichkeiten wohlwollend zu begegnen und deren Persönlichkeitsstärken respektvoll zu nutzen.

7.6 Literaturhinweise

Geschichte „Schule der Tiere“: *http://skolnet.de/schule-der-tiere/* (Stand 26.09.2016), dort benannte ursprüngliche Quelle: Prof. Manfred Bönsch: *Differenzierung in Schule und Unterricht*. Universität Hannover, Hannover 1995

http://www.schulz-von-thun.de/ (Hintergrundinformationen) (Stand: 4.12.2016)

https://de.wikipedia.org/wiki/Riemann-Thomann-Modell (Hintergrundinformationen) (Stand 5.1.2017)

https://riemann-thomann-modell.plakos.de/ (Selbsttestmöglichkeit) (Stand 18.12.2016)

8 Motivationsfaktoren (er)kennen

Zunächst eine kurze Definition des Begriffs Motivation aus Wikipedia: *„Motivation bezeichnet die Gesamtheit aller Motive (Beweggründe), die zur Handlungsbereitschaft führen"* (Quelle: *wikipedia.org*).

Als Führungskraft ist es wichtig, sich mit den eigenen Beweggründen und denen der eigenen Mitarbeitenden auseinanderzusetzen. Denn die persönlichen Beweggründe von Menschen führen zu deren und zur eigenen Handlungsbereitschaft. Wie Sie in Kapitel 2 und Kapitel 4 bereits erfahren haben, spielen die persönlichen Werte und die Frage nach dem Sinn (dem Warum) einer Tätigkeit eine sehr wichtige Rolle für die Motivation von Menschen.

Dabei sollte man außerdem noch zwischen intrinsischer und extrinsischer Motivation unterscheiden. **Intrinsische Motivation** kommt aus dem Inneren des Menschen heraus. Es sind die eigenen Ziele, Werte, Wünsche, Bedürfnisse, ... die diese Person antreiben und somit ist die intrinsische Motivation der echte Eigenantrieb. **Extrinsische Motivation** wirkt dagegen von außen auf den Menschen ein und sorgt somit mehr oder weniger indirekt für seinen Antrieb. Je stärker der Impuls von außen die Ziele, Werte, Wünsche, Bedürfnisse ... der zu motivierenden Person trifft, desto erfolgversprechender ist der Motivationsschub von außen. Deshalb ist es für Führungskräfte wichtig und hilfreich, sowohl die eigenen Motive wie die der zu führenden Mitarbeiterinnen und Mitarbeiter zu kennen.

In diesem Kapitel erfahren Sie, welche Motivationsfaktoren und Antreiber Ihr persönliches Führungsverhalten prägen können. Außerdem können Sie mit den Erkenntnissen leichter die wichtigsten Antriebspunkte Ihrer Mitarbeitenden erkennen.

8.1 Was treibt mich an?

Das Thema Motivation möchte ich mit einem Gespräch mit Edgar Ittbeginnen. Er ist ehemaliger Hochleistungssportler (400 Meter Hürden), Olympiateilnehmer 1988 in Seoul und Gewinner der Bronzemedaille mit der 4x400 Meter Staffel. Heute arbeitet er als Vortragsredner, Trainer und Coach. Dabei ist sein zentrales Ziel, Inspirationscoach für die Menschen zu sein. Wir kennen und schätzen uns seit vielen Jahren und haben verschiedene Veranstaltungen gemeinsam durchgeführt.

Interview mit Edgar Itt, ehemaliger Leistungssportler und Keynote Speaker

Lieber Edgar, als ehemaliger Leistungssportler und mitreißender, inspirierender Redner bist du für mich ein absoluter Experte zum Thema Motivation. Was geht dir grundsätzlich durch den Kopf, wenn du an das Thema Motivation denkst und dabei die Zielgruppe Führungskräfte vor deinem inneren Auge hast?

Das, was mir als Erstes in den Sinn kommt bei dem Thema Führung und Motivation und was ich auch immer wieder in meinen Vorträgen herausstelle, ist, dass man andere Menschen nicht motivieren kann. Führungskräfte müssen viel mehr inspirieren.

Was hat bei dir den Ausschlag gegeben, den Fokus auf Inspiration statt auf Motivation zu richten?

Mich hat bis heute ein Buch von Lance Secretan in besonderem Maße inspiriert. Bevor ich dieses Buch gelesen hatte, habe ich mich selbst als Motivationscoach bezeichnet. Aber seit der Lektüre vor 15 Jahren ist mir klar geworden: Ich bin viel mehr ein Inspirationscoach! Das Buch heißt „Inspirieren statt motivieren!“ Und es gibt in dem Buch wichtige Bezugspunkte zu deinem Buch. Hier liegt der Fokus auf Wertschätzung. Deshalb ist eine meiner relevantesten Botschaften an Führungskräfte. „Führungskräfte müssen inspirieren, sensibilisieren und emotionalisieren.“ Und Wertschätzung ist ein wichtiges Element für diese drei zentralen Aspekte der Führung.

Wenn du das so sagst, unterstreicht das, dass Wertschätzung tatsächlich die Adressaten mit positiven Emotionen auflädt. Positive Emotionen sorgen aus meiner Erfahrung heraus für eine stärkende Sensibilisierung und eine mentale Inspiration, für eine Ermutigung zum Handeln.

Genau! Im Grunde genommen müssen Führungskräfte immer wieder im Führungsalltag Impulse geben. Aber was versteckt sich hinter Impulsen? Im Grunde ist ein Impuls eben die Empfindung eines Mitarbeitenden auf einen Hinweis einer Führungskraft, die für eine Inspiration sorgt bzw. die beim Mitarbeitenden eine Sensibilisierung auslöst oder für eine emotionale Reaktion sorgt. Und diese Empfindung stärkt die Eigenmotivation der Mitarbeitenden.

Eigenmotivation ist ein wichtiges Stichwort. Auch ich bin der Meinung, dass man von außen nur bedingt motivieren kann. Es geht vielmehr darum, die Eigenmotivation der Mitarbeitenden aufrecht zu erhalten oder wiederzubeleben.

So ist es. Leider arbeiten viele Führungskräfte eher *im* Unternehmen als *am* Unternehmen! Sie haben mehr im Blick, was ihnen selbst nutzt. Wichtiger wäre aber, eine Haltung zu zeigen, dass ich als Führungskraft versuche, positiv und zukunftsgerichtet die Punkte anzustoßen, die das Unternehmen voranbringen. Das heißt, durch gute, zielführende Impulse durch die Führungskraft werden die Mitarbeitenden angeregt, in ihrer Eigenmotivation eben auch mehr am Unternehmen zu arbeiten als im Unternehmen. Die Menschen richten dann den Fokus auf das, was dem eigenen Unternehmen guttut, und es steht erstmal nicht der eigene Vorteil im Vordergrund. Aber wenn es dem Unternehmen zugutekommt, hat es automatisch auch positive Auswirkungen auf die Mitarbeiterschaft.

Was sollte eine Führungskraft im Führungsalltag beachten, wenn sie gute Impulse geben will?

Ich vergleiche das gerne mit der Arbeit von Hunde- oder Pferdetrainern. Am Ende geht es darum, solche Impulse zu geben, dass das Tier in einer guten Art und Weise reagieren lässt. Es geht nicht um Dressur! Die schafft man häufig über eine gewisse Härte. In einem guten Tiertraining steht aber vielmehr die Inspiration im Vordergrund. Lust und Leidenschaft anzustoßen. Freude zu vermitteln. Das Tier im besten Sinne zu sensibilisieren. Und da geht am besten über die „weichen Faktoren“: eine gute Beziehung aufbauen, Vertrauen stärken, selbst Freude zeigen, Zuwendung ... usw. Und das stärkt die Eigenmotivation.

Hier kommt also auch die Haltung der Führungskraft zum Ausdruck. Wende ich mich als Führungskraft meinen Mitarbeitenden wirklich zu oder sehe ich mich als Befehlsgeber und die Mitarbeitenden als Befehlsempfänger?

Ich wünsche mir immer, dass Führungskräfte mehr auf die Potenziale der Mitarbeitenden setzen und weniger nur die Kompetenzen bei sich selbst sehen. Dazu vielleicht ein ganz einfaches Beispiel. Ich empfehle in meinen Coachings mit Führungskräften immer, dass bei Fragen oder Problemen, die von Mitarbeiterseite an die Führungskraft herangetragen werden, der oder die Mitarbeitende immer erstmal zwei eigene Lösungsvorschläge benennen soll. Wie würde ich die Frage beantworten oder das Problem lösen, wenn ich mich mit meiner Führungskraft dazu nicht abstimmen könnte? Allein durch diese kleine Intervention werden die Mitarbeitenden „gezwungen“, sich selbst mehr Gedanken zu machen und eben nicht nur Befehlsempfänger zu sein. Andererseits erfordert es aber auch eine andere innere Haltung und ein entsprechendes Verhalten durch die Führungskraft.

Das bietet der Führungskraft dann eine gute Gelegenheit, wenn die Mitarbeitenden gute Lösungsvorschläge machen, diese Ideen entsprechend auch zu würdigen. Hast du noch weitere Ideen, wie Führungskräfte mehr Wertschätzung in ihren Führungsalltag einbauen können?

Weißt du, Thorsten, das ist aus meiner Sicht so eine Typ-Sache. Es kommt sehr stark auf die eigenen Prägungen und die eigenen Erfahrungen an. Denn unsere Prägungen und Erfahrungen sind die Basis für unsere wichtigsten Werte. Somit hat jede Führungskraft, aber auch jede geführte Person eigene und manchmal sehr unterschiedliche Werte. Und je nach persönlichen Werten hat jeder Mensch eine andere Erwartung und einen anderen Umgang mit Wertschätzung.

Das stimmt, dazu habe ich im zweiten Kapitel schon geschrieben, dass es wichtig ist, die eigenen Werte zu kennen.

Richtig, aber die Führungskraft kann eben häufig nicht aus der eigenen Haut heraus. Eine Führungskraft kann nur auf Basis der eigenen Werte auch authentisch wertschätzen. Und nur authentische Wertschätzung hat die positive Wirkung auf Inspiration, Sensibilisierung und Emotionalisierung. Das bedeutet, die Führungskraft sollte unbedingt zunächst bei der Klärung der eigenen Werte ansetzen. Nur so kann eine authentische Wertschätzung der eigenen Mitarbeitenden gelingen. Somit sollte jede Führungskraft Ideen und Anregungen, ob aus deinem Buch oder aus einer anderen Inspirationsquelle, in den Kontext der eigenen Werte stellen. Und bei der Umsetzung von Wertschätzung im Führungsalltag den eigenen Weg finden.

Das sehe ich genauso wie du, aber nochmal die Frage, hast du noch Vorschläge, wie Führungskräfte mehr Wertschätzung in ihren Führungsalltag integrieren können?

Ich sage es mal so: Mehr Anerkennung als Lob! Das ist für mich ein ganz zentraler Schlüssel.

Wie unterscheidest du Anerkennung und Lob?

Anerkennung ist für mich „begründetes Lob"! Lob ist zum Beispiel die Aussage einer Führungskraft: „Peter/Iris/..., das hast du gut gemacht." Das ist zwar besser, als nichts zu sagen, aber eine echte Anerkennung hat noch mal eine ganz andere Wirkung. Die Führungskraft könnte zum Beispiel sagen: „Peter/Iris, ..., ich bin richtig zufrieden, und du darfst stolz auf dich sein, wie du diese Aufgabe gemeistert hast, denn schau mal, wo du noch vor einem Jahr gestanden hast, und wie du jetzt mit Genauigkeit/Souveränität/Kundenorientierung/... agiert hast, begeistert mich."

Das klingt schon mal ganz anders ☺. Ein schönes Beispiel, wie unterschiedlich Wertschätzung ausgedrückt werden kann. Und du greifst hier noch mal die weichen Faktoren auf – in Beziehung zu gehen.

So ist es. Wichtig ist es deshalb in der Anerkennung auch noch den Entwicklungsschritt des Mitarbeiters oder der Mitarbeiterin zu benennen. Denn in dem Wort Anerkennung steckt ja das Wort *Erkennen* mit drin. Das heißt, dem Adressaten der Anerkennung wird deutlich, dass die Führungskraft die Leistung und die Veränderung erkannt hat.

Sehr gut. Das sorgt bei der Mitarbeiterin oder dem Mitarbeiter für das Bewusstsein, von der Führungskraft gesehen zu werden. Mit der Leistung und mit dem Weg zu dieser Leistung. Damit bekommt diese Wertschätzung eine ganz andere Wertigkeit. Wie hast du das in deiner Sportkarriere erlebt?

Das ist ein ganz wichtiger Impuls auch für mich früher gewesen. Ein Lob, „Edgar, das hast du gut gemacht" hilft mir im Grunde genommen nicht weiter. Um mich zu verbessern, ist es ganz wichtig, vom Trainer zu hören, was genau ich gut gemacht habe. Was war denn jetzt besser als gestern? Und das hat bei mir die Trainer ausgemacht. Ich habe in ganz vielen Trainingssituationen und nach dem Wettkampf von meinen Trainern eben diese Konkretisierungen zu meinen Verbesserungen erhalten. So konnte ich mich bei den nächsten Trainingseinheiten noch mehr darauf konzentrieren, diese Veränderungen zu einer Routine werden zu lassen. Aber meine Trainer haben es nicht nur bei einer Beschreibung belassen, sondern sie haben mich nach dem Trainerhinweis gefragt, „Hast du es gespürt? ... Was hast du gespürt? ...", und danach wurden meine Empfindungen aufgegriffen und positiv verstärkt.

Hast du dazu ein echtes Beispiel?

In etwa so:

Schritt 1: Anerkennung – „Eben in der Trockenübung hast du genau das umgesetzt, was wir beim letzten Training besprochen haben."

Schritt 2: Nachfrage bei mir: „Hast du das gespürt?" „Ja, ich habe es gespürt!"

Konkretisierung: „Was hast du gespürt?" „Ich habe gespürt, ich kam mit dem linken Bein besser auf und konnte mehr Druck für die nächsten zwei Schritte ausüben."

Schritt 3: Aufgreifen und positiv verstärken: „Genau das ist das, worauf es in diesem Moment ankommt. Bleib dran, das üben wir jetzt noch mal."

Das ist sehr interessant, denn durch die Nachfrage sorgt die Führungskraft, in deinem Fall der Trainer, dafür, dass es nicht nur bei der Trainerwahrnehmung bleibt, sondern dass auch du als Zielperson die Wahrnehmung erlebt hast. Somit wird auch die Selbstreflexion gefördert.

So ist es. Damit sind wir wieder bei den Impulsen und bei der Eigenmotivation. Selbstreflexion führt zu einer Reflexionsschleife. Aus der Selbstreflexion in eine positive Routine zu kommen. Positive Routine heißt auch, die eigenen Routinen regelmäßig zu hinterfragen, in eine Reflexionsschleife zu gehen und die eigene Wahrnehmung zu schärfen. Und genau das haben meine Trainer sehr intensiv gefördert, sodass ich beim Laufen immer in diese Reflexionsschleife gegangen bin: Bin ich in der Zeit, habe ich mein Tempo, habe ich genügend Kraft für den Endspurt? usw.

Das sollten Führungskräfte und auch die Mitarbeitenden eigentlich permanent auch bei der normalen Arbeit etablieren. Aber was hat dich eigentlich früher motiviert, Leichtathlet zu werden?

Bei mir war es ganz klar die Liebe an der Bewegung! Also da war diese Leidenschaft, die ich in mir gespürt habe. Und Leidenschaft hat immer zwei Elemente. Zum einen etwas, was wir mit innerer Hingabe machen, mit Liebe. Aber zum anderen auch etwas, was uns leiden lässt. Wenn man etwas nicht mehr machen könnte, dann würde ein innerer Druckpunkt, ein Schmerz, ein Leid entstehen.

Und auf Basis meiner intrinsischen Motivation für den Laufsport haben es meine Trainer verstanden, durch die für mich passende Begleitung mir die richtigen Impulse zu geben, um meine Inspiration, meine eigene Sensibilisierung und meine positiven Emotionen im sportlichen Kontext zu fördern. Nur dadurch konnte ich meine Sportkarriere so erfolgreich gestalten. Und das wünsche ich auch Führungskräften, durch gute Impulse die eigenen Mitarbeitenden in deren Eigenmotivation zu stärken. Dann haben sie auch engagierte und leistungsbereite Mitarbeitende.

Lieber Edgar, vielen Dank für das wertvolle Gespräch mit dir. Es war wie immer sehr erkenntnisreich, und ich schätze deine sehr praxisnahen Hinweise vom Sport auch für das Berufsleben. ■

In diesem Gespräch kommen einige wichtige Stichworte zum Tragen, die für das Thema Motivation eine besondere Bedeutung haben: Eigenmotivation, Inspiration, Sensibilisierung, positive Emotionen, persönliche Werte, Lob, Anerkennung …

Spannend ist daher für Führungskräfte zunächst der Blick auf sich selbst. Über Haltung, Werte, Empathie, Identifikation, Teamphasen, Rollenklarheit und Persönlichkeitstypen haben Sie bereits in den ersten sieben Kapiteln lesen können.

Nun möchte ich Ihnen ein Modell vorstellen, das von Dr. Taibi Kahler entwickelt wurde. Das Modell der inneren Antreiber aus der Transaktionsanalyse. Es beschreibt, dass Menschen jeweils individuell unterschiedlich stark ausgeprägte innere Impulse in sich tragen, die sie zur Handlung antreiben. Das hängt unter anderem mit den Botschaften zusammen, die wir als Kinder immer wieder durch unsere Bezugspersonen (in der Regel unsere Eltern) gehört und sozusagen verinnerlicht haben. Gerade im Arbeitsalltag lassen uns solche Botschaften unbewusst agieren bzw. reagieren. Und manchmal wissen wir gar nicht, warum wir uns in manchen Führungssituationen so verhalten, wie wir uns verhalten.

Bevor Sie weiterlesen, können Sie zunächst einen Selbsttest durchführen. Im Internet haben Sie die Möglichkeit, einen Fragebogen mit 50 Aussagen auszufüllen. Die Auswertung ist selbsterklärend, und so erhalten Sie einen ersten Hinweis, wie stark die verschiedenen Antreiber bei Ihnen ausgeprägt sind. Hier ist der Link zum Selbsttest: *https://www.studentenwerk-oldenburg.de/de/beratung/psychologischer-beratungsservice/themen-und-materialien/dokumente-zum-download/349-selbsttest-innere-antreiber/file.html* (Stand 15.05.2021). Oder suchen Sie im Internet einfach mit dem Stichwort „Innere Antreiber Selbsttest“, dann finden Sie auch noch weitere kostenfreie Selbsttestangebote.

In Bild 8.1 sehen Sie die fünf typischen Antreiber. Danach folgen Kurzbeschreibungen zu den Antreibern bezüglich der positiven Anteile des Antreibers, der Gefahren, übliche Aussagen, die von Führungskräften mit dem Antreiber geäußert werden und wofür Führungskräfte mit einem solchen stark ausgeprägten Antreiber stehen. Vielleicht erkennen Sie sich an der einen oder anderen Stelle?!

Was treibt mich an?

- ✓ Sei perfekt!
- ✓ Mach schnell!
- ✓ Streng dich an!
- ✓ Mach es allen recht!
- ✓ Sei stark!

Bild 8.1 Die fünf Antreiber der Transaktionsanalyse

Antreiber: Sei perfekt!

Wenn Menschen diesen Antreiber stark ausgeprägt haben, steht bei ihnen in allem, was sie tun, der Perfektionismus im Vordergrund. Durch diesen Antreiber setzt man sich selbst sehr stark unter Druck, weil man ein extrem hohes Qualitätsbewusstsein an den Tag legt. Es gilt das Prinzip: Fehler darf es nicht geben, ganz im Gegenteil. Es geht immer noch besser und noch genauer. Dadurch wird alles mit sehr kritischer Sorgfalt überprüft und es kommt kaum echte Zufriedenheit auf, weil fast nichts perfekt ist.

Was ist das Gute an diesem Antreiber?

Wenn der Antreiber „Sei perfekt!“ in einem guten Maße ausgeprägt ist, suchen Menschen immer wieder nach Verbesserungsmöglichkeiten und Optimierungspotenzial. Außerdem liegt ein Augenmerk auf echter Gründlichkeit und Fehlerfreiheit.

Welche Gefahr birgt der Antreiber?

Wenn der Antreiber sehr stark ausgeprägt ist, besteht die Gefahr, dass gerade Führungskräfte extrem kritisch auf die Arbeitsergebnisse ihrer Mitarbeitenden schauen. Oft sind sie dann auch Kontrollfreaks, weil sie wissen oder zumindest glauben, dass alle Mitarbeitenden immer wieder Fehler machen, wenn man sie nicht kontrolliert. Das erhöht wiederum den Druck für die Mitarbeiterinnen und Mitarbeiter, bloß keine Fehler zu machen, weil man sich sonst bei der Führungskraft wieder rechtfertigen muss. Und umgekehrt ist es für jede Führungskraft so, dass mit jedem Fehler, der zu finden ist, man sich nun in seiner Denke bestätigt fühlt. Das führt dann zu einer Verstärkung dieses Antreibers.

Was könnten typische Aussagen einer Führungskraft sein, die diesen Antreiber stark ausgeprägt hat?

- „Meine Leute machen viel zu viele Leichtsinnsfehler!“
- „Warum kontrollieren die ihre eigene Arbeit nicht?“
- „Das darf doch nicht wahr sein, das ist schon wieder falsch!“
- „Nicht mal die Kommasetzung stimmt!“
- „Gut ist nicht gut genug!“

Dadurch fällt es Führungskräften mit diesem Antreiber in der Regel sehr schwer, Arbeitsergebnisse überhaupt zu loben oder zu würdigen, denn diese sind ja maximal o.k.

Wofür stehen diese Führungskräfte?

Führungskräfte mit einem ausgeprägten „Sei perfekt!“-Antreiber fordern und erwarten ein besonders hohes Qualitätsbewusstsein und absolute Fehlerfreiheit!

Antreiber: Mach schnell!

Wenn bei Menschen dieser Antreiber stark ausgeprägt ist, liegt der besondere Fokus auf der Schnelligkeit. Durch diesen Antreiber setzt man sich selbst stark unter Druck, weil man eine extrem hohe Arbeitsgeschwindigkeit zeigt. Im Prinzip gilt der Spruch „Trödel nicht, gib Gas!". Menschen mit diesem Antreiber sind von einer inneren Unruhe getrieben und wollen Aufgaben so schnell wie möglich erledigen. Das führt auch zu einer enorm hohen Umsetzungsgeschwindigkeit.

Was ist das Gute an diesem Antreiber?

Wenn der Antreiber „Mach schnell!" in einem guten Maße ausgeprägt ist, kommen diese Menschen relativ schnell ins Tun und in die Umsetzung. Dadurch ergeben sich in einem kurzen Zeitraum bereits konkrete und sichtbare Arbeitsergebnisse.

Welche Gefahr birgt der Antreiber?

Wenn der Antreiber allerdings sehr stark ausgeprägt ist, besteht die Gefahr, dass gerade Führungskräfte zu sehr auf das Tempo drücken und so ihre Mitarbeitenden überfordern. Diese Führungskräfte sind sehr oft in Eile und neigen dazu, Gespräche nur zwischen Tür und Angel zu führen. Sie fordern von ihren Mitarbeiterinnen und Mitarbeitern sehr schnelle Arbeitsergebnisse durch knappe Zeitvorgaben, was dann wiederum zu oberflächlichem Handeln und zur Hektik führen kann. Oft bleibt den Mitarbeitenden dann nicht mehr die Zeit für eine anständige Qualitätskontrolle oder es fehlt in der Analysephase der notwendige Tiefgang.

Was könnten typische Aussagen einer Führungskraft sein, die diesen Antreiber stark ausgeprägt hat?

- „Mensch Leute, gebt doch mal richtig Gas!"
- „Dem kann man ja beim Laufen die Schuhe besohlen!"
- „Zeit ist Geld – Time is money!"
- „Wo kein Eis ist, kannst du rennen!"
- „Nicht die Großen fressen die Kleinen, sondern die Schnellen die Langsamen!"

Dadurch fällt es Führungskräften mit diesem Antreiber in der Regel sehr schwer, manchmal die notwendige Ruhe auszustrahlen und sich vertieft mit Fragen und Aufgaben zu beschäftigen. Und wenn die Mitarbeitenden nicht schnell sind, gibt es auch keine Anerkennung!

Wofür stehen diese Führungskräfte?

Führungskräfte mit einem ausgeprägten „Mach schnell!"-Antreiber fordern und erwarten ein besonders hohes Arbeitstempo und sofort sichtbare Ergebnisse!

Antreiber: Streng dich an!

Wenn bei Menschen dieser Antreiber stark ausgeprägt ist, haben sie immer den Anspruch, sich richtig viel Mühe geben zu müssen. Durch diesen Antreiber setzt man sich selbst stark unter Druck, weil man möglichst zu den Besten gehören möchte. Es gilt das Prinzip „Ohne Fleiß kein Preis!". Menschen mit diesem Antreiber brauchen für ein gutes Selbstwertgefühl die tatsächliche Anstrengung. Die Ergebnisse, die mit Leichtigkeit erreicht wurden, sind eigentlich nichts wert.

Was ist das Gute an diesem Antreiber?

Wenn der Antreiber „Streng dich an!" in einem guten Maße ausgeprägt ist, geben sich diese Menschen wirklich die notwendige Mühe, gute Ergebnisse zu erzielen. Außerdem lassen sie sich durch erste Hindernisse nicht gleich entmutigen, bleiben an den Aufgaben dran, zeigen Disziplin und Durchhaltevermögen.

Welche Gefahr birgt der Antreiber?

Wenn der Antreiber allerdings sehr stark ausgeprägt ist, besteht die Gefahr, dass gerade Führungskräfte die Erwartung haben, dass ihre Mitarbeitenden wirklich alles geben und die komplette Energie in eine Aufgabe stecken. Außerdem sind sie oft wettbewerbsgesteuert. Man will mit seiner Einheit möglichst immer zu den Besten des Unternehmens gehören.

Was könnten typische Aussagen einer Führungskraft sein, die diesen Antreiber stark ausgeprägt hat?

- „Der zweite Platz ist der erste Verliererplatz!"
- „Erfolg ist 99 % Transpiration und 1 % Inspiration!"
- „Auch im Alphabet kommt Anstrengung vor Erfolg!"
- „Geht nicht gibt's nicht!"
- „Auf geht's – Ärmel hochkrempeln und anpacken!"

Führungskräfte mit diesem Antreiber geben sich nicht mit leicht erreichten Erfolgen zufrieden. Sie haben die feste Überzeugung, dass bei mehr Anstrengung auch ein noch besseres Ergebnis möglich gewesen wäre. Außerdem unterstellen sie ihren Mitarbeitenden oft, dass sich diese nicht genug Mühe gegeben haben und zu wenig Einsatzbereitschaft gezeigt haben. Lob und Anerkennung gibt es nur, wenn die Mitarbeitenden den Erfolg im Schweiße ihres Angesichts erreicht haben.

Wofür stehen diese Führungskräfte?

Führungskräfte mit einem ausgeprägten „Streng dich an!"-Antreiber fordern und erwarten ein hohes Maß an Pflichtbewusstsein, Durchhaltevermögen und echter Einsatzbereitschaft!

Antreiber: Mach es allen recht!

Wenn bei Menschen dieser Antreiber stark ausgeprägt ist, sind sie tendenziell sehr harmonieorientiert. Durch diesen Antreiber setzt man sich selbst stark unter Druck, weil man Konflikte um jeden Preis vermeiden möchte. Ja sie leiden geradezu körperlich unter Konfliktsituationen. Sie versuchen, es permanent allen anderen recht zu machen und dadurch dem Gegenüber zu gefallen. Menschen mit diesem Antreiber brauchen deshalb sehr stark die Anerkennung von anderen. Nur wenn andere mit ihnen zufrieden sind, fühlen sie sich wohl.

Was ist das Gute an diesem Antreiber?

Wenn der Antreiber „Mach es allen recht!" in einem guten Maße ausgeprägt ist, versuchen diese Menschen durch ein gutes Miteinander auch eine gute Teamatmosphäre zu schaffen. Da die Personen wenig Egoismus an den Tag legen, tragen sie auch zu einer guten Teamharmonie bei.

Welche Gefahr birgt der Antreiber?

Wenn der Antreiber allerdings sehr stark ausgeprägt ist, besteht die Gefahr, dass gerade Führungskräfte gegenüber ihren Mitarbeitenden und auch gegenüber ihren eigenen Vorgesetzten schlecht „Nein" sagen können. Das sorgt oft für eine Überlastung von einzelnen Teammitgliedern oder von der Führungskraft selbst, weil man sich zwischen allen verschiedenen Anforderungen zerreibt und nicht abgrenzen kann. Außerdem tun sich Führungskräfte mit diesem Antreiber schwer, relevante Kritikpunkte klar und deutlich anzusprechen.

Was könnten typische Aussagen einer Führungskraft sein, die diesen Antreiber stark ausgeprägt hat?

- „Das mache ich gerne für Sie, kein Problem!"
- „Das bespreche ich mal mit meinem Team!"
- „Das muss ich erst mal mit meiner Führungskraft klären!"
- „Wie hätten Sie es den gerne?"
- „Das kriegen wir schon hin!"

Führungskräfte mit diesem Antreiber tun sich sehr schwer, sich schützend vor ihr Team zu stellen und auch mal „Nein" zu sagen. Abgrenzung und Konfliktbereitschaft sind nicht ihre Stärken. Sie suchen immer den harmonischen Weg und reiben sich leicht zwischen den verschiedenen Fronten auf. Lob fällt ihnen tendenziell eher leicht, allerdings ist es für die Mitarbeitenden oft nicht so wertvoll, weil diese Führungskräfte als nicht so kritisch oder zu lieb wahrgenommen werden.

Wofür stehen diese Führungskräfte?

Führungskräfte mit einem ausgeprägten „Mach es allen recht!"-Antreiber fordern und erwarten ein extrem harmonisches Miteinander und scheuen Konfliktsituationen!

Antreiber: Sei stark!

Wenn bei Menschen dieser Antreiber stark ausgeprägt ist, zeigen sie in der Regel wenig Emotionen. Ihnen fällt es sehr schwer, Schwächen und Unsicherheiten zuzugeben. Durch diesen Antreiber setzt man sich selbst stark unter Druck, weil man das Gefühl hat, nach außen immer die Starke bzw. der Starke sein zu müssen. Dadurch wirken sie manchmal unnahbar und kühl. Außerdem erledigen sie Aufgaben lieber selbst, anstatt um Hilfe zu bitten. Auch das wäre aus ihrer Sicht ein Zeichen von Schwäche.

Was ist das Gute an diesem Antreiber?

Wenn der Antreiber „Sei stark!“ in einem guten Maße ausgeprägt ist, knickt man nicht gleich bei der ersten größeren Belastung ein. Das heißt, man zeigt ein hohes Maß an Widerstandsfähigkeit und versucht, sich seine Unabhängigkeit zu bewahren.

Welche Gefahr birgt der Antreiber?

Wenn der Antreiber allerdings sehr stark ausgeprägt ist, besteht die Gefahr, dass gerade Führungskräfte gegenüber ihren Mitarbeitenden als „harter Hund“ rüberkommen. Das kann bei den Mitarbeiterinnen und Mitarbeitern viel Druck erzeugen, weil damit häufig verbunden ist, dass diese Führungskräfte nach außen oft wenig Empathie zeigen.

Was könnten typische Aussagen einer Führungskraft sein, die diesen Antreiber stark ausgeprägt hat?

- „Lassen Sie sich nicht so hängen!“
- „Ein Indianer kennt keinen Schmerz!“
- „Wer Gefühle zeigt, ist schwach!“
- „Das Leben ist kein Ponyhof!“
- „Nur die Harten kommen in den Garten!“

Führungskräfte mit diesem Antreiber tun sich sehr schwer, Emotionen und Empathie zu zeigen. Sie interpretieren dies eher als Schwäche. Außerdem tun sie sich sehr schwer, bei der nächsthöheren Führungskraft um Hilfe oder Unterstützung zu bitten. Deshalb laden sie sich selbst und dem eigenen Team immer mehr Aufgaben auf, weil sie oft nicht einschätzen können, wann die tatsächliche Belastungsgrenze erreicht oder sogar überschritten ist.

Wofür stehen diese Führungskräfte?

Führungskräfte mit einem ausgeprägten „Sei stark!“-Antreiber fordern und erwarten ein hohes Maß an innerer Härte und Leistungsbereitschaft!

Zu diesen Antreibern steht Ihnen in Kapitel 15 ein Arbeitsblatt zur Verfügung (Arbeitsblatt 8).

8.2 Praxistransfer – Worauf kommt es an?

Mit den Beschreibungen sind Sie Ihren eigenen inneren Antreibern hoffentlich schon etwas auf die Spur gekommen. Denn auch hier besteht der Praxistransfer aus mehreren Schritten.

1. Schritt = Selbstreflexion

Der bewusste Blick auf die eigenen Antreiber bietet mehrere Möglichkeiten. Denn zum einen können Sie erkennen, welcher oder welche Antreiber bei Ihnen selbst besonders stark ausgeprägt sind. Das heißt, Sie können besser nachempfinden, wo Sie gegebenenfalls zu viel des Guten von sich selbst erwarten bzw. wo Sie gegenüber Ihren Mitarbeitenden vielleicht besonders kritisch sind.

Aber es kann ja auch sein, dass bei Ihnen ein oder mehrere Antreiber (zu) schwach ausgeprägt sind. Dann können Sie sich gezielt damit auseinandersetzen, welche Aspekte Sie im Alltag gegebenenfalls stärker als bisher berücksichtigen sollten.

Oder Sie empfinden Ihre Antreiber als im richtigen Maß ausgeprägt. Das heißt, weder Sie selbst noch Ihre Mitarbeiterinnen und Mitarbeiter leiden darunter, dass Sie einen gewissen Perfektionismus, eine gewisse Schnelligkeit, eine gewisse Anstrengung, eine gewisse Harmonie und eine gewisse Stärke von sich selbst und Ihren Teammitgliedern erwarten.

Mit einer ehrlichen Selbstreflexion können Sie also eine viel bessere Selbststeuerung erreichen.

2. Schritt = Einschätzung Ihrer Teammitglieder

Mit den fünf Antreiberbeschreibungen haben Sie die Chance, einen bewussten Blick auf die Motive Ihrer Mitarbeitenden zu richten. Machen Sie sich zu den folgenden Leitfragen wieder einige Notizen, damit Sie Ihre Gedanken beim persönlichen Dialog mit einer Mitarbeiterin oder einem Mitarbeiter für ein individuelles Feedback nutzen können:

Welcher Antreiber ist bei welchem meiner Teammitglieder gegebenenfalls besonders stark ausgeprägt?

- Welche meiner Mitarbeitenden sind echte Perfektionisten und zeigen ein sehr hohes Qualitätsbewusstsein?
- Welche Mitarbeitenden sind ist aus meiner Sicht sehr schnell und arbeiten mit extrem hoher Schlagzahl?
- Welche Mitarbeitenden zeigen immer wieder eine sehr hohe Anstrengungsbereitschaft und signalisieren ein hohes Durchhaltevermögen?

- Welche Mitarbeitenden achten aktiv auf eine hohe Teamharmonie und stecken oft mit den eigenen Interessen zurück?
- Welche Mitarbeitenden lassen sich nicht durch den ersten kleinen Gegenwind aus der Bahn werfen und zeigen eine spürbare innere Härte?

Gibt es aber auch Teammitglieder, die bei dem einen oder anderen Antreiber vielleicht zu wenig aus ihren Möglichkeiten machen?

- Welche meiner Mitarbeitenden machen aus meiner Sicht zu viele Leichtsinnsfehler und achten nicht genug auf eine angemessene Arbeitsqualität?
- Welche meiner Mitarbeitenden benötigen aus meiner Sicht viel zu lange, um eine einfache Aufgabe zügig zu erledigen und nehmen sich zu viele Pausenzeiten?
- Welche meiner Mitarbeitenden zeigen aus meiner Sicht zu wenig Engagement und geben bei etwas schwierigeren Aufgaben zu schnell auf?
- Welche meiner Mitarbeitenden sind aus meiner Sicht viel zu egoistisch und achten tendenziell nur auf den eigenen Vorteil?
- Welche meiner Mitarbeitenden sind aus meiner Sicht zu zart besaitet und überbetonen die eigenen Schwächen?

3. Schritt = Führung individualisieren

Nutzen Sie die Erkenntnisse aus Schritt eins und Schritt zwei, um Ihren persönlichen Führungsstil zu optimieren. Das heißt, stark ausgeprägte Antreiber im Führungsverhalten etwas zu reduzieren und schwach ausgeprägte Antreiber etwas zu stärken.

Außerdem sollten Sie die identifizierten Antreiber Ihrer Mitarbeiterinnen und Mitarbeiter im Dialog mit ihnen überprüfen, und wenn Sie Klarheit bekommen haben, welcher Antreiber bei den einzelnen Teammitgliedern stark ausgeprägt sind, können Sie den Antreiber individuell bei Aufgaben, die Sie delegieren, nutzen. So können Sie noch einmal einen besonderen Fokus bei einer übertragenen Aufgabe benennen oder ein bestimmtes Entwicklungsfeld bei den Mitarbeitenden in die generelle Zielvereinbarung übernehmen. Dazu ein einfaches Beispiel:

Hypothetisches Praxisbeispiel

Angenommen, Sie sind als Führungskraft ein echter Perfektionist. Sie haben einen extrem hohen Qualitätsanspruch an sich selbst und Ihre Mitarbeitenden. Etwas überspitzt gesagt, Sie sind ein „Korinthenkacker“ oder vornehmer ausgedrückt ein „Erbsenzähler“.

Jetzt wollen Sie einer Mitarbeiterin eine Aufgabe übertragen, bei der es auch auf Genauigkeit und Richtigkeit ankommt. Allerdings haben Sie bereits die Erfahrung gemacht, dass diese Mitarbeiterin einerseits zwar sehr schnell arbeitet, ihr aber andererseits öfters Leichtsinnsfehler unterlaufen.

Wenn Sie das Antreibermodell nun geschickt in der individuellen Führung anwenden, könnten Sie bei der Aufgabendelegation ganz einfach diese Erkenntnisse für den Dialog mit der Mitarbeiterin nutzen.

Zum einen können Sie der Mitarbeiterin verdeutlichen, dass die Aufgabe mit einem grundsätzlich hohen Anspruch auf Genauigkeit und Richtigkeit verbunden ist. Erklären Sie der Mitarbeiterin, an welchen Kernelementen das festgemacht wird bzw. überprüft werden kann. Erläutern Sie auch die Hintergründe, weshalb gerade bei dieser Aufgabe die Latte etwas höher liegt. „Frau ..., ich habe diesmal eine wichtige Aufgabe für Sie, bei der es im Speziellen auf Genauigkeit und Richtigkeit ankommt. Ich weiß, dass es nicht leicht ist, die konkreten Kundenforderungen so exakt zu erfüllen, aber Sie müssen unbedingt die richtigen ... heraussuchen und bei der Korrespondenz auf absolut fehlerfreie Formulierungen achten. Gerade dieser Kunde hat sich im letzten halben Jahr schon dreimal bei der Geschäftsleitung über mangelnde Kundenorientierung beschwert und sogar eine Mail an unseren Vorstand geschickt, in der drei Tippfehler markiert waren ..."

Zum anderen können Sie den selbstkritischen Blick auf Ihre eigene Erwartungshaltung kommunizieren. „Wie Sie ja wissen, bin ich oft ein echter Erbsenzähler. Sie würden mir und sich viel Ärger und Diskussionen ersparen, wenn Sie insbesondere bei diesem Auftrag wirklich von sich aus mit viel Genauigkeit und Präzision arbeiten und bereits im Vorfeld eine zusätzliche Selbstkontrolle durchführen, um die Richtigkeit Ihres Schriftverkehrs zu überprüfen ..."

Außerdem können Sie Ihre Einschätzung der Mitarbeiterin bewusst einfließen lassen, indem Sie ihre Stärken wertschätzen und gleichzeitig die individuelle Herausforderung würdigen. „Frau ..., ich weiß, dass Sie immer eine richtig hohe Schlagzahl haben, was Sie an einem Tag wegarbeiten, dafür brauchen manche eher zwei Tage. Aber andererseits wissen wir beide, dass Sie manchmal auch den einen oder anderen Leichtsinnsfehler machen. Und genau davor will ich Sie und uns beide bewahren. Nehmen Sie sich für diesen speziellen Auftrag lieber etwas mehr Zeit, aber achten Sie darauf, dass Sie hier wirklich absolut korrekt arbeiten. Frei nach dem Motto: Lieber einmal mehr kontrolliert als zu früh rausgeschickt. Bei dieser speziellen Aufgabe kommt es nicht auf einen Tag an! Hier kommt es auf Genauigkeit an! Und wenn ich Sie an irgendeiner Stelle unterstützen kann, dann melden Sie sich bitte rechtzeitig. Ich bin dann gerne für Sie da ..." ■

Dieses Beispiel zeigt, wie eine individuelle Führung mithilfe der Antreiber aussehen könnte. Das kostet zwar etwas Mühe, sich dies vor einer wichtigen Delegation einer Aufgabe bewusst zu machen. Aber andererseits hat das zur Folge, dass Ihre Mitarbeiterin bzw. ihr Mitarbeiter viel genauer weiß, was Sie mit der Aufgabe verbinden, was Sie konkret vom Mitarbeitenden erwarten, und das Teammitglied erhält ganz nebenbei eine persönliche Wertschätzung für das, was sie/er sonst wirklich gut macht.

8.3 Der nächste Schritt: innere Erlaubnis

Zu jedem stark ausgeprägten Antreiber gibt es eine Möglichkeit, entspannter mit den inneren Antrieben umzugehen. Dazu benötigen wir sozusagen ein inneres Gegenprogramm, damit unser stark ausgeprägter Antreiber nicht ins Negative oder Belastende kippt. Dieses innere Gegenprogramm wird gerne als „Erlauber“ bezeichnet. Dabei geht es darum, die blockierenden oder überfordernden Muster aufzubrechen und nach einer passenden Erlaubnis zu suchen, die mich unterstützt.

Um das eigene Gegenprogramm besser finden zu können, erhalten Sie nachfolgend einige mögliche Formulierungen. Lassen Sie sich dadurch einfach inspirieren, Ihren passenden „Erlauber“ zu finden oder einen eigenen positiven Leitsatz für sich selbst zu formulieren.

Antreiber: Sei perfekt!

Mögliche Erlauber:

- Ich darf auch mal einen Fehler machen und daraus lernen!
- Es müssen nicht immer 110% sein – oft reichen auch mal 90%!
- Ich darf ich selber sein!
- Ich bin gut so, wie ich bin!
- Gut ist oft gut genug!

Antreiber: Mach schnell!

Mögliche Erlauber:

- Ich darf mir auch mal Zeit nehmen, um etwas in Ruhe fertig zu machen!
- Auch ich darf mal eine Pause einlegen, um neue Kräfte zu schöpfen!
- Gut Ding will Weile haben – in der Ruhe liegt die Kraft!
- Probier's mal mit Gemütlichkeit! (Lied aus dem *Dschungelbuch*)
- Ich darf auch mal in Ruhe auf meine Arbeitsqualität achten, denn nicht immer ist nur die Quantität entscheidend!

Antreiber: Streng dich an!!

Mögliche Erlauber:

- Ich darf auch mal gelassen bleiben!
- Ich erlaube mir, Erfolge auch ohne Anstrengung zu genießen, denn auch wenn es leicht geht, ist es wertvoll!
- Ich darf bei meiner Arbeit auch Spaß und Freude haben!

- Gute Leistungen sind auch eine Folge von Muße und Entspannung!
- Ich muss nicht durchhalten um jeden Preis, sondern ich darf auch mal eine Tätigkeit abbrechen, wenn klar ist, dass sie nicht erfolgreich beendet werden kann!

Antreiber: Mach es allen recht!

Mögliche Erlauber:

- Ich darf auch mal Nein sagen, ohne gleich ein schlechtes Gewissen zu haben!
- Ich darf meine eigenen Bedürfnisse, Wünsche und Ziele ernst nehmen!
- Es recht zu machen jedermann, ist eine Kunst, die keiner kann!
- Ich darf es auch mir selbst recht machen!
- Ich bin o.k., auch wenn andere Personen mit mir mal unzufrieden sind!

Antreiber: Sei stark!

Mögliche Erlauber:

- Ich darf auch mal andere Personen um Unterstützung bitten, ohne gleich schwach zu wirken!
- Ich darf auch mal meine eigene Schwäche zugeben, auch das ist eine Form von Stärke!
- Ich darf auch mal Grenzen ziehen, bevor ich mich selbst oder andere überlaste?
- Ich darf ehrlich meine persönlichen Gefühle zeigen!
- Ich darf auch im Arbeitsalltag empathisch und mitfühlend sein!

Mit diesen vorgeschlagenen „Erlaubern“ finden Sie hoffentlich Ihre persönliche Erlaubnis, die Ihnen im Arbeitsalltag hilft, Ihren zu stark ausgeprägten Antreiber auf ein gutes und angemessenes Maß anzupassen.

8.4 Die Zwei-Faktoren-Theorie

Die Zwei-Faktoren-Theorie wurde von Frederick Herzberg, einem angesehenen amerikanischen Professor der Arbeitswissenschaft und der klinischen Psychologie, Ende der 1960er-Jahre entwickelt. Wie der Name der Theorie bereits zum Ausdruck bringt, unterscheidet Herzberg zwischen zwei Arten von Einflussgrößen auf die Arbeitsmotivation von Menschen.

Da gibt es zum einen die sogenannten Hygienefaktoren. Diese Einflussgrößen sollten von den Mitarbeiterinnen und Mitarbeitern möglichst positiv oder zumindest neutral bewertet werden. Zum anderen gibt es die sogenannten Motivationsfaktoren, die für eine zusätzliche Motivation bei den Mitarbeitenden sorgen können, wenn sie im Arbeitsalltag erlebbar sind.

Herzberg benennt folgende Hygienefaktoren:

- Unternehmenspolitik, z. B. Betriebspolitik und Verwaltung.
- Personalführung, z. B. Art der Mitarbeiterführung.
- Arbeitsbedingungen, z. B. physische Bedingungen am Arbeitsplatz.
- Sicherheit des Arbeitsplatzes für Mitarbeiter, z. B. geringes Kündigungsrisiko
- Geld, z. B. Entlohnung des Mitarbeiters.
- Personelle Beziehungen, z. B. zu Vorgesetzten und Kollegen.

Und Herzberg benennt folgende Motivationsfaktoren:

- Arbeit selbst, z. B. Inhalt der Aufgabe des Mitarbeiters.
- Leistungserfolg, z. B. Erfolgserlebnisse mit Selbstbestätigung.
- Anerkennung, z. B. Lob und Würdigung des Vorgesetzten für gute Arbeit.
- Verantwortung, z. B. aufgabenentsprechende Verantwortung.
- Aufstieg, z. B. Beförderungsmöglichkeiten für Mitarbeiter.
- Entfaltung, z. B. Möglichkeiten der Selbstentfaltung.

Herzberg leitet für diese zwei Arten von Faktoren verschiedene Wirkungen ab:

- Das Vorhandensein von Hygienefaktoren wird von Mitarbeitern als selbstverständlich angesehen, ihr Fehlen bewirkt Unzufriedenheit.
- Das Vorhandensein von Motivationsfaktoren kann das Fehlen von Hygienefaktoren nur teilweise und unvollständig ausgleichen.
- Durch Motivationsfaktoren kann bei Vorliegen der Hygienefaktoren eine positive Wirkung erreicht werden.

Wenn Sie nach diesem Modell im Internet suchen, finden Sie zahlreiche weiterführende Erläuterungen und auch kritische Kommentare zur Entwicklung der Studie. Dieses Modell kann trotzdem sehr gut zur Reflexion im Führungsalltag genutzt werden. Setzen Sie es beispielsweise als Diskussionsgrundlage mit den eigenen Teammitgliedern ein, um zu erkennen, wie Ihre Mitarbeitenden die verschiedenen Faktoren im Unternehmen bewerten. Außerdem zeigt sich, wo man selbst als Führungskraft aktiv und bewusst Einfluss nehmen kann. Fragen Sie Ihre Teammitglieder also gezielt nach Feedback. Dabei wird oft deutlich, dass die Führungskraft tendenziell mehr Einflussmöglichkeiten bei den Motivationsfaktoren als bei den

Hygienefaktoren hat. Jede Führungskraft kann das eigene Führungsverhalten beeinflussen. Und auch die Beziehungsgestaltung kann von der Führungskraft bewusst gesteuert werden. Aber an der generellen Unternehmenspolitik, an der allgemeinen Führungskultur im Unternehmen, an den Rahmenbedingungen am Arbeitsplatz (z.B. Großraumbüro), an der generellen Arbeitsplatzsicherheit und am gesamten Vergütungssystem kann die einzelne Führungskraft oft nur wenig verändern. Aktive Einflussmöglichkeiten hat aber jede Führungskraft bei der Delegation von Aufgaben, bei der Resonanz und der Wertschätzung zur geleisteten Arbeit, bei der Übertragung von Verantwortung und bei der Weiterentwicklung der einzelnen Teammitglieder sowie deren Selbstentfaltung. Und genau diese Einflussmöglichkeiten sollten Führungskräfte im Führungsalltag bewusst nutzen. Somit stärken Sie die erlebte Wertschätzung Ihrer Mitarbeitenden.

8.5 Erkenntnis – Reflexion – Umsetzung

Sie sehen, jeder Mensch trägt unterschiedliche Motivationsmuster in sich. Es lohnt sich, die individuellen Motive und Motivationsfaktoren der eigenen Mitarbeitenden zu ergründen und dann angemessen in der Führung zu berücksichtigen, denn **Menschen machen den Unterschied!** Auch bei der Art und Weise, wie sie ihre Motivation zeigen.

Wenn Sie das Thema Motivation sehr beschäftigt, können Sie dazu mittlerweile einige interessante und wertvolle Tools nutzen, um Ihren eigenen Motiven und den Motiven Ihrer Mitarbeitenden genauer auf die Spur zu kommen. Aber diese Tools sind in der Regel für die Einzelauswertungen gebührenpflichtig.

Empfehlenswert ist das sogenannte Reiss Motivation Profile®, um sich vertieft mit den eigenen Motiven auseinanderzusetzen. Bei dieser Analyse werden 16 Lebensmotive analysiert, um daraus abzuleiten, welche dieser Motive bei einem selbst eine hohe Bedeutung haben (Link zur Reiss-Profil-Akademie in Österreich – dort habe ich meine Reiss-Profil-Trainerakkreditierung absolviert – siehe Literaturhinweise).

Interesse steuert die Wahrnehmung – Interesse steuert die Motivation!

Ein Klang

Ein Indianer und ein Weißer gingen durch die Straßen New Yorks. Mit einem Mal blieb der Indianer stehen und hob lauschend den Kopf.

„Hörst du den feinen Ton? Das ist der Gesang einer Grille!“

„Ich höre gar nichts“, sagte der Weiße. „Nur den Krach der Autos und den Lärm der Straße.“

„Doch, doch, ich höre es ganz deutlich!“, sagte der Indianer. „Komm mal mit, ich zeige sie dir.“

Dem zarten Laut folgend, führte er seinen Bekannten zu einer alten Mauer und zeigte ihm glücklich lächelnd eine kleine Grille, die, in einem Mauerloch sitzend, ihre beiden Flügel aneinander rieb und so den schrillen Laut erzeugte.

„Ja, toll“, sagte der Weiße achselzuckend und ging weiter.

Nach einer Weile ließ der Indianer mitten im dicksten Gewühl einen Silberdollar fallen. Der Weiße blieb sofort stehen und begann, eifrig nach dem Geldstück zu suchen, dessen hellen Klang er beim Aufschlag auf den Gehweg klar und deutlich vernommen hatte.

„Wirklich erstaunlich, mein Freund“, sagte der Indianer, als er seinen Dollar aufhob, „beim Klang des Geldes hast du sofort reagiert, aber für das Lied der kleinen Grille fehlt dir das Gehör.“

(Quelle: *„Sonne* für die Seele“, S. 35, Norbert Lechleitner)

Um Ihre Motivationspunkte zu identifizieren, hier noch ein paar Reflexionsfragen für Sie

- Worauf reagieren Sie im Alltag?
- Wobei sind Sie hellhörig?
- Wo übergehen Sie manchmal auch die feinen, kleinen Töne?
- Was ist Ihnen wirklich wichtig?
- Worauf richten Sie Ihren Fokus?
- Wofür genau interessieren Sie sich?
- Was fällt Ihnen bei Ihren Teammitgliedern auf?
- Woran erfreuen Sie sich?
- Was gibt Ihnen Kraft und Energie?

Führungsprinzip Wertschätzung heißt:

Als Führungskraft die eigenen Motivationsfaktoren und die der zu führenden Personen kennen und diese in der täglichen Führungsarbeit sinnvoll und zielführend einzubinden.

8.6 Literaturhinweise

https://de.wikipedia.org/wiki/Motivation (Stand 15.05.2021)

Kahler, T.: *The Miniscript,* Transactional Analysis Journal, 4: 1. Januar 1974, S. 26 – 42.

http://www.personalmanagement.info/hr-know-how/glossar/detail/zwei-faktoren-theorie/ (Stand 15.05.2021), mit Verweis auf folgende Quelle: Klaus Olfert: *Lexikon Personalwirtschaft.* 1. Aufl., Kiehl, Ludwigshafen 2008

http://www.rmp-austria.at/reiss-motivation-profile (Stand 15.05.2021)

Lechleitner, N.: *Sonne für die Seele – 211 überraschende Weisheitsgeschichten, die jeden Tag ein wenig fröhlicher machen.* Verlag Herder GmbH, Freiburg im Breisgau Neuausgabe 2008, S. 35

9 Konflikte lösen

In der täglichen Führungsarbeit gibt es immer wieder Situationen, die eine besondere Herausforderung darstellen. Deshalb ist noch lange nicht jede Herausforderung gleich ein Konflikt. Aber wie führe ich als Führungskraft in Konfliktsituationen?

Wir wenden uns hier in diesem Kapitel einem sehr wichtigen Führungsthema zu. Denn Konflikte, Spannungen, Differenzen usw. werden von vielen Führungskräften gerne gemieden. Aber gerade in Konflikten sind Führungskompetenzen gefordert.

„Führen ist wie Segeln!" Das Segeln auf ruhigem Wasser, bei leichter konstanter Brise und Sonnenschein ist in der Regel locker, leicht und lässig. Aber wenn es stürmt, die Wellen hochschlagen, das Boot sehr schräg im Wasser liegt, komplett nass ist und die Sicht nur sehr eingeschränkt ist, dann ist das Segeln eine echte Herausforderung, auch für erfahrene Seeleute.

In diesem Kapitel erhalten Sie wertvolle Ansatzpunkte für die Selbstreflexion zu Ihren eigenen Verhaltenstendenzen in Konfliktsituationen und zu Lösungsansätzen, wie Sie als Führungskraft in Konfliktsituationen eine höhere Wirkungskraft erzeugen können.

■ 9.1 Persönliche Verhaltenstendenzen in Konfliktsituationen

Nachfolgendes Modell eignet sich sehr gut dazu, das eigene Verhalten in Konfliktsituationen bzw. die eigenen typischen Verhaltenstendenzen in Konflikten und bei Meinungsverschiedenheiten zu analysieren. Grundsätzlich gibt es unterschiedliche Interessen, Bedürfnisse, Ziele, Wünsche usw. von beteiligten Personen in Konfliktsituationen. Da sind meine eigenen Ziele und Wünsche und da sind die Ziele, Wünsche, Bedürfnisse des Konfliktpartners oder meines Teams.

Daraus ergeben sich vier Extrempositionen (Bild 9.1). Diese werden aber oft nicht bewusst, sondern in der Regel unbewusst verfolgt. Wir sind, wie schon in anderen Kapiteln als Stichwort verwendet, in unserem Modus des „Autopiloten" unterwegs.

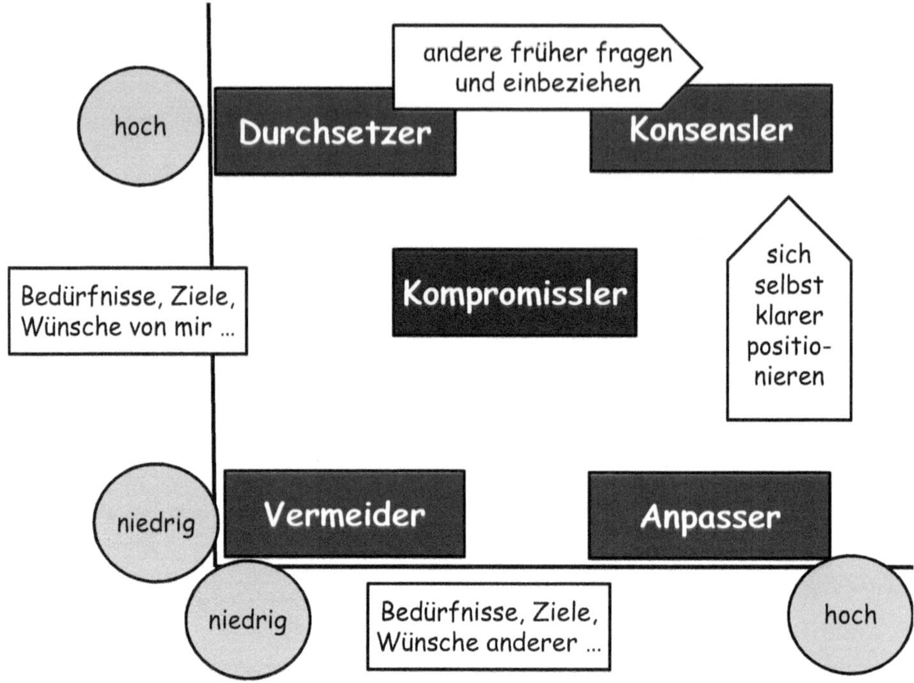

Bild 9.1 Verhaltenstendenzen in Konfliktsituationen

Konfliktverhaltenstyp „Vermeider"

Da ist zunächst das Verhaltensmuster eines „Vermeiders". Der Hauptimpuls des Konfliktvermeiders ist es, Konflikten möglichst komplett aus dem Weg zu gehen. Weder die eigenen noch die fremden Interessen werden reflektiert und berücksichtigt. Vielmehr geht es um Strategien, die dafür sorgen, dass der Konflikt nicht ausgetragen wird und die Probleme sozusagen unter den Teppich gekehrt werden. Eine Art „Vogel-Strauß-Technik". Kopf in den Sand stecken und hoffen, dass der Sturm an einem vorüberzieht, ohne dass der Konflikt überhaupt thematisiert wird. Ein typischer Grund für dieses Verhaltensmuster kann sein, dass man schlechte Erfahrungen mit Konfliktsituationen gemacht hat oder dass man den Konfliktgrund als relativ gleichgültig bewertet.

Das kann kurzfristig hilfreich und gegebenenfalls von Vorteil sein (man muss ja nicht auf jeden Konflikt anspringen, der einem so angeboten wird). Aber auf Dauer führt die Verhaltenstendenz des „Vermeiders" zu einer Gefahr des Anstiegs der Konfliktintensität. Das hat zur Folge, dass alle Beteiligten irgendwie unbefriedigt und unzufrieden den weiteren Verlauf der Zusammenarbeit erleben. Da ist gefühlt irgendetwas als Störung spürbar, aber das Thema wird nicht besprochen, nicht bearbeitet und somit auch nicht gelöst.

Konfliktverhaltenstyp „Anpasser"

Das zweite Verhaltensmuster ist das eines „Anpassers". Beim Konfliktanpasser steht eine gute bzw. sehr gute Beziehungsebene im Vordergrund. Im Zweifelsfall steckt man mit den eigenen Wünschen, Zielen, Bedürfnissen und Interessen zurück, um die andere Person glücklich zu machen. Da hier der treibende Aspekt die Harmonie und gutes Miteinander sind, macht ein „Anpasser" sehr schnell, oft zu schnell Zugeständnisse, ist persönlich sehr entgegenkommend und wirkt dadurch deeskalierend. Gleichzeitig ist er gerne bereit, Lösungen zu finden und Vereinbarungen zu treffen, die den Bedürfnissen des Konfliktpartners entsprechen. Der Hintergedanke ist, dass so die Beziehungsebene weiter gestärkt wird. Im Grunde steht die hohe Beziehungsorientierung deutlich über den eigenen Bedürfnissen.

Auch hier gilt, dass eine solche Verhaltenstendenz situativ gut und angemessen sein kann. Auf Dauer in jeder Konfliktsituation in diesem Muster zu agieren, sorgt dafür, dass der „Anpasser" niemals seine eigenen Interessen, Ziele und Wünsche realisieren kann. Das führt dann langfristig zu einer gewissen Unzufriedenheit für den „Anpasser" selbst und kann dann auch als sogenannte Scheinharmonie erlebt werden.

Konfliktverhaltenstyp „Durchsetzer"

Das dritte Verhaltensmuster ist das genaue Gegenteil vom „Anpasser", der „Durchsetzer". In Konfliktsituationen stehen zunächst einmal das eigene Interesse, die eigenen Ziele und Wünsche im Vordergrund. Es geht darum, eine klare Position zu beziehen, für die eigenen Bedürfnisse zu kämpfen und den Konflikt aktiv anzugehen. Das Verhaltensmuster eines „Durchsetzers" ist für andere Personen eher herausfordernd, anstrengend und unbequem. Es sorgt für Reibungspunkte und fördert die Auseinandersetzung. Gleichzeitig ist das aber auch ein Zeichen für Mut und Klarheit, die eigenen Interessen zu benennen.

Situativ kann es sehr wertvoll sein, für seine eigenen Bedürfnisse und Wünsche zu kämpfen. Durch die eigene Positionierung wird der Konflikt auf jeden Fall offengelegt. Wenn man aber immer in diesem Muster agiert, kann man mit der Zeit die Gefolgschaft der anderen Personen verlieren, weil deren Wünsche und Bedürfnisse zu wenig oder keine Berücksichtigung finden.

Konfliktverhaltenstyp „Konsensler"

Die vierte Extremposition ist die des „Konsenslers". Hier spricht man im Verhandlungstraining auch gerne von einer Win-win-Situation. Beide Konfliktparteien finden eine Lösung und treffen Absprachen, die im Prinzip alle Wünsche, Interessen, Ziele und Bedürfnisse berücksichtigen. Das Problem im Arbeitsalltag ist nur, je weiter die Interessen und Wünsche auseinanderliegen, desto schwieriger ist es, eine solche Lösung zu finden. Das Attraktive am Verhaltensmuster eines „Konsenslers" ist, dass alle Beteiligten mit dem Ergebnis überaus zufrieden sind und am Ende der Konfliktsituation sagen: „Gut, dass wir gestritten haben, mit diesen Vereinbarungen können wir hervorragend leben."

Das erfordert aber, dass sich alle Konfliktbeteiligten aktiv und klar in den Konfliktlösungsprozess einbringen. Nur dann können alle Interessen berücksichtigt werden. Allerdings ist die Folge dieser Art der Konfliktlösung, dass man relativ viel Zeit aufwenden muss, um eine echte Lösung zu finden, die einen wahrhaftigen Konsens abbildet.

In der Mitte des Modells finden Sie noch den Begriff Kompromiss.

Konfliktverhaltenstyp „Kompromissler"

Beim Verhaltensmuster Nummer fünf, den „Kompromissler", ist entscheidend, dass es zu einer Lösung kommt, die möglichst viele Bedürfnisse von beiden Konfliktparteien berücksichtigt. Dann kann man von einem guten und tragfähigen Kompromiss sprechen. Allerdings kommt es nicht immer so. Gerade in der Politik ergibt sich oft nur der kleinste gemeinsame Nenner. Also eine Lösung, bei der alle beteiligten Konfliktparteien am Ende sagen, dass sie mit dem Ergebnis nicht so recht zufrieden sind. Dann haben wir einen sogenannten faulen Kompromiss. Jeder gibt so lange nach, bis alle zähneknirschend zustimmen, obwohl sie ein schlechtes Gefühl haben. Ein guter Kompromiss erfordert ähnlich viel Engagement und Offenheit von allen Beteiligten wie die Kooperation. Ein fauler Kompromiss ist dagegen wenig erstrebenswert.

Persönliches Beispiel

Ich war bis zum Jahreswechsel 2013/2014 Gesellschafter und Geschäftsführer einer kleinen Trainings- und Beratungsfirma, zusammen mit meinem Geschäftspartner. Er ist 15 Jahre älter als ich und hatte Anfang der 1990er-Jahre diese Firma mit zwei Ex-Kollegen gegründet. Als ich 2006 dann dazugestoßen bin, entwickelte sich sehr schnell eine persönliche Freundschaft zwischen uns. Wir hatten in vielen Punkten immer eine sehr ähnliche Auffassung von Zielen, Methoden, Vorgehensweise, Elementen in Seminaren usw. Die Basis unserer Freundschaft war eine sehr wertschätzende wechselseitige Haltung von Respekt und Interesse füreinander. Es war in vielen Situationen der Regelfall, dass wir mehr oder weniger von selbst die Interessen des jeweils anderen im Blick hatten. Und trotzdem war für mich immer innerlich klar, dass er Geschäftsführer 1A ist und ich nur Geschäftsführer 1B bin. Wobei er das nie so geäußert hat oder mich hat spüren lassen, im Gegenteil. Aus seiner Sicht waren wir immer absolut gleichwertig und gleichberechtigt. Aber für mich war seine Vorleistung bezogen auf unsere Firma stets auch Teil dieser geschäftlichen Partnerschaft. Und so konnte ich von meinem Gefühl her trotz aller Leistungen und trotz jedes persönlichen Einsatzes von mir nie ganz auf Augenhöhe kommen. Dadurch fühlte ich mich irgendwie in einem Hamsterrad und auch ein Stück gefangen in der Historie der Firma vor meiner Zeit. Für mich nahm der innere Druck von Jahr zu Jahr zu. Und dann kam ein für mich bis heute sehr entscheidender Moment. Mein Vater erkrankte sehr schwer an Lungenfibrose.

Daher war das für mich der Anlass, im Sommer 2013 das Gespräch mit meinem Freund und Geschäftspartner zu suchen. Für mich war klar, wenn ich jetzt neben dem beruflichen Druck auch noch die Krankheitssituation meines Vaters bewältigen soll, dann wäre es nur eine Frage der Zeit, wann ich in ein Burn-out-Syndrom gerate. Und so nahm ich mir das eben vorgestellte Konfliktmodell zu Hilfe und habe für mich zur Gesprächsvorbereitung noch mal eindeutig festgehalten, was meine persönlichen Bedürfnisse, Ziele und Wünsche sind. Außerdem habe ich mir auch noch mal genau vor Augen geführt, welche Ziele, Wünsche und Bedürfnisse ich auf der Seite meines Geschäftspartners wahrgenommen hatte. Erst nach dieser Vorbereitung bin ich ins Gespräch gegangen.

Verkürzt beschrieben lagen unsere Bedürfnisse, Ziele und Wünsche sehr weit auseinander. Ich wollte mehr freie Zeit für meinen Vater und mich, mehr Selbstbestimmung und weniger Druck. Kurzum, ich wollte raus aus der Firma und raus aus meiner Rolle, dort Gesellschafter und Geschäftsführer zu sein. Auf der anderen Seite hatte mein Geschäftspartner ganz klar das Ziel, dass ich seine Firma erfolgreich fortführe, wenn er in ein paar Jahren in den Ruhestand geht. Außerdem war ihm ein großes Anliegen, den Arbeitsplatz unserer Assistentin zu sichern, gerade für den Fall, wenn er selbst irgendwann aufhört. Er wollte mich also unbedingt in der Firma halten und war zu vielen Zugeständnissen bereit. Es war somit eine schwierige Gemengelage, ein echter Konflikt. Wir sind beide als Persönlichkeit sehr beziehungsorientiert und geben im Zweifelsfalle schnell nach. Diesmal war es aber anders und jeder hat wirklich intensiv um seine Interessen und Positionen gerungen. Am Ende haben wir uns auf ein Ergebnis geeinigt, das aus meiner Sicht irgendwo zwischen Konsens und Kompromiss liegt. Ich bin tatsächlich zum Jahreswechsel 2013/2014 aus der Funktion Gesellschafter und Geschäftsführer ausgeschieden und in den Status eines Freiberuflers gewechselt. Gleichzeitig haben wir eine formelle Kooperation vereinbart, in der wir klare Regelungen für die weitere Arbeit mit unseren Kunden getroffen haben und auch wechselseitige Provisionsregelungen vereinbart haben. Jeder von uns hat Zugeständnisse gemacht und gleichzeitig eigene Interessen gewahrt.

Im Nachhinein war das für mich eine wertvolle Erfahrung, wie dieses Modell in der Konfliktpraxis eine angemessene Anwendung finden kann. Außerdem habe ich dadurch tatsächlich im letzten halben Lebensjahr meines Vaters viel Zeit mit ihm verbringen können. Das wäre nicht möglich gewesen, wenn ich meinem persönlichen Autopiloten in Konfliktsituationen gefolgt wäre. Dann nämlich hätte ich meinem Geschäftspartner nachgegeben und eventuell nicht klar genug die Reißleine gezogen. Mein Vater ist dann im Sommer 2014 verstorben, und ich konnte für mich aufrichtig in den Spiegel schauen und dem Gefühl Raum geben, für mich alles richtig gemacht, mich richtig entschieden zu haben.

Interessant ist auch die Entwicklung der Beziehungsebene zu meinem damaligen Geschäftspartner. Zunächst gab es eine Phase der Abkühlung und des Verarbeitens der Entscheidung. Danach hatten wir noch mal eine kurze Auseinandersetzung bezüglich der klaren Kooperationsregeln. Aber jetzt ist wieder Raum für eine bereinigte und tatsächlich persönliche Freundschaft, die nicht auch von geschäftlichen Interessen begleitet wird. ■

9.2 Praxistransfer – Worauf kommt es an?

Selbstdiagnose zu den Konfliktverhaltenstendenzen

- Welches Verhaltensmuster kommt Ihnen in Konfliktsituationen relativ bekannt vor?
- Gibt es ein Verhaltensmuster, das Sie besonders häufig wählen?
- Gibt es vielleicht ein Verhaltensmuster, welches Sie immer bei bestimmten Personen zeigen?
- Erleben Sie Arbeitssituationen, in denen Sie ein bestimmtes Verhaltensmuster öfters zeigen?
- Welches Verhaltensmuster ist Ihnen nicht oder wenig vertraut?
- Wie schnell erkennen Sie Ihre eigenen Bedürfnisse, Wünsche und Ziele in Konfliktsituationen?
- Wie schnell und wie deutlich bringen Sie diese zum Ausdruck?
- Wie stark hören und beachten Sie die Bedürfnisse, Wünsche und Ziele Ihres Konfliktpartners?

Für die nützliche Anwendung dieses Modells in Konfliktsituationen ist der erste Schritt, dass Sie Ihre eigene Verhaltenstendenz ehrlich analysieren. Nur wenn Sie Ihre eigenen Muster angemessen realistisch einschätzen, haben Sie die Chance, bewusst in ein anderes Konfliktverhaltensmuster zu wechseln. Vergleichbar sind solche Verhaltenstendenzen mit dem Autopiloten in uns. Wenn wir nicht lange nachdenken, unsere Verhaltensmuster nicht immer wieder überprüfen und uns bewusst damit auseinandersetzen, sind wir im Prinzip immer im Autopilotmodus unterwegs. Und gerade in Konfliktsituationen ist es hilfreich, den Autopilotmodus bewusst zu reflektieren und gegebenenfalls auch bewusst zu verlassen.

Angenommen Ihr **Autopilotmodus** ist die **Konfliktvermeidung**. Das funktioniert eine Zeit lang. Aber irgendwann spüren Sie, dass sich der Konflikt verhärtet, eventuell intensiver wird und zu eskalieren droht. Je länger wir als Führungskraft mit einer Konfliktauseinandersetzung warten, desto schwieriger wird es, eine gute Lösung für alle Beteiligten zu finden. Ihr nächster Schritt im Praxistransfer sollte sein, bei aufkommenden Konfliktsituationen so schnell wie möglich den Dialog mit dem Menschen zu suchen, der in dem Konflikt eine zentrale Rolle spielt. Fragen Sie einfach nach, welche Ziele, Wünsche oder Bedürfnisse der anderen Person wichtig sind. Wenn Sie diese Aspekte gehört haben, können Sie innerlich abgleichen, ob Sie genau die gleichen oder ähnliche Bedürfnisse oder Ziele haben. Wenn ja, ist der Konflikt eigentlich schon leicht zu lösen. Wenn nein, ist es wichtig, dass Sie sich dann trauen, Ihre persönlichen Wünsche und Bedürfnisse zum Ausdruck zu bringen. Nur so kann Ihr Konfliktpartner auch auf Ihre Wünsche eingehen oder sich zumindest damit bewusst auseinandersetzen. Es ist wichtig, sich zunächst einmal einzugestehen, dass es einen Konflikt bzw. ein Konfliktthema gibt. Hier ist folgender persönlicher Leitsatz für Sie hilfreich: **Trau dich – sprich das Konfliktthema an!**

Sollte Ihr **Autopilotmodus** die **Anpassung** sein, dann machen Sie in der Regel, ohne groß darüber nachzudenken, Zugeständnisse. Dadurch hoffen Sie, oft unbewusst, die Beziehungsebene zu stärken und die Harmonie aufrechtzuerhalten. Über kurz oder lang kann es sein, dass andere Personen Sie als Führungskraft eher als „Weichei" ansehen. Dadurch, dass man sozusagen keine echte Reibungsfläche bietet, werden die eigenen Bedürfnisse eventuell immer mehr übergangen oder nicht mehr wahrgenommen. Somit sollte Ihr nächster Schritt im Praxistransfer sein, Ihre eigenen Ziele, Wünsche und Bedürfnisse klar und deutlich zu benennen. Manchmal braucht es dazu noch die Vorstufe, dass Sie sich selbst fragen, was Sie wirklich wollen. Nicht jeder „Anpasser" kann das auf Anhieb sagen. Aber nur wenn Sie Ihre eigenen Wünsche kennen und zum Ausdruck bringen, kann eine echte und kraftvolle Beziehung entstehen. Und das ist doch eigentlich das große Ziel, das hinter dem Anpassungsmodus steckt. Daher sollte Ihr persönlicher Leitsatz sein: **Trau dich – sag, was du tatsächlich willst und brauchst!**

Im Gegensatz dazu gibt es Menschen, die als **Autopilot** den **Durchsetzungsmodus** leben. Hier steht im Vordergrund, sich schnell und eindeutig mit seinen eigenen Bedürfnissen zu positionieren. Dadurch neigen Sie oft dazu, klare Ansagen zu machen und anderen relativ wenig Raum zu lassen. Wenn Sie als Führungskraft diesen Autopiloten in sich tragen, werden sich Ihre Mitarbeitenden tendenziell zurückhaltend zeigen und wenig eigene Ideen oder Vorschläge einbringen. Gerade in der Rolle als Führungskraft ist es wichtig, immer wieder zu überprüfen, ob es zielführend ist, klare Ansagen zu machen, oder ob es vielleicht auch wichtig ist, die Gedanken, Wünsche und Bedürfnisse meiner Mitarbeiterinnen und Mitarbeiter ernst zu nehmen. Führungskräfte müssen oft entscheiden und dann klare Anweisungen geben, aber eben nicht immer! Daher könnte Ihnen als persönlicher Leitsatz helfen: **Trau dich – frag auch mal die anderen Personen, was sie wollen und brauchen!**

Wenn Sie als Führungskraft den **Kompromissmodus oder den Konsensmodus als Autopiloten** etabliert haben, dann haben Sie bereits beide Seiten der Konfliktparteien im Blick. Sie achten auf Ihre eigenen Bedürfnisse und nehmen die Wünsche anderer Personen ernst. Hier könnte es hilfreich sein, dass Sie sich selbst noch mal überprüfen, ob Sie eventuell zu schnell zu einem Kompromiss kommen, der eventuell einem „faulen Kompromiss" nahekommt. Denn solche Kompromisse sind eher kraftlos und machen unzufrieden. Daher sollten Sie sich genügend Zeit für eine richtig gute Konfliktlösung nehmen.

Gerade auch, wenn Sie selbst als Führungskraft nicht unbedingt konfliktbeteiligt sind und zwischen Mitarbeitenden vermitteln müssen. Das kommt dann einer Rolle als Schlichter oder Richter nahe. Heutzutage fällt auch gerne der Begriff des

Mediators. Dabei ist es sehr wichtig, beide Konfliktparteien zu hören und deren Wünsche, Ziele und Bedürfnisse klar zu erfassen. Wenn Sie als Führungskraft dafür sorgen, dass diese Aspekte von beiden Seiten nachvollziehbar bewusst gehört werden können und Raum dafür geschaffen wird, dass die Konfliktpartner noch einmal vertieft gegenseitig nachfragen können, entsteht ein Dialog, der dann die Basis für eine tragfähige Lösung bietet. Deshalb könnte Ihr persönlicher Leitsatz sein: **Bleib dran – nimm dir genug Zeit, um eine Win-win-Lösung zu ermöglichen!**

Beim Praxistransfer kommt es somit auf eine gute Selbstreflexion an und auf eine angemessene Auseinandersetzung mit den Zielen, Wünschen und Bedürfnissen von mir und der anderen Personen.

Was braucht das Unternehmen?

Wenn wir als Führungskraft in Konfliktsituationen geraten, kommt oft noch eine weitere Ebene ins Spiel. Es geht dann oft nicht nur um die eigenen Ziele, Wünsche und Bedürfnisse, sondern auch um die Interessen und Ziele des Unternehmens. Das sorgt manchmal auch für innere Konflikte bei einer Führungskraft. Es kann sein, dass man sich zwischen zwei Stühlen fühlt. Aber gerade dafür werden Sie als Führungskraft bezahlt! Sie sind erste Vertreterin bzw. erster Vertreter der Unternehmensinteressen in Ihrem Verantwortungsbereich. Und deshalb ist Ihre persönliche Identifikation mit dem Unternehmen von so großer Bedeutung. Dazu haben Sie bereits in Kapitel 4 „Identifikation fördern“ und in Kapitel 6 „Rollen klären“ wichtige Hinweise gelesen.

Um in Konfliktsituationen klar und kraftvoll agieren zu können, sollten Sie sich unbedingt immer wieder mit den Punkten beschäftigen, die aus Unternehmensperspektive besonders erfolgsrelevant sind.

Reflexionsfragen – Unternehmensziele in Konfliktsituationen

- Welche Erwartungen hat das Unternehmen an Führungskräfte in Konfliktsituationen?
- Welche (strategischen) Ziele stehen für das Unternehmen im absoluten Vordergrund?
- Welche Ansprüche hat das Unternehmen an das Verhalten der Mitarbeiterschaft?
- Welche Unternehmenswerte spielen in Konfliktsituationen eine besondere Rolle?
- Was steht zur Orientierungshilfe in unserem Unternehmensleitbild?
- Welche nützlichen Hinweise finden Sie in den Führungsleitlinien?

In Kapitel 15 steht Ihnen ein Arbeitsblatt zu den Typen der Konfliktbewältigung zur Verfügung (Arbeitsblatt 9.1).

Machen Sie sich bewusst, dass Sie als Führungskraft in Konfliktsituationen nun mal nicht nur Ihre eigenen Interessen, Bedürfnisse und Ziele vertreten sollten, sondern eben auch die Interessen des Unternehmens vertreten und wahren müssen. Das ist Teil der Verantwortung in Ihrer Rolle als Führungskraft.

9.3 Das Werte- und Entwicklungsquadrat als Lösungsansatz

Für die Führungspraxis gibt es einen weiteren sehr nützlichen Ansatz. Dort wird das Thema Werte in den Mittelpunkt gestellt. Werte spielen gerade bei intensiven Konflikten eine zentrale Rolle. Wenn in Konflikten persönliche Werte missachtet oder verletzt werden, verschärft sich eine Konfliktsituation extrem schnell. Wir sind uns aber, wie wir bereits in Kapitel 2 gesehen haben, oft unserer zentralen Werte nicht bewusst.

Wenn Sie als Führungskraft in Konfliktsituationen bei sich selbst und den Konfliktbeteiligten nach den Zielen, Wünschen und Bedürfnissen fragen, sollten Sie auch die persönlichen Werte hinterfragen. Hier liegt oft die tatsächliche Konfliktproblematik. Gleichzeitig bieten die Werte einen wesentlichen Schlüssel zur Konfliktlösung. Denn wenn wir erst einmal wirklich verstanden haben, welche Werte bei mir und bei anderen Personen betroffen sind, öffnen wir uns auf einer anderen, tieferen Ebene für eine mögliche Lösung.

Beim Werte- und Entwicklungsquadrat von Friedemann Schulz von Thun handelt es sich um ein Modell, das einen persönlichen Wert bzw. eine Tugend und die dazugehörende Schwestertugend erfasst. Ein einfaches Beispiel:

Wert = **Ehrlichkeit** ——————————— **Diplomatie** = Schwestertugend

Wenn Sie sich jetzt selbst auf dieser Achse einschätzen sollten, ob Sie mehr zur Ehrlichkeit oder mehr zur Diplomatie tendieren, haben Sie den ersten Ansatzpunkt für eine bessere Konfliktdiagnose und eventuell bereits einen Schlüssel für einen möglichen Lösungsansatz.

Sollten Sie selbst ein Ehrlichkeitsfanatiker sein, also für sich eine hohe Bindung zum Wert Ehrlichkeit empfinden, ist es im Arbeitsalltag oft so, dass Sie relativ leicht in einen Konflikt mit Menschen geraten, die eine hohe Affinität zum Wert Diplomatie spüren.

In der Wertbenennung wird schon mal deutlich, dass sowohl der Wert Ehrlichkeit als auch der Wert Diplomatie an sich positiv belegt sind. Aber je weiter ich selbst auf einer solchen Wertachse auf einer Seite ausgeprägt bin, desto mehr Schwierigkeiten habe ich mit Personen, die auf der anderen Seite der Wertachse ausgeprägt sind.

Im Werte- und Entwicklungsquadrat betrachten wir auch die übersteigerten Formen der jeweiligen Werte oder Tugenden.

Beim Wert Ehrlichkeit könnte das „verletzende Offenheit" sein oder „Aufdringlichkeit, Distanzlosigkeit". Diese Art der Übersteigerung führt dazu, dass aus dem an sich positiven Wert Ehrlichkeit eine eher kritische Eigenschaft wird, z.B. Distanzlosigkeit. Je stärker somit die eigene Ausprägung in Richtung Ehrlichkeit ist, desto größer die Gefahr, dass andere mich gegebenenfalls als distanzlos wahrnehmen können.

Bei der Schwestertugend Diplomatie könnte eine Übersteigerung sein, dass man nicht mehr greifbar oder fassbar ist, unverbindlich, aalglatt oder als ein „Wendehals" wahrgenommen wird. Auch hier führt die Übersteigerung dazu, dass aus einem an sich positiven Wert Diplomatie eine eher kritische Eigenschaft wird, z.B. aalglatt. Je stärker nun die eigene Ausprägung in Richtung Diplomatie ist, desto größer ist die Gefahr, dass andere Personen mich gegebenenfalls als aalglatt erleben.

In Bild 9.2 ist das Grundprinzip für das Werte- und Entwicklungsquadrat visualisiert.

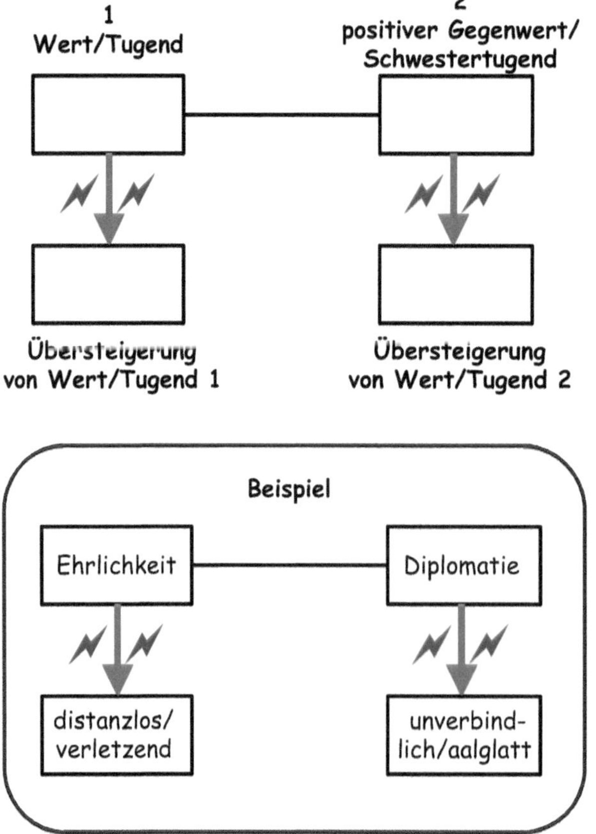

Bild 9.2 Wertequadrat nach Friedemann Schulz von Thun

Jetzt bietet dieses Werte- und Entwicklungsquadrat gleich mehrere Konfliktlösungsansätze:

1. Dialog führen

Gespräch über die tatsächlichen Werte eines Menschen (von mir als Führungskraft und von meinem Konfliktpartner)

Sollte sich hier bereits zeigen, dass sich kontextbezogen tatsächlich zwei Menschen in einem Konflikt befinden, die in einem Wertepaar, das die jeweiligen Schwestertugenden darstellt, weit auseinanderliegen, so kann man genau darüber ins Gespräch kommen und gegenseitig diese Werte interessiert hinterfragen. Nach dem interessierten Hinterfragen entsteht oft ein besseres Verständnis für die Vorgehensweise, das Verhalten oder die Haltung des Gegenübers. Und damit findet selbst im Konflikt eine andere Art von Kommunikation statt. Dadurch ergibt sich auch die Chance, die eigenen Werte noch einmal deutlicher und auf den Kontext bezogen zu beschreiben.

2. Feedback

Feedback zur Wahrnehmung der anderen Person

Da Feedback eine zentrale Führungsaufgabe ist, kann man mit diesem Hilfsmittel wunderbar arbeiten. Das bedeutet, dass eine Führungskraft mithilfe des Werte- und Entwicklungsquadrates konkret und für die Mitarbeiterin oder den Mitarbeiter nachvollziehbar ein persönliches Feedback geben kann. Die Führungskraft benennt die beiden Schwestertugenden und gibt dazu dann dem Teammitglied eine konkrete Rückmeldung, in welchem der beiden Werte das Teammitglied stärker wahrgenommen wird. Sollte die Wahrnehmung der Mitarbeiterin oder des Mitarbeiters sogar im Übersteigerungsbereich liegen, kann die Führungskraft durch das Werte- und Entwicklungsquadrat klare Entwicklungsschritte aufzeigen. Im genannten Beispiel könnte die Führungskraft einem Teammitglied, das nicht mehr nur ehrlich, sondern schon verletzend distanzlos agiert, das Lernfeld Diplomatie als Ziel benennen. Außerdem könnte gemeinsam mit dem Teammitglied besprochen werden, woran man im Arbeitsalltag arbeiten und üben kann, etwas mehr diplomatisches Verhalten ins eigene Handeln zu integrieren.

3. Werte kontextualisieren

Situation in den Zusammenhang stellen

Betroffene Werte kommen in verschiedenen Situationen unterschiedlich zum Tragen. Oft sind den handelnden Personen die eigenen Werte nicht bewusst. Dann kann man als Führungskraft gemeinsam mit der Mitarbeiterin oder dem Mitarbeiter das Grundschema des Werte- und Entwicklungsquadrats ausfüllen. Und so kann zusammen überlegt und besprochen werden, welche Werte im Konfliktkontext eventuell gegeneinanderstehen. Dadurch werden gegebenenfalls unbewusste Verhaltensweisen, die auf persönlichen Werten basieren, greifbarer und es kann sein, dass man sogar erkennt, dass man bei den Werten gar nicht so weit auseinander liegt.

Gut ist es, wenn das Werte- und Entwicklungsquadrat immer wieder auf die Aufgaben, Ziele und Erfolgsfaktoren des Arbeitsbereiches ausgerichtet wird. Wenn Sie in einem Arbeitsbereich Führungskraft sind, der eine gewisse Außenwirkung hat, so gibt es bei dem Wertepaar Ehrlichkeit - Diplomatie vielleicht einen wichtigen Aspekt, nämlich innerhalb unserer Gruppe möglichst ehrlich und mit großer Offenheit zu agieren. Andererseits kann es aber wichtig sein, in der Außenwirkung eher diplomatisch und vermittelnd zu kommunizieren.

In Kapitel 15 erhalten Sie ein Arbeitsblatt mit weiteren Beispielen für ein Werte- und Entwicklungsquadrat (Arbeitsblatt 9.2). Nehmen Sie dies als Anregung, um mit Ihren Teammitgliedern in Konfliktsituationen über die betroffenen Werte ins Gespräch zu kommen.

■ 9.4 In die eigene Kraft kommen

Vielleicht ist Ihnen der Spruch „Love it, change it or leave it!“ schon mal begegnet!? In dem Buch von Reinhard K. Sprenger, *Das Prinzip Selbstverantwortung. Wege zur Motivation*, findet sich eine ähnliche Aussage, aber mit einer etwas anderen Reihenfolge: Love it, leave it or change it! Sprenger beruft sich als Quelle auf einen T-Shirt-Aufdruck der frühen 1970er-Jahre.

Diese Aussage unterstreicht, dass man als Führungskraft, aber auch als Mensch immer eine eigene Wahlmöglichkeit hat. Als Führungskraft gilt es, Entscheidungen zu treffen. Für sich selbst und für das eigene Umfeld. Damit wird deutlich, dass wir immer eine Selbstbestimmungsmöglichkeit haben. Wir sind nicht das Opfer der Umstände. Wir sind den Entscheidungen des Topmanagements nicht einfach so ausgeliefert. Wir können uns jeden Tag, in jeder Situation immer wieder aufs Neue entscheiden, den vom Management vorgezeichneten Weg mitzugehen oder eben auch nicht.

Häufig wird jedoch über Managemententscheidungen gejammert, geklagt und schließlich resigniert. Dadurch verliert man als Führungskraft die eigene Kraft und Energie. Führungskräfte begeben sich so in die Opferrolle und machen negative Stimmung gegenüber den höheren Verantwortungsträgern. Doch damit entzieht man seinem eigenen Umfeld auch die notwendige Kraft, Widrigkeiten erfolgreich zu meistern.

Für die Wirksamkeit von Führung ist es von elementarer Bedeutung, dass Führungskräfte souverän, klar und somit kraftvoll auftreten, gerade in schwierigen Situationen und bei Konflikten.

Nachfolgend beschreibe ich hier ein Gespräch mit André Jahn. Er ist seit vielen Jahren im Personalmanagement der DZ HYP in Hamburg tätig, und uns verbinden viele gemeinsame Führungskräfteworkshops im Format der kollegialen Beratung. Dabei haben wir immer mal wieder auch Konfliktfälle reflektiert und gemeinsam mit den Führungskräften nach den passenden Lösungsansätzen gesucht. Seit kurzer Zeit ist André Jahn aber auch nebenberuflich als Businesscoach aktiv. Sein Motto lautet dabei „Vom Potenzial in die Kraft".

Interview mit André Jahn, Senior-Referent Personal, Führungskräfteberater und Business Coach

Lieber André, das Zitat „Love it, change it or leave it" habe ich zum ersten Mal bei Reinhard Sprenger gelesen. Ich finde, es bringt sehr schön zum Ausdruck, dass man als Mensch und Führungskraft immer mehrere Handlungsoptionen zur Auswahl hat und gerade in Konfliktsituationen selbstverantwortlich und frei entscheiden kann. Wie ich aus vielen Gesprächen mit dir weiß, ist es dir auch ein großes Anliegen, Führungskräfte „in die Kraft" zu bringen. Weshalb erscheint dir das gerade bei Konfliktsituationen so wichtig?

Grundsätzlich stimme ich dir zu, Thorsten, wenn du sagst, Menschen haben immer mehrere Handlungsoptionen und können selbstverantwortlich und frei entscheiden.

Um in die Kraft zu kommen oder in der Kraft zu bleiben, bedarf es jedoch Entscheidungen, die für die jeweilige Person stimmig sind. Nicht jede Entscheidung führt in die Kraft. Das wird aus meiner Sicht gerade in Konfliktsituationen besonders deutlich, denn Konflikte werden meist als Störungen erlebt, und Störungen fühlen sich in der Regel unangenehm an.

Störungen treten auf, wenn eine Person oder eine Partei sich so verhält, wie es für eine andere Person oder Partei im Hinblick auf die eigenen Ziele und Bedürfnisse nicht vereinbar ist. Das ist also erst einmal ein Problem.

Vielleicht passen die drei Wahlmöglichkeiten „Love it, change it or leave it", auch wenn das etwas stark vereinfacht wäre. Wie soll ich beispielsweise lieben, was mich stört? Das ist ja nicht ganz so einfach. Und genau hier wird es dann aus meiner Sicht interessant:

Beim Erleben von Störungen handelt es sich um einen Vorgang, der im Inneren eines Menschen stattfindet. Deswegen lade ich grundsätzlich dazu ein, den Schlüssel zum Lösen von Konflikten bei sich selbst zu suchen. Es geht zunächst einmal darum anzuerkennen, was ist, und die eigenen Anteile zu erkennen.

Auf dieser Basis können dann stimmige Entscheidungen getroffen werden, die eine Person in die Kraft bringen und die Wahrscheinlichkeit erhöhen, dass gute Lösungen für alle Beteiligten gefunden werden können.

Was braucht es denn aus deiner Sicht, damit stimmige Entscheidungen getroffen werden können, die in die Kraft führen?

Es braucht zunächst einmal Zielklarheit. Wer nicht weiß, wohin die Reise gehen soll, für den ist es im Grunde egal, für welchen Weg er oder sie sich entscheidet.

Viele Menschen sind sich ihrer zentralen Werte, ihrer tiefen Überzeugungen und Glaubenssätze nicht bewusst. Es fehlt also an Zielklarheit. Aus diesem Grund treffen Personen im Hinblick auf eine wahrgenommene Störung oftmals die bequemste Entscheidung. Konflikte werden vermieden, was aus meiner Erfahrung heraus eher selten in die Kraft führt.

Darüber gilt es zu bedenken, dass Menschen nahezu alle Entscheidungen, vielleicht 90 oder 95 %, unterbewusst treffen. Man kann sich das so vorstellen, als säßen wir mit unserem bewussten, rationalen Denken auf einem großen unsichtbaren Elefanten, der unser unterbewusstes, emotionales Denken repräsentiert. Wer bestimmt wohl, wo es lang geht?

Wollen wir eine Ansage machen und Einfluss nehmen, sollten wir uns mit dem Elefanten beschäftigen, ihn sichtbar machen und gute Kooperationsbeziehungen zu ihm aufbauen. Auf dieser Basis sind dann stimmige Entscheidungen möglich, die in die Kraft führen, was sich grundsätzlich, aber eben auch insbesondere in Konfliktsituationen, positiv auswirkt.

Die Metapher mit dem Elefanten gefällt mir! Ich spreche immer gerne vom inneren Autopiloten, aber gehen wir noch mal einen Schritt zurück. Was sind aus deiner Erfahrung heraus die Konfliktsituationen, die im Arbeitsalltag eine echte persönliche Belastung für Führungskräfte darstellen?

Belastungssituationen sind oft die Folge innerer Zielkonflikte. Das ist bei Führungskräften eine besondere Situation, da hier eine Vielzahl an Rollenerwartungen im Spiel sind.

Gerade aktuell verändern sich die Anforderungen an Führung existentiell stark. Nicht jede Führungskraft ist so beweglich, dass dies kein Problem darstellte. Im Gegenteil: Was rational zwar verstanden wird, findet in der Dynamik des Arbeitsalltags nicht in die Umsetzung. Woran liegt das?

Wir beziehen uns auf ganz unterschiedliche Weise auf wahrgenommene Störungen. Jeder Mensch hat im Laufe seines privaten und beruflichen Lebens Erfahrungen gemacht und diese für sich emotional bewertet, Überzeugungen und Glaubenssätze geformt, aus denen dann unbewusste Verhaltensstrategien hervorgehen, die oft nicht günstig sind. Ich spreche in dem Zusammenhang von der „Bremse im Kopf".

Konflikte haben eigentlich sehr viel Positives. Wohin hätte sich unsere soziale Gesellschaft entwickelt, wenn es nie Störungen gegeben hätte? Konflikte verhindern Stagnation und Stillstand, sie sorgen für Weiterentwicklung und dafür, dass Dinge in Bewegung geraten.

Allerdings ist die Bremse im Kopf schädlich für Bewegung. Führungskräfte, die mit angezogener Handbremse unterwegs sind, empfinden ihren Arbeitsalltag zwangsläufig irgendwann als Belastung.

Wie ist dein Ansatz, Führungskräfte in solchen Belastungssituationen zielführend zu unterstützen?

Grundsätzlich gebe ich Führungskräften die Gelegenheit, einen belastenden Konflikt aus anderen Blickwinkeln zu betrachten und damit einen Weg zurück in die Kraft zu finden.

Es ist ganz wichtig, dass nicht die wahrgenommene Störung als solches ein Problem darstellt, sondern wie ein Mensch sich darauf bezieht. Dies kann auf eine ungünstige und dysfunktionale Art und Weise geschehen, aber eben auch auf eine günstige und sehr funktionale.

Hier setze ich in meiner Arbeit an. Es ist mir wichtig, Licht ins Dunkel zu bringen. Es geht darum, die eigenen Anteile an einem belastenden Konflikt zu erkennen: Warum ist die Störung überhaupt ein Problem?

Entlang dieser Frage werden die grundsätzlichen Verhaltensstrategien im Umgang mit Konflikten einbezogen und die Führungskraft in ihrer inneren Selbststeuerungskompetenz gestärkt. Das kann man sich vorstellen wie einen „Elefantenführerschein", um im Bild zu bleiben.

Da betonst du die Selbstreflexionskompetenz von Führungskräften. Du kennst das von mir vorab beschriebene Konfliktverhaltensmodell ja auch. Was sollte aus deiner Sicht eine Führungskraft, bezogen auf das Modell, berücksichtigen, um in solchen schwierigen Situationen in der Kraft zu sein?

Das Konfliktmodell bietet zunächst einmal einen guten Einstieg, um sich mit den eigenen typischen Verhaltensmustern in Konflikten zu beschäftigen. Allerdings stellt sich, wie bei jedem Modell, natürlich die Frage nach dem Praxistransfer. Vielleicht lässt sich das an einem Beispiel ganz gut darstellen. Nehmen wir doch einmal Folgendes an:

Eine Führungskraft erkennt anhand des Modells in sich den „Durchsetzer" als typisches Konfliktverhalten. Unterstellen wir, dass es sich hierbei um eine Seite der Führungskraft handelt, denn keineswegs verhält sie sich immer auf die gleiche Art und Weise. Dennoch zeigt sich diese Seite relativ oft, und deswegen ist sie typisch. Geben wir dieser Seite hier spaßeshalber einmal den Namen „Rambo".

Die Führungskraft ist sich bewusst, dass ihr „Rambo" manchmal ziemlich ungünstig und dysfunktional unterwegs ist. Das Durchsetzen hat also einen Preis, vielleicht auf der Beziehungsebene und im Hinblick auf die Zusammenarbeit mit anderen Personen. Entsprechend trifft unsere Führungskraft die Entscheidung, ab sofort konsensorientiert zu interagieren. So weit, so gut ...

Doch dann kommt es plötzlich zu einer heftigen Störung aufgrund einer fachlichen Meinungsverschiedenheit, vielleicht mit einem anderen „Durchsetzer", der völlig konträre Zielvorstellungen verfolgt. Was bleibt wohl von der guten Absicht unserer Führungskraft, wenn in einem Moment des Konflikts ihre Emotionen blitzschnell hochkochen (und das Unbewusste ist *immer* schneller) und sie sich vielleicht angegriffen und verletzt fühlt? Richtig, „Rambo" legt los und übernimmt die Führung.

Es mag sein, dass es dann laut wird, vielleicht geht (im übertragenen Sinne) auch etwas zu Bruch, und im Ergebnis setzt sich Rambo vielleicht sogar durch, in der Kraft jedoch war unsere Führungskraft nicht. Wäre sie das gewesen, hätte sie die Situation kontrolliert. Sie hätte ganz bewusst wählen und entscheiden können, einer anderen Seite den Vortritt gelassen, die möglicherweise eine gute Lösung hätte erzielen können.

Was ich damit sagen will: Es ist günstig, wenn eine Führungskraft ihre unterschiedlichen Seiten in Konfliktsituationen genau kennt und eine innere Führungs*kraft* installiert, die einen „Elefantenführerschein" besitzt und auf die sie sich verlassen kann. Dann ist die Führungskraft in der Kraft und trifft für sich stimmige Entscheidungen, die sich dann auf der Verhaltensebene günstig auswirken und für alle Beteiligten gute, konsensuale Lösungen hervorbringen können.

Hast du abschließend noch einen letzten Tipp für Führungskräfte, die immer wieder schwierige Situationen meistern und dabei auch Konflikte lösen müssen?

Ja, sogar drei – ganz kurz und knapp:

1. Konflikte als Chance zur Selbsterkenntnis betrachten!
2. Genau hinsehen und anerkennen, was ist!
3. Zielklarheit für sich gewinnen und in Bewegung kommen!

Lieber André, vielen Dank für deine wertvollen Erfahrungen und praxisnahen Tipps. Selbstreflexion, eine positive innere Einstellung zu Konflikten, persönliche Klarheit herzustellen und dann situativ angemessen zu handeln – das ist auch nach meiner Überzeugung ein sehr erfolgversprechender Weg, um gerade in Konfliktsituationen kraftvoll zu agieren. Ich freue mich schon auf die nächsten Workshops mit dir. ■

Nachfolgend ein kleines Experiment:

Wie ist für Sie der Begriff Unsicherheit auf einer Skala von –10 (sehr negativ) bis +10 (sehr positiv) belegt?

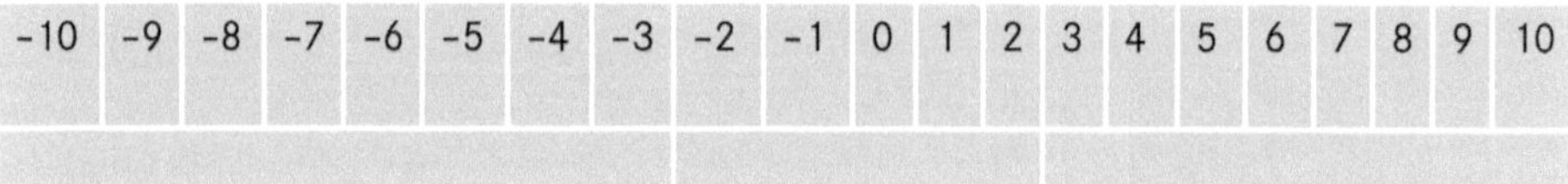

-10	-9	-8	-7	-6	-5	-4	-3	-2	-1	0	1	2	3	4	5	6	7	8	9	10

Nehmen Sie also bitte wieder einen Bleistift zur Hand und markieren Sie den für Sie passenden Wert, wie Sie Unsicherheit für sich bewerten würden! Dann schreiben Sie in die nachfolgenden Zeilen die für Sie wichtigsten Stichworte, die Ihnen zum Begriff Unsicherheit in Verbindung mit Ihrer persönlichen Bewertung in den Sinn kommen:

____

____

____

Wenn Sie dieses Experiment mitgemacht haben, müssten Sie bei einer positiven Bewertung des Begriffs Unsicherheit einige „positive Stichworte" notiert haben. Sollten Sie, wie viele andere auch, eher eine negative Bewertung vorgenommen haben, so müssten Sie auch entsprechend „negative Stichworte" aufgeschrieben haben.

Konflikte im Arbeitsalltag haben oft auch mit persönlicher Unsicherheit zu tun. Viele Menschen versuchen, durch ein „komisches Verhalten“ diese Unsicherheit zu überspielen, und das führt dann zu schwierigen Situationen. Auch als Führungskraft fühlen wir uns manchmal unsicher. Und wie bereits angedeutet, bewertet die Mehrzahl den Begriff Unsicherheit eher negativ oder kritisch. Unsicherheit entsteht häufig dann, wenn wir überfordert sind bzw. wenn die notwendigen Kompetenzen nicht mit unseren Fähigkeiten übereinstimmen. Besonders gut fühlen wir uns, wenn die Anforderungen leicht über unseren Fähigkeiten liegen, dann befinden wir uns im Flow (Bild 9.3). Dieser Ansatz geht zurück auf Mihaly Csikszentmihalyi, ein bekannter amerikanischer Glücksforscher.

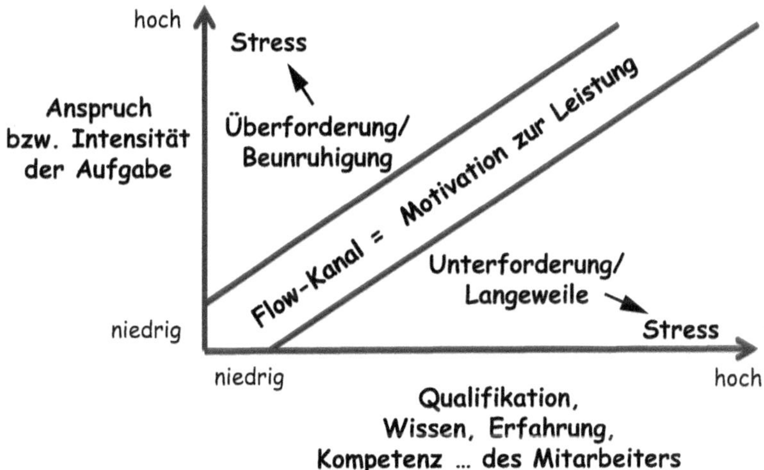

Bild 9.3 Stress empfinden Menschen sowohl bei Über- als auch bei Unterforderung (Flowkanal nach Mihaly Csikszentmihalyi)

Die herausragende Leistung von Csikszentmihalyi für Führungskräfte ist, ein einfaches und leicht nachvollziehbares Schaubild entwickelt zu haben. Auf den ersten Blick ist sofort erkennbar, wie wichtig der wertschätzende Blick von Führungskräften auf die eigenen Mitarbeiter ist:

- Welche Qualifikationen bringen meine einzelnen Mitarbeiterinnen und Mitarbeiter mit?
- Welche Erfahrungen haben die einzelnen Mitarbeiterinnen und Mitarbeiter bisher gemacht?
- Welche ähnlichen Situationen haben meine Teammitglieder bereits erlebt und gemeistert?
- Welche persönlichen Kompetenzen haben meine Mitarbeiterinnen und Mitarbeiter?

- Welche persönlichen Fähigkeiten können meine Mitarbeiterinnen und Mitarbeiter nutzen?
- Welche individuellen Talente sind in der aktuellen Situation gegebenenfalls nützlich oder hilfreich?

Auf der anderen Seite ist es aber auch wichtig, dass Führungskräfte analytisch auf die anstehende Herausforderung schauen:

- Was genau macht die Herausforderung aus?
- Welche Probleme sind damit verbunden?
- Welche Kompetenzen werden insbesondere benötigt?
- Welche konkreten Aufgaben sind mit der Herausforderung verbunden?
- Was sind die relevanten, erfolgskritischen Faktoren?
- Woran werden wir gemessen?
- Welche Umsetzungsaspekte liegen in unseren eigenen Händen?
- Wo sind wir auf die Zuarbeit von anderen Personen/Abteilungen angewiesen?

Wenn Sie als Führungskraft mit Widrigkeiten zu kämpfen haben, ist somit ein erster Lösungsansatz, genau diese beiden Komponenten

1. vorhandene Qualifikationen, Kompetenzen, Talente, Erfahrungen … und
2. konkrete Beschreibung von Herausforderung, Aufgabe, Tätigkeit, Qualitätsniveau …

zu betrachten und diese Erkenntnisse schriftlich zu fixieren.

Somit wird schon mal deutlich, wie Sie praktisch die beiden Achsen mit Fakten hinterlegen. Jetzt müssen Sie nur noch überlegen, welche Mitarbeiterin und welchen Mitarbeiter Sie mit welchen Aufgaben betrauen. Je besser die jeweilige Aufgabe zu dem einzelnen Menschen passt, desto eher wird die Mitarbeiterin oder der Mitarbeiter in den sogenannten Flowkanal kommen, und dort sind wir voll „in unserer Kraft“. Deshalb sollten wir als Führungskraft selbst möglichst oft im Flowkanal agieren und gleichzeitig dafür sorgen, dass auch unsere Teammitglieder Aufgaben erledigen, die möglichst optimal zu ihren Qualifikationen passen.

Konflikte und schwierige Situationen können leicht entstehen, wenn eben die Qualifikationen und Kompetenzen nicht zu den anstehenden Aufgaben passen. Das erzeugt eher ein Gefühl der Überforderung oder der Unterforderung. Aber dort sind Menschen nun mal nicht „in ihrer Kraft“. Wenn es uns aber gelingt, als Führungskraft unser Team und die einzelnen Teammitglieder in den Flowkanal zu führen und die Menschen somit „in ihre Kraft“ zu führen, dann entwickeln wir uns selbst und unser Team weiter. Und mit der Zeit können die Teammitglieder immer anspruchsvollere Aufgaben übernehmen, da sie eine entsprechende Lernkurve erlebt und durch Erfahrung auch die eigene Kompetenz erweitert haben.

9.5 Erkenntnis – Reflexion – Umsetzung

Nutzen Sie das Konfliktmodell und machen Sie sich Ihre eigenen Bedürfnisse bewusst. Gleichzeitig sollten Sie die Ziele und Wünsche Ihrer Konfliktpartner etwas analytischer reflektieren. Dadurch geraten Sie seltener in Ihren Autopilotmodus.

Wichtig ist es, am Ende des Prozesses möglichst klare, einfache und überprüfbare Vereinbarungen zu formulieren und diese idealerweise schriftlich festhalten. So können alle beteiligten Konfliktparteien diesen Vereinbarungen auch bewusst zustimmen. Und dadurch kann dann auch ein echtes Commitment entstehen.

Auch im Konfliktverhalten zeigt sich: **Menschen machen den Unterschied!** Je mehr negative Emotionen im Spiel sind, desto schwieriger ist es, zu einer tragfähigen Lösung zu kommen. Als Führungskraft sollten Sie immer wieder nach Möglichkeiten suchen, in einen guten, lösungsorientierten Dialog zu kommen. So können Sie den positiven Unterschied als Führungskraft machen. Helfen Sie dabei, dass alle Beteiligten (auch Sie selbst) wieder in die eigene Kraft kommen.

Abschließend noch eine kleine Geschichte, die der österreichischen Schriftstellerin Marie von Ebner-Eschenbach zugeschrieben wird (*www.zeitblueten.com*):

Aufrichtigkeit

Eines Tages schritt die Aufrichtigkeit durch die Welt und war sehr stolz auf sich:

„Was bin ich doch für eine beneidenswerte Person. Ich unterscheide zwischen gut und schlecht, ich mache niemandem etwas vor!"

Da begegnete die Aufrichtigkeit der Lüge. Sie war gekleidet in schillernde Gewänder, und ihr folgten mehrere Personen. Mit Ekel und Entrüstung wandte sich die Aufrichtigkeit ab.

Die Lüge ging süßlich lächelnd weiter. Die Letzten ihres Gefolges aber, ein kleines, schwächliches Volk mit Kindergesichtchen, schlichen demütig und schüchtern vorbei und neigten sich bis zur Erde vor der Aufrichtigkeit.

„Wer seid ihr denn?", fragte sie.

Eines nach dem anderen antwortete:

„Ich bin die Lüge aus Rücksicht."

„Ich bin die Lüge aus Pietät."

„Ich bin die Lüge aus Barmherzigkeit."

„Ich bin die Lüge aus Liebe", sprach die vierte.

„Und diese Kleinsten von uns sind das Schweigen aus Höflichkeit, das Schweigen aus Respekt und das Schweigen aus Mitleid."

Da schämte sich die Aufrichtigkeit, und plötzlich kam sie sich doch etwas plump und brutal vor.

Reflexionsfragen

- Wie halten Sie es mit Ihrer Aufrichtigkeit in Konfliktsituationen?
- Wo sind Sie manchmal gegebenenfalls zu aufrichtig/zu ehrlich?
- Wann sind Sie gegebenenfalls zu vorsichtig/diplomatisch/zurückhaltend?
- Wie klar sind Ihnen in Konflikten Ihre eigenen Bedürfnisse?
- Wie klar achten Sie in Konflikten auf die Bedürfnisse der anderen?
- Wo wäre für Sie etwas mehr Kooperationsbereitschaft angebracht?
- Wie könnten Sie zu einem tragfähigeren Kompromiss in Konflikten beitragen?

Führungsprinzip Wertschätzung heißt:

Als Führungskraft Konflikte aktiv anzugehen. Suchen Sie durch eine klare, eigene Positionierung und einen offenen Dialog mit den anderen Beteiligten nach einer wirklich guten Lösung, und führen Sie Ihre Teammitglieder „in die eigene Kraft“.

9.6 Literaturhinweise

Geschichte „Aufrichtigkeit“: *http://www.zeitblueten.com/news/luege/* (Stand 30.05.2021)

Reinhard K. Sprenger: *Das Prinzip Selbstverantwortung. Wege zur Motivation.* Campus, Frankfurt am Main 2002

Rheinberg, Falko; Vollmeyer, Regina; Engeser, Stefan: „Die Erfassung des Flow-Erlebens.“ In: Stiensmeier-Pelster, J./Rheinberg, F. (Hrsg.): Diagnostik von Motivation und Selbstkonzept (Tests und Trends N.F. 2); Hogrefe Göttingen 2003, S. 261–279

Riemann, Fritz: *Grundformen der Angst.* Ernst Reinhard, München 1961

Schulz von Thun, Friedemann: *Miteinander reden 3: Das ‚Innere Team‘ und situationsgerechte Kommunikation.* Rowohlt Taschenbuch Verlag, Hamburg 1998

Schulz von Thun, Friedemann: *Miteinander reden 4: Kommunikationspsychologie für Führungskräfte.* Rowohlt Taschenbuch Verlag, Hamburg 2000

Schulz von Thun, Friedemann: *Miteinander reden: Störungen und Klärungen: Psychologie der zwischenmenschlichen Kommunikation.* Rowohlt, Hamburg 1981

Thomann, Christoph: *Klärungshilfe 2. Konflikte im Beruf: Methoden und Modelle klärender Gespräche.* Rowohlt Taschenbuch Verlag, Hamburg 2004

Thomann, Christoph; Schulz von Thun: Friedemann: *Klärungshilfe 1: Handbuch für Therapeuten, Gesprächshelfer und Moderatoren in schwierigen Gesprächen.* rororo, Hamburg 2003

10 Generationengerecht führen

In den letzten Jahren hat die Differenzierung von verschiedenen Generationen immer mehr an Bedeutung gewonnen. Und wenn Sie das als Führungskraft ernst nehmen, dann kann daraus für Sie der eine oder andere wichtige Hinweis für Ihre Führungsarbeit abgeleitet werden. Es geht hier um die Unterschiede und Gemeinsamkeiten von verschiedenen Generationen in der Mitarbeiterschaft.

Je nach besonderer Prägung einer Generation und den persönlichen Erfahrungen der Mitarbeitenden entstehen verschiedene Wünsche und Erwartungen gegenüber der Führungskraft.

In diesem Kapitel werden Sie eingeladen, genauer zu reflektieren, welche Erwartungen an Sie als Führungspersönlichkeit mit den verschiedenen Generationen der Mitarbeitenden tendenziell verbunden sind und wie Sie dies in Ihrem Führungsalltag sinnvoll und zielführend berücksichtigen können.

10.1 Überblick zu den verschiedenen Generationen

Die heutigen Erwerbstätigen setzen sich in erster Linie aus den Generationen

- Babyboomer,
- Generation X bzw. Generation Golf,
- Generation Y und
- Generation Z

zusammen. Diese Bezeichnungen fassen Personen zu Gruppen zusammen, die wesentliche Eigenschaften gemeinsam haben. Es gibt hierzu viele Studien und Befragungen sowie einige Ergänzungsmaterialien. Alle unterscheiden sich in ein paar Details, aber die Grundrichtung und die Grundaussagen gehen immer in eine ähnliche Richtung. Nachfolgend nun einige Zuschreibungen zu den einzelnen Generationen.

Die **Babyboomer** stehen heute voll im Berufsleben. Einige gehen demnächst in den Ruhestand, andere haben noch mindestens 10 Jahre zu arbeiten. Wenn Sie selbst dieser Gruppe angehören, dann sollten Sie die nachfolgenden Beschreibungen mit großer Aufmerksamkeit lesen, denn diese Zuschreibungen kennzeichnen die Eigenschaften Ihrer Generation. Dort lesen Sie auch Hinweise auf Ihre eigene Erwartungshaltung wie Wünsche ans Arbeitsleben und an eine gute Führungskraft. Und wenn Sie diese Eigenschaften und Erwartungen mit den nachfolgenden Generationen vergleichen, werden Sie deutliche Unterschiede erkennen. Schließlich sind es die Generationen Ihrer eigenen Kinder, die Sie führen, und Ihre Erziehung hat Spuren hinterlassen. Tabelle 1 fasst die wichtigsten Eigenschaften der Babyboomer im Überblick zusammen.

Tabelle 10.1 Zentrale Eigenschaften der Babyboomer

Generationsbezeichnung	**„Babyboomer“**
Wann geboren?	**Zwischen 1946 und 1964**
Besondere Erlebnisse?	Wirtschaftswunderzeit
Prägende Werte?	Gesundheit, Idealismus, Kreativität
Wünsche ans Arbeitsleben?	Strukturierter Arbeitsstil, Teamarbeit und Pflege von Beziehungen
Eine gute Führungskraft ...	... ist immer für das Team da!
Kommunikationsmedium?	Telefon
Was motiviert besonders?	Persönliches Wachstum, Wertschätzung ihrer Erfahrungen und das Gefühl, gebraucht zu werden

Die **Generation X** steht heute ebenfalls voll im Berufsleben (Tabelle 2). Einige sind erst vor kurzer Zeit Eltern geworden, andere sind mittlerweile selbst Führungskraft. Wenn Sie selbst dieser Gruppe angehören, dann könnte es sein, dass Sie sowohl Mitarbeiterinnen und Mitarbeiter führen, die zu den Babyboomern gehören, andere, die zu Ihrer eigenen Generation zählen, und jüngere Mitarbeitende, die bereits zur nächsten Generation gehören, der Generation Y oder Z. Wahrscheinlich ist Ihnen bereits beim Lesen der Generation Babyboomer deutlich geworden, dass es hier andere Zuschreibungen gibt als in Ihrer eigenen Generation.

Tabelle 10.2 Zentrale Eigenschaften der Generation X bzw. Generation Golf

Generationsbezeichnung	**„Generation X“ bzw. „Generation Golf“**
Wann geboren?	**Zwischen 1965 und 1979**
Besondere Erlebnisse?	Wirtschaftskrise und hohe Scheidungsrate
Prägende Werte?	Unabhängigkeit, Individualismus, Sinnsuche
Wünsche ans Arbeitsleben?	Ergebnisorientierung, Selbständigkeit, Zeit ist wertvoller als Geld, Macht und Verantwortung sind zu teilen

Eine gute Führungskraft ...	... überzeugt durch Kompetenz und ist vertrauenswürdig!
Kommunikationsmedium?	E-Mail und Mobiltelefon
Was motiviert besonders?	Hohe Freiheitsgrade in der Arbeitsgestaltung, Entwicklungsmöglichkeiten und Work-Life-Balance

Kommen wir nun zur nachfolgenden **Generation Y** (Tabelle 3). Die Angehörigen der Generation Y sind in der Regel als Kinder der Babyboomer geboren worden bzw. der Generation X, die in frühem Lebensalter Eltern geworden sind. Und interessant daran ist, dass sich die Erziehungsmethoden im Vergleich zu früher deutlich verändert haben. Man spricht auch gerne von den sogenannten „Helikoptereltern". Die Eltern schwirren ständig um das Kind herum und räumen alle Schwierigkeiten aus dem Weg. Dann wird jede Kleinigkeit gelobt und besonders hervorgehoben. Ein Redner hat mal süffisant gesagt: „Wegen jedem Furz wird ein Fackelzug veranstaltet!" Und genau dieser Trend spiegelt sich in den Erwartungen der Generation Y wider. Der Wunsch nach möglichst viel positivem Feedback. Mit kritischem Feedback können sie allerdings nicht so gut umgehen. Außerdem ist zu beobachten, dass diese Generation nicht mehr so stark den Wunsch hat, selbst Führungskraft zu werden. Vielmehr gewinnen Projektarbeiten und Fachlaufbahnen zunehmend an Bedeutung. Das hat auch mit dem großen Bedürfnis nach möglichst viel Freizeit zu tun.

Tabelle 10.3 Zentrale Eigenschaften der Generation Y

Generationsbezeichnung	**„Generation Y"**
Wann geboren?	**Zwischen 1980 und 1995**
Besondere Erlebnisse?	Internetboom, Globalisierung, Wiedervereinigung
Prägende Werte?	Vernetzung, Teamwork, Optimismus, Flexibilität
Wünsche ans Arbeitsleben?	Positives Feedback, Arbeit muss Spaß machen, Forderung nach Privatleben sehr ausgeprägt, 24 Stunden online sein, Multitasking
Eine gute Führungskraft ...	... unterstützt mich als Mentor und Ratgeber!
Kommunikationsmedium?	Web 2.0
Was motiviert besonders?	Selbstverwirklichung, Vernetzung und Zusammenarbeit mit Leuten, die auf der gleichen Wellenlänge sind

Mittlerweile gibt es schon die nächste Generation, die auf dem Arbeitsmarkt Fuß gefasst hat (Tabelle 4). Die **Generation Z** steht noch am Anfang der Berufslaufbahn. Diese junge Generation hat ein sehr hohes Bedürfnis zur aktiven Nutzung der sozialen Medien, und das den ganzen Tag. Außerdem sind sie gewohnt, für jede Kleinigkeit, die sie erledigen, sofort Feedback und dies fast ausschließlich positiv zu bekommen. Das stellt eine neue Herausforderung für Führungskräfte dar. Insbesondere für Führungskräfte vom „alten Schlag“. Sie erinnern sich an die bereits erwähnte Führungsphilosophie „Nicht gemeckert ist genug gelobt!“, da prallen Welten aufeinander.

Tabelle 10.4 Zentrale Eigenschaften der Generation Z

Generationsbezeichnung	**„Generation Z“**
Wann geboren?	**Ab 1996**
Besondere Erlebnisse?	Digitalisierung des Alltags, Globalisierung und allgegenwärtige Krisen
Prägende Werte?	Internationalität, digitale Technologie, Egoismus, Unabhängigkeit, Selbstverwirklichung
Wünsche ans Arbeitsleben?	Positives Feedback, positives Arbeitsklima, freie Entfaltung bei gleichzeitig unbefristeten Verträgen, 24 Stunden online und in Netzwerken aktiv sein
Eine gute Führungskraft ...	... ist mein Förderer, gibt mir Freiraum und Sicherheit!
Kommunikationsmedium?	Web 2.0
Was motiviert besonders?	Klare Trennung zwischen Beruf und Freizeit, Sinnhaftigkeit und Spaß an der Arbeit, permanent positives Feedback, Einzelaufgaben statt Teamaufgaben

Diese Zusammenstellung bietet lediglich eine Orientierungshilfe. Die Zuschreibung zu den einzelnen Jahrgängen kann bei den individuellen Persönlichkeiten deutlich abweichen. Manche Personen gehören zwar aufgrund ihres Jahrgangs in die eine Gruppe, aufgrund ihres Verhaltens allerdings in eine andere Gruppe. Manchmal ist eine genaue Zuschreibung also gar nicht möglich ist. Trotzdem lassen sich diese Generationen bilden, da es in den verschiedenen Generationen bei sehr vielen Personen gewisse gemeinsame Verhaltenstendenzen gibt, die auf der gesellschaftlichen Entwicklung beruhen.

Reflexionsfragen

Die erste Reflexion hierzu besteht aus drei Fragen:

1. Frage: Welcher Generation rechnen Sie sich zu?
2. Frage: Wie alt sind Ihre Teammitglieder?
3. Frage: Welche Jahrgänge führen Sie?

Nehmen Sie sich ein großes Blatt zur Hand und schreiben Sie die Namen Ihrer Teammitglieder darauf. Hinter jedem Teammitglied notieren Sie bitte das Geburtsdatum und unterstreichen das Geburtsjahr.

Angenommen, Sie haben die Geburtsdaten nicht präsent, dann ist das jetzt eine sehr gute Gelegenheit, sich die Geburtstage bewusst zu machen. Wertschätzung bedeutet, an einem persönlichen Ehrentag der eigenen Mitarbeiterin bzw. dem eigenen Mitarbeiter einen ehrlichen und persönlichen Glückwunsch zum Ausdruck zu bringen. Das klingt banal, wirkt vielleicht sogar kindisch, aber fast alle Mitarbeitende werden an ihrem Geburtstag zu Hause „gefeiert". Es gibt Geschenke, ein besonderes Frühstück, eine besonders nette Umarmung, liebevolle Worte, herzliche Wünsche, und dann kommt man ins Büro …! In der Regel wird man von den engsten Kollegen ebenfalls beglückwünscht, und im Gegenzug gibt man ein Frühstück aus oder bringt Kuchen mit. Aber dann geht die Tür auf und die Führungskraft kommt rein und gibt einem einfach einen Arbeitsauftrag. Fauxpas - es wurde eine große Chance vertan! Wertschätzung heißt, die andere Person individuell und persönlich ernst zu nehmen. Das Teammitglied wahrzunehmen und ihr bzw. ihm respektvoll zu begegnen. Und gerade an einem besonderen Tag wie dem eigenen Geburtstag sind Mitarbeitende sehr sensibel, wie die eigene Führungskraft gratuliert, ob sie oder er überhaupt daran denkt. Aber das war nur ein kleiner Exkurs.

Kommen wir zurück zur Aufgabe. Sie haben Ihr großes Blatt mit den Namen Ihrer Teammitglieder und deren Geburtsdaten notiert. Somit haben Sie schon mal einen ersten Hinweis, zu welcher „Generation" Ihre Mitarbeitende zugerechnet werden könnten. Das Geburtsdatum kann nur ein erstes Indiz sein, daher die Wahl des Konjunktives. Die Liste soll Sie jetzt im weiteren Verlauf des Kapitels begleiten.

In Bild 10.1 finden Sie die Ergebnisse einer Umfrage unter 18- bis 32-Jährigen. Hier wird deutlich, welche Erwartungen die Generationen Y und tendenziell Z an ihre Führungskräfte formulieren.

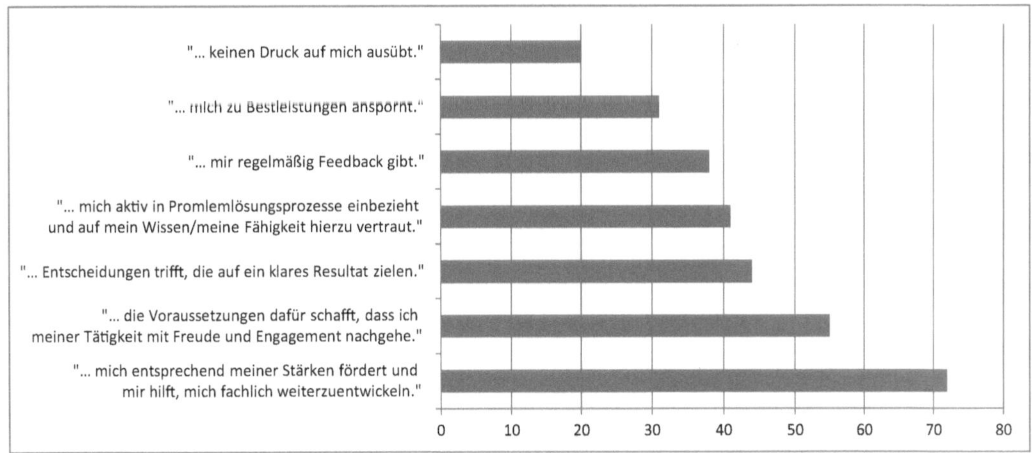

Bild 10.1 Erwartungen der Generation Y an Führungskräfte (Quelle: *http://de.statista.com/statistik/daten/studie/347521/umfrage/forderungen-der-generation-y-an-ihre-vorgesetzten/*)

Trotz aller Studien gibt es zwischen den Menschen immer wieder individuell deutliche Unterschiede. Deshalb sollten Sie in vertiefenden Einzelgesprächen gezielt nachfragen, welche konkreten Erwartungen, Wünsche und Bedürfnisse Ihre unterschiedlich alten Mitarbeiterinnen und Mitarbeiter haben.

10.2 Praxistransfer – Worauf kommt es an?

Wenn wir die genannte Statistik (Bild 10.1) bemühen, was die konkreten Erwartungen von Generation-Y/Z-Mitarbeitenden an gute Führungskräfte angeht, so kann man erkennen, dass insbesondere die Punkte 1, 2, 4 und 5 viel mit persönlicher Wertschätzung zu tun haben.

Von einer guten Führungskraft erwarte ich, dass sie …

… mich entsprechend meinen Stärken fördert und mir hilft, mich fachlich weiterzuentwickeln.

Dazu muss ich mir als Führungskraft erst einmal die Mühe machen und genau hinschauen, was die individuellen Stärken meiner Mitarbeitenden sind! Sind Sie in der Lage, zu jedem Ihrer Mitarbeiterinnen und Mitarbeiter (auch zu den Personen, die Sie kritisch sehen) drei bis fünf persönliche Stärken zu benennen? Was genau zeichnet die jeweilige Mitarbeiterin bzw. den jeweiligen Mitarbeiter aus?

Wenn Sie das wissen, haben Sie schon mal eine sehr gute Voraussetzung, um diese Stärken, Fähigkeiten und Talente der Mitarbeitenden im Arbeitsalltag zu berücksichtigen.

Der nächste Schritt ist dann die gezielte Weiterentwicklung jeder einzelnen Person, für die Sie die Führungsverantwortung haben. Sprechen Sie mit Ihren Mitarbeitenden, was sie zur gezielten Weiterentwicklung benötigen! Aber machen Sie sich auch Gedanken, was Sie glauben, was die jeweiligen Personen vielleicht besonders weiterbringen würde, gerade auch mit dem Blick auf die Herausforderungen der Zukunft.

Genau dadurch zeigen Sie eben auch Wertschätzung, dass Sie sich überlegen, was der Mitarbeiterin oder dem Mitarbeiter eine gute Weiterentwicklung ermöglicht.

Reflexionsfragen

- Wohin entwickelt sich unser Unternehmen in Zukunft?
- Wohin entwickeln sich die Mitarbeiteranforderungen in Bezug auf die Kunden, die Absatzmärkte, die Produktion, die Produktentwicklung oder die Prozesse?
- Welche technischen Anforderungen sind zukunftsrelevant?
- In welchen Bereichen werden in den nächsten Jahren besondere Fähigkeiten benötigt?
- Was kann ich schon heute tun, um mich gut auf die Zukunft vorzubereiten?
- Welche Teammitglieder haben echtes Führungspotenzial?
- Welches Teammitglied ist eher für eine Spezialistenlaufbahn geeignet?
- Wer aus dem Team bringt projektrelevante Kompetenzen mit?
- Wer aus dem Team hat spezielle Methodenkompetenzen?
- Welche Stärken sollte das jeweilige Teammitglied weiter stärken?
- Welche Entwicklungsfelder sollten unbedingt noch ausgebaut werden?
- Welche „Schwächen“ spielen für mich als Führungskraft eine untergeordnete Rolle?
- Welche „Schwächen“ sollten sich zukünftig aber auch reduzieren bzw. verbessern?

Und wenn Sie nun auf diese Fragen schauen, erkennen Sie, dass diese nicht nur für die junge Generation relevant sind! Genau diese Fragen sollten Sie sich auch in Bezug auf Ihre etwas älteren Mitarbeiterinnen und Mitarbeiter stellen. Langjährige Mitarbeitende haben Ihnen bestimmt schon an verschiedenen Stellen gezeigt, wo Sie sich auf sie verlassen können. Aber als Führungskraft sind Sie mitverantwortlich, dass auch langjährige Teammitglieder eine Zukunftsperspektive haben!

Notieren Sie sich zu jedem Teammitglied Ihre wichtigsten Stichpunkte auf Ihrer Liste!

Kommen wir nun zur nächsten wichtigen Erwartung:

Von einer guten Führungskraft erwarte ich, dass sie …

… die Voraussetzungen dafür schafft, dass ich meiner Tätigkeit mit Freude und Engagement nachgehe.

Junge Menschen wünschen sich ein angenehmes Arbeitsklima, eine gewisse Lockerheit und einen positiven Rahmen, in dem sie sich engagiert einbringen können. Aber gilt das nur für die jungen Teammitglieder? Sehr wahrscheinlich nicht! **Alle** Mitarbeiterinnen und Mitarbeiter wünschen sich ein positives Arbeitsklima! Keiner hat Lust auf einen Job, wo die Rahmenbedingungen schlecht sind.

Aber was bedeutet das für Ihre Arbeit als Führungskraft? Es geht darum, dass Ihre Mitarbeitenden erleben, wie wichtig Ihnen positive Rahmenbedingungen sind. Die Mitarbeitenden sollen spüren, dass Sie „alles“ für ein gutes Arbeitsklima und eine gute Arbeitsatmosphäre tun!

Reflexionsfragen

- Was habe ich konkret in den letzten Wochen als Führungskraft getan, um für eine gute Arbeitsatmosphäre zu sorgen?
- Welche Impulse habe ich gegeben, um die Rahmenbedingungen für meine einzelnen Teammitglieder und unser Gesamtteam zu verbessern?
- Welche Aktivitäten von mir fördern die Bereitschaft meiner Mitarbeitenden, mit hohem Engagement im Arbeitsalltag zu agieren?
- Welche Informationen habe ich von meinen Teammitgliedern erhalten, was sie im Arbeitsalltag als störend empfinden?
- Wie bin ich mit diesen Informationen umgegangen?
- Habe ich meine Teammitglieder in den letzten Meetings ausreichend darüber informiert, was sich aus deren Verbesserungsvorschlägen ergeben hat?
- Habe ich meinen Mitarbeitenden für deren Engagement angemessen Wertschätzung gegeben?
- Wie steht es um meine Kontaktfähigkeit zu meinen Mitarbeiterinnen und Mitarbeitern?
- Habe ich in den letzten zwei Wochen mit jedem Teammitglied einen zumindest kurzen ganz persönlichen Kontakt gehabt?
- Was genau ist mir davon noch in Erinnerung?
- Woran könnte ich diese Woche in einem Gespräch bewusst anknüpfen?

Drehen wir den Spieß doch mal um. Sie gehen doch auch lieber in einem Unternehmen Ihrer Führungsaufgabe nach, in dem es eine (sehr) gute Arbeitsatmosphäre gibt und in dem Ihr hohes Engagement wertgeschätzt wird. Wir alle wünschen uns ein positives Umfeld, Kollegen, Mitarbeitende und Vorgesetzte, die zu einem guten Miteinander beitragen.

Dabei geht es nicht um „Friede, Freude, Eierkuchen"! Es geht um ein Klima und eine Unternehmenskultur, die geprägt sind von einer Kommunikation und einer Haltung, sich auf Augenhöhe zu begegnen. Es geht um eine Kultur des menschlichen Respekts und der gegenseitigen Wertschätzung.

Wenn wir in Diskussionen, Meetings und Einzelgesprächen ab und zu mal unterschiedliche Meinungen erleben und uns damit auseinandersetzen, dann ist das auch eine Form von Respekt und Wertschätzung. Dazu gehört, den anderen mit seiner Meinung eben entsprechend ernst zu nehmen und demjenigen richtig zuzuhören.

Notieren Sie sich auf Ihrer Mitarbeiterliste nun auch einige Punkte, die Sie selbst umsetzen wollen, um gute Voraussetzungen für die Mitarbeiterinnen und Mitarbeiter zu schaffen!

Schauen wir auf die nächste Erwartung, die mit persönlicher Wertschätzung zu tun hat:

Von einer guten Führungskraft erwarte ich, dass sie ...

... mich aktiv in Problemlösungen einbezieht und auf mein Wissen/meine Fähigkeiten hierzu vertraut.

Hier geht es um „Partizipation" und „Vertrauen"! Der heutige Nachwuchs möchte gerne aktiv einbezogen werden, und er wünscht sich einen Vertrauensvorschuss bzw. generelles Vertrauen, dass die eigenen Fähigkeiten oder das eigene Wissen in entsprechendem Maß vorhanden sind. Dazu fällt häufig der Begriff der Partizipation.

Auch hier stellt sich die Frage, ob sich die junge Generation gravierend von den anderen Generationen unterscheidet. Vielleicht kann man sagen, dass früher die Mitarbeitenden eher mal genauer nachgefragt haben, wie sie eine Aufgabe lösen sollen. Hier sind die jungen Leute deutlich selbstbewusster. Im Zweifel wird einfach mal „gegoogelt", das eigene Netzwerk gefragt oder anderweitig recherchiert.

Hier zeigt sich der Wunsch nach persönlichem Kontakt, dem aktiven Aufeinanderzugehen und dem Interesse für die Vorschläge der Teammitglieder. Führungskräfte, die der Meinung sind, alle Lösungen allein finden zu müssen, Entscheidungen im „stillen Kämmerlein" treffen zu wollen, können sich leicht entlasten. Beziehen Sie Ihre Mitarbeiterinnen und Mitarbeiter in Entscheidungsprozesse mit ein. Geben Sie einen Rahmen vor, den Sie als Führungskraft als gesetzte Grenzen erkennen, oder einen Rahmen, den Sie selbst beachten müssen. Aber geben Sie genügend Freiraum, losgelöst von Grenzen nach kreativen Lösungen zu suchen. Je weniger „Schranken" Sie auferlegen, desto mehr Kreativität entsteht. Und die jungen Leute sind oft sehr kreativ!

Reflexionsfragen

Beispiele für Fragen an Mitarbeitende, die Sie bei Problemlösungen beteiligen wollen:

- Wie würden Sie Fragestellung/Aufgabenstellung angehen?
- Was genau wäre Ihr erster Schritt?
- Was ist aus Ihrer Sicht besonders zu beachten?
- Wo wären Sie eher vorsichtig?
- Was würden Sie gerne dazu mal ausprobieren?
- Welche ersten (vielleicht verrückten) Lösungsideen haben Sie?
- Wo würden Sie bezüglich der Frage ... recherchieren?
- Wen in Ihrem Bekanntenkreis/Netzwerk würden Sie dazu befragen?
- Was wissen Sie zu dem Themenfeld ...?
- Was haben Sie dazu in Ihrem Studium/Ihrer Ausbildung gelernt?
- Welche Erfahrungen haben Sie dazu bereits gemacht?
- Was glauben Sie, würden Ihre drei wichtigsten Kunden dazu sagen?

Das wichtige Thema Vertrauen spielt sich auf der Beziehungsebene ab. Ihre Mitarbeiterin und Ihr Mitarbeiter spüren sofort, ob Sie Zweifel an den persönlichen Kompetenzen haben oder nicht. Je intensiver Sie den Dialog auf Augenhöhe mit Ihrem Teammitglied suchen, desto besser ist die Basis für ein Gefühl des echten Vertrauens.

Wenn Sie erleben, wie Ihr Teammitglied mit der Fragestellung bzw. der Aufgabenstellung umgehen würde. Wenn Sie hören, wen Ihr Teammitglied gegebenenfalls zur Problemlösung im eigenen Netzwerk nutzen würde und welche Recherchen angegangen werden würden, dann können Sie selbst entsprechend leichter echtes Vertrauen schenken!

Ein Kreditinstitut hatte mal den Werbeslogan „Vertrauen ist die Basis von allem!". An diesem Slogan ist auch bezogen auf Führung sehr viel Wahres dran. Wenn die Vertrauensbasis zu Ihren Mitarbeiterinnen und Mitarbeitern stimmt, dann wird die Performance deutlich höher sein, als wenn Sie allen Mitarbeitenden gegenüber misstrauisch sind. Oder würden Sie auf Dauer „Vollgas" geben, wenn Sie den Eindruck haben, Ihnen wird kein echtes Vertrauen entgegengebracht?

Durch Vertrauen in die eigene Arbeit, Kompetenz und Haltung kann auch eine „Lockerheit" entstehen, auch mal unkonventionelle Interventionen zu machen. Solche lockeren Interventionen haben oft die größte Wirkung. Aber auch hier lässt sich oft nicht im Vorhinein sagen, welche Ergebnisse welche Interventionen bringen. Die genau gleiche Fragestellung löst bei unterschiedlichen Menschen unterschiedliche Reaktionen aus. Deshalb muss man manchmal einen Versuch starten, um aufgrund der Reaktion zu erkennen, welcher Weg die wertvollsten Impulse ergibt.

In der Grafik ist auch folgende Erwartung zu sehen:

Von einer guten Führungskraft erwarte ich, dass sie …

… mir regelmäßig Feedback gibt.

Hier schließt sich wieder Kreis zum Thema Kontakt, Resonanz, Anerkennung, Wertschätzung, konstruktive Kritik - eben eine echte Beziehung!

Erinnern Sie sich an die Grundhaltung und die persönlichen Werte, an das Wertschätzungskonto und die Teamphasen, an das Riemann-Thomann-Kreuz und an das Rollenverständnis einer Führungskraft. Wirklich richtig Feedback zu geben ist eine Kunst! Es geht darum, die richtigen „Landkarten" im Hinterkopf zu haben, sich wirklich auf das Gegenüber einzustellen, empathisch zu sein und dann regelmäßig **Resonanz** zu geben!

Beachten Sie die allgemeinen Feedbackregeln (siehe Arbeitsblatt 10.1, Kapitel 15), reflektieren Sie die aktuelle Teamphase, in der sich das Team und der individuelle Feedbackempfänger befinden, checken Sie den „gefühlten Stand auf dem Wertschätzungskonto". Welcher Typ ist mein Feedbackempfänger (Nähe - Distanz/ Dauer - Wechsel)? Welche Werte sind beim Feedback besonders relevant? Aber entscheidend ist die Haltung, aus der heraus Sie Feedback geben.

Ich bin o.k.! - Du bist o.k.!

Reflexionsfragen zum Thema Feedback

- Habe ich mit jedem Teammitglied ein Startgespräch/Jahresgespräch/Zielvereinbarungsgespräch … im Dialog auf Augenhöhe geführt?
- Was genau waren die letzten Rückmeldungen, die ich jedem einzelnen Teammitglied gegeben habe?
- Habe ich mit jedem Teammitglied eine klare verbindliche Vereinbarung getroffen?
- Inwiefern habe ich die Gespräche und Vereinbarungen nachgehalten?
- Reflektiere ich mit meinen Teammitgliedern in regelmäßigen Abständen die vereinbarten Ziele, den vereinbarten Verhaltensrahmen, den vereinbarten fachlichen Rahmen und die Meilensteine?
- Hinterfrage ich regelmäßig die besprochenen Erwartungen, Wünsche, Werte, Ressourcen …?

In diesem Zusammenhang habe ich ein sehr inspirierendes Gespräch mit dem Team der Nachwuchskräftereferentinnen und deren Führungskraft in der DZ Bank AG geführt. Mit diesem Team arbeite ich schon viele Jahre sehr aktiv zusammen. Zum einen habe ich die Kolleginnen bei einigen Teamworkshops begleitet. Andererseits unterstütze ich seit 2009 jede Nachwuchskräftereferentin als Trainer bei einem zweitägigen Persönlichkeitsseminar mit ihrer Nachwuchskräftegruppe. Das Spannende ist, dass die Führungskraft und Gruppenleiterin Sylvia Wolf-Britsch und ich einer anderen Generation (Mischung aus Babyboomer und Generation X) angehören als die Nachwuchskräftereferentinnen (Generation Y). Und die zu führenden Nachwuchskräfte gehören wiederum zur Generation Z.

Interview mit Sylvia Wolf-Britsch (Gruppenleiterin, DZ Bank AG) und Ann-Kathrin Malcus, Eva Kumpf, Eva Neumeyer, Laura Keller, Kira Renken (NWK-Referentinnen, DZ Bank AG)

Ihr habt ja in eurem Arbeitsalltag ganz viel mit jungen Menschen zu tun. Das beginnt beim Bewerbungs- und Auswahlprozess, führt über die Betreuung der Nachwuchskräfte (NWK) während des jeweiligen NWK-Programms und endet im Idealfall mit der Übernahme in einen Fachbereich. Ich möchte mal mit einer einfachen Frage einsteigen und von euch wissen, welche typischen Erwartungen oder Wünsche ihr bei der jungen Generation wahrnehmt?

Ann-Kathrin Malcus: Ich erlebe es so, dass Nachwuchskräfte durch die aktuell bedingten Unsicherheiten – sei es Klimakrise, Terrorismus, Pandemie – noch mehr nach Sicherheit streben. Im Berufsleben wird das durch den vermehrten Wunsch nach unbefristeten Arbeitsverträgen deutlich.

Eva Neumeyer: Zusätzlich dazu erlebe ich, dass einige Nachwuchskräfte eher länger brauchen, um sich zu orientieren und für eine Richtung zu entscheiden. Deshalb fragen sie sehr viel, benötigen eine intensive Beratung und Unterstützung. Vielleicht auch aufgrund des jungen Alters und der damit verbundenen Unsicherheit.

Eva Kumpf: Das sehe ich auch so, aber es gibt auch andere junge Kollegen. Die haben bereits erste Auslandserfahrungen gesammelt, sind im privaten Umfeld oder in einem Verein besonders aktiv oder sie wurden persönlich besonders gefördert, spielen Instrumente, sprechen zwei bis drei Sprachen usw. Und diese Nachwuchskräfte treten sehr selbstsicher auf und haben ein positives Selbstvertrauen, ohne überheblich zu sein. Da ist dann auch der Wunsch nach persönlichem Feedback deutlich spürbar.

Kira Renken: Ich habe wahrgenommen, dass die junge Generation nach moderneren Arbeitsformen strebt und der Wunsch nach einer ausgewogenen Work-Life-Balance immer mehr an Bedeutung gewinnt.

Sylvia Wolf-Britsch: Ergänzend fällt mir auf, dass die jungen Leute heute deutlich fordernder sind. Das heißt, sie suchen viel mehr die Diskussion und kämpfen viel mehr für ihre eigenen Wünsche und Positionen.

Was ist denn dann aus eurer Sicht die erwartete Wertschätzung der Nachwuchskräfte an die disziplinarische Führungskraft? Was wünschen sich die Nachwuchskräfte von euch?

Alle zusammen: Die jungen Leute wünschen sich, dass wir uns Zeit nehmen für die Nachwuchskräfte, viel Lob und positives Feedback geben, sie ermutigen, die eigenen Stärken zu nutzen. Dass wir als Führungskraft möglichst viel organisieren und Probleme aus dem Weg räumen, auf Augenhöhe mit den Nachwuchskräften kommunizieren, gut zuhören, Respekt zeigen und uns für die Nachwuchskraft einsetzen, sie fördern sowie möglichst schnelle Reaktionszeiten bei Anfragen zeigen.

Was die Nachwuchskräfte dagegen häufig gar nicht bewusst wahrnehmen, sind die Möglichkeiten, die sich durch unser Unternehmen ergeben. Das sehen sie leider eher als normale Selbstverständlichkeit.

Was sind aus eurer Sicht die von den Nachwuchskräften wirklich wahrgenommenen Wertschätzungen, Highlights im NWK-Programm?

Ann-Kathrin Malcus: Ich bekomme immer wieder zurückgespiegelt, dass unsere Nachwuchskräfte es sehr wertschätzend empfinden, dass sie mit uns feste Ansprechpartnerinnen für die gesamte Nachwuchskräftezeit haben. Der Kontakt endet nicht nach der Rekrutierung, sondern intensiviert sich über die Zeit.

Laura Keller: Die Nachwuchskräfte sagen oft, dass sie relativ schnell Resonanz von uns bei Fragen erhalten, und schätzen es, die Chance zu haben, ihr Programm in der Vertiefungsphase, dem letzten halben Ausbildungsjahr, individuell mitgestalten zu dürfen.

Eva Kumpf: Außerdem erwähnen die Nachwuchskräfte als Highlight immer wieder unser gemeinsames Seminar zur Mitte der Ausbildungszeit, die persönliche und berufliche Standortbestimmung. Denn hier erhalten sie wirklich sehr persönliches Feedback und wertvolle persönliche Denkanstöße. Dadurch können sie klarer ihre eigene Zukunft planen.

Wie handhabt ihr es dann mit dem sensiblen Thema Kritik?

Sylvia Wolf-Britsch: Mir ist schon wichtig, einerseits als Führungskraft Wertschätzung zu zeigen, aber ich erwarte, dass sich sowohl die Nachwuchskräfte als auch meine Nachwuchskräftereferentinnen gemäß den in unserem Hause geltenden Spielregeln verhalten. Auch das ist für mich Wertschätzung, dass die Nachwuchskräfte sich dieser Erwartung stellen und sich entsprechend verhalten. Und wenn das nicht erfolgt, müssen wir als Führungskräfte dies ganz deutlich ansprechen.

Eva Kumpf: Und es kommt auf unsere innere Haltung an. Wie sagst du immer so schön: „Ich bin o.k.! – Du bist o.k.!" Wenn wir dies die Nachwuchskräfte spüren und erleben lassen, sind diese deutlich offener für Kritik, als wenn wir diese lediglich aus unserer Führungsposition heraus formulieren.

Laura Keller: Es ist außerdem wichtig, auch Rahmenbedingung und Vorgaben zu Beginn des NWK-Programms transparent zu machen und immer wieder in die Köpfe der jungen Leute zu rufen. Ansonsten müssen wir später genau die fehlenden Themen häufiger kritisch ansprechen.

Kira Renken: Aufgrund der Kritiksensibilität der Nachwuchskräfte kommt es natürlich sehr darauf an, dass wir den richtigen Ton treffen. Kritik soll ja helfen, dass sich die Nachwuchskräfte besser in unserem Unternehmen zurechtfinden und angemessen verhalten.

Achtet ihr eigentlich beim Auswahlverfahren heute auf andere Aspekte bei den jungen Bewerbern als früher?

Eva Neumeyer: Ich denke schon, dass wir heute hohe Erwartungen an die Bewerber stellen. Bereits im Auswahlverfahren erwarten wir den Umgang mit digitalen Tools und achten sehr stark auf die Lern- und Leistungsbereitschaft der Bewerber.

Kira Renken: Daneben legen wir einen besonderen Fokus darauf, dass der Bewerber als Mensch zu unserer Unternehmenskultur passt. Gleichzeitig versuchen wir bereits von Anfang an, ein authentisches Bild als Arbeitgeber zu vermitteln, sodass der Bewerber für sich feststellen kann, ob er sich mit uns als Unternehmen identifizieren kann.

Laura Keller: Darüber hinaus ist uns wichtig, eine gute Atmosphäre im Auswahlverfahren zu vermitteln. Dazu gehört für uns, dass wir auf Augenhöhe mit den Bewerbern kommunizieren und am Ende des Auswahlverfahrens ein wertschätzendes Feedback geben.

Ann-Kathrin Malcus: Ergänzend zu meinen Kolleginnen möchte ich noch hinzufügen, dass wir bei der Auswahl darauf achten, heterogene Nachwuchskräfte innerhalb eines Programms zu rekrutieren, um die unterschiedlichen Bedarfe in verschiedenen Fachbereichen decken zu können.

Hat sich sonst noch etwas verändert?

Eva Neumeyer: Im Rekrutierungsprozess merken wir verstärkt, dass wir uns als Unternehmen auch bei den Kandidaten bewerben müssen. Häufig haben Bewerber mehrere Angebote vorliegen und wägen alle Möglichkeiten genau ab, bevor sie eine Entscheidung treffen.

Ann-Kathrin Malcus: Genau, die Nachwuchskräfte stellen viel mehr infrage. Insbesondere bei Bewertungen wird viel mehr diskutiert und versucht, Einfluss zu nehmen.

Sylvia, wenn du so auf deine NWK-Referentinnen schaust, was machen die Kolleginnen aus deiner Sicht so richtig gut?

Sylvia Wolf-Britsch *(in Richtung der fünf NWK-Referentinnen)*: Sie stehen sehr loyal zur DZ BANK AG und begleiten sehr verantwortungsbewusst ihre NWK-Programme. Sie kennen ihre einzelnen Nachwuchskräfte sehr gut und kümmern sich absolut eigenverantwortlich um die erfolgreiche Förderung der jungen Mitarbeiter. Und sie zeigen ein ganz hohes Commitment für ihre Aufgaben und sind deshalb unglaublich engagiert.

Wenn ihr das so hört, klingt das so schon mal sehr gut, oder? Welche Art der Führung wertschätzt ihr an eurer Führungskraft?

Laura Keller, Eva Neumeyer, Kira Renken, Ann-Kathrin Malcus und Eva Kumpf: Zunächst freuen wir uns natürlich über das, was wir gerade gehört haben! Wir erhalten aber auch sehr viel Freiraum für Eigenverantwortung und bekommen somit viel Vertrauensvorschuss. Außerdem werden wir nicht permanent kontrolliert und freuen uns über diese lange Leine, denn wir wissen, dass dies nicht unbedingt der persönlichen Prägung unserer Führungskraft entspricht. Unsere Führungskraft stellt sich hinter uns und setzt sich immer wieder für uns ein. Das ist aus unserer Sicht eine spürbare und bewusst erlebte Wertschätzung.

Welchen Tipp hättet ihr noch für Führungskräfte, die junge Leute in ihr Team bekommen?

Ann-Kathrin Malcus: Meine Empfehlung für Führungskräfte, die einen jungen Mitarbeiter ins Team aufnehmen, ist ein regelmäßiger offener, direkter Austausch und Kommunikation auf Augenhöhe. Die Hierarchie sollte so flach wie möglich gelebt und den jungen Kollegen bewusst viel Freiraum zur Gestaltung gelassen werden. Führungskräfte sollten den Fokus ihrer Führungsarbeit auf Fördern und Fordern richten.

Laura Keller: Aus meiner Erfahrung sind unsere Nachwuchskräfte sehr unterschiedlich, und genau daraus resultiert mein wichtigster Tipp: Die Führungskraft sollte mit jedem einzelnen Mitarbeiter seine individuellen Stärken und Fähigkeiten identifizieren und diese im Rahmen von Weiterbildungen ausbauen.

Eva Kumpf: Ich glaube, dass es wichtig ist, den jungen Leuten bewusst viel Freiraum zu geben. Schaffen Sie die Möglichkeit, neue Erfahrungen zu sammeln und auch mal Fehler machen zu dürfen.

Sylvia Wolf-Britsch: Ich denke, dass es künftig noch viel mehr auf eine partizipative Führung ankommt. Man muss Menschen mögen, wenn man Menschen führt. Das hat viel mit der persönlichen Grundeinstellung zu tun. Deshalb sollten Führungskräfte einfach versuchen, die jungen Mitarbeiter angemessen verantwortungsvoll einzubinden. Und wir müssen als Führungskraft eine gute Balance schaffen zwischen Freiraum geben und Sicherheit vermitteln.

Super, ich danke euch ganz herzlich für dieses Gespräch. Und ich weiß aus den gemeinsamen Seminaren, dass eure Nachwuchskräfte mit euch als persönlichem Ansprechpartner sehr zufrieden sind. Deshalb ist das, was ihr hier gesagt habt, aus meiner Sicht absolut stimmig. Und es freut mich, dass ihr hier eine spürbar gemeinsame Linie habt.

Sylvia Wolf-Britsch: Auch von unserer Seite vielen Dank für dieses Gespräch. So haben wir vieles, wie wir im Alltag meist intuitiv handeln, noch einmal ganz bewusst reflektiert und dadurch auch ein Stück klareres Verständnis für unsere Art des wertschätzenden Umgangs mit unseren Nachwuchskräften bekommen. Und wir haben uns auch ein Stück weit gegenseitig Feedback gegeben. Deshalb vielen Dank für deine Fragen an uns gemeinsam.

10.3 Konkretisierung der Erwartungen meiner Mitarbeitenden

Hier noch ein sehr praxistaugliches Tool, das Sie für Gespräche mit allen Generationen nutzen können. Oft ist es hilfreich, den unterschiedlichen Mitarbeiterinnen und Mitarbeitern eine Brücke zu bauen, damit sie die eigenen Erwartungen, Wünsche und Bedürfnisse besser und konkreter benennen können. Verwenden Sie einfach folgende Übersicht:

Gute Mitarbeiterinnen und Mitarbeiter erwarten heute von ihrer Führungskraft …

- … dass sich ihre Worte und Taten decken.
- … dass sie sich an Abmachungen hält.
- … dass sie fachlich kompetent ist.
- … dass sie zwischenmenschlich fair ist.
- … dass sie offen ist für neue Ideen.
- … dass sie gute Arbeit wertschätzt.
- … dass sie konstruktiv und hilfreich korrigiert/kritisiert.

- … dass sie Rückendeckung gibt.
- … dass sie die persönliche und berufliche Entwicklung unterstützt.
- … dass sie erreichbar ist, wenn sie gebraucht wird.
- … dass sie klar sagt, was sie erwartet.
- … dass sie gut informiert.
- … dass sie effektiv organisiert.
- … dass sie auch interessante Arbeit delegiert.
- … dass sie ein gutes Umfeld schafft.
- …

In Kapitel 15 finden Sie diese Übersicht auch als Kopiervorlage (Arbeitsblatt 10.2). Geben Sie diese Liste doch einfach Ihrem Teammitglied zur Vorbereitung auf das nächste Mitarbeitergespräch mit und bitten Sie darum, die drei bis vier absolut wichtigsten Erwartungsaspekte zu markieren und mit ein bis zwei konkreten Beispielen zu erklären. So erhalten Sie wertvolle Hinweise, was Ihrem Teammitglied besonders wichtig ist. Es geht also darum, diese Erwartungen besser besprechbar und gegenseitig verständlich zu machen.

Das Interessante ist hier, dass, wenn Sie die einzelnen Punkte mal durchgehen, sofort deutlich wird, dass jeder einzelne Aspekt mit **Wertschätzung** zu tun hat. Egal ob Sie Ihren Teammitgliedern Rückendeckung geben oder zwischenmenschlich fair agieren oder eben vorrangig interessante Aufgaben delegieren, Mitarbeiterinnen und Mitarbeiter empfinden diese Verhaltensweisen der eigenen Führungskraft als Wertschätzung. Es geht um echten Respekt im Umgang miteinander.

Sie werden nicht allen Erwartungen gerecht werden können. Aber es ist sehr hilfreich, zu wissen, was für Ihre unterschiedlichen Teammitglieder die höchste Bedeutung hat.

Wenn ein Mitarbeiter Ihnen zurückmeldet, dass ihm eine gute, zeitnahe und umfassende Information besonders am Herzen liegt, dann kann man sich als Führungskraft immer wieder darauf besinnen, möglichst oft, umfassend und mit Weitblick zu informieren. Außerdem überlegt man sich, was man vielleicht noch als Ausblick in die Information integrieren kann, usw.

Wenn Ihnen eine Mitarbeiterin jedoch sagt, dass es für sie höchste Bedeutung hat, dass Sie sich als Führungskraft an getroffene Absprachen halten, dann sollten Sie wirklich nur die Absprachen treffen, die Sie auch wirklich einhalten können (sollten wir als Führungskraft sowieso), denn diese Mitarbeiterin wird Sie an diesem Punkt besonders kritisch beobachten. Andererseits, wenn es Ihnen gelingt, diesen Anforderungen gerecht zu werden, erhalten Sie im Gegenzug auch entsprechenden Respekt von Ihrer Mitarbeiterin!

Sollte Ihnen ein Mitarbeiter den Hinweis geben, dass er sich insbesondere Ihre Offenheit für neue Ideen wünscht, dann können Sie diese Erwartung bewusst nutzen, um den Mitarbeiter zu bitten, regelmäßig mit seinen Ideen zu Ihnen zu kommen. Praktizieren Sie das Prinzip der offenen Tür und hören Sie sich neue Ideen interessiert und wohlwollend an. Fragen Sie vertiefend nach und machen Sie sich Notizen. Beschreiben Sie, was Sie mit den Ideen und Vorschlägen machen werden.

Ganz wichtig: Gute Ideen sind das geistige Eigentum des Mitarbeiters - verkaufen Sie nie gute Ideen der Mitarbeiter als Ihre eigenen!

Es gibt Führungskräfte, die genau diesen Weg gehen. Gute Ideen der Mitarbeitenden werden zu eigenen Ideen. Und Vorschläge, die auf Ablehnung stoßen, werden als „dumme Ideen“ der Mitarbeitenden dargestellt. Das hat dann nichts mit Wertschätzung zu tun!

10.4 Verschiedene Generationen zusammenführen bzw. zusammen führen

Diese Überschrift soll zum Ausdruck bringen, dass es zum einen darum geht, dass Sie als Führungskraft grundsätzlich den Auftrag haben, Ihre Mitarbeiterschaft zusammenzuführen, sodass ein Team zusammenwächst und ein gut funktionierendes Gesamtgefüge entsteht, ein Kollektiv. Zusammenführen heißt somit, zwischen den Teammitgliedern Brücken zu bauen, damit die Kolleginnen und Kollegen durch die sich ergänzenden Kompetenzen und Fähigkeiten noch erfolgreicher werden, als wenn jede Person für sich selbst arbeitet.

Der zweite Teil mit zusammen führen zielt auf die Herausforderung für die Führungskraft, dass es einer unterschiedlichen Führung bedürfen könnte, wenn Sie in Ihrem Team Menschen aus unterschiedlichen Generationen führen dürfen oder führen müssen.

Hier liegt ein Lösungsansatz, zunächst zu prüfen, in welcher Teamphase (Kapitel 5) sich die Gruppe befindet. Damit können Sie den Fokus darauf richten, ob Sie eher mit etwas längerer oder kürzerer Leine führen sollten. Beherzigen Sie folgenden Grundsatz:

Erst die Gruppe, dann der Einzelne!

Erst die Gruppe ...

Konzentrieren Sie sich auf jeden Fall zunächst auf die Gesamtgruppe. Oft setzen sich die Teams aus unterschiedlichen Generationen zusammen. Aber vielleicht haben Sie einen Generationenschwerpunkt in Ihrem Team zu verzeichnen. Dann können Sie neben der Teamphase auch prüfen, ob es bestimmte Erwartungen an Sie als Führungskraft gibt, die sich aus der entsprechenden Generation ergeben.

- Welche Führung ist für Ihr Team insgesamt nützlich?
- Was genau braucht die Gruppe als Führungsimpulse?
- Wo müssen Sie (enge) Grenzen setzen?
- Wo sollten Sie (viel) Freiraum geben?

... dann der Einzelne!

Danach schauen Sie auf jedes einzelne Teammitglied. Prüfen Sie anhand des Geburtsdatums und des Verhaltens, das Sie wahrnehmen, ob das Teammitglied in die Generationenbeschreibung fällt oder nicht. Nutzen Sie die verschiedenen Möglichkeiten, die zuvor beschrieben wurden, um genauer die persönlichen Wünsche, Bedürfnisse und Erwartungen zu hinterfragen. So erhalten Sie wertvolle Informationen, die Ihnen dann in der individuellen Führung helfen, die einzelnen Teammitglieder angemessen und gezielt zu führen.

Individuelle Führung heißt, einerseits alle Mitarbeitenden gleich zu führen und gleichzeitig gewisse individuelle Unterschiede zu machen, die begründet und angemessen sind. Alle Teammitglieder zu 100% gleich zu behandeln, bedeutet Gleichmacherei und ist oft ungerecht. Alle Teammitglieder total unterschiedlich zu führen, bedeutet oft, dass zwischen den Mitarbeitenden eine gewisse Neidkultur entsteht. Daraus ist abzuleiten, dass eine total unterschiedliche Führung der Mitarbeitenden eben auch als ungerecht erlebt wird.

Daher geht es darum, die richtige Mischung aus Führungselementen zu finden, die einerseits alle Teammitglieder gleichbehandelt und andererseits angemessene Unterschiede zulässt.

Damit das nicht zu abstrakt oder theoretisch klingt, hier ein konkretes Beispiel: Nehmen wir die Urlaubsplanung für Ihr Team. Gerechtigkeit und Gleichbehandlung kann daran festgemacht werden, dass jedes Teammitglied unter dem Jahr die Chance bekommt, auch mal einen Brückentag als Urlaubs- oder Gleitzeittag zu nehmen. Eine Führungskraft sollte darauf achten, dass sich nicht ein oder zwei Teammitglieder hier frühzeitig diese Tage sichern und der Rest der Mitarbeiterschaft in die Röhre guckt. Das Gleiche gilt für Urlaub zu den beliebtesten Zeiten (z.B. zwischen den Jahren). Hier sollte regelmäßig ein Wechsel stattfinden. Wenn in diesem Jahr ein Drittel der Mitarbeitenden die Woche zwischen den Jahren als Urlaubswoche nimmt, dann ist im nächsten Jahr ein anderes Drittel dran. Und im darauffolgenden Jahr dann das restliche Drittel, es sei denn, jemand aus dem Team signalisiert deutlich, dass er in dieser Zeit eigentlich sehr gerne arbeitet. Dann hat dieses Teammitglied zu einer anderen Zeit eben ein Vorrecht, den Urlaubswunsch anzumelden. So viel zur sinnvollen Gleichbehandlung.

Bei den individuellen Unterschieden spielen die Stärken, Fähigkeiten, Talente, Vorlieben usw. der einzelnen Teammitglieder wieder eine große Rolle. Denn hier kann ich als Führungskraft wunderbar sinnvolle und zielführende Unterschiede in der Führung machen:

- Welches Teammitglied stelle ich für welches Projekt frei?
- Welche sinnvollen Tandems bilde ich, um die ideale Vertretungsregelung zu realisieren?
- Welches Teammitglied darf bzw. sollte an welcher Weiterbildung teilnehmen?
- Welches Teammitglied übernimmt welche Aufgabe auf unserem Messeauftritt?
- ...

Gleichbehandlung gilt aber auch für Situationen, die eine Konsequenz oder eine Sanktion erfordern. Verfehlungen, die üblicherweise eine klare Reaktion der Führungskraft verlangen, müssen jedes Teammitglied gleich treffen. Gerade hier sind Menschen sehr sensibel. Wenn Mitarbeiter A eine Abmahnung bekommt und Mitarbeiterin B für das gleiche Verhalten nicht einmal angesprochen wird, dann empfinden das die Mitarbeitenden als höchst ungerecht. Das darf nicht sein, egal, welcher Generation das Teammitglied angehört.

Welches Führungsverhalten sorgt tendenziell für eine Zusammenführung der Generationen?

- Sorgen Sie für regelmäßigen und dynamischen Austausch in Ihrem Team (z. B. Teambesprechungen, Quartals- oder Halbjahrestreffen, Jahresauftaktklausuren)!
- Gehen Sie in einen echten persönlichen Kontakt mit Ihren Teammitgliedern (z. B. formelle Mitarbeitergespräche, Kaffeerunde, gemeinsames Mittagessen, Feierabendbier ...)!
- Planen Sie sinnvolle und ergebnisorientierte Teamentwicklungsmaßnahmen mit externer Begleitung als zusätzlichen Impulsgeber (z. B. Teamworkshop, Impulsvortrag, Besuch einer anderen Firma als kollegiale Lernchance, Planung und Realisierung eines Teamflyers zur Vorstellung des eigenen Teams, Teammannschaft im Rahmen eines internen Turniers ...)!
- Bilden Sie generationenübergreifende Tandems, um miteinander voneinander zu lernen und dadurch die wechselseitige Wertschätzung zu erhöhen und das wechselseitige Verständnis zu verbessern!
- Würdigen Sie in der gemeinsamen Runde immer wieder mal positives Verhalten, individuelle Erfolge und sehr gute Teamergebnisse!

10.5 Erkenntnis - Reflexion - Umsetzung

Menschen machen den Unterschied! In ihrem Lebensalter, in ihren Erfahrungen, in ihren Kompetenzen, in ihren persönlichen Zielen, in ihren Motivationen usw. Ihre Aufgabe als Führungskraft ist es, diese Unterschiede zu würdigen und zwischen den Teammitgliedern tragfähige, motivierende Brücken zu bauen ☺. So machen Sie als Führungskraft den positiven Unterschied!

Abschließend eine kleine Geschichte vom alten Brückenbauer (in Anlehnung an Laubvogel/Wetter-Parasie 2013):

Der alte Brückenbauer

„Du hast einen schönen Beruf", sagte das Kind zum alten Brückenbauer, „es muss sehr schwer sein, Brücken zu bauen."

„Wenn man es gelernt hat, ist es leicht", sagte der alte Brückenbauer, „es ist leicht, Brücken aus Beton und Stahl zu bauen. Die anderen Brücken sind viel schwieriger", sagte er, „die baue ich in meinen Träumen."

„Welche anderen Brücken?", fragte das Kind.

Der alte Brückenbauer sah das Kind nachdenklich an.

Er wusste nicht, ob das Kind es verstehen würde.

Dann sagte er: „Ich möchte eine Brücke bauen - von der Gegenwart in die Zukunft. Ich möchte eine Brücke bauen von einem zum anderen Menschen, von der Dunkelheit in das Licht, von der Traurigkeit zur Freude.

Ich möchte eine Brücke bauen von der Zeit in die Ewigkeit, über alles Vergängliche hinweg."

Das Kind hatte aufmerksam zugehört. Es hatte nicht alles verstanden, spürte aber, dass der alte Brückenbauer traurig war.

Weil es ihn wieder froh machen wollte, sagte das Kind: „Ich schenke dir meine Brücke."

Und das Kind malte für den Brückenbauer einen bunten Regenbogen.

Auch meine zentrale Aufgabe als Trainer ist es, Brücken zu bauen. Brücken in Teams, von Führungskräften zu den Teammitgliedern und umgekehrt. Zwischen verschiedenen Abteilungen innerhalb eines Unternehmens oder zwischen Abteilungen im gleichen Bereich - von Mensch zu Mensch und zwischen den Generationen! Dabei können wechselseitig Chancen aufgezeigt werden, unterschiedliche Kompetenzen und Fähigkeiten zusammengebracht, miteinander voneinander gelernt und von den unterschiedlichen Erfahrungen und Ideen profitiert werden. Und so können Sie für sich auch noch einmal überlegen, wo und wie Sie als Führungskraft Brücken bauen können.

Reflexionsfragen

- Wo müssten Sie aus Ihrer Führungsrolle heraus Brücken bauen?
- Welche Art von Brückenbau könnte dabei sinnvoll sein?
- Was genau wäre Ihr Anteil als Führungskraft?
- Was wäre aber auch der Anteil der anderen Personen?
- Wie können Sie das in Ihrem Umfeld thematisieren?

Führungsprinzip Wertschätzung heißt:

Als Führungskraft den unterschiedlichen Generationen angemessen zu begegnen, unterschiedliche Erwartungen ernst zu nehmen und Brücken zwischen den Generationen zu bauen.

10.6 Literaturhinweise

Laubvogel, B.; Wetter-Parasie, J. (2013): *Wenn die Liebe Trauer trägt.* Brunnen, Gießen 2013

http://www.cio.de/a/print/wie-generation-y-x-und-babyboomer-denken,2295472 (Stand: 03.06.2021)

http://www.onpulson.de/13772/die-veraenderten-ansprueche-der-generation-y/ (Stand: 03.06.2021)

https://hr-monkeys.de/erwartungen-generation-y-z/ (Stand 03.06.2021)

https://www.generation-thinking.de/ (Stand 03.06.2021)

http://www.psychosoziale-gesundheit.net/psychohygiene/betriebsklima.html (Stand: 03.06.2021)

http://www.reif.org/blog/generationen-veteranen-baby-boomer-x-y-z-und-bald-alpha/ (Stand: 03.06.2021)

https://www.absolventa.de/karriereguide/tipps/xyz-generationen-arbeitsmarkt-ueberblick (Stand: 03.06.2021)

http://www.agentur-jungesherz.de/generation-z/ (Stand: 03.06.2021)

https://karrierebibel.de/bueroformen/ (Stand 03.06.2021)

11 Humor zeigen

In einem Unternehmen zu arbeiten ist grundsätzlich eine ernste Angelegenheit. Es geht darum, Unternehmensziele zu erreichen, Kunden zufriedenzustellen, möglichst sogar zu begeistern, auf jeden Fall einen Nutzen oder Mehrwert zu stiften und, und, und ...

Als Führungskraft ist es eine zentrale Aufgabe, eben diese ernsten Angelegenheiten so zu managen und Menschen im Sinne von Leadership so zu führen, dass sich alle beteiligten Personen mit voller Kraft in den Arbeitsprozess einbringen.

Gerade an dieser Stelle kann es sehr wertvoll sein, nicht alles verbissen ernst zu nehmen und eine gewisse Lockerheit, Humor und Spaß zu ermöglichen. Wie viel Spaß, Freude und Humor im Arbeitsalltag möglich sind, wird insbesondere durch die unmittelbare Führungskraft gesteuert.

Wenn es der Führungskraft gelingt, in eine gute und angemessene Balance zwischen Ernsthaftigkeit und Humor zu kommen, dann werden die Mitarbeiterinnen und Mitarbeiter mit deutlich höherer Motivation im Arbeitsalltag agieren, als wenn das Arbeitsklima ausschließlich von Ernsthaftigkeit, Verbissenheit und Strenge geprägt ist.

In diesem Kapitel erfahren Sie, worauf Sie in Bezug auf Humor besonders achten sollten und wie Sie selbst einen Beitrag leisten können, für Ihr Team ein Arbeitsklima zu schaffen, das von ernsthaftem Arbeiten mit Spaß und Humor geprägt ist.

11.1 Humor – Formen und Gefahren

Stellen Sie sich zum Einstieg in dieses Kapitel einmal folgende Frage: Auf einer Skala von 0 bis 10, wie hoch würde Sie den Humor/Spaß/Freude-Grad in Ihrer Gruppe, für die Sie Führungsverantwortung haben, einschätzen (0 = sehr ernsthaft; extrem viel Spaß = 10)?

0	1	2	3	4	5	6	7	8	9	10

Weitere Fragen schließen sich direkt an:

- Woran machen Sie Ihre Einschätzung konkret fest?
- In welchen Situationen erleben Sie absolut ernsthaftes, fokussiertes Arbeiten Ihrer Mitarbeitenden?
- Wie oft wird bei Ihnen im Verantwortungsbereich befreit gelacht?
- Worüber konkret lachen Sie selbst oder Ihre Mitarbeitenden?
- Woran machen Sie fest, dass Ihre Mitarbeitenden Freude und Spaß bei der Arbeit empfinden?
- Wie ungezwungen geht es in Ihrer Einheit zu?
- In welchen Situationen erleben Sie in Ihrem Team eine positive Lockerheit?
- Inwiefern wirken sich die vorhandene Lockerheit, der Spaß und die Freude sowie der Humor auf die Inspiration Ihrer Mitarbeitenden aus?

Humor hat eine ganze Menge mit Wertschätzung zu tun. Allein die Tatsache, gemeinsam mit anderen zu lachen und zusammen Spaß zu haben, ist positiv belegt, und wer arbeitet nicht lieber in Teams und Einheiten, in denen man auch mal einen Spaß machen kann und nicht zum Lachen in den Keller gehen muss, damit es keiner sieht, dass ich lache?

Ein Lachen verbindet Menschen und ist eine soziale Interaktion. Man kann auch alleine lachen, wenn man beispielsweise einen lustigen Text liest oder einen witzigen Film sieht. Aber noch mehr Spaß hat man, wenn man seine Freude mit anderen teilen kann. Deshalb ist die typische Folge, wenn wir etwas Witziges entdeckt haben, dass wir es dann gerne anderen zeigen oder regelecht präsentieren. Gemeinsames Lachen entfacht eine andere Energie, als wenn wir nur alleine vor uns hin lachen.

Lachen hat viel mit Emotionalität zu tun. Wenn wir lachen, zeigen wir somit persönliche Emotionen, und wenn wir gemeinsam lachen, sind wir sozusagen auf einer gemeinsamen Wellenlänge. Das verbindet Menschen. Aber zunächst einmal eine Annäherung auf der Sachebene:

Welche Arten von Humor können wir im Arbeitsalltag unterscheiden?

Dazu erhalten Sie zunächst einige Stichworte, ohne Anspruch auf Vollständigkeit:

- **Situationskomik**

  Es gibt Situationen im Arbeitsalltag, da muss man einfach lachen (die meisten Menschen zumindest, denn nicht jeder Mensch hat den gleichen Humor). Und solche Situationen lassen sich in der Regel nicht planen oder gezielt initiieren, sondern entstehen einfach so. Das Entscheidende ist oft, wie die Menschen dann spontan reagieren. Dadurch, dass eine Situation sich in eine andere Richtung entwickelt, als sie sonst üblich ist, kann sie eine lächerliche, groteske und absurde Wendung nehmen, mit der man so nicht rechnet. Und genau das macht dann die Komik aus.

Beispiel: Die Führungskraft spricht seinen Mitarbeiter in kritischem Ton an: „Sie arbeiten langsam, Sie gehen langsam und Sie reden langsam! Geht denn bei Ihnen überhaupt irgendetwas schnell?“ Da antwortet der Mitarbeiter: „Ja, ich werde sehr schnell müde!“

- **Wortwitz**

  Hier entsteht ein Lachen häufig durch die Doppeldeutigkeit von Begriffen oder aber durch die naheliegende Verwendung von Wortbedeutungen und deren Aussprache. Manche Menschen können einem wortwörtlich das Wort im Mund herumdrehen. Wie bei der Situationskomik benötigt Wortwitz häufig ein hohes Maß an Spontaneität. Dass dies in eine humorvolle Richtung geht, setzt allerdings voraus, dass der andere dies auch versteht, also eine gewisse Sprachkompetenz mitbringt. Problematisch wird das Verstehen von Wortwitzen immer, wenn jemand kein Muttersprachler ist.

  Beispiel: Wer seinem Chef einen Vogel zeigt, nimmt in Kauf, dass er fliegt.

- **Ironie**

  Hier geht es darum, dass man mit Worten genau das Gegenteil formuliert, von dem, was man eigentlich meint oder sagt. Klingt etwas kompliziert, ist aber weitverbreitet. Also angenommen, eine Mitarbeiterin macht einen Leichtsinnsfehler, und die Führungskraft sagt: „Oh, das haben Sie aber ganz hervorragend gemacht.“ Und formuliert das mit einem merkwürdigen Unterton, dann ist Ironie im Spiel. Die Herausforderung besteht darin, dass nicht jeder sofort die Betonung richtig interpretiert und sich gegebenenfalls auch persönlich angegriffen fühlt. Interessant ist, dass Kinder sich schwertun Ironie richtig zu deuten. Die Kompetenz entwickeln wir erst später, weil wir dann besser Aussagen im Kontext einordnen können.

  Beispiel: „Herr Meier, Sie sind unser absolut bestes Pferd im Stall.“ „Wirklich, bin ich das?“ „Ja, Sie machen den meisten Mist!“

- **Sarkasmus**

  Ist bitterer und oft verletzender Spott über andere, der eine eindeutige Absicht oder eine eindeutige Haltung widerspiegelt. Dabei wird punktuell in gemeiner Form und höhnisch ein Sachverhalt oder eine Entscheidung kommentiert, wodurch auch ein gewisser Schmerz oder eine Verletzung des Kommentierenden zum Ausdruck gebracht wird.

  Beispiel: Ein Gast des Unternehmens fragt die Chefin: „Wie viel Menschen arbeiten hier eigentlich?“ Antwort von der Chefin: „Hm, ich schätze, so etwa die Hälfte!“

- **Zynismus**

  Das ist die gesteigerte Form von Sarkasmus. Während der Sarkasmus nur punktuell oder situativ geäußert wird, entspricht der Zynismus einer generellen persönlichen Grundhaltung zu einem vorhandenen Kontext. Da der Zynismus auf eine generelle Haltung beim Menschen oder bei Mitarbeitenden schließen lässt, dieser sich also in wiederholter Form und immer in die gleiche Richtung gehend äußert, ist es für andere Menschen oder Teammitglieder oft schwer, mit so einer Kollegin oder einem Kollegen in einer positiven und inspirierenden Art zusammenzuarbeiten.

  Beispiel: Ein externer Prüfer fragt die Führungskraft: „Warum stellen Sie eigentlich nur verheiratete Männer ein?" Meint die Führungskraft: „Weil sie schon daran gewöhnt sind, angebrüllt zu werden."

- **Spott, Hohn**

  Hierbei zeigt sich die negative Betrachtung eines Teammitglieds, dem ein Missgeschick passiert ist. Auf Kosten dieses Teammitglieds wird nun dieses Missgeschick immer wieder breitgetreten und auch anderen Kolleginnen und Kollegen erzählt. Durch diese gezeigte Schadenfreude stellen sich die Teammitglieder, die Hohn und Spott verbreiten, über die andere Person. Darunter leidet das Teammitglied, dem dieses Missgeschick unterlaufen ist. Hohn und Spott führen dadurch tendenziell zu Vertrauensverlust und sorgen für ein schlechtes Arbeitsklima.

  Beispiel: Sagt ein Unternehmer zum anderen: „Du musst mir mal ein Geheimnis verraten: Was machst du, dass deine Angestellten immer total pünktlich zur Arbeit erscheinen?" Da antwortet der Angesprochene: „Ganz einfach: Ich habe 30 Angestellte, aber nur 20 Parkplätze!"

- **Schwarzer Humor**

  Den schwarzen Humor erkennt man daran, dass man sich über Makaberes lustig macht. Themen wie Krankheit und Tod werden verharmlost und in paradoxer Form dargestellt oder kommentiert. Dabei bleibt einem manchmal das Lachen im Halse stecken.

  Beispiel: Unterhalten sich zwei Mitarbeitende: „Hast du es schon gehört? Unser Chef ist letzte Woche gestorben!" – „Ja, aber ich frage mich, seit ich die Anzeige gelesen habe, wer mit ihm gestorben ist." – „Wieso mit ihm?" – „Na, in der Anzeige stand doch: ‚Mit ihm starb einer unserer besten Mitarbeiter.'"

- **Galgenhumor**

  Er zeigt sich in Situationen oder bei Entscheidungen, mit denen man leben muss, keinen Einfluss hat, dies zu ändern, sich ausgeliefert fühlt und man das Beste daraus zu machen versucht. Frei nach dem Motto: Humor ist, wenn man trotzdem lacht!

Beispiel: Der Kassierer fragt in der Revision nach: „Unser Azubi ist mit der Kasse durchgebrannt. Wie soll ich das denn jetzt verbuchen?“ – „Am besten unter ‚Laufende Ausgaben‘!“

- **Trockener Humor**

  Das Spannende am trockenen Humor ist, dass hierbei keine oder kaum Gefühle gezeigt werden, wenn man einen Sachverhalt kommentiert. Daher ist diese Art von Kommentaren und Sprüchen eher eine Art von indirektem Witz. Manchmal ist dem Kommentierenden gar nicht bewusst, dass er einen trockenen Humor hat. Vielmehr ist es die Wirkung seiner Worte bei anderen Menschen, die von der emotionslosen Art und dem emotionslosen Kommentar überrascht sind.

  Beispiel: Der Chef erzählt voller Begeisterung einen Witz, und alle Angestellten biegen sich vor Lachen. Nur eine Sekretärin nicht. „Sagen Sie mal, haben Sie denn überhaupt keinen Sinn für Humor?“, fragt ein Kollege. „Doch schon, aber ich habe bereits gekündigt.“

- **Spontaneität/Schlagfertigkeit**

  Eine ebenfalls zum Humor zählende Variante sind die persönliche Spontaneität und die situative Schlagfertigkeit. Dies gelingt in der Regel nur bei einer gewissen persönlichen Lockerheit und bei vorhandenem Selbstvertrauen, denn nicht jeder spontane Spruch oder Kommentar ist ein „Treffer“.

  Beispiel: Unterhalten sich zwei Kollegen. Fragt der eine: „Sag mal, hast du vielleicht etwas zugenommen?“ Antwortet der andere: „Man wächst mit seinen Aufgaben. Ich bin leider halt in die Breite gewachsen.“

- **Witze/Sprüche**

  Immer wieder gibt es Menschen, die gerne auch mal einen Witz erzählen oder einen Spruch ans Schwarze Brett hängen. Dabei hängt es sehr vom Feingefühl des Witzeerzählers ab, ob man den Humor der Teammitglieder trifft oder aber peinliches Schweigen entsteht. Bei Sprüchen, die ans Schwarze Brett gehängt werden, ist es oft eine verpackte Kritik über unerfreuliche Zustände im Unternehmen oder im Verhalten von anderen Personen.

  Beispiel: Fragt ein Kollege den anderen: „Wissen Sie eigentlich, was Meinungsaustausch ist? Wenn Sie mit Ihrer Meinung zum Chef reingehen und mit seiner Meinung wieder herauskommen.“

Vielleicht haben Sie für sich schon eine für sich passende Humorform identifizieren können, die Ihnen besonders liegt. Oder aber Sie haben eine Beschreibung gelesen, bei der Sie dachten, dass sie gut zu Ihrem Team passt.

Welche Gefahren stecken hinter diesen Humorformen?

Bei der **Situationskomik** besteht die Hauptgefahr, dass einem Teammitglied mal ein Missgeschick passiert und durch das Lachen darüber ein gewisser Gesichtsverlust entstehen kann. Das ist dann die Grenze zu der Form von Spott und Hohn. Sobald es zu diesen verletzenden Kommentaren kommt, empfindet der Kollege, dem das Missgeschick passiert ist, eine persönliche Störung. Denn kein Mensch will vor anderen vorgeführt werden. Aber manchmal ist man sich gar nicht darüber bewusst, dass man die Situationskomik so ausschlachtet und breittritt. Daher ist es oft wichtig und hilfreich, wenn die Führungskraft oder ein Teammitglied hier korrigierend eingreift und Grenzen setzt. Wenn das nicht passiert, können sich die Situation und die Form von Hohn und Spott so hochschaukeln, dass es zu echtem persönlichem Vertrauensverlust kommen kann.

Beim **Wortwitz** zeigt sich oft ein breites Spektrum von Sprachkompetenz. Oft ist dieser auch noch gepaart mit Spontaneität oder Schlagfertigkeit. Aber manche Menschen ziehen viele Äußerungen immer in einen sexistischen Rahmen. Und dann wird es für viele Teammitglieder unangenehm. Gerade wenn in gemischten Teams ein oder zwei Männer sich gegenseitig hochschaukeln und alles frauenfeindlich und sexistisch kommentieren, dann ist die Führungskraft gefordert, hier einen klaren Riegel vorzuschieben.

Die **Ironie** ist ein feines Instrument, das man wohldosiert einsetzen sollte. Die größte Gefahr besteht darin, dass nicht jeder die Ironie versteht und es somit zu Fehlinterpretationen und Missverständnissen kommen kann. Insbesondere als Führungskraft sollten Sie eher auf eine klare, nachvollziehbare und Verständnis fördernde Kommunikation achten. Aber ab und zu dürfen auch Führungskräfte mal ironisch sein.

Dagegen sollten Sie als Führungskraft möglichst auf **Sarkasmus** oder **Zynismus** verzichten. Wie beschrieben sind hiermit verletzende, abwertende und gemeine Kommentare gemeint, die man gegenüber einem Teammitglied, dem gesamten Team oder bezogen auf das eigene Unternehmen äußert. Dadurch unterstreicht man eine sehr negative, kritische eigene Haltung. Und wenn Mitarbeitende in diese Schiene abgleiten, dann gilt auch hier, dass die Führungskraft klare Grenzen setzt.

Auch der **schwarze Humor** bietet genau die gleichen Gefahren wie der Sarkasmus oder der Zynismus. Nur fühlen sich hier oft Menschen persönlich verletzt, die selbst oder in der Familie mit Krankheit und Tod konfrontiert sind. So entstehen manchmal sehr unangenehme Situationen, in denen ein Kollege einen Spruch raushaut, in dem eine schwerwiegende Krankheit ins Lächerliche gezogen wird, und auf einmal verlässt eine andere Kollegin tief getroffen oder weinend den Raum. Irritiert bleiben dann die anderen Teammitglieder zurück und wissen manchmal gar nicht, was gerade passiert ist. Deswegen sollten Menschen, die einen starken

Hang zum schwarzen Humor haben, diesen eher im privaten Umfeld auszuleben. Im Büro oder im Arbeitskontext sollten Sie möglichst darauf verzichten.

Bei **Witzen** ist das immer so eine Sache. Es gibt Menschen, die unglaublich gerne Witze erzählen. Manche Witze sind auch richtig gut und man kann herzhaft darüber lachen. Manchmal reicht es noch zu einem breiten Grinsen oder zu einem verschmitzten Schmunzeln. Aber spätestens, wenn die Reaktionen bei den Zuhörenden nur noch ein müdes Lächeln hervorrufen oder aber sogar betretenes Schweigen entsteht, dann sollte man als Witzeerzähler überlegen, ob man diese Verhaltensweise etwas reduzieren sollte. Hier ist es ratsam, der Empfehlung zu folgen: Weniger ist mehr.

Sollten in Ihrem Verantwortungsbereich immer irgendwelche **witzigen Sprüche** zitiert oder angepinnt werden, dann sollten Sie mal darauf schauen, welche Botschaft mit den Sprüchen verbunden ist. Manchmal gibt es Hinweise und Indizien, womit die Mitarbeiterinnen und Mitarbeiter im Arbeitsalltag nicht zufrieden sind.

Bei der **Spontaneität** und der **Schlagfertigkeit** ist es immer eine Frage des Maßes. Wenn die Schlagfertigkeit in ein Bloßstellen oder Vorführen des anderen kippt, dann wird sich aus einem vermeintlich humorvoll gemeinten verbalen Schlagabtausch gegebenenfalls eine persönliche Verletzung oder sogar ein längerfristiger Konflikt ergeben.

Gemeinsames Lachen kann für diejenigen, die nicht mitlachen können, sehr ausgrenzend wirken. Vor allem bei heterogenen Teams besteht die Gefahr, dass sich innerhalb der Gruppe Untergruppen bilden. Achten Sie also immer darauf, dass mit Humor auch wirklich der Zusammenhalt aller Teammitglieder gestärkt wird.

11.2 Praxistransfer – Worauf kommt es an?

Wahrscheinlich merken Sie schon, worauf es im ersten Teil dieses Kapitels ankommt. Es geht nach der Einschätzung auf der Skala von 0 bis 10 um Ihre persönliche Konkretisierung. Denn oft ist der erste Impuls, den Führungskräfte bei dieser Einschätzungsfrage spontan äußern, dass es den Mitarbeiterinnen und Mitarbeitern im Arbeitsalltag Spaß macht, in dem eigenen Fachbereich zu arbeiten, und dass es im Alltag humorvoll zugeht. Wenn dann aber konkret nachgefragt wird, kommt häufig wenig Greifbares.

Deswegen noch einmal die Empfehlung: Reflektieren Sie die Konkretisierungsfragen für sich selbst möglichst genau und fragen Sie gegebenenfalls auch mal ein oder zwei Teammitglieder dazu. Suchen Sie sich dafür Teammitglieder aus, die Ihnen so ehrlich wie möglich antworten.

Reflexionsfragen

- Zunächst ein paar Fragen für eine kleine Selbstanalyse:
- Welche Filme finden Sie selbst besonders witzig?
- Über was genau können Sie in diesen Filmen lachen?
- Wo bleibt Ihnen manchmal aber auch das Lachen im Halse stecken?
- Über welche Videoclips können Sie sich kaputtlachen?
- Welche Sprüche, Zitate, Bilder, Witze ... finden Sie richtig lustig?
- In welchen Situationen können Sie über sich selbst lachen oder schmunzeln?
- Machen Sie manchmal auch Späße zu Ihren eigenen Lasten?

Nutzen Sie diesen ersten Schritt, um für sich selbst mehr Klarheit zu schaffen, in welcher Form Sie selbst humorvoll sind. Was spricht Sie im Sinne von Humor positiv an?

Ein wesentlicher Teil des Praxistransfers ist aber das eigene Verhalten als Führungskraft. Da ist zum einen der eigene aktive Beitrag zum Humor in Ihrem Fachbereich. Also die Art und Weise, wie Sie selbst Humor leben und somit vorleben. Wenn Sie von Ihrer Persönlichkeit her gerne Witze erzählen, dann machen Sie das ruhig. Aber achten Sie möglichst bewusst auf die Reaktionen Ihrer Mitarbeitenden. Wenn diese wirklich entspannt und herzhaft lachen, ist alles so weit im grünen Bereich. Aber wenn Sie den Eindruck haben, dass Ihre Mitarbeitenden eher aus Höflichkeit mitlachen, dann sollten Sie die Art und Weise überdenken, welche Witze Sie wie erzählen.

Trauen Sie sich, im Arbeitsalltag Humor zu zeigen. Lachen Sie über lustige Situationen, denn dadurch können Sie eine entspannte Atmosphäre schaffen.

Sammeln Sie für sich einfach mal über einen Zeitraum von einem halben Jahr alle humorvollen und witzigen Situationen, Sprüche oder Begebenheiten. Und prüfen Sie, wer in welcher Form daran beteiligt war. So bekommen Sie ein besseres Gefühl für den Humor in Ihrer Einheit.

Außerdem sollten Sie einmal genauer darauf achten, wie die Reaktionen Ihrer Mitarbeiterinnen und Mitarbeiter aussehen, wenn Sie selbst aus Ihrer Sicht humorvoll agieren.

Sollten Sie selbst nicht so eine humorvolle Ader haben, können Sie trotzdem dazu beitragen, dass Ihre Teammitglieder Spaß haben. Vielleicht gibt es in Ihrem Team oder in Ihrem Bereich einige Kolleginnen und Kollegen, die immer wieder für eine richtig gute Stimmung sorgen. Dann können Sie diese Personen stärken. Geben Sie diesen Menschen zum einen positives Feedback und besinnen sich andererseits darauf, deren humorvoller Kompetenz immer wieder einen gewissen Raum zu bieten. Zum Beispiel können Sie etablierte Rituale gezielt nutzen, um für witzige oder humorvolle Situationen zu sorgen. So können Sie im wöchentlichen Meeting eine lustige Begebenheit der letzten Woche erzählen oder erzählen lassen. Oder erstellen Sie anlässlich eines runden Geburtstags als Team eine Collage für das Geburtstagskind, indem Sie einige Anekdoten in respektvoller humoristischer Weise zusammenstellen. Aber seien Sie dabei locker und unverkrampft. Witz und Humor soll man nicht erzwingen, sondern man soll ihn genießen, wenn er entsteht.

Eine richtig gute Quelle für Humor finden Sie, wenn Sie sich verschiedene Sketche von Loriot anschauen. Die Szenen sind zwar schon etwas älter, aber immer wieder lustig. Lassen Sie sich aber ruhig auch von Komödien, Spielfilmen oder Comedians inspirieren. Freuen Sie sich, wenn Sie etwas Lustiges entdecken, und lassen Sie andere teilhaben.

Zum Themenkomplex Führung und Humor ist mir als erste Person Martin Unterschemmann eingefallen. Er ist Personalleiter bei der Sparkasse Essen, und wir kennen uns seit über 20 Jahren. Und so, wie ich Martin erleben durfte, ist er für mich ein Chef, der einen sehr ansprechenden, inspirierenden und somit motivierenden Humor zeigt. Er hat ein hervorragendes Gespür für die verschiedenen Menschen und welche Form von Humor zu welchem Adressaten passt. Deshalb habe ich mit Ihm über seine persönlichen Erfahrungen zum Humor gesprochen.

Interview mit Martin Unterschemmann, Bereichsleiterleiter Personal der Sparkasse Essen

Lieber Martin, wie du weißt, arbeite ich an meinem Buchprojekt, Führungsprinzip Wertschätzung. *Und in diesem Buch habe ich ein Kapitel geplant, in dem es auch um Humor in der Führung gehen soll, und da bist du mir als erste Führungskraft eingefallen, die ich als Experte dafür bezeichnen würde.*

Oh, Thorsten, das freut mich natürlich! Denn Humor ist für mich wirklich ein Element der täglichen Arbeit, das mir persönlich einfach viel positive Energie gibt. Im Vorfeld hast du mir schon mal ein paar Leitfragen zugemailt, und ich fand das sehr interessant, mich mal genauer mit den Themen Wertschätzung und Humor auseinanderzusetzen. Dabei habe ich gemerkt, dass ich im Arbeitsalltag in vielen Situationen relativ unbewusst agiere. Deshalb würde ich gerne erst mal mit ein paar Gedanken zum Thema Wertschätzung einsteigen.

Das können wir gerne so machen. Übrigens haben das fast alle Interviewpartner wie du empfunden, dass die Leitfragen vor dem Gespräch genau den Effekt haben, sich mal auf einer Art Metaebene mit Wertschätzung im Führungsalltag zu beschäftigen. Wie lebst du Wertschätzung als Führungskraft gegenüber deinen Mitarbeitenden?

Für mich als geführte Person ist erst mal wichtig, als Mensch wahrgenommen und ernst genommen zu werden. Und das mache ich für mich im Alltag daran fest, dass ich nach meiner Meinung gefragt werde, dass meine Führungskraft mir irgendwie vermittelt, dass es gut ist, dass ich da bin. Und genauso versuche ich umgekehrt, meinen Mitarbeiterinnen und Mitarbeitern zu zeigen, dass ich sie als Persönlichkeit wahrnehme, sie mit ihren Meinungen und Vorschlägen ernst nehme und sie dann auch in die verantwortungsvolle Umsetzung integriere oder ihnen sogar die entsprechende Verantwortung übertrage.

Hast du dafür vielleicht ein einfaches Beispiel?

Ich erinnere mich gut daran, als ich zwischenzeitlich mal eine andere Führungsaufgabe übernommen habe. Damals wechselte ich als Leiter der Aus- und Weiterbildung in den Vertrieb und übernahm die Führungsverantwortung für unsere Hauptstelle hier in Essen. Das waren damals ca. 60 Personen, und ich hatte mir vorgenommen, wie ich es auch in meinem alten Team gehandhabt hatte, jede Mitarbeiterin und jeden Mitarbeiter morgens persönlich mit einem Handschlag und einem ganz kurzen Gespräch zu begrüßen. Eigentlich nichts Spektakuläres, aber bei der Menge an Mitarbeitenden musste ich dafür 15 bis 20 Minuten einplanen. Und ich weiß heute noch ganz genau, als ich bei meiner ersten Morgenrunde von unserem Hauptkassierer mit den Worten empfangen wurde: „Na das ist ja eine tolle Sache, unser Chef ist gerade mal zwei Tage da und begrüßt uns persönlich. Das haben wir die letzten Jahre so nicht erlebt!"

Diese Reaktion war natürlich ein positiver Verstärker für meine Intention, unterstreicht aber auch, dass sich die Mitarbeitenden tendenziell schon nach persönlicher Wahrnehmung sehnen.

Und dabei geht es nicht darum, besonders lange Gespräche zu führen. Vielmehr möchte ich signalisieren, dass ich mich freue, den Mitarbeiter zu sehen, und er die Möglichkeit hat, mich gegebenenfalls auf ein für ihn wichtiges Thema anzusprechen. Und gleichzeitig entwickle ich ein Gefühl für meine Leute, denn ich erkenne mit der Zeit Unterschiede in der täglichen Begrüßung und kann dann situativ gezielt nachfragen, wenn ich den Eindruck habe, dass es eine Störung gibt oder dass ein Teammitglied Sorgen hat.

Prima, das ist ein schönes Beispiel, seine Teammitglieder zu sehen und deren Befindlichkeit ernst zu nehmen. Ergeben sich daraus noch weitere Nebeneffekte?

Ich möchte gerne gegenüber meinen Mitarbeitenden eine Kultur der offenen Tür fördern. Und durch mein persönliches Auf-sie-Zugehen jeden Morgen transportiere ich, dass meine Leute gerne auch jederzeit auf mich zukommen können. Das heißt, bei mir ist meine Bürotür nicht nur symbolisch offen, sondern diese Kultur wird von mir vorgelebt. So fällt es meinen Teammitgliedern situativ leichter, wenn sie tatsächlich mal ein Thema haben, dann ganz unkompliziert auf mich zuzugehen. Das klappt aus meiner Sicht richtig gut. Deshalb habe ich diese Vorgehensweise auch weitergeführt und praktiziere das jetzt auch in meiner Rolle als Personalleiter. Ein weiterer Nebeneffekt ist, dass durch den regelmäßigen persönlichen Kontakt auch das Vertrauen zueinander wächst. Und das ist aus meiner Sicht im Sinne von Wertschätzung ein ganz wichtiger Faktor, die Vertrauenskultur untereinander wird durch Respekt und Wertschätzung gestärkt.

Hast du den Eindruck, dass sich dieses gewachsene Vertrauen auch an anderen Stellen dann positiv auswirkt?

Ja, auf jeden Fall. Ich mache das an unserer Feedbackkultur fest. Natürlich muss ich als Führungskraft im Jahr zahlreiche Gespräche führen, Zielvereinbarungs-, Lob-, Kritik-, Förder-, Halbjahres-, SSZ-(Sparkassensonderzahlungs-)Gespräche …

Aber bei jedem dieser Gespräche frage ich nach der Einschätzung der Mitarbeiterin oder des Mitarbeiters bezüglich unserer Zusammenarbeit und hinsichtlich meines Agierens als Führungskraft. Damit signalisiere ich, dass Feedback keine Einbahnstraße ist, sondern dass ich mich eben auch ernsthaft für die Meinungen und Sichtweisen meiner Mitarbeitenden interessiere. Und dabei ist das Schöne, dass die Mitarbeitenden diesen Raum auch nutzen, um mir eine persönliche Rückmeldung zu geben.

Damit bringst du sehr schön zum Ausdruck, dass du deinen Mitarbeiterinnen und Mitarbeitern möglichst auf Augenhöhe begegnest. Aber das braucht eben auch Kontinuität, oder?

Genau, eine Kultur entsteht nur, wenn man verschiedene Schritte immer wieder geht. Es braucht Regelmäßigkeit und ein passendes Format oder Setting. Beispielsweise mache ich in jeder meiner Führungskräfterunden, die einmal im Monat stattfindet, eine Bilanzrunde. Nachdem wir vorher die Sachthemen geklärt haben, geht es bei der Bilanzrunde um unsere Zusammenarbeit auf der Führungsebene als Führungscrew. Dabei soll jede Person die eigene Perspektive beschreiben und wie man die Zusammenarbeit erlebt.

Wie muss ich mir diese Bilanzrunde genau vorstellen?

Im Prinzip lege ich das bekannte Modell von Prof. Friedemann Schulz von Thun zugrunde. Das sind vier Leitfragen, die ich immer wieder stelle: 1. Wie habe ich auf der Sachebene die letzten vier Wochen in unserer Zusammenarbeit erlebt? 2. Wie habe ich unsere Beziehungen untereinander wahrgenommen? 3. Wie geht es mir persönlich dabei? 4. Welchen Appell habe ich an die Führungscrew oder an den Personalleiter, also an mich?

Und das machen wir jeden Monat. Dabei reden wir natürlich auch über die einzelnen Gruppen, und so bekomme ich auch mit, wie sich nicht nur meine nachgelagerten Führungskräfte fühlen, sondern auch, wie es deren Mitarbeitenden geht.

Und wie handhabst du das in deinem Führungsalltag mit dem Umgang mit Humor?

Zunächst mal mag ich Humor, der aus der Situation entsteht. Ich mag zwar auch klassische Witze, aber ich mag besonders Situationskomik und Wortwitz. Dabei finde ich es durchaus lustig, sich selbst auch mal nicht so ernst zu nehmen und über sich selbst zu lachen. Das gibt dann anderen auch so eine Art Vorlage.

So habe ich beispielsweise auch meinen Mitarbeitenden eine persönliche Begebenheit erzählt, die mir tatsächlich in der Sparkasse passiert ist. Hier in aller Kürze die Geschichte: Ich stehe im Aufzug und bin auf dem Weg in die Tiefgarage. Dann geht im Stockwerk tiefer die Tür wieder auf und ein Kollege, der relativ zeitnah in den Ruhestand gehen wird und mit dem ich erst vor kurzer Zeit ein kritisches Gespräch geführt hatte, steigt zu. Eine Etage später steigt er wieder aus, und im Aussteigen dreht er sich zu mir um und meint: „Eigentlich könnten wir doch Du sagen, ich bin der ...“

Die Aufzugstür schiebt sich zu und ich stammele so was wie: „Äh, o.k., ich bin der Martin“, aber im Prinzip war ich mit dieser Situation irgendwie kurzzeitig überfordert, und eigentlich wollte ich mich mit ihm gar nicht duzen.

Und genau diese Story habe ich bei mir im Führungskreis kurz erzählt, und meine Kollegen haben sich natürlich sowohl über die lustige Situation als auch über die Tatsache amüsiert, dass ich als gestandene Führungskraft nicht in der Lage war, mich in dem Moment abzugrenzen.

Gleichzeitig zeigt man so, dass man selbst nicht immer perfekt ist und auch über sich selbst lachen kann. So habe ich dann die Erfahrung gemacht, dass durch das Erzählen solcher realen Erlebnisse, in denen man selbst auch mal derjenige ist, über den gelacht wird, man einen Rahmen schafft, in dem generell auch mal über lustige oder ungeschickte Situationen gelacht werden kann.

Das finde ich selbst echt super. Nicht jeder Chef würde eine solche Geschichte von sich selbst erzählen. Worauf achtest du sonst noch im Umgang mit Humor?

Meines Erachtens ist immer die Grenze, dass man sich als Führungskraft nicht lächerlich macht. Daher muss man sich schon überlegen, ob man wirklich jede lustige Begebenheit erzählt. Aber grundsätzlich bin ich da relativ offen, was meine persönlichen Ungeschicklichkeiten angeht. Außerdem passiert so etwas zum Glück ja nicht jeden Tag. Es ist wichtig, dass man ein gewisses Fingerspitzengefühl entwickelt, um zu erkennen, welche Mitarbeiterin und welcher Mitarbeiter wie viel Humor und welche Art von Spaß verträgt. Schließlich ist die Grenze beim Humor gegenüber den Mitarbeitenden, dass man die Person nicht bloßstellt oder zum billigen Spott freigibt. Das hat viel mit persönlichem Respekt zu tun.

Das stimmt. Diese Erfahrung habe ich auch gemacht. Man muss immer überlegen, welche Wirkung ein flotter Spruch haben kann oder wie ein humorvoll gemeinter Hinweis beim anderen ankommen kann.

Ja, und man muss natürlich auch mal einstecken können, wenn man so wie ich manchmal einen flotten Spruch raushaut. Zum Beispiel habe ich mich in unserer Kantine mit meinem Mittagessen auf dem Tablett an den Tisch begeben, an dem einige ältere Führungskräfte gesessen haben, und meinte zu den Kollegen: „Darf ich mich dazusetzen, obwohl ich weiß, dass ich damit den Altersdurchschnitt hier am Tisch deutlich senke?" Da meinte mein Vorstand, der ebenfalls am Tisch saß: „Setzen Sie sich ruhig zu uns, Herr Unterschemmann. Aber Sie wissen schon, dass Sie damit das Durchschnittsgewicht am Tisch anheben!" Und dann haben natürlich alle gelacht, auch ich selbst.

Und solche Konter oder das Spielen mit Humor finde ich klasse. Da hat der Vorstand einfach eine richtig gute Schlagfertigkeit gezeigt. Das meine ich damit, wenn ich sage, dass man manchmal auch was einstecken muss, wenn man selbst ab und zu austeilt.

Haha, das ist aber auch lustig, wenn du das so erzählst. Erzählst du eigentlich auch Witze, wenn du in der Sparkasse arbeitest oder eher nicht?

So ab und zu mache ich das schon, wenn es einen passenden Witz gibt, der nicht anzüglich ist und irgendwie zum Kontext passt. Einfach nur so Witze zu erzählen, finde ich nicht so gut, aber wenn es zu einer Situation oder zur aktuellen Atmosphäre passt, dann erzähl ich schon mal einen Witz.

Welchen hast du zuletzt erzählt?

Unterhalten sich drei Banker, die gemeinsam ihre Ausbildung absolviert haben, mittlerweile viele Jahre in verschiedenen Banken arbeiten und Führungsaufgaben haben, über ihre Bonifikationen für ein erfolgreiches Geschäftsjahr.

Meint der erste, der bei einer amerikanischen Investmentbank arbeitet: „Wir haben dieses Jahr wegen der Finanzkrise etwas weniger Boni bekommen. Aber ich habe mir ein schönes neues BMW-Cabrio gekauft. Fährt super und macht richtig Spaß."

Sagt der zweite, Führungskraft bei einer deutschen Großbank: „Bei uns sind die Boni ebenfalls etwas geringer ausgefallen. Ich habe mir aber eine ganz tolle neue Harley kaufen können. Super Teil, genialer Sound und tolles Fahrgefühl."

Nachdem der dritte nichts sagt, fragen die beiden natürlich nach: „Sag mal, was ist denn mit deinem Bonus? Du bist doch bei der Sparkasse. Habt ihr auch einen schönen Bonus bekommen?"

Sagt der dritte: „Ich hab mir von meinem Bonus einen Anzug gekauft!" Fragen die anderen: „Ja, und was ist mit dem Rest?"

Meint der dritte: „Den haben mir meine Eltern dazugegeben!"

Hahaha, so kenne ich dich, du alter Sparkässler! Auch hier kommt wieder eine gewisse Bodenständigkeit zum Vorschein. Das ist es auch, was ich so sehr an dir schätze. Genauso wie in diesem Gespräch bist du immer, wenn wir uns sehen, lieber Martin. Einerseits sehr ernsthaft und reflektiert, aber auch sehr humorvoll und witzig. Und eben sehr bodenständig und wertschätzend. Ich danke dir sehr für dieses Gespräch und freue mich schon auf unser nächstes Treffen.

Ja Thorsten, mir ging es auch so, es war wie immer interessant und ich habe wieder eine ganze Menge auch für mich mitgenommen! Übrigens, du kommst doch aus Offenbach, oder?

Ja, warum?

Weißt du, was der Unterschied zwischen einem Offenbacher und einem weißen Hemd ist?

Äh, nein?!

Mit einem weißen Hemd kannst du überall hingehen! :-)

Zum Thema Humor und zur eigenen Bestandsaufnahme steht Ihnen in Kapitel 15 das Arbeitsblatt 11.1 zur Verfügung.

11.3 Humor versus Ernsthaftigkeit

Entscheidend ist, dass es Ihnen gelingt, eine passende Balance von Humor und Ernsthaftigkeit zu gestalten.

Wenn Sie einerseits zu sehr auf der Humorseite agieren, dann wird zwar viel gelacht und es gibt jede Menge lockerer Sprüche. Aber das geht dann in der Regel zulasten der Kundenorientierung und der Vertriebserfolge. Die Qualität kann leiden und die Arbeitsgeschwindigkeit kommt eventuell zu kurz. Zu viel Humor kann also schädlich für den Unternehmenserfolg sein.

Andererseits sollten Sie nicht ausschließlich auf Ernsthaftigkeit setzen. Natürlich ist die Arbeit eine ernsthafte Angelegenheit. Schließlich haben die Mitarbeitenden alle einen Arbeitsvertrag, aus dem eine gewisse Arbeitspflicht hervorgeht, die dann entsprechend mit einem Gehalt vergütet wird. Für Spaß und Humor werden normalerweise keine Mitarbeitenden und keine Führungskräfte bezahlt. Aber wenn es trotzdem möglich ist, gemeinsam zu lachen, eine humorvolle Arbeitsatmosphäre zu erzeugen und eine angemessene Lockerheit an den Tag zu legen, dann erleben die Mitarbeiterinnen und Mitarbeiter ein motivierendes Arbeitsklima.

Passend zu dem Buchtitel *Wer lacht, hat noch Reserven* gibt es viele Führungskräfte, die sich schnell ärgern oder Sorgen machen, wenn in ihrem Verantwortungsbereich einmal gelacht wird. Hierfür gibt es Begründungen wie:

- „Die Mitarbeitenden sollen arbeiten und nicht lachen."
- „Wenn bei uns im Team gute Stimmung ist, denken doch die anderen, dass wir nichts zu tun haben."
- „Zu gute Stimmung ist nicht gut, denn dann fühlen sich die Mitarbeitenden viel zu sicher."
- „Wenn unser Vorstand mitbekommt, dass wir hier viel lachen, dann bekomme ich ganz schnell Stress von oben."
- „Wer lacht, macht Fehler, weil er sich nicht auf seine Arbeit konzentriert."

Aber erfahrungsgemäß erzielen gerade die Teams besonders gute Ergebnisse, die sowohl ernsthaft, konzentriert und fokussiert arbeiten und gleichzeitig gemeinsam im Team eine Arbeitsatmosphäre erschaffen, die Raum für Humor, Spaß und Freude bietet. Gerade in Teams, in denen ein respektvolles Klima der Freude und des Spaßes herrscht, entstehen und behindern deutlich weniger persönliche Konflikte die Gruppe. Wenn Sie mich nach einem prozentualen Verhältnis zwischen Ernsthaftigkeit und Humor fragen, würde ich als ideal bezeichnen: 70 zu 30 oder 75 zu 25.

Im Rahmen der täglichen Arbeit sollten die hohe Qualität, eine geringe Fehlerquote, eine angemessene Arbeitsgeschwindigkeit, die absolute Kundenorientierung, das Interesse am wirtschaftlichen Erfolg und ein hohes Maß an Produktivität im Vordergrund stehen. Und trotzdem sind Menschen engagierter, loyaler und erfolgreicher, wenn sie das, was sie tun, mit Freude, Spaß und Humor erledigen können. Dazu gehören befreites Lachen und ein pfiffiger feiner Humor.

Es gibt einen relativ bekannten Film und das passende Buch dazu: *Fish! Ein ungewöhnliches Motivationsbuch.* Im Film ist zu sehen oder im Buch zu lesen, wie sich die Fischhändler am berühmten Pike-Place-Fischmarkt in Seattle begeistert in ihrer täglichen Arbeit zeigen. Sie sind hoch motiviert, immer gut gelaunt, und als Kunde fühlt man sich sofort in den Bann gezogen. Den Mitarbeitern am Fischstand macht ihre Arbeit sichtlich Spaß. Natürlich wollen sie auch Fische verkaufen. Aber das passiert dort anders als in einem klassischen Fischgeschäft. Man erlebt den Fischkauf in einer neuen Dimension. Im Literaturhinweis finden Sie hierzu zwei Links beigefügt. Schauen Sie sich das mal an. Wenn Sie jetzt überlegen, dass dort eine Führungskraft im üblichen ernsthaften Arbeitsfokus den Mitarbeitern sagt, dass sie sich gefälligst auf ihre Arbeit konzentrieren sollen und möglichst fehlerfrei agieren, dann verliert dieser Fischmarkt seinen Zauber.

Wenn wir auf das wirtschaftliche Ergebnis dieses Fischmarkts schauen, dann stimmen auch die Zahlen. Und die Kunden verlassen den Fischstand in einem anderen, besseren Zustand, als sie gekommen sind. Somit entsteht eine, neudeutsch, Win-win-Situation.

In einem Vortrag für Lehrer stellt Frau Dr. Christine Gockel zum Einstieg vier Fragen im Kontext zu Humor an die anwesenden Lehrer (Link siehe Literaturhinweise):

1. Wie oft nutzen Lehrkräfte Humor pro Unterrichtsstunde?

   Ergebnis: ca. dreimal (Quelle: Bryant und Kollegen, 1980).

2. In wie vielen humorvollen Bemerkungen (in Prozent) geht es um den Unterrichtsstoff?

   Ergebnis: ca. 30 % (Quelle: Gorham und Christophel, 1990).

3. Wie viele humorvolle Bemerkungen der Lehrkraft können als aggressiv klassifiziert werden? Das sind z. B. Hänseleien, Bemerkungen über Fehler ...

   Ergebnis: Nach Selbstaussage der Lehrer sind es ca. 10 %.

   Aus der Perspektive der Schüler bis zu 50 % (Quelle: eigene Forschung von Frau Dr. Gockel)!

4. Kann Humor das Lernen fördern?

   Ergebnis: Grundsätzlich ja, aber es kommt darauf an!

Im weiteren Verlauf des Vortrags wird dann sehr fundiert auf das Thema Humor eingegangen. Sollte Sie das interessieren, können Sie sich den Vortrag im Internet anschauen.

Wie oft setzen Lehrkräfte Humor im Unterricht ein? Gemäß dem Vortrag von Frau Dr. Gockel ca. dreimal. Aber welche Motivation treibt die Lehrenden an, mit Humor zu arbeiten? Nun, zunächst einmal wollen die Lehrkräfte für eine entspannte Stimmung sorgen, damit die Schülerinnen und Schüler hoffentlich motivierter am Unterricht teilnehmen. Außerdem wirkt sich das Lachen positiv auf den Behaltenseffekt aus. Wenn etwas lustig ist, dann kann man sich das besser merken, als wenn Wissen und Fakten trocken vermittelt werden. Wie ist es nun mit Ihnen als Führungskraft? Wie oft setzen Sie Humor in Ihrer Führungsarbeit ein? Wie viele Male pro Tag begegnen Sie Ihren Mitarbeitenden humorvoll? Lehrkräfte nutzen Humor dreimal pro Stunde!

Die zweite Frage war ja nach dem Bezug des Humors zum Unterrichtsstoff. Da gaben die Lehrkräfte an, dass sich ca. 30 % der humorvollen Bemerkungen auf den Inhalt des Unterrichts beziehen. Konkret bedeutet das, dass sich in einer Unterrichtsstunde eine Bemerkung von dreien auf den tatsächlichen Unterricht bezieht. Der Rest sind dann eher allgemeine Späße oder schülerbezogene Bemerkungen. Auch hier können wir als Führungskräfte wieder reflektieren, in welcher Häufigkeit wir selbst tatsächlich arbeitsspezifischen Humor zeigen oder eben nicht.

Nun zur dritten Frage: Wie viele humorvolle Bemerkungen der Lehrkraft können als aggressiv klassifiziert werden? Die hier resultierende Antwort ist differenziert nach Selbstauskunft der Lehrenden (10 %) und der Einschätzung der Schüler (bis zu 50 %). Und genau das sollte uns als Führungskräfte zu denken geben. Wenn wir Humor zulasten unserer Mitarbeiterinnen und Mitarbeiter einsetzen, dann wirkt das nicht mehr positiv! Unsere Mitarbeitenden fühlen sich vielleicht verletzt oder angegriffen. Das sollte allerdings nicht unser Ziel sein. Wenn wir uns bei Frage eins mit der Motivation der Lehrkräfte für den Einsatz von Humor beschäftigt haben, dann war doch das Ziel, möglichst eine entspannte Atmosphäre zu schaffen. Das gelingt aber nicht, wenn wir Mitarbeitende (bewusst oder unbewusst) angreifen und sie unseren Humor eventuell als aggressiv einschätzen.

Daraus resultiert auch die Antwort auf die vierte Frage. Kann Humor das Lernen fördern? Definitiv ja, wenn wir einen Humor einsetzen, der eben nicht die Mitarbeitenden verletzt, angreift, bloßstellt oder unter die Gürtellinie zielt usw.

Humor sollte auf keinen Fall zu derb, zu persönlich oder zu herablassend sein. Stellen Sie sich einfach die Frage: Wenn ein Teammitglied den gleichen Spruch oder Witz zu meinen Lasten machen würde, könnte ich damit gut leben oder wäre ich gegebenenfalls auch verletzt? Sollten Sie sich nicht sicher sein, verzichten Sie im Zweifel lieber auf den Spruch.

11.4 Resilienz durch Humor

Resilienz ist ein relativ aktuelles Thema für Führungskräfte. Es gibt mittlerweile mehrere Bücher, die sich mit Resilienz sehr fundiert auseinandersetzen. Christina Berndt führt in Ihrem Bestseller *Resilienz. Das Geheimnis der psychischen Widerstandskraft* (2013) anschaulich aus, wie eine hohe psychische Widerstandskraft helfen kann, dass wir gesund bleiben und eine „Steh-auf-Männchen-Mentalität" entwickeln können. In Ihrem Buch beginnt Sie auf Seite 82 aufzuzählen, welche Verhaltensweisen und Einstellungen dazu beitragen, stark zu werden und psychische Widerstandskraft zu stärken:

- Humor,
- Flexibilität,
- emotionale Ausgeglichenheit,
- Frustrationstoleranz,
- Durchsetzungsvermögen,
- Ausdauer,
- Kraft,
- Optimismus,
- Interesse an Hobbys
- und vieles mehr.

Wenn man sich nun diese Begriffe genauer anschaut, kann man sich die Frage stellen: Welche Wechselwirkung haben diese Begriffe mit einer entspannten, humorvollen Arbeitsatmosphäre? Ein humorvolles Miteinander im Team und ein entspannter Umgang der Teammitglieder und Führungskräfte sind positiv spürbar und erlebbar und wirken sich auf die emotionale Ausgeglichenheit und die Frustrationstoleranz aus. Außerdem sind die Mitarbeitenden ausdauernder, kraftvoller und optimistischer. Und genau dies fördern Führungskräfte, wenn sie selbst zu einer solchen Atmosphäre beitragen oder aber den Teammitgliedern Raum dafür lassen und Humor oder Spaß nicht unterbinden.

Dazu kann man auch reflektieren, welchen Einfluss eine humorvolle und entspannte Arbeitsatmosphäre auf dem Weg zur persönlichen Resilienz hat. Und dabei können Führungskräfte die Arbeitsatmosphäre sehr stark prägen. Das heißt, dass Sie als Führungskraft ein Schlüsselfaktor für die Atmosphäre in Ihrem Verantwortungsbereich sind.

Im genannten Buch von Christina Berndt führt sie einen Zehn-Punkte-Plan als Übungsempfehlung im Sinne von „Road to Resilienz" (Seite 201 und 202) auf. Anknüpfend lesen Sie einige Gedanken von mir zur Arbeitsatmosphäre:

1. Bauen Sie soziale Kontakte auf!

   In welcher Arbeitsatmosphäre bauen Sie gerne intensive soziale Kontakte auf? Leichtigkeit, Humor, Spaß und Freude liegen nah beieinander.

2. Sehen Sie Krisen nicht als unlösbare Probleme!

   Wie schaffen Sie es am ehesten, auch in Krisen lösungsorientiert zu bleiben? Menschen sind kreativer und ideenreicher, wenn in ihrem Umfeld eine Atmosphäre von Spaß und Freude vorherrscht. Und so bekommt man auch leichter erste Lösungsimpulse in Krisensituationen.

3. Akzeptieren Sie, dass Veränderungen zum Leben gehören!

   Wie gehen Sie in Ihrem Leben mit Veränderungen um? Veränderungen gehören nun mal zum Leben dazu. Aber manchmal neigen wir dazu, mit Veränderungssituationen zu hadern, und malen uns in unserem Kopf die schlimmsten Konsequenzen der Veränderung aus, sind manchmal sehr pessimistisch. Allerdings, wenn die Arbeitsatmosphäre grundsätzlich eher locker und von einem gewissen Humor geprägt ist, dann ist dieser tendenzielle Pessimismus deutlich geringer ausgeprägt.

4. Versuchen Sie, Ziele zu erreichen!

   Welche Lebensziele haben Sie und wie versuchen Sie, diese zu erreichen? Für die eigenen Lebensziele ist jeder selbst verantwortlich. Und für die Erreichung der eigenen Ziele ist ebenfalls jeder selbst verantwortlich. Aber welches Umfeld ist eher zuträglich für die Klärung und Erreichung der eigenen Ziele? Man fühlt sich deutlich wohler, wird dadurch schneller von anderen inspiriert, die eigenen Ziele zu finden, und erhält eine andere Motivation diese Ziele zu erreichen, wenn Menschen humorvoll miteinander umgehen.

5. Handeln Sie entschlossen!

   Wie entschlossen handeln Sie in Ihrem Alltag? Die Entschlossenheit steigt mit dem Maße, in dem das Umfeld durch Humor, Spaß und Freude zu einer motivierenden Atmosphäre beiträgt. Dabei ist die eigene Entschlossenheit eng gekoppelt mit der Klarheit der Ziele. Und Entschlossenheit hat auch mit Zukunftsoptimismus zu tun. Je optimistischer ich bin, desto klarer und entschlossener werde ich auch agieren.

6. Finden Sie zu sich selbst!

   Wie klar sind Sie sich über sich selbst? Wer sind Sie und was zeichnet Sie aus? Wenn wir uns in einem Umfeld bewegen, in dem miteinander unkompliziert und humorvoll umgegangen wird, dann erhalten wir oft auf eine andere Art persönliches Feedback und können so durch Selbstreflexion über uns selbst nachdenken und besser zu uns selbst finden.

7. Entwickeln Sie eine positive Sicht auf sich selbst!

   Haben Sie eine positive Sicht auf sich selbst? Wie haben Sie diese Sicht entwickelt? Für Führungskräfte ist es ein wichtiger Teil, dass sie ein positives Selbstbewusstsein für sich selbst haben und dieses Selbstbewusstsein auch nach außen ausstrahlen. Aber wir entwickeln ein viel besseres Selbstbewusstsein, wenn unser Umfeld uns immer mal wieder ein positives Feedback gibt. Und dies gelingt viel leichter in einer unkomplizierten und unverkrampften Atmosphäre. Und durch mein positives Selbstbewusstsein kann ich als Führungskraft viel authentischer für eine entsprechende Atmosphäre sorgen. Führungskräfte mit einem schlechten Selbstbewusstsein neigen dazu, alles kontrollieren zu wollen. Dadurch wird die Atmosphäre in ihrem Verantwortungsbereich angespannter.

8. Behalten Sie die Zukunft im Auge!

   Wie stark haben Sie die Zukunft, eine positiv-optimistische Zukunft im Blick? Wenn es uns gelingt, auch in schwierigen Situationen immer wieder ein positives und optimistisches Bild der Zukunft entwickeln zu können, dann entsteht in uns tendenziell auch ein kraftvolleres Auftreten. Viele Menschen neigen dazu, immer wieder zurückzuschauen und in der Vergangenheit zu verweilen. Der klassische Spruch dazu ist: „Früher war alles besser!“ Der kurze und analytische Blick zurück ist manchmal notwendig, aber viel wichtiger ist meine Ausrichtung auf die Zukunft. Und diese Ausrichtung wird deutlich positiver, wenn ich mit Menschen zusammen bin, die mit Humor, Spaß und Freude ebenfalls in die Zukunft schauen.

9. Erwarten Sie das Beste!

   Worauf freuen Sie sich im Besonderen? Was ist das Beste, was Ihnen passieren kann? Hier geht es um wahre innere Freude. Wir sollten uns weniger von unseren inneren Ängsten gefangen nehmen lassen, sondern vielmehr mutig und auch ein Stück egoistisch das Beste für uns selbst erwarten. In einem Umfeld von Freude und Humor werden wir tendenziell weniger auf unsere Ängste und mehr auf unsere Chancen schauen. Und je positiver unser inneres Gefühl ist, desto kraftvoller und engagierter werden wir mögliche Chancen nutzen.

10. Sorgen Sie für sich selbst!

    Wie sorgen Sie in Ihrem Alltag für sich selbst? Wo sind Sie positiv egoistisch? Wenn wir Menschen heute fragen, was sie sich für die Zukunft am meisten wünschen, dann kommt oft als Antwort: „Dass ich lange gesund bleibe.“ Deshalb sollten wir uns immer wieder vergegenwärtigen, was wir selbst zu unserer Gesundheit beitragen können. Keiner ist gegen Erbkrankheiten gefeit. Aber wir können Sport treiben, ein anderes persönliches Hobby zum mentalen oder körperlichen Ausgleich betreiben. Manche Menschen musizieren, malen oder handwerken. Andere gehen ins Kino, Theater oder sind selbst in einer

Laiengruppe Schauspieler. Wieder andere gehen in die Kirche bzw. Gemeinden, in Meditations- oder Yogakurse, ins Kloster oder auf den Jakobsweg mit dem Ziel, mehr Spiritualität zu erfahren. Im Prinzip geht es um die innere Stärkung und einen guten Ausgleich zum Arbeitsalltag. Und Menschen, die hier gut für sich selbst sorgen, sind im Arbeitsalltag ausgeglichener. Das erleichtert wiederum die persönliche Lockerheit, mit anderen Menschen eher humorvoll und entspannt umzugehen. Und wir sollten nicht vergessen: Lachen ist gesund!

Diese zehn Punkte haben nicht ausschließlich mit Humor, Spaß und Freude zu tun. Aber mit Humor ist und wird alles leichter. Sie finden das entsprechende Arbeitsblatt 11.2 in Kapitel 15.

11.5 Erkenntnis – Reflexion – Umsetzung

Das persönliche Empfinden für Humor ist sehr individuell ausgeprägt. Auch hier zeigt sich: **Menschen machen den Unterschied!** Gehen Sie achtsam und sensibel mit den Reaktionen Ihrer Teammitglieder um, wenn Sie als Führungskraft Spaß machen.

Im Führungsalltag sollten wir immer wieder kritisch überprüfen, wie wir als Führungskräfte zum einen die Atmosphäre in unserem Verantwortungsbereich einschätzen. Zum anderen sollten wir unser eigenes Verhalten regelmäßig reflektieren, ob die Art und Weise unseres Humors ein positiver Beitrag zu dieser Atmosphäre ist oder eher nicht.

Versuchen Sie, eine für Sie und Ihr Team passende Balance zwischen Humor und Ernsthaftigkeit zu finden. Und diese Balance ist von den handelnden Menschen, aber auch von der aktuellen Situation und dem jeweiligen Unternehmen abhängig.

Fokussieren Sie immer wieder bewusst zwischen Ernsthaftigkeit und Humor. Je klarer Sie hier sind, desto tiefer werden Sie in ernsthaften Situationen gehen können. Und beim spontanen Fokus auf die humorvolle Seite empfinden Sie mehr Freude, wenn klar ist, dass jetzt der Spaß im Vordergrund steht.

Dazu gibt es ein schönes Zitat von Ferruccio Busoni, einem italienischen Komponisten und Pianisten: **„Am Baum des Ernstes ist die Heiterkeit die Blüte.“** Aber nach einer so schönen Metapher drängt sich auch ein Witz auf:

Ein Witz für die Raucherecke

Der Hase liegt ganz entspannt am Baggersee, raucht einen Joint und ist gut drauf. Da taucht der Biber vor ihm auf und fragt den Hasen: „Na Hase, was geht so bei dir?“

Der Hase antwortet leicht zugedröhnt: „Ahh, alles easy, hehehe.“

Da fragt der Biber: „Hast du wieder geraucht? Gib mir auch was!“

Schüttelt der Hase den Kopf und lallt: „Nöööö, alles für mich!“

Da sagt der Biber: „Och Hase, ich hab noch nie gekifft, ich will nur einmal ziehen, bitte nur ein einziges Mal, nur einen Zug!“

Meint der Hase: „O.k. Aber nur einen Zug. Und damit der richtig wirkt, musst du danach aber gleich tauchen!“

Der Hase lässt den Biber einmal am Joint ziehen und der Biber taucht sofort in den Baggersee ab, durchschwimmt den ganzen See, taucht am anderen Ende auf, atmet aus und denkt sich: „Boah ey, das knallt ja richtig, klasse.“ Er legt sich entspannt in den Liegestuhl und denkt immer noch: „Boah ey.“

Da taucht vor ihm das Nilpferd auf und fragt: „Was ist Biber, du siehst so entspannt aus?“

Sagt der Biber: „Boah, ey, ich hab geraucht, richtig klasse!“

Sagt das Nilpferd: „Hey, dann gib mir auch was zum Rauchen!“

Darauf der Biber: „Hab nix, aber der Hase am anderen Ende des Baggersees hat was. Der lässt dich bestimmt auch mal ziehen!“

So taucht das Nilpferd ab, durchschwimmt den ganzen Baggersee und taucht am anderen Ende vor dem Hasen wieder auf.

Daraufhin ruft der Hase fast panisch:

„**Ausatmen** Biber, **Ausatmen**!!!“ ■

Abschließend noch zwei Zitate:

„Die Welt gehört dem, der in ihr mit Heiterkeit nach hohen Zielen wandert“ von Ralph Waldo Emerson, einem amerikanischen Philosophen und Schriftsteller.

Und: **„Die Freude steckt nicht in den Dingen, sondern im Innersten unserer Seele“** von Thérèse von Lisieux, einer französischen Ordensschwester.

Dem ist nichts mehr hinzuzufügen. Also bewahren oder entdecken Sie Ihre Heiterkeit, Ihre Freude und Ihren Sinn für Humor. Nehmen Sie nicht alles so ernst und schwer. Mit Leichtigkeit, Lockerheit und einem Lächeln im Gesicht sieht die Welt oft anders aus.

Führungsprinzip Wertschätzung heißt:

Als Führungskraft mit angemessenem Humor und einer gewissen Lockerheit für eine angenehme und entspannte Arbeitsatmosphäre zu sorgen. ■

11.6 Literaturhinweise

Berndt, C.: *Resilienz. Das Geheimnis der psychischen Widerstandskraft*. dtv, München 2013, S. 82 - 83, 201 - 202

Bryant, J. S.; Gula, J.; Zillmann, D. (1980): „Humor in communication textbooks". In: Communication Education, 28, S. 49 - 59

Gockel, C.: „Humor als Baustein für Unterrichtserfolg", *https://www.youtube.com/watch?v=Bb9GII_1x48* (Stand 10.06.2021)

Gorham, J.; Christophel, D. M. (1990): „The relationship of teachers' use of humor in the classroom to immediacy and student learning." In: Communication Education, 39 (1), S. 46 - 62

Lundin, S. C.; Paul, H. (2015): *Fish! Ein ungewöhnliches Motivationsbuch*. Goldmann, München 2015

12 Kultur prägen

Führungsarbeit ist immer eingebettet in die Gesamtorganisation. Und jedes Unternehmen hat seine eigene Unternehmenskultur. Das bedeutet, dass Sie als Führungskraft eben auch ein Teil der aktuell gelebten Unternehmenskultur sind, ob Sie das wollen oder nicht.

Je größer ein Unternehmen, desto wahrscheinlicher ist es, dass es innerhalb des Gesamtunternehmens in einigen Teilbereichen unterschiedliche Kulturen gibt. Gerade bei unterschiedlichen Arbeitsschwerpunkten sind sehr oft unterschiedliche Kulturmerkmale erfolgsrelevant. In der Buchhaltung sind andere Erfolgskriterien bedeutsam als im unmittelbaren Kundenkontakt.

Deshalb ist es für Sie als Führungskraft in mehrfacher Hinsicht wichtig, sich mit dem Thema Kultur auseinanderzusetzen. Sie haben die Möglichkeit, in Ihrem eigenen Fachbereich die Teilkultur mitzuprägen. Sie müssen aber auch immer die Brücke zum Gesamtunternehmen bauen, damit sich Ihre Mitarbeiterinnen und Mitarbeiter insgesamt eingebunden oder verbunden fühlen. Wenn Ihre Teilkultur zu weit von der Gesamtkultur entfernt ist, gibt es oft ein Störgefühl bei den Mitarbeitenden und zwischen den verschiedenen Bereichen.

Sie erfahren in diesem Kapitel, wie Sie zunächst eine erste Bestandsaufnahme machen können, welche Unternehmenskultur bei Ihnen aktuell im Vordergrund steht. Danach können Sie eigene Ansatzpunkte für sich und Ihr Team finden, um die Kultur in Ihrem Umfeld bewusst zu prägen.

12.1 Ein einfaches Kulturmodell

In Kapitel 7 hatte ich Ihnen bereits das Riemann-Thomann-Kreuz vorgestellt. Es ist eigentlich ein Persönlichkeitsmodell, aber daraus lässt sich ein leicht verständliches Kulturmodell entwickeln. Ich nenne es in meinen Seminaren gerne „Kulturkreuz“.

Schauen Sie sich dazu Bild 12.1 an.

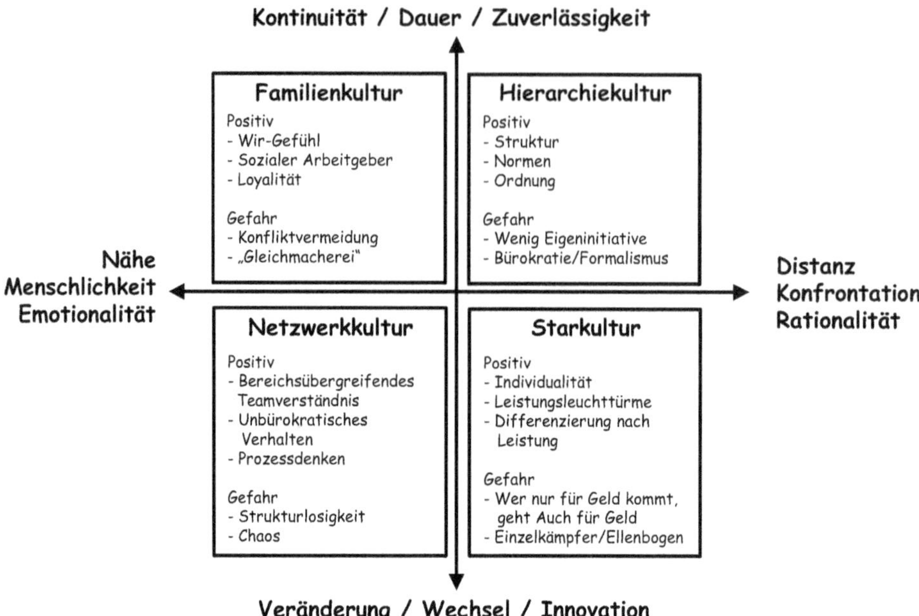

Bild 12.1 Konkretisierung von Leitbild und Unternehmenskultur

Wichtig dabei ist, dass dieses Kulturmodell wertfrei zu verstehen ist. Es geht hier nicht darum, was grundsätzlich besser oder schlechter ist. Entscheidend ist viel mehr, was man mit dem eigenen Unternehmen anstrebt und welche Ausprägung der Unternehmenskultur in der Zukunft am meisten dazu beiträgt, die strategischen Ziele nachhaltig zu erreichen. Allerdings fangen die meisten Firmen nicht auf der „grünen Wiese" an, sondern haben bereits eine Kultur entwickelt, die in der Vergangenheit prägend war.

Wenn Sie nun als Führungskraft zu der Erkenntnis kommen, dass eine andere Unternehmenskultur zielführender ist, dann benötigen Sie Zeit und Geduld, dass sich diese neue Kultur langsam entwickelt. Denn man kann Kultur nicht mit einem Fingerschnipp oder mit einer einfachen Managemententscheidung bestimmen.

Nutzen Sie das Modell zunächst erst mal zu einer Bestandsaufnahme: Wo sehen Sie die größten Bezugspunkte zu Ihrer aktuell gelebten Kultur in Ihrem Unternehmen? Und differenzieren vielleicht auch, wie die Kultur in Ihrem eigenen Verantwortungsbereich aussieht.

Nachfolgend erhalten Sie die dazugehörenden Hintergrundinformationen.

Familienkultur

In einem Unternehmen oder in einem Teilbereich eines Unternehmens, in dem eine gewisse **Familienkultur** gelebt wird, stehen **Nähe und Kontinuität** im Vordergrund. Oft wissen die Mitarbeiterinnen, Mitarbeiter und Führungskräfte viel Persönliches übereinander. Außerdem gibt es viele Mitarbeitende, die bereits sehr lange im Unternehmen tätig sind. Man fühlt sich als große Familie. Dadurch gibt es oft ein gemeinsames Wir-Gefühl, was auch von Loyalität und einer sozialen Haltung geprägt ist. So ergibt sich auch der Begriff Familienkultur. Man empfindet eine echte Verbundenheit mit den Führungskräften, den Kolleginnen und Kollegen. Und man fühlt sich oft auch füreinander verantwortlich.

Ein Nachteil bzw. eine Gefahr dieser Kulturform könnte allerdings sein, dass man als Führungskraft zur Gleichmacherei neigt und notwendigen Konflikten auch mal aus dem Wege geht. Schließlich will man ja keinem wehtun. Zu viel Harmoniebedürfnis führt dazu, dass manchmal die leistungsorientierte Konfrontation im Unternehmen zu kurz kommt. Minderleisterinnen und Low-Performer werden oft wegen des lieben Friedens mitgeschleppt. Das müssen dann andere Teammitglieder ausbaden und deren Arbeit mitmachen. Gerade das sorgt manchmal für sehr große Spannungen zwischen den Mitarbeitenden.

Als Beispiele können Sie hier alle klassischen Familienbetriebe nehmen. Überall dort, wo eine stark inhabergeprägte Struktur vorliegt und ein entsprechend familiäres Klima herrscht. So sind auch viele Edeka-Betriebe aufgestellt. Eine Familie besitzt eine oder mehrere Edeka-Filialen, und die Mitarbeitenden fühlen sich als gemeinsame Einheit.

Hierarchiekultur

In Unternehmen, die sehr hierarchiegeprägt sind, gibt es in der Regel klare Strukturen, festgelegte Normen und eine eindeutige Ordnung, auch eine sogenannte Hackordnung. Dazu passt auch der Spruch „Ober sticht Unter". In der **Hierarchiekultur** stehen eindeutig **Kontinuität und Distanz** im Vordergrund. Gerade durch die Distanzausprägung kommt es hier viel leichter zu Konfrontationen als in der Familienkultur - insbesondere durch die Führungskräfte. In diesen Organisationen wird großer Wert auf klare Regelungen gelegt, was den Mitarbeitenden und den Führungskräften auch viel Klarheit und Orientierung verschafft. Verfehlungen gegen die geltenden Regeln und Normen werden sofort und klar angesprochen. Entscheidungen treffen immer die entsprechenden Entscheidungsträger auf höheren Hierarchieebene. Im Zweifel fragt man lieber die nächsthöhere Führungskraft.

Hier ist ein möglicher Nachteil bzw. eine Gefahr der Kultur, dass Mitarbeiterinnen und Mitarbeiter tendenziell sehr wenig Eigeninitiative zeigen. Sie versuchen dadurch zu vermeiden, dass sie sich bei Fehlern sofort rechtfertigen müssen. Damit sichern sie sich im Prinzip gegen Kritik ab. Außerdem entsteht oft durch die vorhandenen klaren Strukturen eine Form von Bürokratie oder Formalismus, wodurch von den Mitarbeitenden tendenziell wenig Freiheit empfunden wird und kaum Kreativität entsteht.

Typisch für diese Unternehmenskultur sind öffentliche Behörden, Stadtverwaltungen oder auch die Bundeswehr. Aber es gibt auch zahlreiche Wirtschaftsunternehmen, die extrem hierarchisch aufgestellt sind und in denen klare Normen, Strukturen und Arbeitsabläufe dominieren.

Starkultur

In Unternehmen, in denen diese Kulturform im absoluten Vordergrund steht, zählen im Prinzip nur die erbrachte Leistung und das betriebswirtschaftliche Ergebnis. Einerseits hat man als Mitarbeiterin, Mitarbeiter und Führungskraft sehr viele Freiheiten, aber diese müssen zwingend Erfolge mit sich bringen. In der **Starkultur** sind die kulturprägenden Dimensionen **Veränderung und Distanz**. Jeder hat seine eigenen Freiräume, aber nur, solange die Ergebnisse stimmen. Wenn nicht, wird man durch die nächsthöhere Führungskraft damit klar und oft auch hart konfrontiert. Und wenn sich die angestrebten Ziele nicht in kurzer Zeit realisieren lassen, erfolgt relativ schnell eine Trennung. Deshalb gibt es in solchen Unternehmen des Öfteren eine deutlich höhere Fluktuation als in anderen Unternehmen.

Eine Gefahr oder ein Nachteil in einer solchen Kultur ist die häufig erlebbare Ellenbogenmentalität der Menschen im Unternehmen. Es gibt tendenziell weniger echtes Miteinander, sondern eher einen teilweise ungesunden Wettbewerb. Damit entsteht manchmal eine Kategorisierung von Gewinner und Verlierer. Außerdem kann es sein, dass durch die oft hohe Leistungsvergütung eine gewisse „Söldnermentalität" entsteht. Wer für Geld kommt, geht dann auch für Geld wieder.

Beispielsweise sind Investmentbanken oder große Beratungsunternehmen aus meiner Sicht extrem leistungs- und ergebnisorientiert. Wer hier nicht schnell entsprechende Erfolge vorweisen kann, fliegt auch schnell wieder raus. Wer dagegen eine Top-Performance bringt, steigt sehr schnell hierarchisch auf oder verdient sehr viel Geld. Diese Entwicklung lässt sich auch sehr gut in der Fußballbundesliga gerade bei den Topvereinen erkennen. Hier gilt für alle Beteiligten (Manager, Trainer, Spieler) oft das absolute Leistungsprinzip.

Netzwerkkultur

Bei einem Unternehmen, in dem die **Netzwerkkultur** besonders ausgeprägt ist, steht oft der Teamgedanke, auch bereichsübergreifend, im Vordergrund. Durch die Dimensionen **Nähe und Veränderung** kommt es immer wieder zu neuen Konstellationen in unterschiedlichen Teams. Im Prinzip ist das permanente Projektarbeit. Dadurch konzentrieren sich die Mitarbeitenden und Führungskräfte auf lösungsorientierte Prozesse und schätzen einen unbürokratischen Pragmatismus. Dieser pragmatische und oft unkonventionelle Arbeitsstil sorgt dafür, dass immer wieder neue Kreativität entsteht. Hier ist das Denken außerhalb der normalen Strukturen ausdrücklich erwünscht. Es herrscht viel Freiraum, um Neues auszuprobieren, und eine positive Fehlerkultur. Dadurch zeigen die Mitarbeiterinnen und Mitarbeiter mehr Mut und gehen auch mal unsichere Wege.

Eine mögliche Gefahr bzw. ein Risiko dieser Kultur ist eine gewisse Strukturlosigkeit, was manche Mitarbeitende auch als Chaos wahrnehmen. Gerade wenn es wenig klare Regeln gibt, kann es zu unberechenbaren Verhaltensweisen kommen. Und selbst wenn sie manchmal auch noch so verrückt sind, es gibt dann oft trotzdem keine Konsequenzen.

Typisch ist diese Kultur für Start-up-Unternehmen und Organisationen, die immer mehr auf Agilität setzen. Es gibt dort tendenziell weniger feste Strukturen und viel Aktivität in Richtung Kunde.

■ 12.2 Praxistransfer – Worauf kommt es an?

Nicht jede Kulturform passt zu jedem Unternehmen. Stellen Sie sich nur einmal die Merkmale der Netzwerkkultur bei der Bundeswehr vor. Das würde überhaupt nicht funktionieren. Da gibt es eine klare Führungshierarchie und Entscheidungen, die „oben" getroffen werden müssen und „unten" ausgeführt werden sollen. Punkt! Keine Diskussion!

Erster Schritt: Kulturbestandsaufnahme

Deshalb sollten Sie im Praxistransfer als ersten Schritt eine eigene Bestandsaufnahme machen, welche Kulturform in Ihrem Unternehmen und gegebenenfalls in Ihrem Verantwortungsbereich besonders ausgeprägt ist. In Gedanken können Sie auch 100%-Punkte auf die vier Quadranten verteilen und dementsprechend beurteilen, in welchem Quadranten Sie die größte Ausprägung wahrnehmen.

Reflexionsfragen

Für Ihre Bestandsaufnahme hier einige Fragen:

- Welche hier beschriebene Kulturform steht in meinem Unternehmen im Vordergrund?
- Welche Kulturform wird in meinem Verantwortungsbereich tendenziell am stärksten gelebt?
- Woran mache ich das konkret fest?
- Welche konkreten Beispiele fallen mir aus dem Alltag ein?
- Welche positiven Aspekte sind aus meiner Sicht mit dieser Kultur verbunden?
- Welche kritischen oder negativen Folgen ergeben sich aus der bei uns gelebten Kultur?
- Wie gehen wir mit den Unterschieden um, die in der Gesamtunternehmenskultur und unserem Fachbereich vorherrschen?

■

Nach dieser ersten Bestandsaufnahme ist es für einen guten Praxistransfer hilfreich, wenn Sie sich die strategischen Ziele des Unternehmens und Ihres Fachbereichs noch einmal klar vor Augen führen. Auf Basis dieser Zukunftsausrichtung und der vorgenommenen Bestandsaufnahme der aktuellen Kultur können Sie nun bewusst reflektieren, ob Sie eventuell auf die Kultur Einfluss nehmen sollten und eine neue Richtung einschlagen wollen oder sogar müssen. Eine erfolgversprechende Zukunftsfähigkeit eines Unternehmens bzw. eines Fachbereichs ist mit der tatsächlich gelebten Kultur eng verbunden. Wenn diese stimmig zu den strategischen Zielen passt, ist die Erfolgswahrscheinlichkeit deutlich höher, als wenn die Stimmigkeit nicht gegeben ist. Aber denken Sie daran, dass eine gewünschte Kulturveränderung Zeit braucht. Die Kultur ändert sich nicht, nur weil Sie als Führungskraft die Entscheidung treffen, dass sich die Kultur verändern soll.

Zweiter Schritt: Kulturveränderung

Nachdem Sie sich jetzt überlegt haben, welche gewünschte Unternehmenskultur Sie für die Zukunft anstreben, folgt der zweite Schritt, die Kulturveränderung!

Denken Sie daran, dass Veränderungen immer zuerst bei uns selbst beginnen. Das bedeutet, dass Sie zunächst Ihre eigene Haltung überprüfen müssen. Stellen Sie sich folgende Fragen und beantworten Sie diese Fragen mit wirklich fester innerer Überzeugung:

- Will ich wirklich die angestrebte veränderte Unternehmenskultur?
- Wenn ja, weshalb will ich das? Welcher Sinn/Nutzen treibt mich dazu an?
- Welcher meiner persönlichen Werte kann dazu beitragen, dass ich mein Verhalten in die notwendige Richtung verändere?

Wenn Sie diese Fragen nicht klar und kraftvoll für sich beantworten können, werden Sie bei der Kulturveränderung in Ihrem Verantwortungsbereich scheitern. Die Mitarbeiterinnen und Mitarbeiter werden Ihnen schlicht nicht glauben und deshalb auch nicht mit vollem Herzen folgen. Nur wer den Sinn und den Nutzen der angestrebten Veränderung versteht und innerlich mitträgt, wird entsprechend viel Engagement an den Tag legen.

Danach sollten Sie für sich festlegen, welches Führungsverhalten für die gewünschte zukünftige Unternehmenskultur notwendig ist. Fokussieren Sie sich auf drei, maximal fünf konkrete Führungsaspekte, die Sie selbst in den nächsten zwei Jahren besonders in den Vordergrund stellen wollen.

Anregungen für die unterschiedlichen Kulturformen

Familienkultur

Wie kann ich als Führungskraft diese Kulturform in meinem Verantwortungsbereich gut stärken und positiv voranbringen?

- Zeigen Sie persönliche Verantwortungsbereitschaft für das große Ganze!
- Gehen Sie in sehr persönlichen Kontakt mit Ihren Teammitgliedern!
- Sorgen Sie für ein echtes und harmonisches Miteinander!
- Erzeugen Sie ein erlebbares Wir-Gefühl!
- Zeigen Sie sich absolut loyal gegenüber Ihren Teammitgliedern!
- Stärken Sie das soziale Klima im Unternehmen!

Aber:

- Trauen Sie sich trotzdem, Fehlverhalten persönlich angemessen anzusprechen, und sorgen Sie für eine zielführende, sachliche Konfrontation!
- Vermeiden Sie „Gleichmacherei", und machen Sie im Sinne von Fairness sinnvolle Unterschiede zwischen den Teammitgliedern!

Hierarchiekultur

Wie kann ich als Führungskraft diese Kulturform in meinem Verantwortungsbereich gut stärken und positiv voranbringen?

- Schaffen Sie klare Strukturen (Organigramm)!
- Legen Sie sinnvolle Prozesse und Arbeitsschritte fest!
- Vereinbaren Sie verbindliche „Spielregeln" im Umgang miteinander!
- Sorgen Sie für eine motivierende Ordnung im Unternehmen!
- Vergeben Sie eindeutige Entscheidungskompetenzen!
- Erzeugen Sie ein Klima von Verlässlichkeit und Sicherheit im Unternehmen!

Aber:

- Gehen Sie auf jeden Fall in einen angemessen persönlichen Kontakt zu Ihren Teammitgliedern und fördern Sie deren Eigenverantwortung und Eigeninitiative im Alltag!
- Bekämpfen Sie trotz klarer Regeln und Prozesse manchmal sinnlose Bürokratie und unnötigen Formalismus!

Starkultur

Wie kann ich als Führungskraft diese Kulturform in meinem Verantwortungsbereich gut stärken und positiv voranbringen?

- Fördern Sie persönliche Verantwortungsbereitschaft für das individuelle Projekt eines jeden Teammitglieds!
- Geben Sie viel persönlichen Freiraum für personengebundene Entscheidungen!
- Sorgen Sie für ein hohes Maß an Individualität!
- Würdigen Sie individuelle Höchstleistungen!
- Differenzieren Sie gegenüber Ihren Teammitgliedern klar nach erbrachter Leistung!
- Stärken Sie das leistungsorientierte Klima im Unternehmen!

Aber:

- Achten Sie auf eine angemessene und faire Bezahlung aller Mitarbeitenden, obwohl nicht alle Menschen absolute Topleistungen bringen können!
- Bekämpfen Sie Einzelkämpfertum, das zulasten des Gesamtunternehmens geht, und sorgen Sie für ein gewisses Maß an Teamgeist.

Netzwerkkultur

Wie kann ich als Führungskraft diese Kulturform in meinem Verantwortungsbereich gut stärken und positiv voranbringen?

- Fördern Sie persönliche Verantwortungsbereitschaft für das große Ganze!
- Kümmern Sie sich im persönlichen Kontakt um die Projektteams!
- Sorgen Sie für möglichst viel Freiraum und Freiheit für die Teammitglieder!
- Würdigen Sie erlebbar geschaffene Teamerfolge!
- Schaffen Sie pragmatische und unkonventionelle Arbeitsprozesse!
- Stärken Sie ein innovatives und Neugierde förderndes Arbeitsklima im Unternehmen!

Aber:

- Trauen Sie sich, notwendige Grenzen zu setzen, und formulieren Sie wenige, aber verbindliche Regeln!
- Vermeiden Sie unproduktives Chaos und konfrontieren Sie die unterschiedlichen Teams, falls die Ergebnisse nicht zielführend sind!

Vielleicht fallen Ihnen noch weitere kulturfördernde persönliche Maßnahmen für sich selbst in Ihrer Rolle als Führungskraft ein. Schreiben Sie sich auf jeden Fall Ihre drei bis fünf wichtigsten Verhaltensanregungen auf. Das unterstützt Sie auf dem Weg zu einer nachhaltigen Verhaltensänderung als Führungskraft.

Manchmal ist es auch so, dass man in zwei Quadranten wachsen will. Dann sollten Sie sich entsprechend für jeden dieser Quadranten auch persönliche Verhaltensziele setzen.

Noch mal: Eine Kulturveränderung beginnt immer bei der Führungskraft persönlich. Dazu gibt es die typischen Sprüche „Die Treppe muss von oben gekehrt werden“ oder „Der Fisch stinkt vom Kopf“. Oft hört man von den Mitarbeitenden auch die beliebte Redewendung „Ja, ja, uns Wasser predigen, aber selbst Wein trinken“. Dahinter steckt die Sensibilisierung der Mitarbeiterinnen und Mitarbeiter in solchen Veränderungsprozessen, dass die Führungskräfte im besonderen Fokus der Beobachtung stehen. Deshalb kommt hierbei auch die Vorbildfunktion zum Tragen.

Dazu ein praktisches kleines Beispiel: Angenommen Sie haben sich fest vorgenommen, fünf Kilo an Gewicht abzunehmen, und sagen das zu Ihren Kollegen. Wenn Sie danach in die Kantine gehen und sich einen richtig schönen, fetten Schweinebraten mit einer ordentlichen Portion Pommes aufladen, sorgt das zunächst einmal für ein leichtes Schmunzeln bei den Kollegen. Weshalb? Reden und Handeln stehen offensichtlich nicht ganz im Einklang. Das ist bei persönlichen, privaten Themen nicht so schlimm. Aber wenn Sie als Führungskraft mit fester Stimme und im Brustton der Überzeugung ankündigen, künftig mehr Freiraum für Ideen, Kreativität und Innovationen geben zu wollen, kurz darauf aber der ersten Mitarbeiterin, die Ihnen eine Anregung für einen bestimmten Arbeitsschritt vorschlägt, mit den Worten begegnen: „So ein Quatsch, das machen wir schon seit Jahren so, so soll es auch bleiben“, dann haben Sie mit diesem Satz den angestrebten Veränderungsprozess mit einem Schlag zunichtegemacht! Wahrscheinlich wird kein weiteres Teammitglied mit neuen Vorschlägen auf Sie zukommen, denn wer will schon einen solchen Spruch von der Führungskraft hören.

Genau deshalb sollten Sie sich Ihre persönlichen Verhaltensregeln für den angestrebten Kulturwechsel aufschreiben und immer wieder vergegenwärtigen. Nutzen Sie auch das Arbeitsblatt 12 (Kapitel 15). Bild 12.2 zeigt im Überblick die fünf Schritte einer Kulturentwicklung.

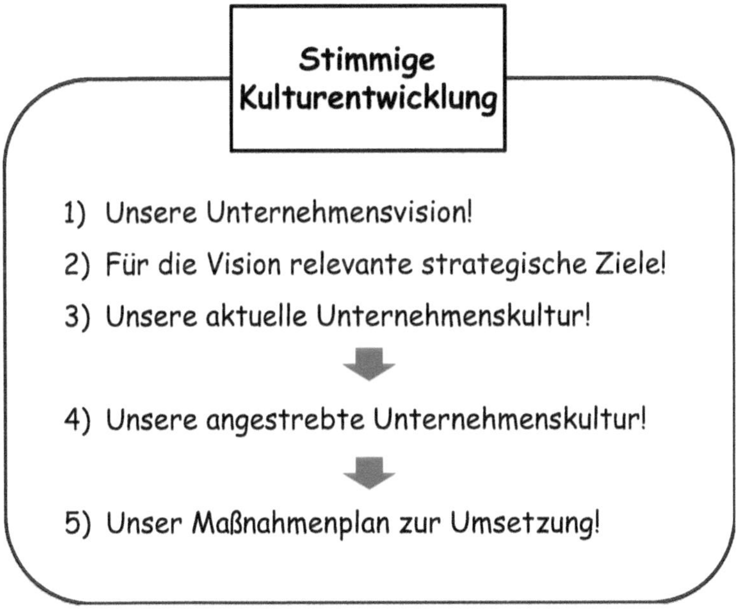

Stimmige Kulturentwicklung

1) Unsere Unternehmensvision!
2) Für die Vision relevante strategische Ziele!
3) Unsere aktuelle Unternehmenskultur!

4) Unsere angestrebte Unternehmenskultur!

5) Unser Maßnahmenplan zur Umsetzung!

Bild 12.2 Unternehmenskultur in fünf Schritten entwickeln

12.3 Sechs-Felder-Matrix nach Stiefel

Als verantwortliche Führungskraft können Sie allein oder zusammen mit der Personalentwicklung eine Vorgehensweise entwickeln, die die gewünschte Kulturveränderung unterstützen soll. Hierzu unterstützt Sie die Sechs-Felder-Matrix für Personal- und Organisationsentwicklung (Bild 12.3). Dieses Modell wurde von Dr. Rolf T. Stiefel, strategische Personal- und Organisationsentwicklung (PE/OE), St. Gallen, entwickelt.

	Fit für die Gegenwart	Fit für die Zukunft
Individuum (Schlüssel-positionen bzw. Schlüsselpersonen)		
Team/Bereich (Schlüssel-OE bzw. Schlüsselteams)		
Unternehmen		

Bild 12.3 Sechs-Felder-Matrix für Personal- und Organisationsentwicklung (nach Dr. Rolf T. Stiefel)

Basis ist nach wie vor die Vision oder die strategischen Ziele, die im Vordergrund stehen. Daran anknüpfend erscheint Ihnen eine Kulturveränderung in Ihrem Verantwortungsbereich als zielrelevant. Und Sie haben bereits für sich selbst klare Schritte bzw. Verhaltensweisen formuliert, die Sie als Führungskraft umsetzen werden, um die Kulturveränderung von „oben“ zu unterstützen, vorzuleben und dadurch Ihre Mitarbeiterinnen und Mitarbeiter als Vorbild zu inspirieren.

Der nächste Schritt ist die Festlegung der weiteren Entwicklungsschritte Ihrer Mitarbeitenden. Fangen Sie mit den „Schlüsselpersonen“ an. Ihre wichtigsten Teammitglieder. Was genau sollen diese Personen in den nächsten sechs Monaten konkret lernen, üben, ändern …? Damit überlegen Sie sich klare und überprüfbare Maßnahmen für das erste Feld (Individuum/Gegenwart).

Anschließend können Sie darüber nachdenken, welche Maßnahmen auf individueller Ebene dazu beitragen, dass sich die Kulturveränderung auch nachhaltig in den nächsten zwei bis drei Jahren fortsetzt (Individuum/Zukunft). Was konkret sind eher Maßnahmen, die längerfristig angegangen werden müssen?

Nach der individuellen Maßnahmenbeschreibung folgt die Konkretisierung auf Team-/Bereichsebene. Was genau muss im Team in den nächsten sechs Monaten angegangen werden. Was ist zu lernen, zu üben, zu klären, auszuformulieren …? Wie können Sie das Team aktiv in den anstehenden Kulturveränderungsprozess einbeziehen? Wo kann das Team sinnvoll und angemessen Einfluss nehmen (Team/Gegenwart)?

Auch hier schließt sich der Blick in die Zukunft an. Was muss das Team/der Bereich in den nächsten zwei bis drei Jahren konsequent und nachhaltig lernen oder verändern? Welche Maßnahmen sind eher langfristig angelegt und benötigen Zeit für Entwicklung innerhalb des Teams/des Bereichs (Team/Zukunft)?

Die Felder des Unternehmens sind aus einem Teilbereich heraus erst einmal schwer zu verändern. Veränderungsprozesse strahlen aus Schlüsselbereichen auch in die Gesamtorganisation hinein. Schneller und nachhaltiger erfolgt ein Kulturveränderungsprozess, wenn auch im gesamten Unternehmen kulturrelevante Veränderungen angegangen werden.

Auch hier gibt es die Unterscheidung zwischen Gegenwart und Zukunft. Hierbei scheint die richtige Reihenfolge zu sein, zunächst die langfristig angestrebte Veränderung bezogen auf das Gesamtunternehmen zu formulieren. Welche Maßnahmen wollen wir in den nächsten zwei bis drei Jahren strategisch implementieren? Wie schaffen wir über diesen Zeitraum ein neues Bewusstsein und eine neue Haltung (Unternehmen/Zukunft)? Danach kann man daraus die kurzfristigen Maßnahmen ableiten. Was muss auf Unternehmensebene zügig in den nächsten sechs Monaten als Maßnahme umgesetzt werden, damit der Kulturveränderungsprozess einen starken Rückenwind bekommt? Welche Instrumente sind schnell anpassbar an die neue, angestrebte Unternehmenskultur (Unternehmen/Gegenwart)?

■ 12.4 Menschen machen den Unterschied – auch in der Unternehmenskultur

Es sind die Menschen, die eine Kultur im Unternehmen prägen und gestalten. Dabei wirkt die gelebte Unternehmenskultur nicht nur nach innen auf die Führungskräfte und Mitarbeiterschaft. Sie strahlt auch nach außen auf die Kunden und Dienstleistungspartner ab. Dabei machen eben die einzelnen Menschen im Alltag den konkreten Unterschied. Es gibt in der Regel in jeder Branche mehrere Firmen, die ein sehr ähnliches Angebotsportfolio haben. Aber die erlebbaren Unterschiede kommen über den persönlichen Kontakt zu den handelnden Personen und den spürbaren Umgang miteinander zum Tragen.

Wenn Sie sich beispielsweise nach einem neuen Arbeitgeber umschauen, dann können Sie bereits im Internet einen ersten Eindruck über die potenziellen Unternehmen gewinnen. Und genau diesen ersten empfundenen Eindruck im Internet werden Sie innerlich kritisch dahin gehend überprüfen, ob die beschriebenen Werte und Attribute des Internetauftritts auch dem entsprechen, wie Ihnen dann die Ansprechpartner des Unternehmens am Telefon oder im Erstgespräch begegnen. Das, was Ihnen diese Menschen erzählen, wie sie sich Ihnen gegenüber verhalten, welche Fragen sie Ihnen stellen und wie man insgesamt mit Ihnen als Bewerber umgeht, sorgt dafür, dass Sie sehr schnell ein Gefühl für die gelebte Unternehmenskultur bekommen. Dabei schlägt das erlebte Gefühl immer sehr deutlich die angepriesenen Unternehmensvorteile und die ausformulierte Unternehmenskultur. Wenn Ihnen Ihr Gesprächspartner von oben herab begegnet, kann im Internet oder in einer Hochglanzbroschüre noch so oft von einem partnerschaftlichen Miteinander geschrieben werden. Wenn Ihnen gelebte Partnerschaft wichtig ist, werden Sie in einem solchen Unternehmen wohl nicht anfangen.

Spannend ist es auch, als Führungskraft immer mal wieder einen Blick auf die Arbeitgeber-Bewertungsplattform Kununu zu werfen. Dort können Sie oft sehr klar nachlesen, wie Mitarbeitende oder bereits ausgeschiedene Personen den eigenen Arbeitgeber bewerten und einschätzen. Auch dort kann es zu einer Generalabrechnung mit dem Ex-Arbeitgeber kommen, wenn man dort vielleicht nicht im Guten auseinandergegangen ist. Aber grundsätzlich ist das ein nützliches Forum, um sich über die Unternehmenskultur einen gewissen Überblick zu verschaffen.

Doch auch hier wird wieder deutlich, dass bei manchen Firmen, die z. B. mehrere Standorte haben, die Bewertungen manchmal gravierend auseinanderweichen. Das unterstreicht, wie kulturprägend die unmittelbaren Führungskräfte vor Ort sind.

Wenn Sie beispielsweise wie ich als externer Trainer, Berater oder Coach in eine Firma kommen, dann begegnen Sie zumeist verschiedene Personen und Führungskräften. So bekommt man unmittelbar ein persönliches Bild über die erlebbare Kultur im Gesamtunternehmen und im jeweiligen Fachbereich. Das startet am Empfang, wie man dort begrüßt wird. Setzt sich fort beim persönlichen Ansprechpartner. Oft ist es dann so, dass man auf irgendeine Art und Weise durch das Unternehmen geführt wird und schnell merkt, ob sich die Menschen gegenseitig grüßen, ob ein eher lockerer oder aber steifer Umgangston herrscht. Wie sehen die Etagen, Flure, Aufzüge und die Büroräume aus? Eher einladend, freundlich, kreativ, heruntergewirtschaftet, förmlich, modern, individuell gestaltet oder sehr einheitlich? Welche Art von Bildern hängt in den Gängen und den Räumen? Wie sind die Menschen angezogen? Konservativ, sportlich, locker, formell, steif, professionell, einheitlich, vielleicht sogar in Uniform oder persönlich stilvoll? Welche persönliche Ausstrahlung haben die Menschen, die einem begegnen? Wirken die Mitarbeitenden und Führungskräfte eher zufrieden, sieht man jemanden lachen, machen die Leute einen engagierten und motivierten Eindruck, oder sieht es so aus, als ob sie nur noch auf den Feierabend warten?

Aber solche Begegnungen verraten noch eine ganze Menge mehr über die Unternehmenskultur. Da geht es weiter mit der persönlichen Vorbereitung der Ansprechpartner. Wie gut hat sich diese Führungskraft im Vorfeld mit einer anstehenden Maßnahme (bei mir oft Teamentwicklung oder Konfliktmediation) beschäftigt. Welche Unterlagen bringt die Führungskraft mit? Welche Fragen werden gestellt? Welche Ziele werden formuliert? Wie konkret sind die Beschreibungen der aktuellen Situation? In welcher Form wird über die beteiligten Mitarbeitenden gesprochen? Welchen Anteil an der aktuellen Situation sieht die Führungskraft bei sich selbst? Mit welcher Haltung wird mir als externem Partner begegnet?

Seit mehr als zehn Jahren begleite ich nun schon das Institut der deutschen Wirtschaft in Köln (IW) als externer Trainingspartner. Neben der klassischen Führungskräfteschulung moderiere ich regelmäßig Führungskräfterunden, in denen die Methode der kollegialen Beratung im Fokus steht. Aber auch durch zahlreiche Teamworkshops habe ich einen sehr vertieften Einblick in das Unternehmen gewinnen können. Das IW ist ein Verbundunternehmen und besteht aus vielen unterschiedlichen Teilbereichen und Tochtergesellschaften. Dadurch gibt es auch unterschiedliche Kulturmerkmale.

Mit der Personalleiterin Ulrike Kenkenberg habe ich ein längeres Gespräch über die Herausforderung geführt, wie Unternehmenskultur angemessen und zielführend gestaltet werden kann. Außerdem werfen wir vor dem Hintergrund der Unternehmenskultur auch einen Blick auf das Thema Wertschätzung.

Interview mit Frau Ulrike Kenkenberg, Personalleiterin im Institut der deutschen Wirtschaft

Liebe Ulrike, zunächst vielen Dank, dass du dir trotz deines sehr engen Kalenders die Zeit für unser Gespräch nimmst. Das weiß ich sehr zu schätzen. In diesem Kapitel in meinem Buch „Führungsprinzip Wertschätzung“ steht das Thema „Unternehmenskultur“ im Vordergrund. Wie würdest du spontan die Unternehmenskultur im IW beschreiben?

Diese Frage ist gar nicht so leicht zu beantworten. Da das IW in einem Unternehmensverbund organisiert ist, müssen wir uns auf unterschiedlichen Märkten mit unterschiedlichen Kundenanforderungen und Kundenstrukturen behaupten. Daher besteht die Herausforderung, dass wir uns permanent weiterentwickeln und den Veränderungen von außen stellen. Dies hat zur Folge, dass in unserem Unternehmensverbund durchaus Subkulturen entstehen, die aber gerade für die jeweilige IW-Gesellschaft erfolgsrelevant sind.

Wir führen deshalb regelmäßig Mitarbeiterbefragungen durch. Über diese erhalten wir wertvolle Hinweise zu unserer gelebten Unternehmenskultur. Insgesamt würdigen die Mitarbeitenden eine hohe Wertschätzungskultur, einen guten und respektvollen Umgang miteinander sowie ein Arbeitsumfeld, das von Glaubwürdigkeit und Vertrauen geprägt ist.

Wenn du auf das im Kapitel anfangs beschriebene Kulturmodell schaust, siehst du da ein Feld mit Blick auf den IW-Verbund besonders stark ausgeprägt?

Aus meiner Sicht ist es so, dass im IW-Verbund die Familienkultur vermutlich dominiert, auch wenn aufgrund unserer Verbundstruktur in den verschiedenen Bereichen auch andere Kulturmerkmale im Vordergrund stehen. Dennoch ist insgesamt die Familienkultur das prägende Element, das wir aktuell leben und das vermutlich auch einen großen Anteil an der hohen Mitarbeiterzufriedenheit ausmacht.

Aus der Vergangenheit heraus haben wir durchaus auch Elemente der Hierarchiekultur in unserem Unternehmen. Für die erfolgreiche Zukunft des IW-Verbundes streben wir aber insgesamt noch mehr Netzwerkkultur an. Wir versuchen, diese Elemente immer mehr zu implementieren und in der Zusammenarbeit mit Leben zu füllen.

Die Starkultur ist bei uns tendenziell am wenigsten ausgeprägt. Für uns ist es wichtig, den Teamgedanken zu stärken und weniger „Einzelstars" zu fördern. Gleichwohl versuchen wir, gezielt auf fachlicher Ebene sogenannte Personenmarken aufzubauen. Diese Fachexperten sind dann aber weiterhin in vorhandene Teamstrukturen eingebettet.

Welches Kulturmerkmal würdest du für deinen Verantwortungsbereich, die Personalabteilung, am stärksten bewerten und was ist dein Beitrag als Führungskraft dazu?

Bei uns im Personalbereich versuchen wir, uns immer stärker in Richtung Netzwerkkultur weiterzuentwickeln. Das bedeutet die stärkere Fokussierung auf individuelle Verantwortungsübernahme und Selbstorganisation der Teammitglieder. Wir wollen weg von „Wir haben die Lösung für das Gesamthaus" hin zu „Lösungen gemeinsam mit unseren internen Kunden entwickeln". Daher passt zu diesem Ansatz eher die Netzwerkstruktur, um die jeweiligen Themen der einzelnen Bereiche in agilen Strukturen direkt mit unseren internen Ansprechpartnern gemeinsam die passenden Lösungen zu erarbeiten, um auch schneller auf Veränderungen reagieren zu können.

Wir als Personalabteilung haben Anfang 2021 im Team ein eigenes Leitbild entwickelt, wie wir miteinander arbeiten wollen und wie wir im Haus wahrgenommen werden möchten. Durch dieses eigene Leitbild und das gemeinsame Verständnis wollen wir sukzessive unsere Prozesse optimieren und können so auch die Umsetzung dahingehend überprüfen, ob wir durch unser Agieren den eigenen Ansprüchen gerecht geworden sind.

Wir haben uns in der Personalabteilung von Individualzielen verabschiedet und überall, wo es möglich ist, Teamziele definiert.

Zu deiner Frage meines Beitrags als Führungskraft würde ich sagen, dass ich den Fokus darauf richte, in diesem Veränderungsprozess Angebote zu machen und den Gesamtprozess klar und angemessen zu steuern. Dazu gehört, gezielt Feedback einzufordern, meine Mitarbeitenden individuell zu begleiten und auch die unterschiedlichen Bedürfnisse der Teammitglieder zu berücksichtigen. Jeder Mensch geht mit Veränderungen anders um, und das muss ich als Führungskraft im Blick behalten.

Dabei helfen Führungselemente aus dem Coaching, ohne dass ich selbst eine Coachingausbildung absolviert habe. Aber ich meine damit, dass ich keine fertigen Lösungen vorgebe, sondern vielmehr gemeinsam mit den Teammitgliedern Lösungen erarbeite. Das bedeutet auch, mehr Fragen zu stellen und dabei aufmerksam zuzuhören und es auch auszuhalten, dass gegebenenfalls auch mal „andere Lösungen" gefunden werden, die eventuell auch mal bei der Umsetzung länger dauern. Man kann Mitarbeitende nur dann weiterentwickeln, wenn man zulässt, dass sie auch eigene neue Erfahrungen sammeln.

Ich weiß aus unseren Gesprächen, dass dir das Kulturthema insgesamt sehr wichtig ist. Was habt ihr in der Vergangenheit aus der Personalabteilung heraus angestoßen, um die einzelnen Bereiche, aber auch den Unternehmensverbund in der Kulturentwicklung zu unterstützen?

In diese Richtung haben wir tatsächlich in den letzten Jahren sehr viel unternommen. Zuletzt haben wir ein Führungskräfte-Entwicklungsprogramm initiiert, das unter dem Titel stehen könnte: „Inspiration und Selbstreflexion".

Aufgrund der vorhin beschriebenen Anforderungen von außen, die durchaus sehr divers sind und der Tatsache, dass auf einzelne Teams Veränderungen sehr schnell zukommen, war es uns wichtig, für ein solches Programm die Führungskräfte bei der Planung selbst mit ins Boot zu nehmen.

Die Führungskräfte wurden also im Rahmen eines Führungskräftetreffens eingeladen, ihre Wunschthemen selbst zu definieren und dann zu priorisieren. Dabei entstanden Themenwünsche wie: aktuelle Führungsmodelle kennenlernen, Strömungen und Trends in der Führungsliteratur, Bedeutung von Haltung und Werten für mein Führungsverhalten im Kontext zu meinem Team, Coachingelemente in der Führung, Selbstorganisation (für Führungskräfte/für Teams), Fokusthema Wachstum.

Zur Bearbeitung haben wir viele unterschiedliche Kanäle und Formate genutzt, um gemeinsam in den Erfahrungsaustausch und in einen inspirierenden Dialog zu kommen. Im besten Falle führte das Ganze dann zu einer wertvollen Selbstreflexion. Es gab kleine Learning-Einheiten, inspirierende Artikel im Leadership-Kanal auf unserer Teamplattform, kurze Workshops, Leadership-Lunch-Angebote, Erfahrungsberichte und Diskussionen mit Experten.

Unser Ziel dabei war es, möglichst alle Führungskräfte im Haus zu erreichen. Und durch die Vielfalt der Angebote war für jede Führungskraft etwas dabei, was den eigenen Präferenzen entspricht.

Jetzt weiß ich, dass ihr in den vergangenen Jahren sowieso viele Formate auch für den Dialog und den Erfahrungsaustausch ins Leben gerufen habt. Welche Formate sind aus deiner Erfahrung heraus besonders wichtig?

Grundsätzlich war uns bei den Formaten wichtig, den bereichsübergreifenden Gedanken der Zusammenarbeit zu stärken. Da gibt es bei uns zum Beispiel das Angebot des „Mystery Lunchs". Hier werden Personen im Zufallsprinzip einander zugelost, um sich besser kennen zu lernen. Es gibt aber auch einmal pro Monat Frühstücksformate zu speziellen Themen oder auch einmal pro Woche sogenannte „Brownbag-Runden". Hier ist die Idee, dass Mitarbeitende oder Führungskräfte fertige oder halbfertige Arbeitsergebnisse vorstellen und dazu Feedback oder Ideen für den nächsten Schritt bekommen können. Zu guter Letzt haben wir auch bereits seit vielen Jahren die Führungsforen, um im Stil der kollegialen Beratung konkrete Führungssituationen oder aktuelle Führungsthemen lösungsorientiert zu besprechen.

Auch die allgemeinen Rahmenbedingungen können einen guten Austausch fördern. Wir haben auf jeder Etage des Hauses Coffeepoints, die einen unkomplizierten, auch zufälligen Dialog fördern sollen. Vor Kurzem haben wir zusätzlich ein internes Café eröffnet, um im Haus einen etagenübergreifenden attraktiven Treffpunkt zu schaffen.

Worauf legt das Management bezogen auf die Unternehmenskultur besonderen Wert?

Ich erlebe es grundsätzlich so, dass auch unserem Management Aspekte wie Respekt, Wertschätzung, Vertrauen usw. wichtig sind. Gleichwohl ist der Fokus ansonsten im jeweiligen Verantwortungsbereich deutlich differenzierter. Natürlich ist neben den „weichen Faktoren" das unternehmerische Denken und Handeln eine zentrale Anforderung.

Der Begriff Wertschätzung spielt in euren Unternehmenswerten eine wichtige Rolle. Was ist dir bezogen auf Wertschätzung wichtig im Umgang mit den Mitarbeitenden und auch im Umgang der Führungskräfte miteinander?

Es geht darum, anderen Menschen, egal ob Mitarbeiter oder Führungskraft, zunächst einmal mit einer positiven Grundhaltung zu begegnen. Schließlich handeln alle mit bestem Wissen und Gewissen und wollen im Grunde nur etwas Positives bewirken.

Menschen sind nun mal sehr unterschiedlich, und das ist gut so. Das kann natürlich auch zu Konflikten führen, was aber im Grundsatz nichts Schlechtes ist, Wertschätzung sollte einfach grundsätzlich mitschwingen. So können sich Unterschiedlichkeiten gut aushalten. Und das hilft, dass möglichst alle auch gerne und mit Motivation zur Arbeit kommen und sich bei uns wohlfühlen. Das bedeutet allerdings nicht, dass auch über Themen gesprochen wird, die nicht so gut laufen. Feedback kann und sollte deshalb klar und wertschätzend sein.

Ich erlebe im Arbeitsalltag viel Interesse füreinander, um auch für die eigene Arbeit voneinander zu profitieren. Auch das ist Wertschätzung – den Wert des anderen schätzen!

Welche Praxistipps würdest du Führungskräften als Anregung mit auf den Weg geben, wenn sie eine gute Kultur prägen und (noch mehr) Wertschätzung leben wollen? Worauf kommt es aus deiner Sicht bzw. aus deiner Erfahrung heraus an?

Ich mache es mal kurz und knackig – es sind 5 Punkte:

1. Authentisches Vorleben: Die Führungskraft prägt mit dem eigenen Verhalten das Team und gibt die Richtung vor.
2. Haltung: Nach dem Motto „Ich bin o.k. – Du bist o.k.", was mit einem Grundvertrauen einhergeht.
3. Zuhören: Fragen stellen und aufmerksam hinhören, was meine Teammitglieder sagen.
4. Interesse: Ernsthaftes Interesse am Menschen zeigen.
5. Retrospektiven: Konstruktives Feedback im Teamkontext.

Liebe Ulrike, es ist immer wieder faszinierend, mit welcher inneren Überzeugung und Loyalität du die angestrebte Unternehmenskultur vorlebst. Ich spüre in jeder Begegnung mit dir deine Identifikation mit dem IW und dein intensives Bemühen, die Kultur positiv weiterzuentwickeln. Von daher vielen Dank für das wertvolle Gespräch!

12.5 Erkenntnis – Reflexion – Umsetzung

Nachfolgend noch eine kleine Geschichte zum Nachdenken (gehört bei einem Vortrag von Edgar Itt, ehemaliger Bronzemedaillengewinner über 400 Meter Hürden).

Die Welt in Ordnung bringen

Ein kleiner Junge wollte mit seinem Vater, der evangelischer Pfarrer war, spielen. Aber der Vater hatte keine Zeit, weil er noch seine Sonntagspredigt vorbereiten musste. Also überlegte er, womit er seinen Sohn wohl beschäftigen könnte.

Er fand in einer Zeitschrift eine komplizierte und detailreiche Abbildung der Erde. Dieses Bild riss er aus und zerschnipselte es dann in viele kleine Teile. Danach gab er seinem Sohn das Puzzle und dachte, dass der nun eine ganze Zeit beschäftigt sei, denn sein Sohn liebte das Puzzeln.

Der Junge zog sich in eine Ecke zurück und begann mit dem Puzzle. Nach wenigen Minuten kam er zum Vater und zeigte ihm das fertig zusammengesetzte Bild.

Der Vater konnte es kaum glauben und fragte seinen Sohn, wie er das denn so schnell geschafft habe.

Der Junge antwortete: „Ach, Papa, das war gar nicht so schwer. Auf der Rückseite war ein Mensch abgebildet. Den habe ich einfach richtig zusammengesetzt. Und als der Mensch in Ordnung war, war auch die Welt in Ordnung.“

(Quelle: unbekannt)

Wenn wir nun noch einmal darüber nachdenken, wie wir die Kultur in unserem Unternehmen erleben, dann sind letztlich die Menschen der prägende Faktor der Unternehmenskultur. Deswegen sollten wir als Führungskräfte unseren Beitrag leisten, unsere Menschen im Unternehmen „in Ordnung zu bringen“. Wenn wir dazu nur ein klein wenig beitragen, haben wir sehr viel im Sinne von **Menschen machen den Unterschied!** erreicht.

Führungsprinzip Wertschätzung heißt:

Als Führungskraft die Unternehmenskultur so mitzugestalten, dass ein respektvolles und motivierendes Miteinander im eigenen Team, aber auch im eigenen Verantwortungsbereich möglich wird.

13 Führungsselbstverständnis entwickeln

Als Führungskraft braucht man auch selbst eine gute Orientierung. So eine Art Kompass, an dem man sein Führungshandeln und seine Führungsentscheidungen ausrichten kann. Neben der unternehmensspezifischen Vision oder langfristigen Strategie, der gelebten oder gewünschten Unternehmenskultur stehen häufig ein Unternehmensleitbild oder Führungsleitlinien zur Verfügung, die genau diesen Zweck erfüllen sollen. Das sind so eine Art Fixsterne, die uns als Führungskraft eine bestimmte Richtung weisen.

Wichtig ist, für sich selbst zu erkennen, was unsere persönliche und individuelle Haltung besonders prägt und so ergänzend zu den vom Unternehmen vergebenen Orientierungspunkten starken Einfluss auf uns als Führungskraft nimmt.

In diesem Kapitel erhalten Sie die Möglichkeit, Ihre bisherigen Erkenntnisse in einem ausformulierten Führungsselbstverständnis zu verdichten. Lassen Sie sich von einigen konkreten Beispielen inspirieren, Ihren für Sie passenden Slogan zu finden oder sich diesem zumindest etwas anzunähern. Denn die Entwicklung eines klaren und greifbaren Selbstverständnisses ist eine Arbeit, die in der Regel etwas Zeit benötigt und nicht in fünf Minuten erledigt ist.

13.1 Die Kunst der Komplexitätsreduzierung

Für die Entwicklung eines eigenen, authentischen Führungsselbstverständnisses stehen wir vor der großen Herausforderung, die vielen Gedanken an eine optimale Führung, die eigenen Erfahrungen mit bisherigen Vorgesetzten und die eigenen Erfahrungen als Führungskraft so zu verdichten und zu komprimieren, dass daraus ein griffiger, positiver Leitspruch entsteht. Dabei sollte die Grundbotschaft bereits so klar und eindeutig sein, dass sie für andere Personen schon wesentliche Gedanken und Ziele beschreibt.

Dazu möchte ich Ihnen hier ein erstes konkretes Beispiel geben, denn als ich mich als Freiberufler selbständig gemacht habe, wollte ich für mich auch eine klare, greifbare Beschreibung meiner Haltung und Arbeitsweise entwickeln, mit der ich potenziellen Auftraggebern signalisieren kann, für was ich als Trainer, Berater und Coach stehe. Und so habe ich mich gefragt:

1. Wofür stehe ich in meiner Rolle und Profession als Trainer, Berater und Coach? (Was ist meine Vision, mein Mission Statement?)
2. Welche persönlichen Werte und Erfahrungen stehen hinter dieser Rolle bzw. meiner Profession? (Was genau ist die Basis, das Fundament meiner Persönlichkeit?)
3. Was konkret will ich mit meiner Arbeit erreichen? (Welche Ziele, welches positive Ergebnis strebe ich mit meiner Arbeit an?)
4. Wie, also auf welchem Weg will ich meine Ziele erreichen? (Welche Grundprinzipien liegen meiner Arbeitsweise zugrunde?)

Das Endergebnis meiner Gedanken zu diesen Fragen verdichtete sich in dem Slogan **„TR-Trainings: Menschen machen den Unterschied!“**. Dieser Slogan, Marketingprofis sagen auch gerne Claim dazu, beantwortet nicht sofort selbsterklärend alle diese Fragen. Aber der Spruch „Menschen machen den Unterschied!“ bringt vieles zum Ausdruck, wofür ich stehe. Und das möchte ich Ihnen ganz kurz aufdröseln, damit Sie das Vorgehen für sich adaptieren können:

1. **Wofür stehe ich in meiner Rolle und Profession als Trainer, Berater und Coach?** (Was ist meine Vision, mein Mission Statement?)

   In meiner Rolle als Trainer und Coach achte ich sehr stark auf die Menschen, mit denen ich zu tun habe. Dabei schaue ich besonders auf die Stärken, Fähigkeiten und Talente, die diese Menschen auszeichnen. Diesen wahrgenommenen Stärken, Fähigkeiten und Talenten begegne ich mit Respekt und Wertschätzung. Und durch diese Würdigung tragen die Menschen mit ihren persönlichen Unterschieden wesentlich zum Arbeitserfolg bei. So ist eines meiner persönlichen Erfolgsfaktoren, dass sich genau diese Haltung, die ich versuche, immer wieder vorzuleben, auch auf meine Teilnehmerinne, Teilnehmer und Coachees überträgt. Wenn Sie so wollen, ist meine Vision, **dass sich die Menschen trotz deutlicher persönlicher Unterschiede respektvoll und wertschätzend begegnen**, so ihre persönlichen Stärken zum Wohle des Teams und des Unternehmens zur vollen Entfaltung bringen, ihre Talente nutzen und so entscheidend zum Unternehmenserfolg beitragen. Und im Umgang miteinander machen Menschen den Unterschied, und zwar einen ganz großen Unterschied.

2. **Welche persönlichen Werte und Erfahrungen stehen hinter dieser Rolle bzw. meiner Profession?** (Was genau ist die Basis, das Fundament meiner Persönlichkeit?)

   Wesentliche persönliche Werte von mir sind **Wertschätzung** und **Respekt**. Das klang eben schon durch, als ich Ihnen meine Gedanken zur ersten Frage beschrieben habe. Hinzu kommen **Selbstverantwortung**, **Selbstbestimmung** und **Freiheit**. Das ist als Freiberufler leichter umzusetzen als in einem Angestelltenverhältnis. Aber auch in Firmen und Organisationen gibt es immer wieder Möglichkeiten, vorhandene Freiheiten zu nutzen und seine eigenen Wege selbst zu bestimmen. Dafür muss ich die Verantwortung für mein Handeln übernehmen. Außerdem bin ich ein sehr **optimistischer** und **positiv denkender** Mensch mit einem hohen Maß an **Lebensfreude** und **Begeisterung**. Zur Abrundung gehören für mich **Loyalität**, **Vertrauen**, **Glaubwürdigkeit** und **Fairness** dazu. Jeder hat andere Werte, aber das macht es ja interessant, denn Menschen machen den Unterschied.

3. **Was konkret will ich mit meiner Arbeit erreichen?** (Welche Ziele, welches positive Ergebnis strebe ich mit meiner Arbeit an?)

   Das vorrangige Ziel ist für mich bei meiner Arbeit, die **Selbstreflexion** der Teilnehmenden oder Coachees anzuregen und so zu einem klareren **Selbstbewusstsein** beizutragen. Denn ich habe die Überzeugung, je bewusster ich mir selbst bin, meine Stärken, Fähigkeiten und Talente kenne, meine persönlichen Werte identifiziert habe, desto erfolgversprechender kann ich im Arbeitsalltag agieren und meine Stärken situativ optimal nutzen. Außerdem möchte ich einen Beitrag leisten, das Vertrauen in Teams, aber auch das Selbstvertrauen zu stärken und die eigene innere **Haltung** immer wieder zu **optimieren**. **Vertrauen** fördert die **Loyalität** und die **Zufriedenheit** aller Beteiligten im Arbeitsprozess und erhöht die Bereitschaft zur **direkten Kommunikation** untereinander. Und ich möchte zum Handeln ermutigen. Die **Ermutigung**, sich aus seiner Komfortzone herauszubewegen und die **Chancen** zu **nutzen**, **Neues** zu **lernen**, sich persönlich weiterzuentwickeln. Genau durch die Fähigkeit, unsere Erfahrungen bewusst reflektieren zu können, unsere Haltung verändern zu können und uns permanent weiterzuentwickeln, trägt dazu bei, dass wir als Menschen den Unterschied machen.

4. **Wie, also auf welchem Weg, will ich meine Ziele erreichen?** (Welche Grundprinzipien liegen meiner Arbeitsweise zugrunde?)

   In meiner Arbeit stehen **Interaktion** und **Erfahrungsaustausch** im Vordergrund. Dazu nutze ich zielführende **Übungen** oder **Reflexionsaufgaben**, die zum Team oder zu den einzelnen Menschen passen. Ich gebe immer wieder kurze und **praxisnahe Impulse**, aber ich mag tendenziell keine Frontalveranstaltungen. Ich möchte Menschen in den **Dialog** bringen. Entweder mit mir oder untereinander, denn durch einen guten, wertschätzenden Dialog entsteht oft eine neue Form der Selbstreflexion und der Lernbereitschaft. Workshops, Trainings oder Coachings sind nur ein erster Schritt, das Bewusstsein zu schärfen, neue Erkenntnisse zu gewinnen und sich selbst möglichst **konkrete Ziele** vorzunehmen. Letztlich kommt es am Ende auf die **persönliche Umsetzungskonsequenz** an. Genau diese Umsetzungskonsequenz möchte ich mit meiner Arbeit fördern und dafür sorgen, dass die Teilnehmerinnen, Teilnehmer und Coachees selbstverantwortlich, optimistisch und kraftvoll in die Umsetzung gehen. So machen Menschen den Unterschied - im Beruf, wie im Privaten.

Es geht nicht um den Blick durch die rosarote Brille!

Es geht nicht darum: „Wir haben uns alle lieb, und die Welt ist rosarot"! Wenn es im Unternehmen Menschen gibt, egal ob Mitarbeitende oder Führungskräfte, die immer wieder gegen die eigene Organisation agieren, sich permanent gegen das Team oder die eigene Führungskraft stellen, alles negativ sehen und schlecht machen, dann müssen klare Personalentscheidungen getroffen werden. Dann muss man sich eben trennen. Punkt. Frei nach dem Motto „Lieber ein Ende mit Schrecken als ein Schrecken ohne Ende".

Toleranz hat seine klaren Grenzen!

Es geht auch nicht um „Gutmenschentum". Es geht um eine respektvolle, wertschätzende Haltung mit Toleranz und echtem Interesse füreinander. Aber auch Toleranz hat seine klaren Grenzen. Toleranz darf von einzelnen Mitarbeitenden oder Führungskräften nicht so weit ausgenutzt werden, dass daraus Schaden entsteht. Deswegen stehen grundsätzlich immer das Kundenwohl und die Unternehmensinteressen deutlich höher als die individuellen Wünsche und Bedürfnisse eines Einzelnen. Wie Sie bereits im letzten Kapitel im Interview lesen konnten, ist es nicht das Ziel, das Unternehmen in eine Wohlfühloase zu verwandeln. Am Ende geht es immer wieder um eine erbrachte Leistung oder Mehrwerte, die ein Kunde bezahlt. Nur so kann das Unternehmen existieren und den Angestellten die Gehälter zahlen.

Innere Klarheit sorgt für äußere Prägnanz!

Deshalb an dieser Stelle noch einmal der konkrete Vorschlag an Sie: Überlegen Sie sich Ihre Antworten für die vier Leitfragen. Schreiben Sie alle Punkte auf, die Ihnen einfallen. Danach sollten Sie die für Sie wesentlichen Punkte markieren und nach einem für Sie passenden Slogan suchen, der möglichst viel Ihrer Gedanken abdeckt.

„Innere Klarheit sorgt für äußere Prägnanz!" Genau darum geht es. Schaffen Sie Ihre persönliche innere Klarheit über Ihre Werte, Ziele, Haltung, Verhaltensweisen, Stärken und Entwicklungsfelder. Je klarer und bewusster Ihnen diese Aspekte Ihrer Persönlichkeit sind, desto prägnanter, authentischer können Sie im Gespräch mit Ihren Mitarbeiterinnen und Mitarbeitern Ihre Führungsrolle ausfüllen und Ihre Botschaften kommunizieren.

Bedeutung von Glaubwürdigkeit erkennen!

Ein wichtiger Teil der Wirkung, die wir mit unserem Auftreten erzeugen, ist zwingend daran gekoppelt, ob das, was wir uns verbal nach außen auf die Fahne schreiben, auch tatsächlich in uns spürbar ist und im Verhalten für andere erlebbar wird. Dazu gehören Begriffe wie Glaubwürdigkeit, Authentizität oder Integrität.

Wir können uns noch so viele schöne Worte oder griffige Slogans überlegen. Am Ende werden wir an unserem Verhalten im Alltag gemessen. Und da stellt sich die einfache Frage eines Mitarbeitenden bezogen auf seine Führungskraft: Ist er das oder ist er das nicht? Dabei gehen unsere Mitarbeitenden nicht gerade wissenschaftlich vor. Es gibt keine tiefgreifenden Analysen oder beauftragte Studien mit eindeutigen Ergebnissen. Hier ist das Gefühl, die Empfindung in der täglichen Begegnung entscheidend. So gilt ganz klar: „Gefühl schlägt Wort!“

Deswegen sollten Sie bei der Entwicklung Ihres eigenen Führungsverständnisses wirklich ehrlich zu sich selbst sein. Schreiben Sie nur die Punkte auf, die Sie wirklich bei sich selbst wahrnehmen und für die Sie mit voller innerer Überzeugung stehen können.

Wenn das, was Sie sich selbst zuschreiben, zu Ihnen als Person und Persönlichkeit passt, dann folgen die Mitarbeitenden Ihnen viel engagierter und überzeugter. Entscheidend für das Folgen ist auch, ob die Mitarbeiterinnen und Mitarbeiter sich von einer solchen Führungskraft angezogen fühlen und die Werte, Ziele, Strategien, Arbeitsweisen für sinnvoll und ansprechend erachten. Sie wollen ja schließlich auch nicht für jede Führungskraft arbeiten, oder?

Entscheidend ist somit Ihre persönliche Glaubwürdigkeit, mit der Sie Ihr Führungsselbstverständnis im Führungsalltag mit Leben füllen.

13.2 Praxistransfer – Worauf kommt es an?

Nachfolgendes Interview war in meinen Vorbereitungen für dieses Buch ein absolutes Highlight. Deswegen bin ich sehr froh und dankbar, dass Prof. Dr. Friedemann Schulz von Thun bereit war, mit mir ein Expertengespräch zu führen.

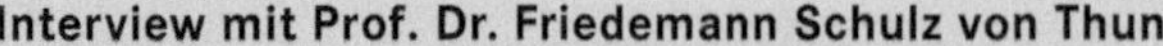

Interview mit Prof. Dr. Friedemann Schulz von Thun

Lieber Friedo, zunächst vielen Dank für deine Zeit und deine Bereitschaft für dieses Expertengespräch. Wenn ich an unsere verschiedenen gemeinsamen Workshops denke, dann empfinde ich dich als eines der besten Vorbilder, wenn ich an meine Überschrift „Führungsprinzip Wertschätzung" denke. Wie würdest du dein persönliches Führungsselbstverständnis formulieren?

Zunächst einmal freue ich mich, dass du extra wegen des Gesprächs nach Hamburg gekommen bist. Das ist in meinen Augen ein echtes Zeichen von Wertschätzung. Bezüglich deiner Frage nach meinem Führungsselbstverständnis würde ich sagen: **Deine Führung sei stimmig!**

Das sind aber nicht nur schöne Worte, sondern dahinter verbirgt sich ein komplettes Arbeitsprogramm:

Sei in Übereinstimmung mit dir selbst, mit dem, was dich ausmacht. Aber was macht mich denn aus? Welches Credo, welche Qualitäten, welche Werte machen mich denn aus? Und insoweit heißt in Übereinstimmung mit dir selbst, auch authentisch zu sein.

Hinzu kommt die Situation, in der ich mich als Führungskraft befinde. Was verlangt mir die Situation und was verlangt mir meine Rolle als Führungskraft ab? Das ist oft nicht „ohne", aber das will auch ergründet sein. Manchmal ist dies eine sehr große Herausforderung, denn man ist in gewissem Maße „König" und „Diener" in einer Person. Einerseits hat man die Krone auf und trifft Entscheidungen. Aus der Haltung heraus „Ich bin hier der Chef, und was kannst du, lieber Mitarbeiter, für mich tun?". Auf der anderen Seite aber auch „Diener" zu sein und die Mitarbeitenden zu fragen: „Was kann ich als Führungskraft für Sie tun, damit Sie hier Ihre Schaffenskraft voll entfalten können und so einen wertvollen Beitrag für unser Unternehmen leisten können?" Das ist fast eine logische Unmöglichkeit, aber psychologisch muss ich das irgendwie hinbekommen.

Außerdem agiert man als Führungskraft immer auch in einem Unternehmen. Deshalb spielt in die Stimmigkeit selbstverständlich auch die Unternehmenskultur hinein. Auch hier sollte ich so führen, dass mein Stil in irgendeiner Art und Weise zur Organisation passt.

Prima, das ist eine ganz tolle Beschreibung, die hinter deinem Slogan die verschiedenen Dimensionen aufzeigt. Außerdem finde ich das einen schönen Anspruch an sich selbst, stimmig zu sein bzw. stimmig zu bleiben, gerade in Veränderungssituationen.

Das Zweite, was mir dazu einfällt, ist: „Führe mit Metakommunikation", was zunächst etwas theoretisch klingt. Ich plädiere dafür, einen metakommunikativen Führungsstil zu entwickeln, und damit meine ich, dass ich nur auf meine Art führen kann. Ich kann mir vorher gut überlegen, was ich sagen möchte. Aber was es bei dem anderen oder dem Team auslöst, wie darauf reagiert wird, das steht in keinem Lehrbuch. Deshalb muss ich das im Dialog mit meinem Gegenüber herausfinden. So sollte ich dem anderen signalisieren, dass ich hochinteressiert daran bin, zu erfahren, wie er damit zurechtkommt, was ich ihm gesagt habe. Was er vielleicht anders oder zusätzlich braucht und dass wir darüber im Gespräch und im Kontakt bleiben, sodass echtes Vertrauen entsteht, dass man sich das, was man braucht, nicht gegenseitig verschweigt. Und so muss auch der Mitarbeitende das Vertrauen haben, dass die Führungskraft die Punkte anspricht, womit man im Alltag Mühe hat, bevor man vielleicht drei Jahre vor sich hin grummelt und denjenigen dann einfach rausschmeißt.

Also: **Deine Führung sei stimmig und metakommunikativ.**

Oh, da hast du aus meiner Sicht einen ganz wichtigen Aspekt aufgegriffen, denn es geht darum, als Führungskraft nicht nur zu „senden", sondern auch die Reaktionssignale des Mitarbeiters zu „empfangen". Das ist in meinen Augen oft ein Problem, dass sich die Führungskraft eben nicht so sehr für das interessiert, was eine „Ansage" bei den Mitarbeitenden auslöst.

Bei der Gleichzeitigkeit von König und Diener droht eine narzisstische Falle. Der Narzisst wohnt ja in uns. Die eine Führungskraft hat zu sehr die Krone auf und verliert völlig den Blick für die Geführten. Die andere Führungskraft hat zu sehr die Dienerhaltung, will lieb und nett sein. Die wollen von allen gemocht werden und haben die Krone nicht auf. Je nachdem, in welche Richtung wir tendieren, hat das Auswirkungen auf die Fähigkeit, die Signale von anderen zu empfangen.

Da höre ich das Wertequadrat heraus, also die beiden positiven Tugenden, König und somit Entscheider zu sein, und die Schwestertugenden, Diener und Unterstützer zu sein. Die Übersteigerung des Königs ist für mich dann „Gottgleichheit". Was wäre aus deiner Sicht die Übersteigerung von Diener?

So etwas wie Sklave oder Bettler zu sein. Deshalb kommt es hier auf gute Selbstführung an. Für sich zu erkennen, in welchen Situationen man zu welchen Verhaltenstendenzen neigt.

Ich glaube, das ist gerade in der Anfangsphase schwer für Führungskräfte, die aus dem Team heraus vom Kollegen zum Chef werden. Da besteht die Herausforderung, mehr in die Führungsrolle hineinzuwachsen und nicht zu sehr auf der dienenden Seite zu bleiben.

Das stimmt. Deshalb ist es aus meiner Erfahrung heraus sehr wichtig, angehenden Führungskräften aufzuzeigen, dass mit der Übernahme von Führungsverantwortung immer ein Dilemma verbunden ist. Denn es ist ja nun mal nicht immer so, dass die Mitarbeitenden sagen: „Oh toll, jetzt haben wir eine wunderbare Führungskraft, und alles ist herrlich." Bei Dilemmata bleibt man immer etwas schuldig. Oft hat man den verklärten Blick, dass man nur gut kommunizieren muss, und dann ist alles gut. Führung ist nicht nur eine professionelle Herausforderung, sondern auch eine menschliche Herausforderung. Deshalb werden immer wieder Situationen auftreten, die man so nicht erwartet hat und in denen man es eben nicht allen recht machen kann. Das heißt, der Weg einer Führungskraft ist mit Dilemmata gepflastert.

Richtig, aber ich erlebe im Alltag immer wieder, dass man genau diesen Aspekt den angehenden Führungskräften nicht vorher aufzeigt.

Das finde ich problematisch, denn wie bereits gesagt, es ist auch eine menschliche Herausforderung. Und das darf man nicht verschweigen, denn es wird Situationen geben, in denen ich als Führungskraft falsch reagiere und entsprechend Fehler mache. Das kann manchmal zu echten persönlichen Problemen bei der Führungskraft führen. Und Dilemmata sind nur gestaltbar, nicht lösbar. Das ist der Unterschied zu klassischen Problemen, zu denen es oft eine oder sogar mehrere Lösungen gibt. Daher wäre dies noch ein wichtiger Gedanke für Führungskräfte, sich genau dann diesen Stellen und in schwierigen Situationen helfen zu lassen. Sei es durch Coaching oder ein Seminar, ein Mentoring und im Rahmen von kollegialer Beratung.

Hättest du noch einen persönlichen Tipp für Führungskräfte? Du bist ja hier in deinem Unternehmen unglaublich nah dran an deinen Mitarbeiterinnen und Mitarbeitern. Was ist da aus deiner Sicht ein wesentlicher Erfolgsfaktor?

Das mag sein, dass ich hier sehr nah dran bin an meinen Mitarbeitenden und Kollegen. Aber wir sind ja auch nur ein kleines Kommunikationsinstitut. Und Nähe liegt mir persönlich etwas mehr im Blut, wenn ich die Menschen gut kenne. Wenn ich mir aber vorstelle, dass eine Führungskraft 200 Mitarbeiterinnen und Mitarbeiter zu führen hat, dann würde ich von zu viel Nähe eher abraten. Denn das kann ihre Seele gar nicht verarbeiten, wenn sie so nah an jedem einzelnen Mitarbeitenden dran ist. Deswegen würde ich hier sagen, das kommt darauf an, und somit bin ich wieder bei „Es muss stimmig sein".

Das ist noch einmal ein guter Hinweis auf das Riemann-Thomann-Modell, in dem ja auch Nähe und Distanz zwei wichtige Dimensionen sind. Von daher ist das für mich sehr gut beantwortet.

Wenn wir hier von Riemann-Thomann sprechen, dann würde ich sagen, mein Ideal ist es, eine integrale Führungskraft zu sein. Das ist eine kleine Utopie, ob ich das jemals erreiche, weiß ich nicht, aber der Weg dorthin ist das Ziel. Also, dass ich die vier Qualitäten, die mir das Modell vorgibt, dass ich in keiner Qualität völlig entfremdet bin, mich möglichst sogar in allen vieren irgendwie zu Hause fühle. Dass ich nahbar, kontaktfähig und vielleicht auch hin und wieder herzlich bin. Andererseits situativ abgrenzungsfähig sowie kritik- und konfrontationsfähig sein kann. Dass ich sozusagen beides habe, wie König und Diener. Dann auf der anderen Achse in der Lage bin, klare und gute Strukturen zu schaffen und eine angemessene Ordnung herzustellen. Aber eben auch neugierig und innovationsfähig bleibe und eine gewisse Veränderungsdynamik entfesseln oder ermöglichen kann. Aber es ist nicht einfach, in allen Dimensionen gleich gut zu sein.

Das war noch mal eine wertvolle Ergänzung. Dahinter liegen ja auch persönliche Werte, die in die einzelnen Dimensionen hineinstrahlen. Welche Werte sind aus deiner Sicht insbesondere für Führungskräfte besonders relevant?

Wahrheit und Klarheit und dann Stringenz. Das bedeutet für die Führungskraft und die Mitarbeitenden, so wie es bisher besprochen wurde, so wird danach auch verfahren, und das ist für jedermann eindeutig nachvollziehbar. Also konsequent und strukturlogisch.

Das spricht zunächst eher die Kopfmenschen an.

Stimmt, als Führungskraft sei ein kluger Kopf! Und Köpfchen ist auch gefragt in der Führung. Ich selbst sage erst Stringenz, bevor ich von Herzlichkeit spreche. Vielleicht ist für Führungskräfte die Herzlichkeit ein klein wenig eher entbehrlich als die Stringenz. Wie gesagt für eine Führungskraft, nicht für einen Vater, nicht für eine Mutter. Also die Stimmigkeit ist immer der entscheidende Faktor, je nachdem welche Rolle man hat, kommen andere Werte nach oben. Aber Wahrheit, Klarheit und Stringenz der Führungskraft sorgen für Vertrauen und Verlässlichkeit bei den Mitarbeitenden.

Mir wäre für Führungskräfte im Unternehmen auch Loyalität ein wichtiger Wert, denn anders als bei uns beiden, die wir selbständig sind, gehören Führungskräfte in der Regel einem Unternehmen an. Und ich erwarte schon auch ein klares Bekenntnis zum Unternehmen und entsprechende Loyalität. Wie siehst du das?

Unbedingt. Loyalität ist auf jeden Fall ein ganz wichtiger Wert. Da stimme ich dir voll und ganz zu.

Ein weiterer Wert für Führungskräfte ist ein Mindestmaß an Humor. Das macht viele Situationen des Führungsalltags einfach leichter und entspannter. Humor heißt dann, auch mal über sich selbst schmunzeln zu können und Widrigkeiten nicht ganz so verbissen zu nehmen.

Hinzu kommt noch ein klares Rollenbewusstsein. Jetzt, wo wir darüber sprechen, ist das etwas, was mir ebenfalls als sehr wesentlich erscheint. Wofür bin ich da und wofür bin ich nicht da? Welche Erwartungen ergeben sich aus diesem Rollenbewusstsein für mich und meine Mitarbeitenden? Aber dieses Rollenbewusstsein muss erst einmal persönlich erkämpft und erobert werden, das fällt einem nicht in den Schoß. Und es muss nach außen ausstrahlen. Das würde ich vielleicht sogar an allererster Stelle nennen.

Wobei Rollenbewusstsein für mich nicht unbedingt ein echter Wert ist. Es ist eher eine innere Landkarte. Ich denke, das kommt mit der bewussten Auseinandersetzung mit den Führungsthemen des Alltags und dem bewussten Klären der inneren Positionen.

Letztlich geht es in der Führungskräfteentwicklung doch immer wieder um Erkenntnis, Übung und Reifung. Manches kann ich erkennen, und es ist gut, wenn ich dazu einen klugen Kopf habe. Manches muss ich üben, und es ist wichtig, wenn ich dazu einen guten Trainer und Feedbackgeber habe. Und manches muss einfach ein Stück weit reifen, um die Früchte der Entwicklung ernten zu können. Dazu braucht es manchmal wirklich persönliche Geduld und Gelassenheit.

Das ist doch ein schönes Schlusswort lieber Friedo. Von daher danke ich dir noch einmal für deine Zeit. Für mich waren deine Erfahrungen und deine Gedanken sehr wertvoll, und ich profitiere noch heute von den Workshops mit dir. Heute war für mich noch einmal sehr erhellend, was du als Landkarte in deinem Kopf hast.

Auch ich fand das Gespräch interessant und wünsche dir für dein Buchprojekt natürlich gutes Gelingen und freue mich schon, wenn ich das fertige Werk dann komplett lesen darf.

■

Weitere nützliche Informationen zu Prof. Dr. Friedemann Schulz von Thun und seinen Modellen finden Sie auf seiner Homepage:

http://www.schulz-von-thun.de

Sehr empfehlenswert!

Was aus diesem Gespräch deutlich wird, ist die innere Landkarte von Prof. Dr. Friedemann Schulz von Thun. Seine Schlüsselpunkte sind Stimmigkeit, Metakommunikation und ein klares Rollenverständnis sowie das Streben danach, eine integrale Führungskraft zu sein.

Um Ihr eigenes Führungsselbstverständnis zu entwickeln, können Sie sich folgende Situation vor Ihrem inneren Auge vorstellen: Ein neuer Mitarbeiter kommt in Ihr Team und fragt Sie: „Herr …/Frau …, sagen Sie mal, welches Führungsselbstverständnis haben Sie eigentlich?“

Sie können sicherlich zehn Minuten über das Thema Führung „referieren“. Aber greifbarer, verständlicher wird das für den neuen Mitarbeiter, wenn Sie einen prägnanten Slogan, einen Spruch oder ein Motto benennen können. So kann sich der Mitarbeiter nach dem Gespräch in der Regel genau an dieses Motto erinnern, und Sie haben die Chance, genau anhand dieses Mottos Ihre persönlichen Gedanken zum Thema Führung zu entfalten und immer wieder in einen passenden Kontext zu bringen.

Hier noch mal zur Hilfe einige nützliche Leitfragen, die Sie für sich beantworten können, um mehr innere Klarheit zu bekommen, damit Sie nach außen prägnanter werden:

Reflexionsfragen

- Wie würde ich meine innere Haltung zum Thema Führung beschreiben? (Kapitel 1)
- Welche Werte sind mir ganz besonders wichtig? (Kapitel 2)
- Wie gebe ich in meinem Umfeld echtes, wertschätzendes Feedback? (Kapitel 3)
- Wie fördere ich die Identifikation meiner Mitarbeitenden im Unternehmen? (Kapitel 4)
- Wie gehe ich mit verschiedenen Situationen in meinem Team um? (Kapitel 5)
- Wie verstehe ich meine Rolle als Führungskraft? (Kapitel 6)
- Wie gehe ich mit verschiedenen Persönlichkeiten um? (Kapitel 7)
- Wie unterstütze ich die Motivation meiner Mitarbeitenden? (Kapitel 8)
- Wie agiere ich in Konfliktsituationen? (Kapitel 9)
- Wie führe ich unterschiedliche Generationen? (Kapitel 10)
- Wie gehe ich mit Humor in meiner Führungsrolle um? (Kapitel 11)
- Welche Kultur ist mir in meinem Verantwortungsbereich wichtig? (Kapitel 12)
- Welche persönlichen Erfahrungen haben mein Führungsverhalten besonders geprägt?
- Was konkret will ich mit meiner Führungsarbeit erreichen?

Sie sehen hier, dass im Prinzip jedes einzelne Kapitel helfen soll, Ihr eigenes, persönlich stimmiges Führungsselbstverständnis entwickeln zu können. Beantworten Sie die Fragen so, als würde ein neuer Mitarbeiter genau diese Fragen an Sie als Führungskraft stellen. Oder versetzen Sie sich in eine Bewerbungssituation für eine neue Führungsposition, und Sie werden im Auswahlverfahren eben genau mit diesen Fragen konfrontiert. Was wären Ihre Antworten?

Und diese Antworten schreiben Sie sich bitte auf. Durch das Aufschreiben wird auf einmal der für Sie passende rote Faden deutlich. Da tauchen vielleicht bestimmte Begriffe des Öfteren auf. Oder Sie verwenden Schlüsselwörter, die in eine ähnliche Richtung gehen. So wird offensichtlich, was Ihre innere ganz persönliche Führungslandkarte ausmacht.

Nachfolgend noch einige konkrete Beispiele, damit Sie weiter Inspirationen erhalten. Dabei geht es nicht darum, welches besser oder schlechter ist, denn es geht um die persönliche Glaubwürdigkeit. Wie stark steht die Person eben genau hinter diesen Worten und wie erleben die Menschen, die mit dieser Führungskraft zu tun haben, diesen Menschen im Alltag? Dazu gibt es auch noch einen schönen Spruch aus der Kommunikationslehre: „Nicht die Absicht ist entscheidend, sondern die Wirkung!“

Hier für Sie Beispiele:

- **„Deine Führung sei stimmig!“** (Prof. Dr. Friedemann Schulz von Thun)
- **„Führung heißt einladen, inspirieren und ermutigen!“** (Prof. Dr. Gerald Hüther)
- **„Sich selbst ganz zeigen, vorleben und anstecken!“** (Ulrike Scheuermann)
- **„Menschen machen den Unterschied! Ich führe mit Wertschätzung, Selbstverantwortung und Lebensfreude!“** (Thorsten Rabenbauer)
- Ein Musiklehrer hat sein Selbstverständnis einmal so formuliert: **„Ich will in Kindern die Liebe zur Musik wecken!“**

Versuchen Sie mal, eine kurze Antwort in den nächsten zwei bis drei Zeilen zu notieren, die zu Ihnen passt und mit der Sie sich in hohem Maße identifizieren:

____

____

____

Vorsicht: Sie sollten nicht einfach eines der genannten Selbstverständnisse kopieren. Es geht, wie bereits angedeutet, auch um Ihre Authentizität und Glaubwürdigkeit! Und es geht nicht darum, die verschiedenen Statements gegenseitig zu vergleichen und dann zu bewerten, welches das beste Statement ist. In einem Vortrag von Dieter Lange (einem ganz hervorragenden Vortragsredner) habe ich mal sinngemäß aufgeschnappt:

„Der Tod des Glücks ist der Vergleich!“

In diesem Sinne verzichten Sie auf Vergleiche und öffnen Sie sich für Gedanken, Stichworte, Beschreibungen, die Sie persönlich ansprechen und zu Ihnen passen.

Durch Ihre innere Klarheit schaffen Sie äußere Prägnanz!

Wir werden für unsere Mitarbeitenden und unser Umfeld im positiven Sinne berechenbar. Dadurch wächst auch das Vertrauen in mich als Führungskraft. Mitarbeiterinnen und Mitarbeiter bekommen das Gefühl der Sicherheit und erhalten eine greifbare Orientierung! Das sind doch nützliche Effekte, die wir damit erzielen.

Gleichzeitig entlastet es uns selbst ungemein, die eigene Klarheit gefunden zu haben, denn gerade bei komplexen Situationen, anspruchsvollen Entscheidungen und relevanten Präsentationen ist man kraftvoll im Auftritt und deutlich positioniert. Es geht nicht um die Perfektion in der Formulierung, sondern um Ihre Identifikation Ihrer inneren Landkarte.

Trauen Sie sich, den ersten Schritt zu machen und ein erstes Führungsselbstverständnis aufzuschreiben. In vielen Fällen arbeitet dieser Gedanke in uns weiter, und es kommt sehr oft vor, dass Führungskräfte mehrere Anpassungen vornehmen, bis sie den für sich selbst passendsten Spruch gefunden haben.

Nutzen Sie auch das Arbeitsblatt 13 in Kapitel 15.

■ 13.3 Zitate für die Führungsarbeit

Haben Sie ein persönliches Lieblingszitat? Haben Sie vielleicht selbst mal einen Spruch kreiert, den Sie immer wieder gerne aufgreifen? Welches Zitat fällt Ihnen ein, wenn Sie bezogen auf Führung ein Zitat wiedergeben sollen:

___

___

„Nur eine Flamme, die brennt, kann andere entzünden!“

In diesem chinesischen Sprichwort steckt in verdichteter Form ein wichtiger Gedanke für die Haltung und das Verhalten einer Führungskraft: meine Vorbildfunktion und die Wirkung auf meine Mitarbeitenden. Ich bin als Führungskraft immer Vorbild, ob ich das will oder nicht! Und so, wie ich diese Vorbildrolle ausfülle, so springt der Funke leichter auf meine Mitarbeiterinnen und Mitarbeiter über oder eben auch nicht. Ich kann im Prinzip nur dafür Begeisterung, Engagement und Leidenschaft einfordern bzw. erwarten, wenn ich selbst diese Begeisterung, das Engagement und die Leidenschaft an den Tag lege. Wenn ich dagegen eher desinteressiert und ohne ein Funkeln in den Augen Aufgaben delegiere, dann werden meine Mitarbeitenden diese Aufgaben im Sinne von Dienst nach Vorschrift erledigen. Dazu passt auch ein deutsches Sprichwort: „Wie es in den Wald hineinschallt, so schallt es auch heraus!"

Ein weiteres Zitat, das in die gleiche Richtung geht, ist:

> *„Ein Beispiel zu geben ist nicht die wichtigste Art, wie man andere beeinflusst. Es ist die einzige."* (Albert Schweitzer)

Gerne wird auch das folgende Zitat im Führungskontext genutzt:

> *„Wenn du ein Schiff bauen willst, dann trommle nicht Männer zusammen, um Holz zu beschaffen, Aufgaben zu vergeben und die Arbeit einzuteilen, sondern lehre die Männer die Sehnsucht nach dem weiten endlosen Meer."* (Antoine de Saint-Exupéry, Autor und Pilot)

Dabei steht die Vision im Vordergrund. Es geht weniger um die Managementqualitäten im Führungsalltag, sondern mehr um das große Bild. Allerdings muss man differenzieren, in welcher Hierarchieebene man sich bewegt. Eine Teamleiterin ist nun einmal mehr mit operativen Themen befasst als der Vorstand.

Zum Thema Lob und Wertschätzung hat Benjamin Franklin mal etwas sehr Treffendes gesagt:

> *„Es ist ein Zeichen von Mittelmäßigkeit, nur mittelmäßig zu loben."* (Benjamin Franklin, amerikanischer Staatsmann und Gründungsvater der USA)

Dieses Zitat soll Sie inspirieren, als Führungskraft mit Lob und Anerkennung genauso professionell und verantwortungsvoll umzugehen wie mit Ihrer anderen Arbeit.

Wenn wir auf die Führungsverantwortung schauen, dann beleuchtet Churchill einen sehr interessanten Aspekt:

> *„Es braucht Courage, aufzustehen und zu reden. Genauso braucht es Courage, sich hinzusetzen und zuzuhören."* (Winston Churchill, britischer Staatsmann und Nobelpreisträger)

Wir haben als Führungskräfte die Verantwortung, an entscheidenden Stellen mutig unsere Meinung zu sagen und Position zu beziehen. Gleichzeitig ist es aber eine wichtige Anforderung, als Führungskraft auch mal die Klappe zu halten und aufmerksam anderen Menschen zuzuhören, mit aller Anteilnahme!

Ein schönes Zitat gibt es auch von Anselm Grün:

> *„Führen heißt vor allem, Leben in den Menschen wecken, Leben aus ihnen hervorlocken."* (Anselm Grün, Benediktinerpater, Cellerar und Autor)

Hier wird das Leben im Menschen angesprochen, das, was Menschen von Maschinen unterscheidet. Und Führungskräfte haben oft die Chance, dieses Leben in ihren Mitarbeitenden zum Leuchten zu bringen.

Viele Führungskräfte können sich auch durch ein sehr wertvolles Zitat anregen lassen, noch mehr an ihrer Glaubwürdigkeit und Authentizität zu arbeiten:

> *„Wir müssen sagen, was wir denken, wir müssen tun, was wir sagen, und wir müssen sein, was wir tun."* (Alfred Herrhausen, ehemaliger Vorstandssprecher der Deutschen Bank)

Nur wenn wir diesen Dreiklang im Führungsalltag beherzigen, werden uns unsere Mitarbeiterinnen und Mitarbeiter als integer erleben und zu uns echtes Vertrauen entwickeln. Und dazu gehört auch das Bewusstsein über die eigene Verantwortung als Führungskraft:

> *„Verantwortlich ist man nicht nur für das, was man tut, sondern auch für das, was man nicht tut."* (Laotse, chinesischer Philosoph)

Wenn wir uns das immer wieder vergegenwärtigen, dass wir insbesondere auch für das verantwortlich sind, was wir nicht tun, dann können wir uns insbesondere auch dafür bewusster entscheiden.

Führungskräfte agieren häufig auch aus der Haltung eines guten Managers heraus. Dabei stehen dann das Schaffen von guten Strukturen und das Festlegen von klaren Prozessen im Vordergrund. Trotzdem gilt:

> *„Nicht alles, was wirklich wichtig ist, kann man zählen, und nicht alles, was man zählen kann, ist wirklich wichtig."* (Frei nach Albert Einstein, Physiker, dem dieses leicht angepasste Zitat zugeschrieben wird.)

Wir sollten uns als Führungskräfte eines unserer Hauptziele immer wieder vor Augen führen. Wir wollen, dass unsere Mitarbeiterinnen und Mitarbeiter bestimmte Regeln oder Vorgaben beachten. Dazu nutzen Führungskräfte häufig die verbale Ansprache in Einzelgesprächen oder in Teammeetings. Manchmal werden aber auch Mails verschickt. Deshalb hier noch ein schönes Zitat von Joseph Pulitzer:

> *„Schreibe kurz - und sie werden es lesen.*
>
> *Schreibe klar - und sie werden es verstehen.*
>
> *Schreibe bildhaft - und sie werden es im Gedächtnis behalten."*
>
> (Nach Joseph Pulitzer, Journalist und Zeitungsverleger.)

Für die verbale Ansprache an die Mitarbeiter sollten Führungskräfte das gleiche Zitat in etwas abgewandelter Form beherzigen:

> *„Formuliere kurz - und sie werden dir zuhören.*
>
> *Formuliere es klar - und sie werden dich verstehen.*
>
> *Formuliere bildhaft - und sie werden es behalten."*
>
> (Frei von mir nach Joseph Pulitzer ☺.)

Sammeln Sie für sich stimmige Zitate für verschiedene Führungssituationen!

Lassen Sie sich durch diese beispielhaften Zitate inspirieren, für Ihren Führungsalltag eine kleine Zitatesammlung anzulegen, sodass Sie den einen oder anderen Spruch als positive Ansprache Ihrer Mitarbeitenden nutzen können.

Alternativ suchen Sie sich im Internet oder aus einem Zitatebuch situativ einen passenden Spruch und verwenden diesen dann im Dialog mit einzelnen Teammitgliedern oder in Besprechungen für die ganze Gruppe.

13.4 Die Kraft von Symbolen

Symbole verdichten Gedanken. Dadurch erreicht man besser und tiefer einen gemeinsamen Dialog über Führungsthemen.

Eine kleine Aufgabe: Sie erhalten die Aufgabe, zu einem Workshop mit Führungskräften ein für Sie passendes Symbol oder eine Metapher mitzubringen. Was steht beispielhaft für Ihre Haltung oder Herangehensweise an Ihre Führungsarbeit? Welches Symbol würden Sie zu einem solchen Führungskräfteworkshop mitbringen? Und was würden Sie dazu auf der Tonspur erzählen? Auch das könnte Ihnen Hinweise geben, wie Ihr Führungsselbstverständnis aussieht.

Zu Ihrer Inspiration nachfolgend noch einige Praxisbeispiele solcher Symbole aus meinen Seminaren:

- **„Schweizer Taschenmesser“** – ist ein Multifunktionstool. Je nach Situation kann man als erfahrene Führungskraft auf das passende Instrument zurückgreifen, um Probleme zu lösen.
- **„Staffelstab“** (aus der Leichtathletik) – verantwortungsvolle Delegation von Aufgaben, denn die Verantwortung wechselt nach der Delegation zum Mitarbeitenden.
- **„Kompass“** – als weitsichtige Führungskraft braucht man selbst Orientierung und muss dem eigenen Team ebenfalls eine gute Orientierung geben.
- **„Längeres Seil“** – Vorliebe für das Führen mit langer Leine.
- **„Telefonhörer“** – als Führungskraft muss ich mit meinen Mitarbeitenden (auch an anderen Standorten) in einem engen Kontakt bleiben.
- **„Waage“** – in der Führungsrolle muss man immer versuchen, eine gute Balance zwischen den Interessen des Unternehmens und den Interessen des eigenen Teams herzustellen.
- **„Uhr“** – für die Führung von Menschen muss man sich als Chef immer wieder bewusst Zeit nehmen.

- **„Hörrohr"** - eine gute Führungskraft muss gut zuhören können, insbesondere bei den eigenen Mitarbeitenden.
- **„Stimmgabel"** - als Führungskraft muss ich mich immer wieder neu einstimmen. Einstimmen auf jedes einzelne Teammitglied, auf mein Gesamtteam, auf die Situation, auf das Ziel. So kann Führung, auch im Sinne von Schulz von Thun, stimmig sein. Und ein zweiter Gedanke ist bei diesem Symbol zentral: Der Ton macht die Musik! Das muss man sich als Führungskraft ständig wieder bewusst machen. Ist mein Ton für die Situation und die jeweilige Person, die ich anspreche, wirklich angemessen?

Was ist der Sinn und der Nutzen für die Arbeit mit Symbolen und Metaphern?

1. Es geht um die Vermittlung von Gedanken und Sichtweisen, von persönlicher Haltung und von persönlichen Werten, von Erwartungen und Erfahrungen.
2. Durch das verwendete Symbol oder die verwendete Metapher werden diese Botschaften verdichtet, verdeutlicht und wirken nachhaltig beim Zuhörer.
3. Durch Symbole oder Metaphern entsteht Raum für Dialog, Interpretation und wechselseitige Inspiration.

13.5 Erkenntnis – Reflexion – Umsetzung

Menschen machen den Unterschied! Entwickeln Sie Ihr eigenes Führungsselbstverständnis, beschreiben Sie, wofür Sie stehen und was Ihnen wirklich wichtig ist! So machen Sie als Führungskraft den positiven Unterschied - auch im Vergleich zu vielen anderen Führungskräften ☺.

Was ist das Lebensmotto oder das Führungsselbstverständnis Ihres Gegenübers? Fragen Sie einfach mal, die Antworten werden Sie inspirieren. Hören Sie sich auch manche öffentlichen Reden mal genauer an: Welche Haltung, welches Selbstverständnis wird mit den Aussagen im Grunde offengelegt?

Nachfolgend ein Auszug der Antrittsrede von Nelson Mandela, ehemaliger Präsident von Südafrika:

Ein Auszug aus der Antrittsrede von Nelson Mandela als Präsident Südafrikas im Mai 1994

...

Unsere größte Angst ist nicht, unzulänglich zu sein.

Unsere größte Angst ist, grenzenlos mächtig zu sein.

Unser Licht, nicht unsere Dunkelheit, ängstigt uns am meisten.

Wir fragen uns: Wer bin ich denn, dass ich so brillant sein soll?

Aber wer bist du, es nicht zu sein? Du bist ein Kind Gottes.

Es dient der Welt nicht, wenn du dich kleinmachst.

Sich kleinzumachen, nur damit sich andere um dich herum nicht unsicher fühlen, hat nichts Erleuchtetes.

Wir wurden geboren, um die Herrlichkeit Gottes, der in uns ist, zu manifestieren.

Er ist nicht nur in einigen von uns, er ist in jedem Einzelnen.

Und wenn wir unser Licht scheinen lassen, geben wir damit unbewusst anderen die Erlaubnis, es auch zu tun.

Wenn wir von unserer eigenen Angst befreit sind, befreit unsere Gegenwart automatisch die anderen.

...

Aus Marianne Williamson: *A Return to Love*, zitiert von Nelson Mandela in seiner Antrittsrede zum Präsidenten von Südafrika im Jahre 1994.

Gefunden auf folgender Internetseite:

http://robert-betz.com/mediathek/inspirationen/gedichte/unsere-groesste-angst/ (Stand 21.07.2021)

Führungsprinzip Wertschätzung heißt

Als Führungskraft ein klares eigenes Führungsselbstverständnis zu haben und für sich selbst, die Situation und das Team stimmig zu führen.

14 Führung auf Distanz

Die Zeit in der Corona-Pandemie hat noch einmal ein besonderes Thema in den Vordergrund gerückt. Es geht um die Herausforderung für Führungskräfte, das eigene Team auf Distanz zu führen. Anders als es für viele Führungskräfte der Normalzustand ist, dass man sich fast täglich begegnet, wurde in dieser Krisensituation sehr schnell oft die gesamte Mannschaft ins Homeoffice geschickt. Und damit war auf einen Schlag der Führungsalltag gravierend verändert.

Nun gibt es aber auch Teams, die grundsätzlich dezentral aufgestellt sind, gegebenenfalls sogar in unterschiedlichen Zeitzonen und in unterschiedlichen Sprachen und Landeskulturen zusammenarbeiten. Das macht es für Führungskräfte nicht leicht.

14.1 Die drei wichtigsten Erfolgsfaktoren

In vielen Workshops mit Führungskräften, die mit ihren Teams die Corona-Pandemie meistern und relativ spontan von einer Führung in Präsenz zu einer Führung auf Distanz umschwenken mussten, haben wir gemeinsam reflektiert, worauf es bei einer erfolgreichen Führung auf Distanz im Besonderen ankommt. Letztlich sind es mindestens drei relevante und wichtige Erfolgsfaktoren:

Eine echte Vertrauenskultur - eine gute und regelmäßige Kommunikation - und klare Regeln!

Echte Vertrauenskultur

Beginnen wir mit dem vielleicht schwierigsten Aspekt: *Vertrauen.*

In der Regel ist es so, dass echtes Vertrauen viel leichter in der realen Begegnung entstehen kann als über technische Hilfsmittel wie Telefon oder Videokonferenzen. Deshalb haben Führungskräfte, die ihre Teammitglieder bereits über einen längeren Zeitraum in persönlicher Präsenz geführt haben, oft einen großen Vorteil. Als Führungskraft konnten sie einen realen, individuellen Eindruck gewinnen, wie die einzelnen Teammitglieder arbeiten und mit welcher Haltung sie im Arbeitsalltag agieren. Über diese persönlichen Eindrücke kann es in vielen Fällen viel leichter sein, den Teammitgliedern bei einer spontanen Führung auf Distanz schnell einen Vertrauensvorschuss zu gewähren.

Gleichzeitig fällt es auch den einzelnen Teammitgliedern leichter, der eigenen Führungskraft zu vertrauen, da ja auch die Teammitglieder die Führungskraft in persönlicher Präsenz real und individuell erleben konnten. Mit den Erfahrungen, wie die Führungskraft agiert, reagiert, wofür sie steht und was ihr wichtig ist, kann man auch auf Distanz ein gutes Vertrauensgefühl aufbauen.

Wie können Sie als Führungskraft dazu beitragen, eine gute Vertrauenskultur bei der Führung auf Distanz zu fördern? Hier sind einige konkrete Anregungen, ohne Anspruch auf Vollständigkeit:

- Seien Sie in der persönlichen Begegnung mit Ihren Teammitgliedern immer respektvoll!
- Geben Sie Ihren Teammitgliedern einen angemessenen Vertrauensvorschuss!
- Stärken Sie das Selbstvertrauen und die Eigeninitiative Ihrer Teammitglieder!
- Fördern Sie wohlwollende offene Interaktionen im Team!
- Leben Sie Transparenz vor und fördern Sie die Transparenz im Team!
- Geben Sie wertschätzende Resonanz zu Arbeitsergebnissen der Teammitglieder!
- Übertragen Sie bewusst noch mehr Verantwortung ins Team und an einzelne Teammitglieder!

Viele Führungskräfte tun sich mit einem Vertrauensvorschuss eher schwer. Vielleicht haben Sie sogar schlechte Erfahrungen mit einigen Mitarbeiterinnen und Mitarbeitern gemacht und wünschen sich deshalb möglichst viel Kontrolle.

In diesem Fall sollten Sie nicht blindlings-naiv vertrauen, sondern den Teammitgliedern die Chance bieten, sich Ihr Vertrauen „zu verdienen". Bilden Sie zu bestimmten Aufgaben Tandems, ein Teammitglied, dem Sie vertrauen, und ein Teammitglied, bei dem Sie Vertrauen erst aufbauen müssen.

Lassen Sie sich in regelmäßigen Abständen Arbeitsergebnisse vorstellen und besprechen Sie Ihre Erwartungen bzw. Anforderungen mit der jeweiligen Mitarbeiterin oder dem jeweiligen Mitarbeiter.

Vielleicht fallen Ihnen noch weitere Möglichkeiten ein, auch auf Distanz eine sinnvolle Kontrolle durchzuführen. Wenn Sie aber mit Ihren Maßnahmen feststellen, dass die Teammitglieder ihre Aufgaben verantwortungsvoll, kundenorientiert, leistungsbewusst und mit guten Ergebnissen erledigen, dann können Sie begründet und mit einem besseren Gefühl einen Vertrauensvorschuss gewähren und die Vertrauenskultur fördern.

Gute und regelmäßige Kommunikation

Überlegen Sie zunächst einmal für sich selbst:

- Woran machen Sie eine gute Kommunikation mit Ihren Teammitgliedern fest?
- In welchem Turnus und in welcher Form wünschen Sie sich eine Regelkommunikation mit einzelnen Teammitgliedern oder mit dem gesamten Team?

Ihre Antworten zu diesen beiden Fragen spielen nicht nur bei der Führung auf Distanz eine Rolle. Sie können eingeübte Formen der Kommunikation, die vorher in Präsenz funktioniert haben, auch auf Distanz fortführen. Aber vielleicht erfordert die neue Rahmenbedingung der fehlenden persönlichen, realen Begegnung auch in der Kommunikation eine Veränderung oder Anpassung. Deshalb möchte ich Ihnen hier einige Gedanken mitgeben, die eine gute Kommunikation fördern:

- Zeigen Sie echtes, ehrliches Interesse an Ihren Teammitgliedern!
- Beschreiben Sie eindeutig die Strategie, Ziele, Aufgaben ...!
- Formulieren Sie klar Ihre Erwartungen und Anforderungen an die Teammitglieder!
- Stellen Sie offene Fragen (beruflich, aber auch persönlich)!
- Hören Sie aufmerksam und zugewandt zu!
- Bieten Sie jederzeitige Rücksprachemöglichkeiten bei Fragen an!

Aber auch die Regelmäßigkeit und die Form der Regelkommunikation spielen eine wichtige Rolle. Bei der Führung auf Distanz empfehle ich Ihnen zunächst einen häufigeren, persönlichen Austausch. Das gilt für die Regelkommunikation mit dem gesamten Team genauso wie für die Regelkommunikation mit einzelnen Teammitgliedern. Durch die Regelmäßigkeit in der Kommunikation, aber auch durch Ihr ehrliches Interesse für die Teammitglieder und Ihre persönliche Klarheit in der Ansprache fördern Sie auch den ersten Erfolgsfaktor: die wichtige Vertrauenskultur!

Diese Empfehlungen für eine gute und regelmäßige Kommunikation gelten sowohl für Führungskräfte, die spontan in die Situation geraten, auf Distanz führen zu müssen, als auch für die Führungskräfte, die von vornherein keine typische Präsenzführung praktizieren.

Klare Regeln

Grundsätzlich ist es sowohl für Führungskräfte als auch für das Team eine wichtige Orientierungshilfe, welche „Spielregeln“ im Arbeitsalltag gelten. Gesetzliche Vorgaben sind selbstverständlich einzuhalten z. B. Arbeitszeiten (Nachtarbeit/Schichtarbeit/Wochenendarbeit/maximale Dienstzeit ...), Datenschutz, Compliance-Regelungen, Fürsorgepflicht, Arbeitsschutzmaßnahmen und Unfallvorsorge, Hygienebestimmungen, altersbedingte Vorgaben (minderjährige Mitarbeitende, Senioren ...), Rahmenbedingungen für Mitarbeitende mit Handicap usw.

In Bezug auf klare Regeln ist aber viel mehr das gemeint, was jede Führungskraft individuell mit dem eigenen Team abstimmen sollte:

- Welches Verhalten soll unsere Zusammenarbeit prägen?
- Was genau ist in unserem Team erwünschtes oder erforderliches Verhalten?
- Was ist in unserem Team ein „No Go"?
- Auf welche Regeln legt die Führungskraft besonderen Wert?
- Auf welche Regeln legen die Teammitglieder besonderen Wert?
- Welche Regeln sind ggf. bei uns im Team anders als im Gesamtunternehmen?
- Wie wollen wir uns gegenüber unseren internen und externen Kunden verhalten?

Oft gibt es in Team unbewusste (ungeschriebene) Regelungen. Gerade wenn ich Führungskräfte und Teams in Teamentwicklungsprozessen begleite und nach solchen Regelungen frage, sind viele Teammitglieder nicht in der Lage, spontan alle Regeln zu benennen. Das ergibt sich erst im Austausch mit dem gesamten Team. Das ist oft schon eine erste interessante Erkenntnis für viele Teammitglieder und auch für die Führungskraft.

Selbst wenn man sich täglich begegnet, sind die Regeln nicht unbedingt für jedes Teammitglied klar und transparent. Schaffen Sie als Führungskraft auf jeden Fall Klarheit, welche Regeln in Ihrem Verantwortungsbereich gelten sollen. Aber verzetteln Sie sich nicht bei der Formulierung der Regeln – weniger ist mehr. Notieren Sie maximal fünf einfache, aber klare und verbindliche Spielregeln. Diese können Sie entweder dem Team vorgeben oder aber gemeinsam mit Ihrem Team entwickeln. Die zweite Variante ist deutlich mehr von Partizipation geprägt und zeigt auch mehr Wertschätzung für Ihr Team.

Sie haben als Führungskraft immer auch die Möglichkeit, ein oder zwei Punkte vorzugeben, aber laden Sie Ihr Team dazu ein, gemeinsam mal darüber nachzudenken, welche Regeln auch den Teammitgliedern wichtig sind. Durch das Einbeziehen des Teams entsteht in der Regel eine höhere Verbindlichkeit, sich auch an die Regeln zu halten.

Gerade bei der Führung auf Distanz sind klare Regeln besonders wichtig, da die tägliche Begegnung und die ungezwungene Abstimmung entfallen. Hier einige Beispiele für nützliche Regelungen:

- Wir nehmen verbindlich an Regelterminen (Jour Fixe, Daylies, Projektbesprechungen ...) teil!
- Wir sind sichtbar bei Videokonferenzen (Video an)!
- Wir schaffen Transparenz für klare Zeiten gegenseitiger Erreichbarkeiten!
- Wir halten uns verlässlich an Termine und Fristen für kollegiale Zulieferungen!

- Wir gehen in persönlichen Kontakt (real/Telefon/Video) statt E-Mail-Ping-Pong zu spielen!
- Wir reden nicht übereinander, sondern miteinander!
- Wir zeigen im kollegialen Umgang Höflichkeit, Freundlichkeit und Respekt!
- Wir achten auf professionelles Auftreten gegenüber unseren Kunden!
- Wir machen Lösungsvorschläge, statt Probleme zu beschreiben!
- Wir sind mutig und trauen uns, neue Wege zu gehen!
- Wir zeigen Interesse und Wertschätzung für Leistungen im Team!
- Wir fördern den kollegialen Erfahrungsaustausch und lernen voneinander!
- Wir achten auf … Qualität/schnelle Reaktionszeiten/guten Service/klare Dokumentation …!
- Vielleicht kommt es in Ihrem Verantwortungsbereich noch auf ganz andere Regeln an. Wichtig ist es für Sie als Führungskraft, dies allen Teammitgliedern bewusst zu machen. Außerdem sollten Sie für entsprechende Transparenz und verbindliche Einhaltung sorgen. Daher sprechen Sie die Regeln einerseits deutlich an und reflektieren Sie andererseits die Umsetzung im Alltag immer mal wieder mit Ihrem Team. Das sorgt dafür, dass die Regeln bei den Teammitgliedern stärker ins Bewusstsein rücken. Und durch eine regelmäßige Reflexion entwickeln Sie ein gutes Gefühl, ob die formulierten Regeln stimmig sind oder ob eine Regel ggf. angepasst werden sollte.
- Klare Regeln sind immer wichtig, insbesondere aber bei der Führung auf Distanz. Klare Regeln geben allen Teammitgliedern eine wertvolle Orientierung und sorgen für mehr Verbindlichkeit.

14.2 Praxistransfer – Worauf kommt es an?

Gerade bei der Führung auf Distanz ergeben sich besondere Herausforderungen für die Führungskraft. Es fehlt der sonst übliche regelmäßige reale Kontakt, die persönliche Begegnung, der Smalltalk an der Kaffeetheke, das gemeinsame Mittagessen, der ungezwungene Plausch am Rande eines Meetings …

Überlegen Sie genau, wie Sie diese Herausforderungen mit Ihren Teammitgliedern am besten meistern können. Sollten Sie den Vorteil haben, vor der Führung auf Distanz eine längere Zeit real mit Ihren Mitarbeitenden zusammengearbeitet zu haben, dann ist es wichtig, den Übergang zur Distanzführung klug und transparent zu gestalten.

Hier sind noch mal einige Leitfragen, die Sie für sich beantworten sollten, wenn Sie Ihr Team aus einer Zusammenarbeit in Präsenz in eine Zusammenarbeit auf Distanz führen sollen:

Reflexionsfragen

- Wie muss ich als Führungskraft im Übergang von Präsenz auf Distanz kommunizieren?
- Wie will ich Abstimmungsprozesse zwischen mir als Führungskraft und meinen Teammitgliedern gestalten?
- Wie sollen die Teammitglieder untereinander Abstimmungsprozesse gestalten?
- Wie will ich über die kollegialen Abstimmungen informiert werden?
- In welchem Turnus wollen wir unsere Regelkommunikation im Team gestalten?
- In welcher Form wollen wir im Team die Regeltermine gestalten?
- Wie können wir den bisherigen (guten) Kontakt weiterführen, auch auf Distanz?
- Wie können wir im Team die wechselseitige Vertrauensbasis stärken?
- Was will ich als Führungskraft zur Vertrauensbildung beitragen?
- Welche künftigen Regeln sind mir als Führungskraft besonders wichtig?
- Welche Regeln sind meinem Team zukünftig besonders wichtig?
- Welche bisherigen Regeln müssen wir aufgrund der Distanzsituation anpassen/ändern?

Sollten Sie Ihr Team grundsätzlich auf Distanz führen und nur wenige reale Begegnungen im Jahr haben, dann sollten Sie folgende Praxistipps beherzigen:

Praxistipps für die grundsätzliche Führung auf Distanz

- Schaffen Sie mindestens einmal pro Jahr eine Möglichkeit der realen Begegnung (möglichst öfter)!
- Fördern Sie gemeinsame Verantwortlichkeiten für wichtige Themen (Tandemlösung)!
- Geben Sie so viel Vertrauensvorschuss wie möglich!
- Kontrollieren Sie angemessen und wohlwollend, aber so wenig wie nötig!
- Formulieren Sie Ihre Erwartungen klar und verständlich!
- Fördern Sie eine offene und respektvolle Kommunikation!
- Ermöglichen Sie im Team reale Begegnungen untereinander, auch wenn es nicht für das gesamte Team möglich ist!
- Besuchen Sie jedes Teammitglied möglichst oft (mindestens einmal pro Jahr) vor Ort!
- Nehmen Sie sich für die persönliche Begegnung wirklich Zeit!
- Sorgen Sie für klare und verbindliche Regeln (weniger ist mehr ☺)!
- Machen Sie gute Arbeitsergebnisse transparent (z. B. durch Präsentationen im Meeting)!
- Stärken Sie den Teamgeist (Wir-Gefühl) trotz räumlicher Distanz!

Oft werde ich auch nach Anregungen gefragt, wie insbesondere virtuelle Besprechungen etwas motivierender gestaltet werden können. Da gibt es viele Möglichkeiten, aber vor zu viel Aktionismus und übertriebener Kreativität sei gewarnt. Nicht alle Teammitglieder sind offen für virtuelle „Spielchen" und „neumodischen Krimskrams".

Schauen Sie sich Ihr Team genau an, reflektieren Sie Bereitschaft Ihrer Teammitglieder, sich auf neue Formen der Interaktion einzulassen. Manche Teams sind schnell mit echter Begeisterung dabei, sich auf neue Formen der Interaktion einzulassen. Dann haben Sie freie Hand für kreative Elemente. Andere Teams sind vielleicht eher auf Effizienz und Praxisorientierung fokussiert. Und wieder andere Teams wollen das virtuelle Meeting nur schnell hinter sich bringen. Daher empfehle ich, neben der Reflexion der Bereitschaft im Team auch die Teamphase (Kapitel 5) und das eigentliche Ziel bzw. den relevanten Grund für die Besprechung im Blick zu behalten. Deshalb sollten Sie virtuelle Meetings kurz, prägnant und zielführend halten.

Auf dieser Basis sind hier einige Anregungen zur auflockernden und motivierenden Gestaltung Ihrer virtuellen Meetings mit dem wiederholten Hinweis, diese Ideen dosiert einzusetzen:

- Starten Sie mit fünf Minuten Small Talk (Aktuelles aus den Tagesmedien/Urlaub/Unternehmensinterna/eine persönliche Story ...).
- Lassen Sie zu Beginn eines Meetings von einem Teammitglied einen persönlichen Gegenstand in die Kamera halten (das Team kann raten, was es damit auf sich hat – das Teammitglied löst danach auf, weshalb dieser Gegenstand eine besondere Bedeutung hat).
- Machen Sie zu Beginn eine „Rot-Grün-Abfrage". Formulieren Sie eine Aussage und fragen Sie nach der Zustimmung. Jedes Teammitglied, das dieser Aussage widerspricht, hält eine rote Karte in die Kamera, und jedes Teammitglied, das der Aussage zustimmt, hält eine grüne Karte in die Kamera. Die farbigen Karten kann man dann auch in anderen Kontexten nutzen.
- Starten Sie mit einem kleinen Rätsel ins Meeting (z. B. zeigen Sie ein „Escher-Bild" und lassen Sie die Teammitglieder dazu eine Frage beantworten: Wieviel Personen sehen Sie? Was hat dieses Bild mit unserem Team zu tun? Was hat dieses Bild mit Kundenorientierung zu tun? Was hat dieses Bild mit unserem Projekt zu tun? ...).
- Formulieren Sie zum Einstieg vier bis fünf Leitfragen und lassen Sie von jedem Teammitglied nur eine Leitfrage beantworten (die Frage kann sich jeder selbst aussuchen oder man nominiert ein Teammitglied, eine bestimmte Frage beantworten zu lassen).
- Nutzen Sie Visualisierungshilfen im virtuellen Meeting wie Chatfunktion, Whiteboard oder Notizen in einer Präsentation. Damit erhöhen Sie Interaktion, Aufmerksamkeit und Klarheit.

- Setzen Sie eine Bildercollage ein (Übersicht mit mehreren Bildern). Dies lässt sich vielfältig nutzen: Stimmungsbild, Einstellung oder Wahrnehmung zu einem fachlichen Thema, kollegiales Feedback ...).
- Lassen Sie die Moderatorenfunktion im Team wechseln (Staffelstabmethode).
- Verraten Sie als Führungskraft in jedem Meeting eine neue persönliche Information über sich selbst oder Ihre Familie. So lernen die Teammitglieder Sie immer besser kennen, und das fördert auch die persönliche Offenheit der Teammitglieder.
- Jeder soll für das Meeting einen neuen virtuellen Hintergrund wählen. Das fördert die Kreativität und Technikkompetenz. Und es ist oft sehr persönlich bzw. witzig.

Sie merken, bei den Vorschlägen steht im Vordergrund, die Spannung zu erhöhen, die Interaktion zu fördern und mehr persönliche Statements der Teammitglieder zu erhalten.

Den Praxistransfer möchte ich mit einem Experteninterview beenden. Mit Dr. Sabine Laukemann und der DATAGROUP verbinden mich viele persönliche Gespräche und einige Workshops für Teams und Führungskräfte. Einerseits ist sie selbst eine vorbildliche Führungskraft, und andererseits führt sie im Konzern die Personalleiterinnen und Personalleiter der Tochtergesellschaften der DATAGROUP ausschließlich auf Distanz.

Interview mit Dr. Sabine Laukemann, Generalbevollmächtigte Personal der DATAGROUP SE

Liebe Sabine, ich habe durch die Corona-Krise noch einmal einen neuen Blick auf das Thema „Führung auf Distanz" bekommen. Du praktizierst das in deinem Verantwortungsbereich Personal schon länger und wie ich weiß, sehr erfolgreich. Worauf legst du dabei einen besonderen Wert?

Zuallererst lege ich großen Wert auf die Selbstständigkeit aller Kolleginnen und Kollegen im Team und das gegenseitige Vertrauen, dass alle ihr Bestes geben, aber auch, dass jeder um Unterstützung bittet, wenn etwas unklar ist oder klemmt. Außerdem ist mir Erreichbarkeit abseits von Regelterminen wichtig – eine schnelle Kommunikation über Chat oder Ähnliches ist hier zum Beispiel ein sehr probates Mittel, damit keiner auf den anderen warten muss, sondern schnell weiterkommt.

Das passt sehr gut zu den drei Erfolgsfaktoren, die ich im ersten Teil des Kapitels vorgestellt habe. Was ist aus deiner Erfahrung heraus deinen eigenen geführten Mitarbeitenden und Führungskräften besonders wichtig? Was wünsche sich deine Leute von dir?

Aus meiner Sicht sind das dieselben Dinge wie in der Vor-Corona-bürogeprägten Zeit: die Anerkennung und Wertschätzung ihres Einsatzes und ihrer Arbeit. Erreichbarkeit. Entscheidungen. Und manchmal auch einfach nur ein offenes Ohr.

Ich selbst habe in der Corona-Zeit immer wieder Anfragen gehabt, Führungskräfte bei der Führung auf Distanz zu schulen. Wie seid ihr diesbezüglich bei der DATAGROUP vorgegangen? Wie habt ihr Führungskräfte beim Übergang zur Führung auf Distanz unterstützt?

Im Bereich unserer IT-Consultants war das Führen auf Distanz auch vor Corona bereits Bestandteil des Alltags. Die Kolleginnen und Kollegen waren typischerweise den Großteil der Woche bei Kunden im Einsatz, so dass deren Vorgesetzte virtuelle Formate der Abstimmung und des Austausches eingesetzt haben. Für die anderen Führungskräfte haben wir verschiedene Schulungsformate angeboten, beginnend bei der eigenen Wirkung vor der Kamera bis hin zu den psychologischen Auswirkungen von remote Arbeit. Ich kenne zudem Führungskräfte bei uns, die sich im Sinne einer kollegialen Fallberatung zusammengetan haben.

Was würdest du heute Führungskräften als wichtigste Tipps mitgeben, wenn du die Erfahrungen dieser Krisenzeit berücksichtigst? Was hat bei euch in der DATAGROUP richtig gut geklappt?

Der Dreh- und Angelpunkt ist aus meiner Sicht: Dran bleiben! Nicht nur an den Sachthemen, sondern auch an den Menschen. Wir haben in der Corona-Zeit alle erlebt, welch wichtiger Faktor das soziale Miteinander in einer Organisation ist – für die Identifikation mit dem Unternehmen, das Teamgefühl und -gefüge und die Zusammenarbeit. In der Führung auf Distanz muss man sich dessen bewusst sein und viel mehr aktiv organisieren und tun, um die Beziehungsebene zu fördern und zu pflegen.

Bei DATAGROUP haben wir alle – Mitarbeitende wie auch Führungskräfte – mit Eintritt der Pandemie in unser (Arbeits-)Leben sofort alle an einem Strang gezogen. Jeder hat vom ersten Moment an alles gegeben, um die neuen Arbeitsumstände für unsere Kunden und uns selbst zu meistern. Das war beeindruckend für mich und hat sehr gut geklappt.

Ich möchte gerne noch mal den Bogen von der Führung auf Distanz zu meinem Hautthema Führungsprinzip Wertschätzung schlagen. Was glaubst du, was Mitarbeiterinnen und Mitarbeitern, die auf Distanz geführt werden, als wertschätzende Führung erwarten oder erleben?

Aus meiner Sicht unterscheidet sich das gar nicht so sehr zu „bürobezogener Führung“. Als Wertschätzung erleben Mitarbeitende aus meiner Sicht Zutrauen und Vertrauen, Feedback (auch kritisches!) und authentisches Interesse an ihrer Person sowie Zeit für Austausch auch jenseits des Tagesgeschäfts.

Super, vielen Dank für diesen persönlichen Einblick und den praxisnahen Blick auf dein Unternehmen! Ich freue mich schon auf unsere nächsten gemeinsamen Projekte und die weitere Zusammenarbeit mit dir! ■

14.3 Onboarding (auf Distanz)

Ein neues Teammitglied gut zu integrieren, ist immer eine spannende Aufgabe für Führungskräfte. Sicherlich erinnern auch Sie sich noch an den Einstieg in Ihr Unternehmen. Es ist für viele Menschen ein besonderer Tag bzw. eine besondere erste Woche. Und man stellt sich einige Fragen:

- Wie wird man empfangen/aufgenommen?
- Wie sind meine Teammitglieder?
- Wie passen meine Erwartungen zu meinem neuen Umfeld?
- Werden alle Versprechungen eingehalten?
- Welche Arbeitssituation finde ich vor?
- Wer kümmert sich um mich?
- Welche konkreten Erwartungen muss ich erfüllen?
- Wie gut kann ich meine ersten Aufgaben bewältigen?

Zu all diesen Fragen sammelt man erste Eindrücke, oft bleibende Eindrücke! Deshalb sollten Sie als Führungskraft dafür sorgen, dass sich neue Teammitglieder von Anfang an wohl fühlen und gut im neuen Team ankommen können.

Das ist leichter, wenn man vor Ort ist und sich persönlich um das neue Teammitglied kümmern kann. Das beginnt mit dem persönlichen Händedruck, einer freundlichen Begrüßung und endet mit einem vollwertig ausgestatteten Arbeitsplatz. Oft gibt es ein „Willkommenspaket“ mit Technik (Laptop/Computer/Handy ...), Visitenkarten, Zugangskarten, Blumenstrauß, Dienstkleidung usw. Manchmal gibt es sogar ein Begrüßungsgeschenk vom Team.

Um den Start zu erleichtern und das Ankommen im Team zu fördern, kann die Führungskraft viele Möglichkeiten nutzen, die nicht zwingend alle selbst geleistet werden müssen:

- Formulieren Sie frühzeitig die wichtigsten Eckpunkte Ihrer inneren Landkarte (Kapitel 1) wie Strategie/Ziele/Verhaltensrahmen/fachlicher Rahmen/Erwartungen als erste Orientierungshilfe.
- Schaffen Sie einen schönen Rahmen für die persönliche Vorstellung im Team.
- Schreiben Sie einen persönlichen Willkommensbrief.
- Entwickeln Sie einen zielführenden Einarbeitungsplan.
- Stellen Sie eine Infomappe zu Ihrem Verantwortungsbereich zur Verfügung.
- Übertragen Sie einzelnen Teammitgliedern eine Patenschaft (fachlich/persönlich).

- Übertragen Sie zunächst einfache Aufgaben, die leicht mit Erfolg erledigt werden können.
- Führen Sie regelmäßig Einzelgespräche (so oft wie möglich in Präsenz).
- Initiieren Sie Fachgespräche mit den anderen Teammitgliedern.
- Vermitteln Sie Kennenlernkontakte im Unternehmen zu wichtigen Ansprechpartnern.
- Integrieren Sie das neue Teammitglied in aktuelle Projekte.
- Lassen Sie sich vom neuen Teammitglied immer mal wieder etwas präsentieren und zeigen Sie dabei echtes persönliches Interesse.

Die wesentlichen Ziele eines guten Onboarding-Prozesses sind:

- Dem neuen Teammitglied ein erstes Sicherheitsgefühl zu geben.
- Dem neuen Teammitglied eine schnelle Orientierung zu ermöglichen.
- Dem neuen Teammitglied gute Brücken ins Team zu bauen und die Integration zu erleichtern.
- Das neue Teammitglied schnell arbeitsfähig zu machen.
- Die Stärken des neuen Teammitglieds erlebbar zu machen.
- Dem neuen Teammitglied frühzeitig erste Erfolge zu ermöglichen.

Das alles können Sie auch auf Distanz initiieren. Je besser es Ihnen gelingt, Ihre neuen Teammitglieder gut zu integrieren, desto mehr fördern Sie deren Zugehörigkeitsgefühl. Und eine gute Integration ins Team ist die Basis für die drei Erfolgsfaktoren bei der Führung auf Distanz: Vertrauenskultur - Kommunikation - Regeln.

14.4 Innere Klarheit sorgt für äußere Prägnanz

Den Spruch „Innere Klarheit sorgt für äußere Prägnanz“ konnten Sie bereits in Kapitel 13.1 lesen. Weil er hier so gut passt, möchte ich ihn gerne noch einmal aufgreifen. Gerade bei der Führung auf Distanz und auch beim Onboarding neuer Teammitglieder hilft Ihnen als Führungskraft Ihre innere Klarheit. Je besser Sie Ihre persönlichen Werte kennen und wissen, was Ihnen wirklich wichtig ist (Kapitel 2.1), je klarer Sie Ihr eigenes Rollenverständnis beschreiben können (Kapitel 6.1) und je wertschätzender Ihre innere Grundhaltung zu Ihren Teammitgliedern ist (Kapitel 1.1), je greifbarer Ihr persönliches Führungsselbstverständnis ist (Kapitel 13), desto prägnanter und authentischer werden Sie auch auf Distanz führen und neue Teammitglieder ins Team integrieren können.

Es lohnt sich, an dieser inneren Klarheit zu arbeiten. Erstellen Sie sich eine persönliche Landkarte, die alles, was Ihnen wichtig ist, kurz und präzise auf den Punkt bringt. Dazu können Sie im ersten Schritt gut das einfache Führungsmodell von Kapitel 2.2 nutzen. Skizzieren Sie für sich selbst auf einer Seite die für Ihr Führungsselbstverständnis wichtigsten Punkte und runden Sie das Ganze mit einem persönlichen Führungsmotto ab. Investieren Sie hierfür Zeit und Herzblut, spüren Sie Ihrer Identifikation und Stimmigkeit nach. Wenn alles passt, werden Sie das rational und emotional als Bestätigung erleben.

14.5 Erkenntnis – Reflexion – Umsetzung

Bei der Führung auf Distanz, bei der Schaffung einer echten Vertrauenskultur, bei einer guten Kommunikation und der Einführung von klaren Regeln sowie bei einem wertschätzenden Onboarding-Prozess müssen wir uns als Führungskraft aus unserer Komfortzone deutlich herausbewegen, um unsere Teammitglieder emotional zu binden und Begeisterung zu fördern. Denn auch auf Distanz gilt: **Menschen machen den Unterschied!**

Mitarbeiterinnen und Mitarbeiter empfinden ein solches Bemühen der Führungskraft aber in der Regel immer als persönliches Geschenk. So wurde ich an die kleine Geschichte erinnert, die mir vor vielen Jahren mal in die Hände gefallen ist.

Geschenk

Auf einer abgelegenen Südseeinsel lauschte ein Schüler aufmerksam der Weihnachtserzählung der Lehrerin, die gerade erklärte: „Die Geschenke an Weihnachten sollen uns an die Liebe Gottes erinnern, der seinen Sohn zu uns auf die Erde gesandt hat, um uns zu erlösen, denn der Gottessohn ist das größte Geschenk für die ganze Menschheit. Aber mit den Geschenken zeigen die Menschen sich auch untereinander, dass sie sich lieben und in Frieden miteinander leben wollen."

Am Tag vor Weihnachten schenkte der Junge seiner Lehrerin eine Muschel von ausgesuchter Schönheit. Nie zuvor hatte sie etwas Schöneres gesehen, das vom Meer angespült worden war.

„Wo hast du denn diese wunderschöne und kostbare Muschel gefunden?" fragte sie ihren Schüler.

Der Junge erklärte, dass es nur eine einzige Stelle auf der anderen Seite der Insel gäbe, an der man gelegentlich eine solche Muschel finden könne. Etwa zwanzig Kilometer entfernt sei eine kleine versteckte Bucht, dort würden manchmal Muscheln dieser Art angespült.

„Sie ist einfach zauberhaft", sagte die Lehrerin. „Ich werde sie mein Leben lang bewahren und dich darum nie vergessen können. Aber du solltest nicht so weit laufen, nur um mir ein Geschenk zu machen."

Mit leuchtenden Augen sagte der Junge: „Der lange Weg ist Teil des Geschenks."

Quelle: Norbert Lechleitner: *Sonne für die Seele*. Herder, Freiburg im Breisgau Neuausgabe 2008

Führungsprinzip Wertschätzung heißt:

Als Führungskraft auch auf Distanz eine Vertrauenskultur zu pflegen, in einer guten persönlichen Kommunikation zu bleiben und für die Einhaltung klarer Regeln zu sorgen.

15 Arbeitsblätter für die Führungspraxis

In den ersten 14 Kapiteln haben Sie einige Modelle kennenlernen können oder bereits vorhandenes Wissen zu den verschiedenen Modellen aufgefrischt. Außerdem habe ich Ihnen zahlreiche Reflexionsfragen für sich selbst oder für Mitarbeitergespräche angeboten, sodass Sie Themen rund um die Führung aus verschiedenen Perspektiven beleuchten können.

Im nun folgenden Kapitel erhalten Sie praxiserprobte Arbeitsmaterialien, die Sie gerne für anstehende Führungssituationen kopieren können. Denn der Praxistransfer ist der zentrale Schritt. Es gilt das Prinzip

Umsetzung bedeutet: Von der Erkenntnis zum Handeln!

Sollten Sie die Arbeitsmaterialien in anderen Kontexten verwenden wollen, können Sie die Unterlagen gerne mit Quellenangabe auch individuell angepasst nutzen.

Im Sinne von: *Copy, please*!

Ich freue mich, wenn Sie für sich den größtmöglichen Nutzen aus den Arbeitsblättern ziehen können. Es geht darum, Ihre Führungsarbeit noch tiefer gehend, individueller und für Ihre Mitarbeiterinnen und Mitarbeiter attraktiver zu gestalten.

Sollten Sie Verbesserungsvorschläge und Erweiterungsmöglichkeiten haben oder sinnvolle weitere Reflexionsfragen in Ihrem Führungsalltag nutzen, wäre ich Ihnen sehr dankbar, wenn Sie mir zum kollegialen Erfahrungsaustausch auch Ihre Hinweise zukommen lassen: *tr@thorstenrabenbauer.de.*

Nun viel Freude und eine gute Inspiration beim Anwenden der einzelnen Arbeitsblätter.

Zum Download: Alle Arbeitsblätter stehen Ihnen unter plus.hanser-fachbuch.de zum Download zur Verfügung. Weitere Kontaktmöglichkeiten zum Autor finden Sie unter *www.thorstenrabenbauer.de.*

Arbeitsblatt zu Kapitel 1.1

Reflexion zum Grundmodell „Ich bin o.k – Du bist o.k.!:

Teil 1 – ICH bin o.k.! (Übung zur Selbstreflexion)

1. Was sind meine persönlichen Stärken?
2. Was kann ich besonders gut?
3. Welche Fähigkeiten machen mich im Arbeitsalltag und privat erfolgreich?
4. Welche Talente wurden mir in die Wiege gelegt?
5. Wo sehe ich meine wichtigsten Kompetenzen?
6. Was zeichnet mich positiv aus?
7. Was gelingt mir sehr oft und was genau sind meine bisherigen persönlichen Erfolge?
8. Was schätzt eine Lebenspartnerin bzw. mein Lebenspartner an mir als Person?
9. Was schätzen meine Kinder an mir als Elternteil?
10. Was schätzen meine Eltern an mir als Persönlichkeit?
11. Was schätzen meine Mitarbeitenden an mir als Führungskraft?
12. Was schätzen meine Vorgesetzten an mir?
13. Was schätze ich selbst an mir?
14. Welche persönlichen Eigenschaften haben dazu beigetragen, dass ich beruflich dort angekommen bin, wo ich jetzt stehe?
15. ...

Arbeitsblatt 1: Reflexion zum Grundmodell „Ich bin o. k! - Du bist o.k.!“. Teil 1 - Ich bin o.k.! (Übung zur Selbstreflexion)

Arbeitsblatt zu Kapitel 1.1

Reflexion zum Grundmodell „Ich bin o.k – Du bist o.k.!:

Teil 2 – DU bist o.k.! (Übung für Ihren Führungsalltag)

1. Notieren Sie zu jedem Teammitglied, das Sie führen mindestens drei persönliche Fähigkeiten, Stärken, Potenziale, Talente, positive Attribute ...!

2. Notieren Sie zu jedem Teammitglied mindestens drei konkrete Aufgaben, die von dem Teammitglied in den letzten drei Monaten (sehr) gut gelöst wurden ...!

3. Notieren Sie zu jedem Teammitglied einen für die Person typischen, positiven Satz, den derjenige öfters sagt oder den Sie ihm zuschreiben würden ...!

4. Notieren Sie für jedes Teammitglied Ihren persönlichen Impuls für eine möglichst positive Metapher, die dem Teammitglied am ehesten gerecht wird ...!

5. Notieren Sie für jedes Teammitglied das aus Ihrer Sicht wichtigste Entwicklungsfeld, das dieses Teammitglied am ehesten voranbringen würde ...!

6. Notieren Sie zu jedem Teammitglied und dem Entwicklungsfeld bereits geschaffte Erfolgserlebnisse, die das Teammitglied im Entwicklungsfeld bereits hatte ...!

Arbeitsblatt 1: Reflexion zum Grundmodell „Ich bin o. k! - Du bist o.k.!“. Teil 2 - Du bist o.k.! (Übung für Ihren Führungsalltag)

Identifikation der eigenen TOP-Werte (Teil 1)

Markieren Sie sich in der nachfolgenden Liste Ihre persönlichen 10 Favoriten. Anschließend versuchen Sie, die Stichworte gegeneinander abzuwägen und so zu Ihren 3-4 TOP-Werten zu kommen.

Gerechtigkeit	Freiheit	Kreativität	Ehrlichkeit	Anstand
Unbekümmertheit	Gleichheit	Verantwortung	Solidarität	Treue
Fairness	Selbstbestimmung	Harmonie	Pünktlichkeit	Mut
Religion	Vertrauen	Dankbarkeit	Musik	Entspannung
Bewegung	Erfahrung	Offenheit	Ausdauer	Diskretion
Charme	Achtung	Stärke	Loyalität	Konzentration
Ehrfurcht	Unterstützung	Ordnung	Ruhm	Liebe
Spannung	Verständnis	Natur	Komfort	Fitness
Veränderung	Hygiene	Lernen	Organisation	Kraft
Diplomatie	Freundlichkeit	Qualität	Perfektion	Ehrgeiz
Service	Ausdrucksfähigkeit	Visionen	Disziplin	Verbindung
Wohlstand	Begeisterung	Macht	Familie	Kontrolle
Gesundheit	Wachstum	Befreiung	Objektivität	Pragmatismus
Genauigkeit	Entwicklung	Strebsamkeit	Besonnenheit	Sicherheit
Zufriedenheit	Struktur	Glaube	Einfachheit	Respekt
Umsetzung	Erfolg	Humor	Kühnheit	Verlässlichkeit
Demut	Konstanz	Empathie	Neugier	Integrität
Souveränität	Toleranz	Würde	Zugehörigkeit	Effizienz
Logik	Selbstverantwortung	Ehre	Weisheit	Effektivität
Ruhe	Lebensfreude	Innovation	Präsenz	Abenteuer
Wertschätzung	Aufmerksamkeit	Leidenschaft	Schönheit	Tradition
Vernunft	Dominanz	Intelligenz	Nähe	Leistung
Spaß	Intuition	Minimalismus	Geduld	Hilfsbereitschaft
Kompetenz	Kooperation	Gelassenheit	Hoffnung	Optimismus
Zivilcourage	Leichtigkeit	Idealismus	Selbstreflexion	Glaubwürdigkeit
Nachhaltigkeit	Fürsorglichkeit	Realismus	Beliebtheit	Akzeptanz
Selbstvertrauen	Engagement	Großzügigkeit	...	...

Arbeitsblatt 2: Werteübung Teil 1: Identifikation der eigenen Topwerte

Werte-Übung Teil 2: Beschreibung Ihrer eigenen TOP-Werte

Wert 1: ________________________________

Was verbinden Sie mit diesem Wert?
Inwiefern ist dieser Wert privat und beruflich zu differenzieren?
Wie leben Sie diesen Wert im (Führungs-)Alltag?
Woran merken Ihre Teammitglieder, dass Ihnen dieser Wert wichtig ist?
Was passiert, wenn Sie in Situationen geraten, in denen dieser Wert nicht berücksichtigt wird?
Welche Konsequenzen ergeben sich dann daraus für Sie und/oder die Teammitglieder?
Wie wird dieser Wert in Ihrem Unternehmen/in Ihrem Bereich sonst gelebt oder berücksichtigt?

Wert 2: ________________________________

Was verbinden Sie mit diesem Wert?
Inwiefern ist dieser Wert privat und beruflich zu differenzieren?
Wie leben Sie diesen Wert im (Führungs-)Alltag?
Woran merken Ihre Teammitglieder, dass Ihnen dieser Wert wichtig ist?
Was passiert, wenn Sie in Situationen geraten, in denen dieser Wert nicht berücksichtigt wird?
Welche Konsequenzen ergeben sich dann daraus für Sie und/oder die Teammitglieder?
Wie wird dieser Wert in Ihrem Unternehmen/in Ihrem Bereich sonst gelebt oder berücksichtigt?

Wert 3: ________________________________

Was verbinden Sie mit diesem Wert?
Inwiefern ist dieser Wert privat und beruflich zu differenzieren?
Wie leben Sie diesen Wert im (Führungs-)Alltag?
Woran merken Ihre Teammitglieder, dass Ihnen dieser Wert wichtig ist?
Was passiert, wenn Sie in Situationen geraten, in denen dieser Wert nicht berücksichtigt wird?
Welche Konsequenzen ergeben sich dann daraus für Sie und/oder die Teammitglieder?
Wie wird dieser Wert in Ihrem Unternehmen/in Ihrem Bereich sonst gelebt oder berücksichtigt?

Wert 4: ________________________________

Was verbinden Sie mit diesem Wert?
Inwiefern ist dieser Wert privat und beruflich zu differenzieren?
Wie leben Sie diesen Wert im (Führungs-)Alltag?
Woran merken Ihre Teammitglieder, dass Ihnen dieser Wert wichtig ist?
Was passiert, wenn Sie in Situationen geraten, in denen dieser Wert nicht berücksichtigt wird?
Welche Konsequenzen ergeben sich dann daraus für Sie und/oder die Teammitglieder?
Wie wird dieser Wert in Ihrem Unternehmen/in Ihrem Bereich sonst gelebt oder berücksichtigt?

Arbeitsblatt 2: Werteübung Teil 2: Beschreibung Ihrer eigenen Topwerte

Arbeitsblatt zu Kapitel 3.1

Das Wertschätzungskonto – Wie können Sie „einzahlen"?

Würdigung - was verbinde ich überhaupt mit diesem Begriff?

Anerkennung - wie zeige ich meinen Teammitgliedern, dass ich sie und ihre Leistung anerkenne?

Lob - wie oft und in welcher Form lobe ich meine Teammitgliedern?

Interesse zeigen - wie oft unterhalte ich mich mit meinen Teammitgliedern über deren Arbeitsgebiet, Ideen und Verbesserungsvorschlägen bzw. über deren Familie, deren Hobbys, deren Urlaub ...?

Zeit nehmen - wieviel Zeit nehme ich mir für jedes einzelne Teammitglied im Führungsalltag?

Genau hinhören - wie gut höre ich hin, wenn ich mit einzelnen Teammitgliedern im Dialog bin und sie mir etwas Persönliches erzählen?

Persönliches merken - was genau weiß ich über meine Teammitglieder wie z.B. Name des Lebenspartners, Name der Kinder, Wohnort, Freizeitgestaltung ... ?

Vertrauen - wie zeige ich meinen Teammitgliedern, dass ich ihnen ein großes Maß an Vertrauen entgegenbringe oder einen Vertrauensvorschuss gewähre?

Stärken erkennen - wie merken meine Teammitglieder, dass ich ihre persönlichen Stärken, Fähigkeiten und Talente überhaupt kenne?

Kraftvolle Delegation - wie übertrage ich meinen Teammitgliedern Aufgaben, sodass diese Person auch wirklich kraftvoll agieren kann?

Verantwortung - wo lasse ich meine Teammitglieder in der Verantwortung und nehme sie somit sehr ernst?

Ernsthafte Resonanz - wie oft gebe ich positives Feedback und somit ernsthafte Resonanz auf geleistete Arbeit?

Humor - wie oft erlebe ich mit meinen Teammitgliedern Situationen, in denen wir gemeinsam herzhaft lachen können?

Spaß/Freude - wie schaffe ich als Führungskraft ein Klima, in dem Arbeiten Spaß und Freude macht?

Danke - wie oft kommt mir dieses einfache, aber sehr wichtige Wort über die Lippen?

Arbeitsblatt 3: Das Wertschätzungskonto: Wie können Sie „einzahlen"?

Arbeitsblatt zu Kapitel 4.2

Selbstreflexion meiner Führungsarbeit:

Die Reflexionsfragen sind angelehnt an die Wünsche und Erwartungen von Mitarbeitenden an die Führungskraft, die sich aus den Q12-Fragen des Gallup-Instituts ableiten lassen:

1. Erkläre ich als Führungskraft allen meinen Mitarbeitenden genau und konkret, was ich von ihnen im Arbeitsalltag und bezogen auf ihre Kernaufgaben erwarte?
2. Stelle ich als Führungskraft bzw. stellt das Unternehmen meinen Mitarbeitenden die notwendigen Materialien und Arbeitsmittel für eine erfolgreiche Arbeit zur Verfügung?
3. Kenne ich als Führungskraft die Stärken, Fähigkeiten und Talente meiner Mitarbeitenden und hat jedes Teammitglied die Kernaufgaben, die persönlich am besten erledigen können?
4. Gebe ich als Führungskraft regelmäßig, individuell und angemessen für richtig gute Arbeit positive Rückmeldungen an meine Mitarbeitenden?
5. Zeige ich als Führungskraft für jedes einzelne Teammitglied erlebbar echtes Interesse für den Mensch, die Persönlichkeit und das persönliche Umfeld?
6. Unterstütze und fördere ich als Führungskraft die Entwicklung jedes Teammitglieds?
7. Höre ich mir als Führungskraft bewusst die Meinungen und Gedanken meiner Mitarbeitenden an und nehme darauf auch in irgendeiner Form Bezug?
8. Erläutere ich als Führungskraft die Ziele und die Unternehmensphilosophie meinen Mitarbeitenden so, dass sie wissen und spüren, dass ihre Arbeit wirklich wichtig ist?
9. Vermittle ich als Führungskraft meinen Mitarbeitenden immer mal wieder, wie wichtig der Anspruch auf hohe Arbeitsqualität sowohl für das Unternehmen als auch für das Miteinander im Team ist?
10. Unterstütze und fördere ich als Führungskraft ein Arbeitsklima, in dem gute Beziehungen und Freundschaften zwischen Teammitgliedern entstehen können?
11. Spreche ich als Führungskraft regelmäßig mit meinen Mitarbeitenden über deren Fortschritte, die ich bei ihrem Arbeitsverhalten wahrnehme?
12. Schaffe ich als Führungskraft Rahmenbedingungen, die den Mitarbeitenden die Gelegenheit geben, sich weiter zu entwickeln und Neues zu lernen?

Arbeitsblatt 4: Selbstreflexion meiner Führungsarbeit

Arbeitsblatt zu Kapitel 5.1

Die 4 Stufen einer Teamentwicklung (nach Bruce Tuckman)

Jedes Team durchläuft zeitlich unterschiedlich dimensionierte Entwicklungsstufen, die durch bestimmte Verhaltensweisen gekennzeichnet sind und in denen von der Führungskraft unterschiedliche Führungsstile erwartet werden, um ein Hochleistungsteam zu formen.

Stufe 1 – Orientierungsphase (Forming)
Typische Verhaltensweisen der einzelnen Teammitglieder
Abtasten, Abwarten, Ängste/Unsicherheit, hohe Erwartungen (an andere!),
Blick/Ruf nach „oben", Sehnsucht nach Richtung und Klarheit (Strategie/Ziele/Information)

Tipps für den passenden Führungsstil
Stark lenken, Orientierung und Richtung geben, dirigieren, klare Erwartungen formulieren,
viel informieren, Hintergründe erklären, Sicherheit geben!

Stufe 2 – Auseinandersetzungsphase (Storming)
Typische Verhaltensweisen der einzelnen Teammitglieder
Konkurrenz um (Macht-)Positionen, Abwertungen, Inkompetenzvorwürfe,
Kommunikation: übereinander statt miteinander, negative Reaktionen gegenüber
Leitung, Kollegen, Mitarbeitern, Diskrepanz zwischen Wunsch und Wirklichkeit, Zynismus,
Misstrauen, Absicherungsmentalität, Missverständnisse

Tipps für den passenden Führungsstil
Stark dirigieren/lenken, intensiv unterstützen und trainieren
Positives anerkennen – aber auch gezielt intervenieren/konfrontieren und klare Grenzen setzen!

Stufe 3 - Aufbruchphase (Norming)
Typische Verhaltensweisen der einzelnen Teammitglieder
Offener Umgang, ehrliches Feedback, Vertrauen, Kommunikation: miteinander statt übereinander,
Akzeptanz und Wertschätzung, Taten, nicht nur Worte, P.S. gehen auf die Straße, wachsendes
Selbstvertrauen, Eigeninitiative

Tipps für den passenden Führungsstil
Stark unterstützen, d. h. einladen, ermutigen, inspirieren und trainieren,
weniger dirigieren, erste und weitere Erfolge anerkennen/wertschätzen/würdigen!

Stufe 4 - Produktionsphase (Performing)
Typische Verhaltensweisen der einzelnen Teammitglieder
Wir-Gefühl, Stolz, Selbstverantwortung, hoher Output, kaum Reibungsverluste,
dauerhaft hohe Leistung aus eigenem Antrieb, Konzentration auf Ziele/Aufgaben

Tipps für den passenden Führungsstil
leicht lenken, gezielt unterstützen, auf Veränderungen vorbereiten (Re-Forming-Phase),
lange Leine, viel Freiraum, viel Handlungsspielraum lassen, Verantwortung übertragen,
angemessene Anerkennung der TOP-Leistungen, TOP-Erfolge richtig feiern!

In Anlehnung: „Der Minuten Manager schult Hochleistungs-Teams"; Blanchard/Carew/Parisi-Carew

Arbeitsblatt 5: Die vier Stufen einer Teamentwicklung (nach Bruce Tuckman)

Arbeitsblatt zu Kapitel 6

Eigene Führungsrolle klären

Machen Sie sich zu den folgenden vier Leitfragen einige Notizen in Form von Stichworten:

1. Welche Rollen (in Stichworte) fallen Ihnen spontan zum Thema Führung ein?
(z.B. Visionär, Entscheider, Planer ...)

2. Welches innere Bild entsteht bei Ihnen, wenn Sie an Führung denken?
(z.B. Anführer einer Gruppe zu sein – also voranzuschreiten; Teil eines Teams zu sein – also mittendrin; einer Gruppe ganz klare Anweisungen zu geben – also dirigieren und delegieren ...)

3. Welche positiven Vorbilder haben Sie, wenn Sie an Führung denken?
(Im Sinne von: So würde ich auch gerne führen können!)

4. Welche negativen „Vorbilder" haben Sie, wenn Sie an Führung denken?
(Im Sinne von: So möchte ich auf keinen Fall führen!)

Wichtige Ergänzungsfrage:
5. Welche Führungsrolle ist in Ihrem Unternehmen in den Führungsleitlinien beschrieben und welche Erwartungen an Sie als Führungskraft sind damit verbunden?

Arbeitsblatt 6: Eigene Führungsrolle klären

Arbeitsblatt zu Kapitel 7

Das Persönlichkeitsmodell – Riemann-Thomann-Kreuz

Kurzdarstellung – Bezugsrahmen für Verstehen, Hypothesen und Interventionen

Jede Führungskraft benötigt einen Bezugsrahmen, der es erlaubt, die eigenen Mitarbeitenden besser zu verstehen und Hypothesen über geeignete Interventionen zu entwickeln. Dabei muss sich die Führungskraft im Klaren sein, dass solche Hypothesen immer nur vorläufigen Charakter haben können und vorschnelle Etikettierungen bzw. das klassische Schubladendenken die eigene Wahrnehmungsfähigkeit einschränken können.

Jeder Mensch ist einmalig und hat seine eigene, ganz persönliche Geschichte, die zur Formung seiner Persönlichkeit beigetragen hat. Daher sind Modelle immer eine Form der Vereinfachung und der Komplexitätsreduzierung.
Von Fritz Riemann wurde die Grundlage in seinem Buch „Grundformen der Angst“ geschaffen und von Christoph Thomann/Friedemann Schulz von Thun in „Klärungshilfen“ weiterentwickelt.

Es unterscheidet zwei Polaritäten, die in jedem Menschen vorhanden und von Mensch zu Mensch unterschiedlich ausgeprägt sind.

Die erste Polarität ist der Spannungsbogen zwischen NÄHE und DISTANZ.
Menschen mit der Tendenz zur Nähe
suchen vertrauten Nahkontakt und haben Sehnsucht, lieben zu können und geliebt zu werden. Sie streben Bindung an. Bei ihnen steht das Bedürfnis nach Zwischenmenschlichkeit, Geborgenheit, Zärtlichkeit, nach Bestätigung und Harmonie, Mitleid und Mitgefühl, manchmal auch ein gewisses Maß an Selbstaufgabe im Vordergrund.
Menschen mit der Tendenz zur Distanz
suchen ihre persönliche Abgrenzung. Sie betonen ihre Einmaligkeit und Eigenständigkeit. Freiheit, Unabhängigkeit und Autonomie sind wichtige Werte. Häufig streben sie nach Erkenntnis mit Hilfe ihres Intellekts und gehen gerne ihren Weg alleine.

Die zweite Polarität liegt zwischen DAUER und WECHSEL.
Menschen mit der Tendenz zur Dauer
suchen Sicherheit in Überdauerndem, in Langfristigkeit. Sie fühlen sich angezogen von Verantwortung, Pflicht, Pünktlichkeit, Sparsamkeit und Treue. Im Alltag orientieren sie sich sehr stark an Planungen, Systemen, Gesetzen und Theorien. Auch Kontrolle ist für Dauermenschen sehr wichtig, damit alles seine Ordnung hat.
Menschen mit der Tendenz zum Wechsel
suchen das Unbekannte. Sie fühlen sich angezogen von allem Neuen, von Wagnissen und Abenteuern. Dabei sind ihre Werte Leidenschaft, Spontaneität, Verspieltheit und Wettbewerb. Auch Charme, Begehren und Begehrt werden sind ihnen wichtig.

Arbeitsblatt 7: Das Persönlichkeitsmodell – Riemann-Thomann-Kreuz

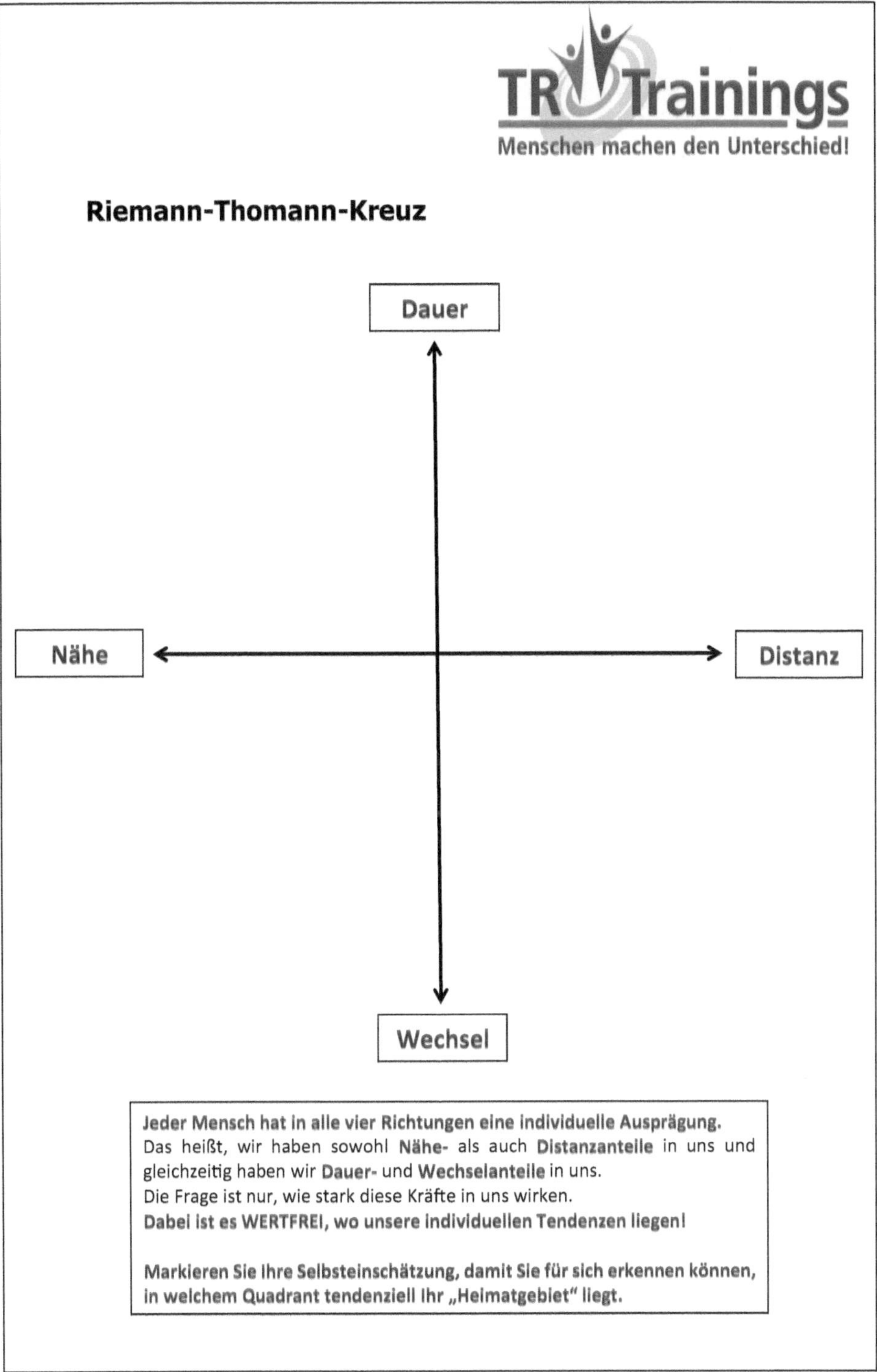

Arbeitsblatt 7: Riemann-Thomann-Kreuz Teil 2

Dauer - Wechsel / Nähe - Distanz

Dauer-Mensch
Liebe zu Ordnung und Regelungen, aber auch Angst vor Veränderungen

„Lichtseite": verlässlich, systematisch, ordentlich, organisiert, planen, kontrollieren, sichern, strukturiertes Vorgehen

„mögliche Schattenseite": pedantisch, unflexibel, starr, bürokratisch, stur, langweilig

Wechsel-Mensch
Lebendige Unbekümmertheit und Kreativität, aber auch Angst vor Reglementierung und Routine

„Lichtseite": flexibel, sich einlassen können, improvisieren, spontan, unterhaltsam, charmant, veränderungsbereit

„mögliche Schattenseite": unzuverlässig, unpünktlich, chaotisch, geschwätzig, theatralisch, Fähnlein nach dem Winde ...

Nähe-Mensch
Harmoniestreben, Fähigkeit zur Teamarbeit und sozialem Ausgleich, aber auch Angst vor Störungen und Konflikten

„Lichtseite": kooperativ, harmonisch, kontaktfreudig, verständnisvoll, ausgleichend, wertschätzend, akzeptierend, teamfähig

„mögliche Schattenseite": konfliktscheu, kann schlecht nein sagen, aggressionsgehemmt, Opfer-Mentalität, kneift gerne vor unangenehmen Entscheidungen, weil niemandem wehgetan werden soll

Distanz-Mensch
Individualist mit ausgeprägtem Leistungsbewusstsein und Drang zur Einzelarbeit, aber auch Angst vor Hingabe und Nähe

„Lichtseite": eigenständig, konfliktstark, entscheidungsfreudig, redet Klartext, gesunde Distanz zu Personen und Problemen, bringt als Einzelkämpfer Top-Leistung

„mögliche Schattenseite": kontaktscheu, wirkt „kalt" und unnahbar, unbeholfen im Nahkontakt, gute Leistungen sind selbstverständlich, Anerkennung deshalb eher überflüssig

Arbeitsblatt 7: Riemann-Thomann-Kreuz Teil 3

Arbeitsblatt zu Kapitel 8

Antreiber und ihr Einfluss auf meine Führungsarbeit

Antreiber: „Sei perfekt!"
Führungskräfte mit einem ausgeprägten „Sei perfekt!-Antreiber" fordern und erwarten ein besonders hohes Qualitätsbewusstsein und absolute Fehlerfreiheit!
Was ist das Gute an diesem Antreiber?
Wenn der Antreiber „Sei perfekt!" in einem guten Maße ausgeprägt ist, suchen Menschen immer wieder nach Verbesserungsmöglichkeiten und Optimierungspotenzial. Außerdem liegt ein Augenmerk auf echter Gründlichkeit und Fehlerfreiheit.

Antreiber: „Sei schnell!"
Führungskräfte mit einem ausgeprägten „Sei schnell!-Antreiber" fordern und erwarten ein besonders hohes Arbeitstempo und sofort sichtbare Ergebnisse!
Was ist das Gute an diesem Antreiber?
Wenn der Antreiber „Sei schnell!" in einem guten Maße ausgeprägt ist, kommen diese Menschen relativ schnell ins Tun und in die Umsetzung. Dadurch ergeben sich in einem kurzen Zeitraum bereits konkrete und sichtbare Arbeitsergebnisse.

Antreiber: „Streng dich an!"
Führungskräfte mit einem ausgeprägten „Streng dich an!-Antreiber" fordern und erwarten ein hohes Maß an Durchhaltevermögen und echter Einsatzbereitschaft!
Was ist das Gute an diesem Antreiber?
Wenn der Antreiber „Streng Dich an!" in einem guten Maße ausgeprägt ist, geben sich diese Menschen wirklich die notwendige Mühe, gute Ergebnisse zu erzielen. Außerdem lassen sie sich durch erste Hindernisse nicht gleich entmutigen.

Antreiber: „Mach es allen recht!"
Führungskräfte mit einem ausgeprägten „Mach es allen recht!-Antreiber" fordern und erwarten ein extrem harmonisches Miteinander und scheuen Konfliktsituationen!
Was ist das Gute an diesem Antreiber?
Wenn der Antreiber „Mach es allen recht!" in einem guten Maße ausgeprägt ist, versucht man, durch ein gutes Miteinander auch eine gute Teamatmosphäre zu schaffen. Da sie wenig Egoismus an den Tag legen, tragen sie auch zu einer guten Teamharmonie bei.

Antreiber: „Sei stark!"
Führungskräfte mit einem ausgeprägten „Sei stark!-Antreiber" fordern und erwarten ein hohes Maß an innerer Härte und Leistungsbereitschaft!
Was ist das Gute an diesem Antreiber?
Wenn der Antreiber „Sei stark!" in einem guten Maße ausgeprägt ist, knickt man nicht gleich bei der ersten größeren Belastung ein. Das heißt, man zeigt ein gewisses Maß an Widerstandsfähigkeit und versucht, sich seine Unabhängigkeit zu bewahren.

In welcher Beschreibung finden Sie sich am ehesten wieder?
Wie wirkt sich Ihr Antreiber auf Ihre Führungsarbeit aus?

Lesen Sie im Buch auch die jeweiligen Gefahren zu den Antreibern!
Die Gefahren werden wahrscheinlicher und erlebbarer, je stärker Ihr Antreiber ausgeprägt ist!

Arbeitsblatt 8: Antreiber und ihr Einfluss auf mein Führungsverhalten

Arbeitsblatt zu Kapitel 9_1

Die Typen der Konfliktbewältigung „Verhaltenstendenzen in Konfliktsituationen"

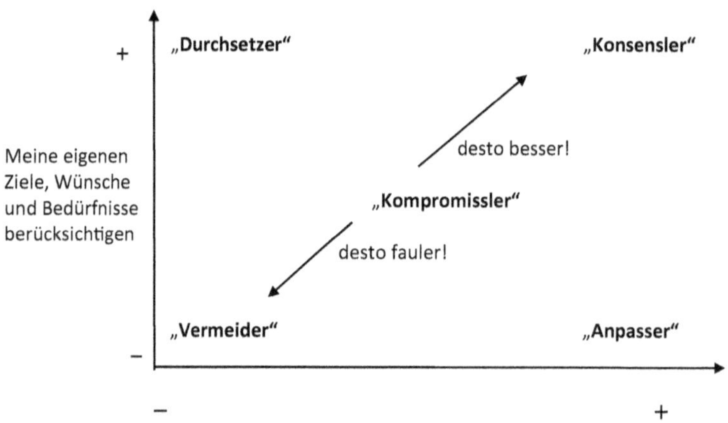

Reflexionsfragen:

Was ist meine persönlich typische Verhaltenstendenz in Konfliktsituationen?

Wozu neige ich am ehesten? / Was fällt mir am schwersten?

Agiere ich im privaten Kontext anders als im beruflichen Kontext?

Was würden meine Teammitglieder mir zuschreiben?

Welche Vorteile habe ich durch mein bisheriges Verhalten?

Welche Nachteile bringt mein bisheriges Verhalten mit sich?

Wo sehe ich mein persönliches Entwicklungsfeld?

In welchen Situationen wäre ein anderes Verhalten von mir wichtig?

Was heißt das für mein Rollenverständnis als Führungskraft?

Arbeitsblatt 9.1: Die Typen der Konfliktbewältigung. „Verhaltenstendenzen in Konfliktsituationen"

Arbeitsblatt zu Kapitel 9_2

Das Werte- und Entwicklungsquadrat in Anlehnung an Schulz von Thun
Hier einige Beispiele zum besseren Verständnis:

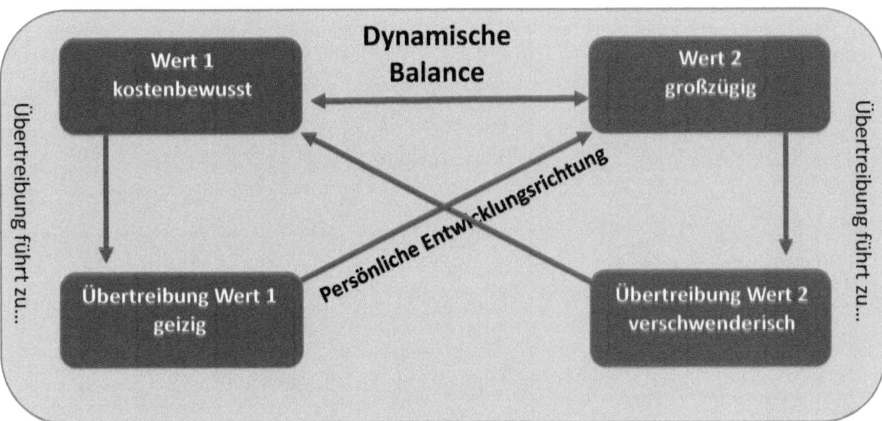

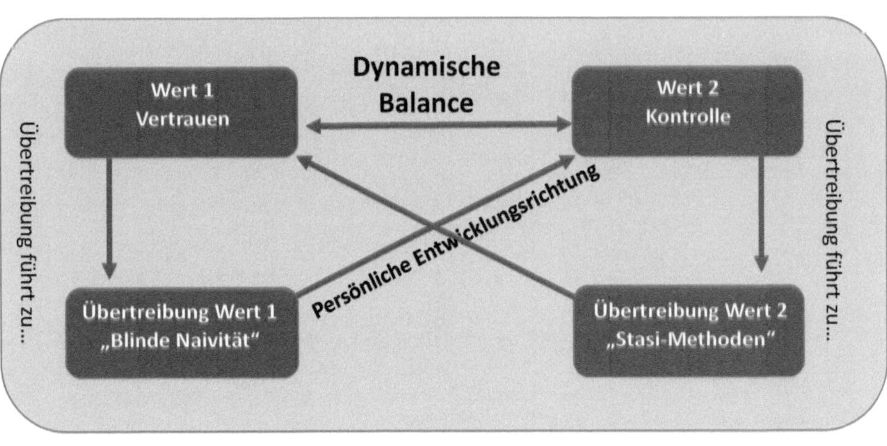

Arbeitsblatt 9.2: Beispiele für das Werte- und Entwicklungsquadrat in Anlehnung an Schulz von Thun

Arbeitsblatt zu Kapitel 10_1

Feedback

Definition
Feedback ist eine Rückmeldung an eine Person (Gruppe, Organisation), die darüber informiert, wie ihre Verhaltensweise von mir wahrgenommen, verstanden und erlebt wird.

Grundlegende Haltung der Beteiligten
Gegenseitiges Interesse an Entwicklung und gegenseitige Wertschätzung!

Regeln für den Feedback-Geber

- Ich gebe Feedback möglichst bald nach der Beobachtung.
- Ich biete meine Informationen an, zwinge sie dem Empfänger nicht auf.
- Ich gebe mein Feedback direkt an den Empfänger (Blickkontakt).
- Ich beziehe mich auf konkrete Einzelheiten, die ich selbst beobachtet habe.
- Ich gebe Feedback, um den anderen zu unterstützen, und gebe Anregungen, die weiterhelfen.
- Ich beziehe Feedback auf Verhaltensweisen, die der andere auch ändern kann.
- Ich bestätige Stärken.
- Ich vermeide moralische Bewertungen („Das ist schlecht ...").
- Ich bin mir darüber klar, dass mein Feedback meine subjektive Realität beschreibt.

⇨ „Ob Medizin oder Gift, entscheidet die Dosis."

Regeln für den Feedback – Empfänger

- Ich lasse das Feedback auf mich wirken und verzichte auf Argumente und Diskussionen.
- Ich höre genau hin und erfrage für mich noch offene Einzelheiten.
- Ich kann auch STOP sagen, wenn es mir zu viel wird.
- Ich überdenke das Feedback und entscheide für mich, was ich in Zukunft tun werde.

⇨ „Interesse, innere Offenheit und Selbstverantwortung prägen die eigene Haltung."

Feedback ist ein Geschenk ...

... wofür ich mich auch mal bedanken kann. ☺

Arbeitsblatt 10.1: Feedback

Arbeitsblatt zu Kapitel 10_2

„Kopiervorlage zur Vorbereitung von MA-Gesprächen“

Gute und motivierte Mitarbeiterinnen und Mitarbeiter erwarten heute von ihrer Führungskraft ...

... dass sich ihre Worte und Taten decken

... dass sie sich an Abmachungen hält

... dass sie fachlich kompetent ist

... dass sie zwischenmenschlich fair ist

... dass sie offen ist für neue Ideen

... dass sie gute Arbeit wertschätzt

... dass sie konstruktiv und hilfreich korrigiert/kritisiert

... dass sie Rückendeckung gibt

... dass sie die persönliche und berufliche Entwicklung unterstützt

... dass sie erreichbar ist, wenn sie gebraucht wird

... dass sie klar sagt, was sie erwartet

... dass sie gut informiert

... dass sie effektiv organisiert

... dass sie auch interessante Arbeit delegiert

... dass sie ein gutes Umfeld schafft

...

...

...

Reflexionsfragen:

Welche 3-4 Punkte sind Ihnen als Mitarbeiterin bzw. Mitarbeiter besonders wichtig?
Welche genannten Punkte priorisieren Sie für sich selbst besonders hoch?
Woran machen Sie eine gute Umsetzung durch mich als Führungskraft fest?
Welche konkreten Beispiele gehen Ihnen durch den Kopf?

Was fehlt Ihnen eventuell bei dieser Auflistung?

Arbeitsblatt 10.2: Mitarbeiterinnen und Mitarbeiter erwarten heute von ihrer Führungskraft ...

Arbeitsblatt zu Kapitel 11_1

Ernsthaftigkeit und Humor im Alltag – Eine erste Analyse …

Wo würden Sie auf dieser Skala Ihre Arbeit mit Ihrem Team einstufen?

0 = sehr ernsthaft **extrem viel Spaß = 10**

Notieren Sie einige Stichpunkte, Situationen, Beispiele, Verhaltensweisen, die Ihnen einfallen, wenn Sie positiv auf die Ernsthaftigkeit im Arbeitsalltag an Ihr Team denken:

Notieren Sie die wichtigsten Stichpunkte, die Ihnen einfallen, wenn Sie positiv an Ihr eigenes ernsthaftes Führungsverhalten denken:

Notieren Sie einige Stichpunkte, die Sie mit Ihrem Team verbinden, wenn Sie an positive Situationen, Beispiele, Verhaltensweisen denken, die mit Humor, Spaß und Freude zu tun haben:

Notieren Sie die wichtigsten Stichpunkte, die Ihnen einfallen, wenn Sie positiv an Ihr eigenes humorvolles Führungsverhalten denken:

Reflexionsfragen:
Welche Stichpunkte würden hier Ihre Mitarbeitenden benennen?
Was würden Ihre Mitarbeitenden über Sie als Führungskraft sagen?
Welche Seite (Ernsthaftigkeit oder Humor) müsste ggf. etwas gestärkt werden?
Was konkret wünschen sich Ihre Mitarbeitenden?

Arbeitsblatt 11.1: Ernsthaftigkeit und Humor im Alltag – eine erste Analyse …

Arbeitsblatt zu Kapitel 11_2

Resilienz („Stehaufmännchen-Mentalität") – Was stärkt die Resilienz von mir selbst und meinen Mitarbeitenden?

1. **Bauen Sie soziale Kontakte auf!**
2. **Sehen Sie Krisen nicht als unlösbare Probleme!**
3. **Akzeptieren Sie, dass Veränderungen zum Leben gehören!**
4. **Versuchen Sie, Ziele zu erreichen!**
5. **Handeln Sie entschlossen!**
6. **Finden Sie zu sich selbst!**
7. **Entwickeln Sie eine positive Sicht auf sich selbst!**
8. **Behalten Sie die Zukunft im Auge!**
9. **Erwarten Sie das Beste!**
10. **Sorgen Sie für sich selbst!**

Quelle: „Resilienz - Das Geheimnis der psychischen Widerstandskraft"
von Christina Berndt ‚Road to Resilienz' (Seite 201 + 202)
dtv, München, 2013, ISBN: 978-3-423-24976-8

Bleiben Sie optimistisch und vertrauen Sie auf Ihre persönliche Selbstwirksamkeit! Akzeptieren Sie Situationen (was vorbei ist, ist vorbei! bzw. was sich ändert, ändert sich!) und hadern Sie nicht zu lange mit dem Schicksal!
Übernehmen Sie für sich selbst, Ihr Denken und Handeln Verantwortung!
Suchen Sie auch mit Hilfe Ihres Netzwerks (Verwandte, Freunde oder einem Coach) nach für Sie stimmigen Lösungen und planen Sie Ihre Zukunft!

Machen Sie sich zu den oben genannten 10 Punkten einige Notizen, um sich gerade in schwierigen Situationen auf diese Fähigkeiten besinnen zu können.

Arbeitsblatt 11.2: Resilienz („Stehaufmännchen-Mentalität"). Was stärkt die Resilienz von mir selbst und meinen Mitarbeitern?

Arbeitsblatt zu Kapitel 12

Unternehmenskultur / Bereichskultur

Aktuelle Bestandsaufnahme:
Verteilen Sie insgesamt 100-%-Punkte auf die vier Quadranten, wie stark die jeweilige Kulturbeschreibung auf Ihr Unternehmen oder Ihren Unternehmensbereich zutrifft.

- Welcher Quadrant bekommt die meisten %-Punkte?
- Welcher Quadrant bekommt die wenigsten %-Punkte?
- Wie sehen das Ihre Mitarbeitenden und Führungskollegen?

Zielperspektive:
Verteilen Sie wieder insgesamt 100-%-Punkte auf die vier Quadranten, aber nun mit dem Fokus, wie stark die jeweilige Kulturbeschreibung angestrebt werden soll.

- Welcher Quadrant soll wie stark gestärkt werden?
- Welcher Quadrant soll wie stark reduziert werden?
- Wie sehen das Ihre Mitarbeitenden und Führungskollegen?

Maßnahmenplan:
Was genau können bzw. wollen Sie als Führungskraft zur Kulturveränderung beitragen?
Was konkret können oder sollten Ihre Mitarbeitenden beitragen?
Welche weiteren Maßnahmen fördern die angestrebte Kulturveränderung?
Wie sehen das Ihre Mitarbeitenden und Führungskollegen?

Arbeitsblatt 12: Unternehmenskultur/Bereichskultur

Arbeitsblatt zu Kapitel 13

Mein Führungsselbstverständnis

1. Welche Werte sind meine 3-4 wichtigsten persönlichen Werte?

2. Was genau motiviert mich in meinem Führungsalltag am meisten?

3. Welches Motto oder Zitat verbinde ich positiv mit Führung?

4. Welches Symbol steht für meine Art des Führens?

5. Welches Lied bzw. welcher Film oder Buchtitel passt zu meinem Führungsverhalten?

6. Auf welche Teamkultur lege ich besonderen Wert?

Versuchen Sie, aus den verschiedenen Antworten den Kern, die Essenz zu erkennen und daraus einen für Sie passenden, stimmigen Slogan zu formulieren.
Das dauert oft etwas länger. Manchmal muss ein solcher Gedanke ruhen und reifen. Wichtig ist, dass Sie ein ganz persönliches Selbstverständnis beschreiben, das Sie authentisch und glaubhaft Ihren Mitarbeitenden vermitteln können.
(Einige Beispiele zu Ihrer Inspiration sind im Buch zu finden – Kapitel 13.2)

Mein persönliches Führungsselbstverständnis lautet:

____

____

____

Arbeitsblatt 13: Mein Führungsselbstverständnis

16 Persönliches – Gedanken und Fragmente

Liebe Leserin, lieber Leser, an dieser Stelle möchte ich die Struktur der Kapitel 1 bis 14 verlassen und zu einigen Punkten ganz persönliche Gedanken, Fragmente zur Führungsarbeit und weitere Beispiele beschreiben. Nutzen Sie die einzelnen Denkanstöße, um sich inspirieren zu lassen, Ihr persönliches Führungsverhalten weiter zu optimieren, damit die Zusammenarbeit mit Ihren Mitarbeitenden möglichst positiv verläuft und Sie mit Ihrem Team echte Erfolge ernten können.

16.1 „Bernd Stromberg" – Lernen, wie es nicht geht!

Bei der Fernsehserie „Stromberg" handelt es sich um eine Überspitzung des Bürolebens am Beispiel der „Capitol Versicherung" und um das Verhalten der Führungskraft „Bernd Stromberg". Wenn Sie sich also die Mühe machen und mal genauer hinschauen, wie Bernd Stromberg agiert, dann sehen Sie sehr schnell ein Musterbeispiel für die Grundhaltung „Ich bin o.k.! – Du bist nicht o.k.!".

Bernd Stromberg behandelt seine Mitarbeiterinnen und Mitarbeiter dermaßen von oben herab, dass einem das Lachen im Halse stecken bleibt. Aber auch gegenüber seinen Führungskollegen und der eigenen Führungskraft zeigt er in allen Szenen, dass um ihn herum nur Minderleister agieren.

Einige kurze Beispiele aus seinem Führungsrepertoire:

Stromberg über einen Mitarbeiter: „Was ihm an Grips fehlt, gleicht er durch Blödheit aus."

Strombergs allgemeine Haltung: „Der Angestellte an sich ist wie ein Fluchttier: Wenn's Probleme gibt, rennt er weg und macht große Augen."

Stromberg zu seinem Mitarbeiter: „Ernie, wo du mit deinem dicken Arsch sitzt, ist doch eh scheißegal, es wird so gemacht wie auf dem Zettel und dann Ende Gelände."

„Wenn du hier als Chef 'nen Furz lässt, dann fordert der Betriebsrat gleich 'ne Lärmschutzwand!"

Stromberg zieht wütend sein Jackett aus und spricht zur Abteilung: „So, alle mal herhören. Ab sofort weht mir hier ein ganz ein anderer Wind durch diesen äh Saustall!"

Stromberg zu einem Mitarbeiter über eine Mitarbeiterin: „Wenn du da nicht aufpasst, dann kommt die in ein paar Jahren aufm Besen zur Arbeit geflogen."

Stromberg über Führungsphilosophie: „Ich bin für klare Hierarchien. - Gott hat ja auch nicht zu Moses gesagt: ‚Hier Moses, ich hab da mal was aufgeschrieben, was mir nicht so gut gefällt. Falls du Lust hast, schau doch da mal drüber.' Nein, da hieß es: ‚Zack, zehn Gebote. Und wer nicht pariert, kommt in die Hölle.' Bums, aus, Nikolaus."

Stromberg über den Umgang mit Mitarbeitern: „Das ist natürlich die Scheiße, wenn du locker mit deinen Leuten umgehst. Das können die von der Birne her nicht richtig einschätzen ... da kommt gleich der Betriebsrat ... deshalb geht in Deutschland ja auch nix voran."

Stromberg über Behinderte: „Ich bin für Behinderte. Hundertpro, das sind ja praktisch auch Menschen."

Wenn Sie diese Beispiele so auf sich wirken lassen, dann erkennen Sie schnell die Haltung der Führungsfigur „Bernd Stromberg". Diese Überspitzung spiegelt leider in deutlicher Form das tägliche Führungsverhalten und die innere Haltung von realen Führungskräften wider. Deshalb kann es schon gewisse Ähnlichkeiten mit echten Führungskräften auch in Ihrem Unternehmen geben.

Von Stromberg zu lernen heißt, zu lernen, wie man nicht führen sollte.

16.2 Schäubles unsäglicher Fauxpas

Bei „Bernd Stromberg" handelt es sich ja um eine Kunstfigur, die von Christoph Maria Herbst genial gespielt wird. Aber solche Szenen gibt es auch im realen Leben. Und ein wirklich abschreckendes Beispiel spielte sich zwischen Wolfgang Schäuble, damals Finanzminister und seinem Pressesprecher Herrn Michael Offer ab. Es liegt zwar schon einige Jahre zurück, aber es lohnt sich, sich das mal auf dem Portal YouTube anzuschauen. Die Quelle bzw. den YouTube-Link finden Sie unter dem Text.

Pressekonferenz von Herrn Dr. Schäuble zur Steuerschätzung am 04.11.2010

Dr. Michael Offer , Pressesprecher von Dr. Wolfgang Schäuble, begrüßt die anwesenden Journalisten: „Ja meine, meine sehr verehrten Damen und Herren, ich begrüße Sie ganz herzlich zur Pressekonferenz mit dem Bundesfinanzminister. Wir haben eben unsere Pressemitteilung auch verteilt dazu. Es hat da … (Widerspruch von den anwesenden Journalisten) … ist noch nicht verteilt. Sie läuft im Moment dann seit einigen Minuten äh über die Ticker …"

Herr Schäuble fällt Herrn Offer öffentlich ins Wort: „Wir verteilen es! Komm."

Herr Offer: „Wir verteilen wir sie ähm."

Herr Schäuble übernimmt wieder das Wort: „Dann haben Sie die Zahlen und ich brauche sie Ihnen nicht vorlesen. Sie können sie mitlesen." Dann zu Herrn Offer vor versammelter Mannschaft: „Ja, das hatte ich gerade vor 20 Minuten noch gesagt, es wäre schön, wenn die Zahlen verteilt wären." Danach zeigt er ein süffisantes, zynisches Lächeln in die Runde.

Herr Offer versucht, die Situation zu retten, und stammelt: „Wir haben noch einigen Service dazugegeben, äh zwei Grafiken …"

Herr Schäuble fällt Herrn Offer wieder ins Wort und blickt dabei auf seine Unterlagen: „Herr Offer, Herr Offer reden Sie nicht, sondern sorgen Sie dafür, dass die Zahlen jetzt verteilt werden!"

Herr Offer: „Meine Kollegen kümmern sich ja schon darum."

Herr Schäuble sichtlich verärgert: „Und so lange, und so lange verlasse ich jetzt noch mal diese Pressekonferenz, bis Sie die Zahlen – wenn Sie die Zahlen verteilt haben, sagen Sie mir Bescheid!" Herr Schäuble klappt danach seine Unterlagenmappe zu und wendet sich ab. Danach spricht er weiter wütend in das noch offene Mikro: „Ich hatte das Ihnen vor einer halben Stunde gesagt, sorry. Ich hatte die Wette angeboten, Sie werden sie nicht verteilt haben – vor 'ner halben Stunde."

Herr Offer zu den Journalisten: „Gut. Ich kümmer mich, wir sehen uns gleich."

20 Minuten später kommt Herr Schäuble wieder zurück an den Tisch für seine Pressekonferenz, wieder mit einem süffisanten Lächeln. Dann spricht er in die Runde: „Kann mir mal einer den Offer herholen?" Lächelt arrogant und schüttelt den Kopf dabei – er ist nicht einmal in der Lage, die Höflichkeit zu wahren und Herr Offer zu sagen.

„Wir warten noch, bis der Herr Offer da ist. Er soll den Scherbenhaufen schon selber genießen." Aus dem Kreis der Journalisten wird etwas Unverständliches in Richtung Herrn Schäuble gesprochen wie: „Wir können ja mit der politischen Botschaft anfangen." Herr Schäuble spricht dann: „Gut, also, aber jetzt holen wir den Offer noch her, komm. Des machen mer noch, so viel Zeit muss sein. Die politische Botschaft haben Sie ja alle schon geschrieben. Und sie ist im Übrigen falsch!" Wieder mit einem süffisanten und arroganten Lächeln im Gesicht, diesmal in Richtung der Journalisten. Danach folgt wieder ein Zwischenruf, der nicht verständlich ist. „Wir hätten neue Spielräume."

Danach ist Herr Offer im Bild zu sehen, wie er die versprochenen Blätter an die Journalisten persönlich verteilt.

Herr Schäuble zu Herrn Offer: „Zeigen Sie mir mal, was Sie verteilen lassen. Ja ich bin vorsichtig."

Herr Offer geht zu Herrn Schäuble und gibt ihm dabei eine Ausfertigung der Unterlagen: „Ich hab extra ein Stück mitgebracht."

Herr Schäuble: „Sehr gut."

Herr Offer zu Herrn Schäuble: „Wir haben auch … (leider schwer verständlich) noch gemacht."

Herr Schäuble zu den Journalisten: „Sehr gut. Also jetzt dürfen Sie's dann noch einen Moment anschauen. Ja gut."

Herr Offer fragt: „Ja ich, soll ich noch mal begrüßen, oder?"

Herr Schäuble ignoriert die Frage und fragt in Richtung der Journalisten: „Sollen wir noch mal warten oder wollen Sie es noch … mir ist es egal. Im Gegensatz zu Ihnen habe ich ja Zeit. (Wieder mit einem süffisanten, arroganten Lächeln.) Lachen Sie nicht!"

Herr Offer spricht zu den Journalisten: „Ich sach noch mal vielleicht, was die Neuerung ist. Wir haben hinten zwei Grafiken angefügt, eine für den Bund, eine für den Gesamtstaat, die Ihnen die Entwicklung seit 2008 noch mal zeigen, bei den Einnahmen. Und ich denke, dass der Minister auch gleich auch noch mal was …"

Herr Schäuble fällt Herrn Offer wieder ins Wort und meint: „Wenn Sie bisher noch nichts verteilt haben, ist es auch keine Neuerung! (Wieder ein herablassendes Lächeln im Gesicht.) Jetzt fangen Sie an, komm. Ich bin jetzt …"

Herr Offer versucht, zu sprechen: „Okay. Also ich begrüße Sie …"

Herr Schäuble spricht aber einfach weiter: „Das ist wieder meine spöttische Seite."

Herr Offer: „Ich begrüße Sie ganz herzlich zu dieser Pressekonferenz …"

(Quelle: *https://www.youtube.com/watch?v=Ayzf2P8HPvc*, Stand 13.06.2021)

Schauen Sie sich diesen Link mal in Ruhe an oder suchen Sie im Internet nach dem Clip „Finanzminister Wolfgang Schäuble (CDU) – Warten auf Pressesprecher Herrn Offer".

Dieses konkrete Beispiel aus dem realen Leben verdeutlicht: **So sollte Führung niemals stattfinden!**

Interessant ist für mich, dass Herr Offer nach diesem Vorfall sein Amt als Pressesprecher von Herrn Dr. Schäuble niedergelegt hat und um Versetzung in einen anderen Bereich gebeten hat. Das ist sehr verständlich und mehr als berechtigt. Unter so einem Chef wollte ich auch nicht arbeiten.

Und Herr Schäuble hat es wohl nicht einmal fertiggebracht, sich für dieses miese Führungsverhalten persönlich bei Herrn Offer zu entschuldigen! Dazu gibt es auch einen interessanten Spiegel-Artikel.

(*http://www.spiegel.de/politik/deutschland/ruecktritt-des-schaeuble-sprechers-minister-gnadenlos-a-728073.html*, Stand 13.05.2021)

16.3 Politikverdrossenheit – Rückschlüsse für Führungskräfte im Arbeitsalltag

Soeben haben Sie ein lebendiges Beispiel lesen und gegebenenfalls auch im Internet die Aufzeichnung erleben können, das einen wesentlichen Beitrag leistet, weshalb bei uns in Deutschland die Meinung in der Bevölkerung für die Regierenden, die politischen „Eliten“ so gravierend schlecht ist.

Die Menschen insgesamt und insbesondere die Jugend von heute legen großen Wert auf Ehrlichkeit und sehen das Verhalten von Führungskräften (Politikern) mit Machtkalkül sehr kritisch. Weshalb ist das so? Politik ist sehr präsent in den Medien, täglich in der Tagesschau, und gerade in der Politik gibt es immer wieder die Situation, dass sich Politiker insbesondere vor den Wahlen gegenüber den Wählern gegenseitig mit Versprechungen überbieten, aber danach nur wenig dieser Versprechungen umsetzen. Zurückgeführt wird das dann oft auf die verschiedenen Koalitionspartner, mit denen man schließlich gemeinsam regieren muss. Dass die Glaubwürdigkeit darunter leidet, ist eine ganz andere Sache. Das Gleiche ist zu beobachten, wenn nach den Wahlen in den verschiedenen Fernsehinterviews miserable Ergebnisse schöngeredet werden. Hinzu kommen Eindrücke der Wähler, dass sich die „Volksvertreter“ gerne selbst bedienen (Diätenerhöhung, Pensionsansprüche ...). Sie billigen sich selbst Rechte zu, die normale Arbeitskräfte nicht haben, und wundern sich, dass sich die Wählerinnen und Wähler kopfschüttelnd abwenden, Protestparteien wählen oder teilweise nicht mehr zur Wahl gehen.

Jetzt der Perspektivenwechsel in die Wirtschaft. Hier schaffen es in der Regel viele ehemalige Angestellte zu anspruchsvollen Führungsaufgaben und hohen Stellungen in der Unternehmenshierarchie. Aber gleichzeitig ist auch hier zu erleben, dass bei manchen Topführungskräften immer weniger Bodenständigkeit vorhanden ist. Manche sind sehr abgehoben und ihnen fehlt der echte Kontakt zur Unternehmensbasis. Und genau hierin liegt eine große Gefahr für die vielen Firmen, in denen die Mitarbeitenden sich nicht mehr gehört und verstanden fühlen. Da werden trotz Unternehmenskrise unanständig hohe Bonifikationen für das Topmanagement gezahlt, aber an der Basis Mitarbeitende entlassen, Gehälter gekürzt, Arbeitszeiten verlängert ... Dass sich dann die Mitarbeiterschaft demotiviert ja vielleicht sogar angewidert abwendet, Dienst nach Vorschrift verrichtet und weniger Loyalität an den Tag legt, ist eine logische Konsequenz. Hier können die Mitarbeitenden durch persönlich schlechtes Verhalten dem Unternehmen oder dem Topmanagement etwas „heimzahlen", was in der Politik kaum möglich ist.

Bei einigen Firmen gibt es keine echte Vorbildfunktion des Topmanagements, nämlich bei Sparmaßnahmen zunächst ganz oben bei sich selbst anzufangen. Wenn das Topmanagement in Krisenzeiten selbst mit positivem Beispiel vorangeht, dann sind auch die Mitarbeitenden mit viel mehr Überzeugung bereit, auf die eine oder andere Annehmlichkeit zu verzichten. Aber oft ist das nicht der Fall. Vielmehr holt man sich (teure) externe Berater ins Haus (Roland Berger, McKinsey, Boston Consulting ...), um sich attestieren zu lassen, dass es anders nicht geht und an vielen Stellen im Unternehmen gespart werden muss.

Deshalb mein Appell an alle Führungskräfte im Topmanagement eines Unternehmens: Sollten bei Ihnen Sparmaßnahmen und Umstrukturierungen anstehen, dann gehen Sie selbst mit wirklich gutem und positivem Beispiel voran. Verzichten Sie auf persönliche Vorteile oder Annehmlichkeiten. Bestellen Sie sich nicht gleich einen neuen Dienstwagen von der teuersten Kategorie, verzichten Sie auf unnötige andere Statussymbole, dann werden Sie Glaubwürdigkeit und Respekt ernten. Ihre Mitarbeiterinnen und Mitarbeiter werden loyaler und mit mehr Engagement mitziehen. Und Sie beugen „Führungsverdrossenheit" vor.

Ehrlichkeit als ein zentraler Wert

Menschen, also auch Mitarbeiterinnen und Mitarbeiter, werden ungern belogen. Sie selbst werden sicherlich auch nicht gerne belogen, oder? Umso schlimmer ist es, wenn wir feststellen, dass Personen, denen wir unser Vertrauen geschenkt haben, bewusst und zum eigenen Vorteil getäuscht und gelogen haben. Im beruflichen Kontext wird das nicht immer so publik, aber gerade auch in der Politik konnten wir in den letzten Jahren nur den Kopf schütteln über abgeschriebene „Doktorarbeiten". Immer wieder kommen Skandale und Lügen ans Licht der Öffentlichkeit: Neben Plagiatsvorwürfen folgen unter anderem persönliche Bereicherungen bei Staatsgeschäften (z.B. Korruptionsskandal bei Maskengeschäften in der Corona-Krise), Lügen bei Lebensläufen (z.B. Annalena Baerbock im Zuge ihrer Kanzlerkandidatur 2021) usw.

Wer so unehrlich agiert, darf sich nicht wundern, wenn sich Mitarbeitende und „Kunden", sprich die Wähler abwenden.

Ziehen Sie als Führungskraft aus diesen negativen Beispielen die richtigen Rückschlüsse und bleiben Sie ehrlich. Manchmal tut die Ehrlichkeit, die Wahrheit weh, aber die Auswirkungen von Unehrlichkeit sind deutlich verheerender als eine ehrliche Ansprache von Problemen und eine persönliche, aufrichtige Stellungnahme.

Viele Kommunalpolitikern hingegen leisten, oft in ihrer Freizeit für die Stadt- und Gemeinderäte mehr oder weniger ehrenamtlich, wertvolle Dienste. Dort findet Politik noch mit offenem Visier und oft mit persönlicher Redlichkeit statt. Viele engagierte Politiker setzen sich mit viel Herzblut für eine bürgernahe und positive Politik in der jeweiligen Stadt ein. Deshalb ist diese Differenzierung zur Bundespolitik mit den vielen „Berufspolitikern“, von denen viele noch nie richtig in der freien Wirtschaft gearbeitet haben, sehr wichtig!

16.4 Mitarbeiterbefragungen und Führungskräftefeedback

Dieses Buch stellt Ihnen bereits einige Möglichkeiten vor, wie Sie für sich selbst oder aber auch mit Ihrem Team eine Bestandsaufnahme machen können, was in Ihrem Arbeits- und Führungsalltag gut läuft und wo Sie gegebenenfalls noch besser werden können. Es gibt aber auch sehr interessante und mächtige Instrumente, um die Organisations- und Personalentwicklung aktiv zu gestalten. Eines dieser Instrumente ist zunächst einmal eine regelmäßig stattfindende Mitarbeiterbefragung. Hierzu gibt es mittlerweile zahlreiche Anbieter.

Jedes Jahr können sich Firmen z. B. für die Bestenliste der verschiedenen Kategorien bei **Great Place to Work** bewerben und befragen lassen. Das Spannende ist, dass sich diese Firmen wirklich viel Mühe geben, ein hohes Maß an Zufriedenheit bei den Mitarbeitenden zu erzeugen. **Im Fokus stehen Glaubwürdigkeit (der Führungskräfte), Respekt, Fairness, Stolz und Teamgeist.** Der große Vorteil einer solchen Vorgehensweise ist, dass es klare Kategorien und festgelegte Fragesets gibt, die bei allen Firmen gleich zugrunde gelegt werden. Am Ende des Befragungsprozesses gibt es nicht nur eine Auswertung, wie das Unternehmen abgeschnitten hat, sondern es ergeben sich aus der Analyse konkrete Ansatzpunkte, wo man sich verbessern kann. Sollte man entsprechend gut abschneiden, bekommt man die Auszeichnung, zu den besten 100 Arbeitgebern zu gehören, was man dann wieder im Bewerbermarketing nutzen kann.

Eine gute Alternative zu dieser sehr standardisierten Vorgehensweise ist es, eine **individuelle Befragung** zu beauftragen. Dabei gehen viele Anbieter sehr unternehmensspezifisch vor. Grundlage sind oft vorhandene Strategiepapiere, Leitbilder oder Führungsleitlinien, die dann in verschiedenen Frageformen von den Mitarbeitenden und Führungskräften zu beantworten sind. Der große Vorteil dieser Vorgehensweise ist, dass das jeweilige Unternehmen ganz genau eine Rückmeldung zu speziellen Fragen, Themen und Unternehmenswerten erhalten kann. Eine mögliche Differenzierung ist es, allgemeine Unternehmensthemen in einer separaten

Mitarbeiterbefragung zu erörtern und in einer anderen Befragung auf das Führungsverhalten zu fokussieren, was häufig unter der Überschrift „Führungskräftefeedback“ erfolgt. Gerade aus dem gezielten Entwicklungsansatz stiftet diese Vorgehensweise einen besonderen Nutzen. Wenn wir den Schwerpunkt mal kurz auf das Führungskräftefeedback verlagern, dann erhält jede Führungskraft persönlich wertvolle Hinweise, welches Führungsverhalten von den eigenen Mitarbeiterinnen und Mitarbeitern besonders geschätzt wird und welches Führungsverhalten noch optimiert werden kann. Entscheidend ist, dass die Teilnehmenden so ehrlich wie möglich antworten. Und manchmal ist es für Führungskräfte keine schöne Erfahrung, einmal offen und ehrlich zu sehen (in konkreten Zahlen), wie schlecht ihre Führungsarbeit bewertet wird. Aber nur so kann man sich selbst weiterentwickeln. Verantwortungsvolle Personalabteilungen bieten nach solchen Befragungen eine Umsetzungsbegleitung an. Das geht los bei der Veröffentlichung und Besprechung der Ergebnisse mit dem eigenen Team. Durch Seminare, Coachings oder Mentoring erhalten Führungskräfte gezielt Unterstützung, um an den Feldern zu arbeiten, die zurzeit noch nicht so optimal bewertet werden. Allerdings sollten insbesondere auch die Führungsstärken der beurteilten Führungskräfte bewusst genutzt werden.

Damit ein solches Instrument wirkliche Akzeptanz erfährt, ist es wichtig, dass sich das Feedback auch auf das Topmanagement beziehen kann. Wenn sich die wichtigsten Führungskräfte einer Organisation einem persönlichen Feedback entziehen, dann sagt das eigentlich schon alles über die Feedbackkultur des Unternehmens aus. So im Sinne von: „Feedback ist nur was für die da unten, wir hier oben haben das nicht nötig, wir sind unfehlbar.“ Was glauben Sie, mit wie viel Überzeugung dann das Feedback in den unteren Führungsebenen angenommen wird?

16.5 Selbstbild und Fremdwahrnehmung

In einer Allensbach-Studie wurden im Herbst 2015 insgesamt 278 Führungskräfte und 273 Nachwuchskräfte aus der Wirtschaft (produzierendes Gewerbe, Handel und Dienstleistungen) und der öffentlichen Verwaltung befragt. Dabei sollten die befragten Führungskräfte eine mindestens fünfjährige Führungserfahrung und ein abgeschlossenes Hochschulstudium mitbringen.

Im Ergebnis zeigt sich, dass die Selbsteinschätzung der Führungskräfte durchgehend besser ausfällt als die Einschätzung durch ihre Mitarbeitenden (Tabelle 16.1).

Gerade die Aussagen zum respektvollen Umgang mit den Mitarbeiterinnen und Mitarbeitern – Anerkennung der Leistung der Mitarbeitenden; äußert Kritik sachlich und konstruktiv; legt Wert auf die Meinung der Mitarbeitenden; hält sich an Absprachen, steht zu Entscheidungen und Vereinbarungen; handelt flexibel, situationsbezogen, stellt sich schnell auf neue Situationen und Sachverhalte ein; gibt klare verständliche Anweisungen –, hier sind die Abweichungen der verschiedenen Einschätzungen am größten. Und diese Punkte haben größtenteils mit einer wertschätzenden Haltung gegenüber den Mitarbeitenden zu tun.

Tabelle 16.1 Beschreibung von Führungsverhalten: Diskrepanz zwischen Eigen- und Fremdeinschätzung (Quelle: Allensbacher Archiv, IfD-Umfrage 7224, *http://ap-verlag.de/selbstbild-und-fremdbild-von-fuehrungskraeften-klaffen-weit-auseinander/25818/*, Stand 13.06.2021)

	Antworten der Mitarbeitenden: „Das trifft auf meinen Vorgesetzten zu" (in %)	Antworten der Führungskräfte: „Das trifft auf mich als Vorgesetzten zu (in %)
Hat große fachliche Fähigkeiten, kennt sich fachlich sehr gut aus	67	72
Geht respektvoll mit den Mitarbeitenden um	65	87
Delegiert Aufgaben und Verantwortung an die Mitarbeitenden	65	67
Erkennt die Leistungen der Mitarbeitenden an	62	76
Zeigt sich bei Problemen lösungsorientiert	62	81
Fördert eigenständiges Arbeiten bei den Mitarbeitenden und gibt ihnen Freiräume	61	78
Kann sich gegenüber den Mitarbeitenden gut durchsetzen	60	69
Äußert Kritik sachlich, konstruktiv	59	71
Legt Wert auf die Meinung der Mitarbeitenden	58	78
Hält sich an gemachte Absprachen, steht zu den Entscheidungen und Vereinbarung	55	84
Gibt den Mitarbeitenden hilfreiche Rückmeldungen, hilfreiches Feedback	54	59
Handelt flexibel, situationsbezogen, stellt sich schnell auf neue Situationen und Sachverhalte ein	51	72
Gibt klare, verständliche Anweisungen	51	73

Daraus lässt sich ableiten, dass sich die Führungskräfte eben sehr oft gar nicht ihrer Defizite bewusst sind. Umso mehr Nutzen kann eine solche Mitarbeiterbefragung stiften, wie unter Kapitel 16.4 beschrieben wurde, genau diese Punkte herausstellen. Wenn ich als Führungskraft konkret weiß, welches Führungsverhalten von meinen Mitarbeiterinnen und Mitarbeitern geschätzt und positiv erlebt wird, aber auch die Rückmeldung erhalte, wo ich noch Optimierungspotenzial habe, erst dann kann ich gezielt an meinem persönlichen Führungsstil, meiner Art und Weise der Kommunikation mit den Mitarbeitenden und meinem alltäglichen Führungsverhalten arbeiten.

16.6 Persönlichkeitsmodelle – Nutzen und Grenzen

In Kapitel 7 habe ich Ihnen mit dem Riemann-Thomann-Modell ein Persönlichkeitsmodell vorgestellt, das relativ einfach und selbsterklärend ist. Es gibt einige weitere Modelle, die verschiedene Persönlichkeitsdimensionen beschreiben. Viele Modelle sind so gestaltet, dass über ein zertifiziertes Unternehmen kostenpflichtige Fragebögen angeboten werden, um neben dem eigenen Profil noch einige Hinweise zu bekommen, was die eigenen Stärken im Arbeitsalltag ausmacht und welche Persönlichkeitsaspekte gegebenenfalls noch optimiert werden sollten.

Das HBDI-Modell beispielsweise betrachtet ebenfalls vier einfache Dimensionen. Ein Bereich ist Zahlen-, Daten- und Faktenorientierung. Hier steht das logisch-rationale Agieren im Vordergrund. Menschen mit einer solchen Präferenz haben die besondere Fähigkeit, objektiv, kritisch und analytisch Problemen auf den Grund zu gehen und genau zu prüfen, welche Lösungsansätze die besten Ergebnisse versprechen.

Im Gegensatz dazu gibt es den emotional-zwischenmenschlichen Bereich. Bei Menschen mit einer solchen Präferenz stehen die Harmonieorientierung und das soziale Miteinander im Vordergrund. Bei Problemen und schwierigen Situationen agieren sie kooperativ und es werden schnell die persönlichen Gefühle und das Teamklima beachtet. Dadurch werden Versuche unternommen, insbesondere durch hohe Sozialkompetenz das gemeinsame Vertrauen zu stärken und gute Lösungsansätze im Miteinander zu schaffen.

Ein weiterer Bereich ist die Bevorzugung von Planung, Struktur und einer guten Organisation. Menschen mit einer solchen Präferenz zeigen in der Regel eine hohe Sicherheitsorientierung und wünschen sich gerne Kontinuität. Außerdem agieren sie oft detailliert, fleißig, beharrlich und halten sich diszipliniert an die mit der

Planung und Struktur verbundenen Regeln. Dadurch erreichen sie oft konkrete und klare Umsetzungserfolge.

Im Gegensatz dazu gibt es noch einen letzten Bereich, der einen eher ganzheitlichen und visionären Ansatz präferiert. Menschen, die diesen Persönlichkeitsteil besonders ausgeprägt haben, sind in der Regel sehr einfallsreich, kreativ und mutig. Sie agieren oft intuitiv, flexibel und sind sehr spontan. So gehen sie häufig unkonventionelle Wege und schaffen Innovationen.

Als Hilfsmittel gibt es für zertifizierte Trainer ein nützliches Kartenset, in dem viele verschiedene Begriffe den einzelnen Bereichen farblich zugeordnet sind. Erfahrungsgemäß haben viele Menschen nicht sofort eine echte Klarheit über ihre persönlichen Stärken, aber mithilfe dieser Karten bekommt man sehr schnell einen Zugang zu seinen eigenen Verhaltensmustern. Das Schöne ist, dass dieses Modell grundsätzlich wertfrei ist. Das heißt, es ist nicht besser, eine hohe Zahlenaffinität zu haben, als eine emotional-zwischenmenschliche Präferenz an den Tag zu legen. Und genauso wenig ist es besser, eine ganzheitlich-kreative Fokussierung zu haben, statt einer stark ausgeprägten planungsorganisationsorientierten Präferenz zu folgen.

Es ist gut, als Führungskraft seine eigenen Verhaltenstendenzen zu kennen, denn so wissen wir, wie unser „Autopilot" programmiert ist. Und dadurch haben wir die Möglichkeit, uns bewusst aus unserem normalen Muster herauszubegeben und situativ auch mal andere Bereiche in den Vordergrund zu stellen.

Weitere gängige Persönlichkeitsmodelle sind die sogenannten BIG 5, das MBTI-Modell, das Insights-Modell und das DISG-Modell.

Alle Modelle haben Vor- und Nachteile. Auf jeden Fall sollten Sie sich unterstützen lassen, wenn Sie mit einem solchen Modell Ihre Führungskompetenzen bewusst reflektieren wollen und persönliche Lernfelder identifizieren möchten. Allerdings sind diese Modelle alle aus der zweiten Hälfte des letzten Jahrhunderts. Und die Gehirn- und Verhaltensforschung hat in den letzten Jahren erhebliche Fortschritte gemacht. Daher dienen diese Modelle eher als eine Art Orientierungshilfe und weniger als absolute Wahrheit.

Hier sind einige Links für die beschriebenen Modelle (Stand 13.06.2021):

- *http://www.hbdi.de/*
- *https://big-five.plakos.de/*
- *https://www.16personalities.com/de/personlichkeitstypen*
- *http://www.insights-group.de/index.html*
- *https://www.disg-modell.de/*

16.7 Die fünf Freiheiten

Als Vorbildliche sollten Führungskräfte ein gewisses Maß an Freiheit, Autonomie und Individualität ausstrahlen. Wenn Führungskräfte zu angepasst und unkritisch sind, geht häufig auch ein Teil der Glaubwürdigkeit verloren. Allerdings erfordert ein freies, individuelles und autonomes Auftreten manchmal auch sehr viel Mut und echte Charakterstärke.

Virginia Satir, eine amerikanische Familientherapeutin, hat einmal folgende sehr wertvolle Gedanken formuliert, die wunderbar auf den Punkt bringen, wie man es als Führungskraft schaffen kann, noch mehr zu sich selbst zu stehen:

Die fünf Freiheiten

Die Freiheit, das zu sehen und zu hören, was im Moment wirklich da ist - anstatt was sein sollte, gewesen ist oder erst sein wird.

Die Freiheit, das auszusprechen, was ich wirklich fühle und denke - und nicht das, was von mir erwartet wird.

Die Freiheit, zu meinen Gefühlen zu stehen - und nicht etwas anderes vorzutäuschen.

Die Freiheit, um das zu bitten, was ich brauche - anstatt immer auf Erlaubnis zu warten.

Die Freiheit, in eigener Verantwortung Risiken einzugehen - anstatt immer auf „Nummer sicher zu gehen“ und nichts Neues zu wagen.

Es klingt eigentlich ganz leicht, doch oft ist es wirklich schwierig, sich dieser fünf Freiheiten bewusst zu sein. Es kann allerdings sehr befreiend sein, sich in schwierigen Situationen diese fünf Freiheiten vor Augen zu führen und den Mut zu haben, diese Freiheiten auch in die Tat umzusetzen.

Häufig ist die Umsetzung stark von der Unternehmenskultur abhängig. In Unternehmen, die eine Kultur pflegen, in der Aufrichtigkeit und Ehrlichkeit wenig Raum haben, dort werden Sie diese Freiheiten nicht leben können. Dann sollten Sie für sich selbst entscheiden, ob diese Organisation für Sie das richtige Unternehmen ist.

16.8 Das Prinzip Garage (nach HP)

Die folgenden Zeilen, eine Art Manifest, habe ich von einer Führungskraft im Rahmen eines Führungsseminars zur Verfügung gestellt bekommen. Das hat mich sofort angesprochen, und deshalb möchte ich es Ihnen hier auch vorstellen:

„Geh davon aus, dass du die Welt verändern kannst.

Arbeite schnell, ganz egal, wann.

Bleibe flexibel: Arbeite allein oder im Team – je nach Situation.

Teile alles mit deinen Kollegen: Arbeitsmittel, Ideen, Probleme.

Keine Machtspielchen. Keine Bürokratie.

Radikal neue Ideen sind zumeist gute Ideen.

Liefere jeden Tag Ergebnisse. Sind sie überzeugend, verlassen sie die Garage.

Denke immer daran:

Es ist der Kunde, der darüber entscheidet, ob ein Job gut gemacht ist.

Und vergiss nie:

Gemeinsam kann man alles schaffen.

Sei erfinderisch."

Bei der Quellensuche bin ich dann auf folgendes Buch gestoßen:

Lutz Huth, Michael Krzeminski (Hrsg.): *Repräsentation in Politik, Medien und Gesellschaft*. Könighausen & Neumann, Würzburg 2007, S. 157.

Hierbei handelt es sich um das Selbstverständnis des Technologiekonzerns Hewlett-Packard. Mit dem Prinzip Garage soll unterstrichen werden, dass gerade Experimentierfreude ein wesentlicher Erfolgsfaktor für ein solches Unternehmen ist. Wie viele Innovationen eben in einer Garage entstehen. Dort wird Neues ausprobiert und getüftelt.

Aber auch bezogen auf Führungsarbeit sehe ich viele praxisrelevante Parallelen. Reflektieren Sie die Zeilen noch einmal bewusst aus einer Führungsperspektive. Und überlegen Sie, wie Sie im Arbeitsalltag agieren:

- Inwiefern gehen Sie tatsächlich davon aus, dass Sie (und Ihr Team) die Welt verändern können?
- Arbeiten Sie als Führungskraft und im Team immer schnell und zügig?
- Wie flexibel arbeiten Sie in unterschiedlichen Situationen?
- Was teilen Sie als Führungskraft tatsächlich mit Ihren Kollegen?
- Wie oft steigen Sie unnötigerweise in „Machtspielchen" ein?

- Was tun Sie ganz persönlich gegen Bürokratie (die nicht nützlich ist)?
- Wie fördern Sie als Führungskraft radikale Ideen und Innovationen?
- Welche Ergebnisse liefern Sie in Ihrer Führungsarbeit jeden Tag?
- Was tun Sie als Führungskraft für den Teamgeist in Ihrer Einheit?
- Sind Sie als Führungskraft auch selbst erfinderisch (auch in Ihrer Führungsarbeit)?

16.9 Musik als positives Beispiel

Bei den verschiedenen Musikformaten im Fernsehen ist zu beobachten, dass sich verschiedene Fernsehproduktionen sehr voneinander unterscheiden.

Fernsehformate: „The Voice of Germany", „Tauschkonzert", „Meylensteine"...

Bei TVOG agieren die „Coaches" mit großer persönlicher Wertschätzung gegenüber den Kandidatinnen und Kandidaten. Es geht darum, die Talente weiterzuentwickeln und persönlich zu stärken. Gerade deshalb ist es immer wieder interessant zu sehen, wie sich die einzelnen Talente im Laufe der Sendungen durch Gesangscoaching steigern und auch trotz der Konkurrenzsituation sehr respektvoll miteinander umgehen.

Bei dem Format „Sing meinen Song - Das Tauschkonzert" kreieren echte Profis einen Coversong und versuchen mit ehrlicher kollegialer Achtung, dem Ursprungssong durch eine eigene Interpretation möglichst gerecht zu werden. Und dabei treffen gravierend unterschiedliche Musikgenres aufeinander. Deshalb ist es manchmal eine wirkliche Herausforderung, einen Song so in den eigenen Stil zu transferieren und dabei trotzdem noch die eigentliche Botschaft oder die ursprüngliche Geschichte zu erzählen, dass sie immer noch authentisch wirkt. Außerdem kann man auch sehr schön beobachten, wie diese Gruppe von verschiedenen Musikern und Sängern mit der Zeit immer mehr zusammenwächst. Und es sind hierbei echte Emotionen zu erleben, wenn nämlich ein eigener Song so interpretiert wird, dass die eigene Seele berührt wird. Irgendjemand aus der Begleitcrew hat mal in einem Interview gesagt, dass dies wohl eines der ehrlichsten Fernsehformate ist.

Bei „Meylensteine" ist die grundsätzliche Vorgehensweise eine etwas andere. Hier nimmt sich der Protagonist Gregor Meyle immer einen bekannten Künstler als Partner für seine Sendung. Dabei lebt diese Sendung davon, dass sich Gregor Meyle sehr stark mit dem anderen Künstler auseinandersetzt, versucht, im Gespräch viele persönliche Hintergrundinformationen in Erfahrung zu bringen und gleichzeitig auf eine sehr partnerschaftliche Art und Weise mit dem anderen

Künstler auch Musik zu machen. Das ist ein hohes Maß an Wertschätzung, die sich hier in der Interaktion zeigt.

- Wie begegnen Sie als Führungskraft Ihren Teammitgliedern (Talenten/Kandidaten)?
- Wie unterstützen Sie als Führungskraft Ihre Teammitglieder im persönlichen Wachstum?
- Mit wie viel Wertschätzung „interpretieren" Sie als Führungskraft Ihre persönlichen Führungsvorbilder oder bekannte Theorien/Modelle?
- Wie wertschätzend agieren Sie im Führungsteam miteinander?
- Mit welcher bekannten Führungspersönlichkeit tauschen Sie sich sehr offen und partnerschaftlich aus?
- Welche Handlung resultiert daraus?

Konzerte – Künstler live erleben

In Konzerten lassen sich deutliche Unterschiede zwischen den einzelnen Künstlern erkennen. Manche spulen einfach ihr Programm ab. Manchmal ist es so, als ob man die CD nur halt live hört. Manche Künstler hingegen nutzen den Liveevent, um mit dem Publikum, den eigenen Fans wirklich in Kontakt zu kommen. Dazu nur vier kurze Beispiele, die ich persönlich erleben durfte:

Simple Plan in der Batschkapp in Frankfurt – die Band geht in ihrer Show immer wieder situativ auf das Publikum ein. Während eines Soloauftritts von Pierre Bouvier, dem Sänger der Band, gehen seine Bandkollegen in den Zuschauerraum, machen Fotos mit Fans und sind „Stars zum Anfassen". Außerdem versuchen sie immer, in der jeweiligen Landessprache einige Worte mit den Zuschauern zu wechseln.

Farin Urlaub Racing Team mehrfach in Würzburg – Farin Urlaub ist der Gitarrist von den Ärzten und macht regelmäßig auch Soloprojekte mit einer eigenen Band. Jedes Konzert wird sehr individuell gestaltet. Farin Urlaub spricht relativ viel mit seinen Fans und probiert immer wieder mal etwas Neues aus. Er animiert das Publikum oft zum Mitmachen und geht wunderbar auf Situationskomik ein. Er nimmt sich selbst nicht zu ernst und hat scheinbar viel Spaß an seinen Konzerten mit seiner Soloband.

Bei Bruce Springsteen dauern die Konzerte in der Regel drei Stunden und länger. Er gibt bei seinen Auftritten alles, was er geben kann. Dabei erzeugt er immer wieder persönliche Nähe zu seinem Publikum, geht öfters in den persönlichen Kontakt, klatscht die Fans ab und erfüllt Titelwünsche, die die Fans auf Plakate geschrieben haben.

Bei Bon Jovi sind die Konzerte immer abwechslungsreich, und Jon Bon Jovi gibt oft auch den Bandkollegen Raum, um einen eigenen Song zu performen. Früher, als Richie Sambora noch in der Band mitspielte, gab es immer einen Part, der Richie vorbehalten war. Außerdem wurden bekannte Songs immer mal auch als Acoustic-Version in den Stadien gespielt. So hat man eben als Zuschauer das Gefühl, dass man nicht nur eine CD hört. Und Jon Bon Jovi holt sich öfter mal weitere Musiker auf die Bühne, mit denen er gemeinsam seine eigenen Lieder bzw. die Lieder seiner Gäste spielt.

Was bedeutet das für Sie als Führungskraft? Welchen Transfer können Sie daraus für sich ableiten?

Es geht um Ihre persönliche Originalität, um Ihren persönlichen Kontakt zu Ihren Leuten, um das Ernstnehmen Ihrer eigenen Teammitglieder, um das immer wieder Neuinterpretieren und Improvisieren in der eigenen Führungsarbeit, um Überraschungsmomente im Alltag, um die eigene Freude an der Führungsarbeit und um das Mitmachen der eigenen „Fans".

Da können Sie als ein konkretes Beispiel Ihre eigenen Besprechungen, Meetings, Konferenzen usw. heranziehen. Besprechungen sollten eigentlich mitreißend sein wie ein Rockkonzert ☺. Dabei geht es doch oft darum, eine Aufbruchstimmung zu erzeugen, die Mitarbeiterinnen und Mitarbeiter zu inspirieren, Aufgaben verantwortungsvoll zu verteilen und einer trägen Konsumentenhaltung entgegenzuwirken. Dazu ist oft eine gewisse Dramaturgie hilfreich, und Abwechslung erzeugt Spannung im positiven Sinne.

Allerdings erlebt man in solchen Besprechungen und Konferenzen oft leider eher Langeweile und wenig Dynamik. Führungskräfte geben sich zwar viel Mühe, die Mitarbeitenden in den Dialog zu bringen, aber oft kommt wenig von den Teammitgliedern. So wird ein Meeting häufig zur Frontalbeschallung, und die Teammitglieder sind froh, wenn die Besprechung möglichst schnell endet. Nehmen Sie sich ein Konzert als Beispiel und beobachten Sie bei Ihrem nächsten Konzertbesuch mal die Dramaturgie und die Mechanismen, die zu einer motivierenden Stimmung beitragen. Übertragen Sie verschiedene Elemente in Ihr persönliches Meetingrepertoire. Und freuen Sie sich, wenn Ihre Teammitglieder eine Zugabe wollen (also sich mehr Zeit für Besprechungen wünschen) ☺.

16.10 Ein Lied als Führungsmotto

In Kapitel 13 wurden Sie angeregt, über Ihr persönliches Führungsmotto, Ihr Führungsselbstverständnis nachzudenken. Wenn Sie dazu mal überlegen, welches Lied besonders gut zu Ihrer Führungsarbeit und Ihrer persönlichen Haltung als Führungskraft passt, dann haben Sie vielleicht auch einen guten Zugang zu Ihrem Führungsselbstverständnis bzw. ein vereinfachtes Führungsmotto. Jeder Mensch hat andere Assoziationen und ist unterschiedlich kreativ. Und so fällt es manchen

Führungskräften eben leichter, einen Liedtitel zu finden, der zu ihrem Führungsselbstverständnis passt. Hier einige Beispiele mit den Originalkommentaren der jeweiligen Führungskraft zu Ihrer Inspiration:

- **„Hinterm Horizont geht's weiter"** (Udo Lindenberg) – wir haben gerade ganz schwierige Zeiten hier in unserem Unternehmen. Aber ich versuche trotzdem, mit Optimismus und gutem Beispiel meine Mitarbeiterinnen und Mitarbeiter positiv mitzunehmen.
- **„Echos"** (Pink Floyd) – ich möchte mit meiner Führungsarbeit ein gewisses Echo erzeugen. Es geht um Resonanz und einen guten, respektvollen Dialog auf Augenhöhe.
- **„I did it my way"** (Frank Sinatra) – ich weiß, dass ich eine spezielle Art habe, zu führen. Aber sie passt zu mir, und ich möchte bei meinen Teammitgliedern einfach auch authentisch ankommen.
- **„Ein Hoch auf uns"** (Andreas Bourani) – ich versuche als Führungskraft, den Blick auf die Erfolge in unserem Team zu richten. Meine Leute sind manchmal viel zu selbstkritisch und sehen die eigenen Stärken viel zu wenig.
- **„Tage wie diese"** (Die Toten Hosen) – ich bin immer wieder begeistert, was mein Team leistet, und das versuche ich so oft wie möglich zu feiern. Und mit diesem Motto kommen wir auch mal über schwierige Zeiten hinweg.
- **„Thankful"** (Beth Hart) – echte Dankbarkeit ist der Geist, in dem ich meine Leute führe. Das heißt, das zu sehen, was wirklich gut läuft und sich darüber zu freuen. Mit Dankbarkeit macht Führung viel mehr Freude und gibt mir mehr Zufriedenheit.
- **„Freiheit"** (Söhne Mannheims) – mir als Führungskraft ist Freiheit besonders wichtig und das möchte ich auch meinem Team vermitteln. Ich glaube fest daran, wenn sich Menschen frei fühlen, dann steigert das die persönliche Motivation – für die Arbeit und das eigene Team.

Was wäre Ihr Lied? Vielleicht haben Sie schon eine eigene Idee für einen Song, der Ihrem Führungsselbstverständnis nahekommt. Wenn ja, können Sie dieses Lied immer mal wieder bewusst nutzen, um sich in Führungsstimmung zu bringen. Wenn Sie noch keine zündende Idee haben, ist das auch nicht schlimm. Hören Sie einfach mal Ihre Lieblingslieder mit dem „Führungsohr", manchmal macht es dann ganz mühelos „klick" im Kopf.

An dieser Stelle danke ich Ihnen für Ihre aktive Beteiligung. Es gab im Buch immer wieder Einladungen von mir, dass Sie sich Notizen machen, Reflexionsfragen beantworten und sich aktiv mit den beschriebenen Modellen auseinandersetzen. Wenn Sie jetzt im Nachhinein noch mal auf Ihre persönlichen Notizen schauen, bin ich sicher, dass Sie einige neue Erkenntnisse gewinnen konnten und dadurch noch klarer in Ihrer Führungsverantwortung auftreten können.

16.11 Literaturhinweise

http://www.wiwo.de/erfolg/trends/werte-die-jugend-will-nicht-belogen-werden/13919614.html

https://de.wikipedia.org/wiki/Virginia_Satir

http://ap-verlag.de/selbstbild-und-fremdbild-von-fuehrungskraeften-klaffen-weit-auseinander/25818/

https://www.greatplacetowork.de/

http://www.hbdi.de/

https://big-five.plakos.de/

http://www.typen-und-mehr.com/mbti.htm

http://www.insights-group.de/index.html

http://www.disg-modell.de/ueber-disg/einfuehrung/

16.12 Statt eines Nachworts

Ich bin ein gläubiger Mensch, ein gläubiger Christ. Und ich bin trotzdem aus der Kirche ausgetreten. Weshalb? Ich war katholisch und habe leider von immer mehr Missbrauchsfällen erfahren müssen. Irgendwann war es dann für mich an der Zeit, meine eigene Entscheidung zu treffen: Möchte ich noch zu diesem „Verein" dazugehören oder nicht? Ich konnte es nicht länger ertragen, mit diesen Machenschaften in Verbindung zu stehen und durch Stillschweigen das ganze System zu stützen. So bin ich schon vor einigen Jahren aus der Kirche ausgetreten, um zumindest ein kleines Zeichen, mein Zeichen zu setzen. Meinem Glauben hat das aber keinen Abbruch getan.

„Es kommt die Zeit im Leben, da bleibt einem nichts anderes übrig, als seinen eigenen Weg zu gehen." (Quelle: Sergio Bambaren: *Der träumende Delphin.* Piper, München 2010, 31. Aufl., S. 95)

Deshalb als Schlussgedanke das Lied **„Der Fels"**, bei dem ich immer wieder Gänsehaut bekomme und andächtig zuhöre. Grandios, wie Xavier Naidoo hier singt! Schauen Sie sich das Video an!

(Quelle: *https://www.youtube.com/watch?v=0wGoeLIN5GQ*) Stand 13.06.2021

Ich weiß, dass Xavier Naidoo wegen seiner politischen Meinung kritisch gesehen wird. Aber ich bin ein echter Verfechter unserer demokratischen Grundwerte und der persönlichen Meinungsfreiheit. Und ich bin ein absoluter Gegner der um sich greifenden Unsitte von Cancel Culture. Jeder sollte das Recht haben, seine Meinung, seine Sichtweisen und Überzeugungen ausdrücken zu dürfen, solange sie rechtskonform ist. Man muss nicht immer einer Meinung sein, aber allein offen, ohne Schranken im Kopf sprechen zu dürfen ist ein Grundgedanke, den ich auch als Führungskraft immer unterstützen würde.

Hier im konkreten Fall geht es mir um den Liedtext und die Hingabe, mit der dieser Ausnahmekünstler dieses Lied singt, ja lebt! Hier ist der Liedtext: **„Der Fels“ – Xavier Naidoo**

„Wenn die Dunkelheit über mich hereinbricht, und's nicht aufhört zu regnen

ich ins Schleudern gerate, stolpre und drohe zu fallen

Bist du mein Geländer und mein Licht auf all meinen Wegen

meine Stütze und mein Stab, mein Stecken, mein Boden und mein Halt

Was ich sagen will, ist, ich bau auf dich, ich glaub an dich, ich brauche dich

wie sonst nichts auf dieser Welt

Wenn ich einsam bin, schwach und verloren ich frier und mich fürchte

mir der Boden entzogen wird, ich stürze und Übel mich plagen

Schenkst du mir die Kraft und Geborgenheit nach der mich dürstet

wie oft hast du mich schon gerettet, beflügelt und getragen

Was ich sagen will, ist, ich bau auf dich, ich glaub an dich, ich brauche dich

wie sonst nichts auf dieser Welt

Alles, was ich sagen will, ist, ich glaub an dich, ich vertraue auf dich, ich bau auf dich

Herr, du bist der Fels

Mein Herz ist fröhlich und ich will dir danken mit meinem Lied

für die Gnade und den Frieden und das Glück, das du mir offenbarst

Für die Burg, die du bist, und die Zuflucht, die du ganz allein gibst

für die Liebe, die Perspektive, die Erkenntnis, Freiheit, Hoffnung und die Kraft

Alles, was ich sagen will, ist, ich bau auf dich, ich glaub an dich, ich brauche dich

wie sonst nichts auf dieser Welt

Alles, was ich sagen will, ist, ich … yeahhhh, ich vertrau auf dich, ich bau auf dich

Herr, du bist der Fels“

Dieses Lied wurde, soweit ich weiß, von Xavier Naidoo und Moses Pelham zusammen mit Martin Haas und Markus Onyuru geschrieben.

Abschließend noch ein Zitat aus der Bibel (Galater 6,7):

Was der Mensch sät, das wird er ernten!

In diesem Sinne wünsche ich Ihnen von Herzen nützliche Impulse aus diesem Buch für Ihre Führungsarbeit. Säen Sie echte, persönliche und authentische Wertschätzung – ernten Sie Respekt, Loyalität, Engagement, Teamgeist und Leistung. Und trauen Sie sich, Ihren eigenen Weg in der Führung zu gehen!

Um Menschen wertschätzend führen zu können, muss man Menschen mögen ☺!

Viel Freude und Erfolg bei Ihrer persönlichen Führung und bei der Umsetzung Ihrer Ideen und Erkenntnisse – Menschen machen den Unterschied! **Sie machen den Unterschied!**

Index

F

G

H

I

J

K

L

Der Autor

Thorsten Rabenbauer ist freiberuflicher Trainer, Berater und Coach. Davor war er Geschäftsführer und Gesellschafter in einem Beratungsunternehmen. Sein Arbeitsmotto und seine Haltung lautet:

Menschen machen den Unterschied!

Er begleitet seit über 30 Jahren Führungskräfte, Mitarbeitende und Teams verschiedenster Unternehmen. Seine thematischen Schwerpunkte sind die Entwicklung von Führungskompetenz, Führungskultur, Teamentwicklung, Konfliktmanagement und Persönlichkeitsbildung.

Er lebt mit seiner Frau und seinen beiden erwachsenen Söhnen im Rhein-Main-Gebiet.

Nähere Informationen und Kontaktdaten:

Internet: *www.thorstenrabenbauer.de*

E-Mail: *tr@thorstenrabenbauer.de*

Liebe Leserin, lieber Leser,

vielen Dank für Ihr Interesse an diesem Buch und dem zentralen Thema der wertschätzenden Führung! Ich freue mich sehr über Ihre persönliche Resonanz, über Ihre Erfahrungen bei der Umsetzung, über Ihre Gedanken zum Thema Führung oder zu meinem Herzensthema Wertschätzung. Schreiben Sie mir gerne eine persönliche Nachricht.

Herzlichst Ihr

Thorsten Rabenbauer